全国医药高等职业教育药学类规划教材

生物制药工艺技术

主编　陶　杰　陈梁军

中国医药科技出版社

内容提要

本书是全国医药高等职业教育药学类规划教材之一，是依照教育部教育发展规划纲要等相关文件要求，根据《生物制药工艺学》教学大纲编写而成。全书共八个项目，包括认识生物制药行业、生物制药生产安全技术、生化制药技术、生物制品生产技术、发酵工程制药技术、细胞工程制药技术、基因工程制药技术及酶工程制药技术。本教材遵循生物制药行业的规则，按生物制药从原料来源、生产的技术原理到生产的基本过程控制阐述生物制药理论、基本技术和生产工艺的基本技能，以及生物制药反应设备和环保、安全知识，并结合了国家职业资格标准生物技术制药工技能标准，尽可能反映现代生物制药新技术、新材料、新进展和工作要求，是一本实用性、科学性俱佳的教材。

本书供药学及其相关专业高职层次教学使用，也可作为医药行业培训和自学用书。

图书在版编目（CIP）数据

生物制药工艺技术/陶杰，陈梁军主编．—北京：中国医药科技出版社，2013.2
全国医药高等职业教育药学类规划教材
ISBN 978－7－5067－5830－7

Ⅰ.①生…　Ⅱ.①陶…　②陈…　Ⅲ.①生物制品－生产工艺－高等职业教育－教材
Ⅳ.①TQ464

中国版本图书馆 CIP 数据核字（2013）第 003082 号

美术编辑　陈君杞
版式设计　郭小平

出版　中国医药科技出版社
地址　北京市海淀区文慧园北路甲 22 号
邮编　100082
电话　发行：010－62227427　邮购：010－62236938
网址　www.cmstp.com
规格　787×1092mm 1/16
印张　21 1/2
字数　451 千字
版次　2013 年 2 月第 1 版
印次　2013 年 2 月第 1 次印刷
印刷　北京印刷一厂印刷
经销　全国各地新华书店
书号　ISBN 978－7－5067－5830－7
定价　45.00 元

全国医药高等职业教育药学类
规划教材建设委员会

本书编委会

主　编　陶　杰　陈梁军
副主编　胡莉娟　杨　静　李　平
主　审　句风华
编　委　（按姓氏笔画排序）

王　尧（天津生物工程职业技术学院）
牛红军（天津现代职业技术学院）
句风华（天津市协和干细胞基因工程有限公司）
杨　静（天津渤海职业技术学院）
李　平（山西药科职业学院）
陈梁军（福建生物工程职业技术学院）
胡莉娟（杨凌职业技术学院）
姜　辉（河南技师学院）
陶　杰（天津生物工程职业技术学院）

近几年，高等职业教育发展势头迅猛，显示出了强大的生命力，主要原因之一在于高职教育培养目标的定位科学明确，即培养生产、服务、管理等一线岗位的高素质技能型人才。这一目标正适应了当前社会经济发展的迫切需要。在一线工作的高素质技能型人才不仅要具有实践操作等技术层面的职业能力，还应具备合作协调、沟通交流等综合性的职业素质。当前，生物制药产业已成为制药工业发展最快、活力最强，技术含量最高的领域。为创新高职人才培养模式，探索职业岗位要求与专业教学有机结合的途径，加快实现我国生物制药工业的现代化，根据高素质技能型人才培养的实际需要，着力打造一本体现基层生产岗位职业技能要求的优质教材，中国医药科技出版社精心组织全国近10所高职院校教学和实践经验丰富的教师编写了这本《生物制药工艺技术》。

全书具有以下特点：一是内容上强调基础，在内容的取舍上，根据高职学生就业岗位所需的生产技能和职业素养精选教学内容，以生物制药企业生产基本职能为线索来组织编写内容，坚持针对性原则，精炼出生物制药企业生产的基本规律、基本原理和基本方法，介绍生物制药企业生产的基本知识、基本技能以及基本工具的使用等，将生物制药企业生产中最基础的知识和技能传授给学生；二是方法上注重生产应用，教材力求表达简洁，概念明确，方法具体，基本技能可操作性强，让学生易于理解、掌握和实践。为此，在教材每个项目中设有职业岗位、职业形象、职场环境、工作目标等内容，以使本教材在学生的学习上和教师的教学上与企业的需要无缝对接，体现职业特点，做到既实用又好用。

中国药科大学　吴梧桐

2012 年 9 月

出版说明

全国医药高等职业教育药学类规划教材自2008年出版以来，由于其行业特点鲜明、编排设计新颖独到、体现行业发展要求，深受广大教师和学生的欢迎。2012年2月，为了适应我国经济社会和职业教育发展的实际需要，在调查和总结上轮教材质量和使用情况的基础上，在全国食品药品职业教育教学指导委员会指导下，由全国医药高等职业教育药学类规划教材建设委员会统一组织规划，启动了第二轮规划教材的编写修订工作。全国医药高等职业教育药学类规划教材建设委员会由国家食品药品监督管理局组织全国数十所医药高职高专院校的院校长、教学分管领导和职业教育专家组建而成。

本套教材的主要编写依据是：①全国教育工作会议精神；②《国家中长期教育改革和发展规划纲要（2010－2020年）》相关精神；③《医药卫生中长期人才发展规划（2011－2020年）》相关精神；④《教育部关于“十二五”职业教育教材建设的若干意见》的指导精神；⑤医药行业技能型人才的需求情况。加强教材建设是提高职业教育人才培养质量的关键环节，也是加快推进职业教育教学改革创新的重要抓手。本套教材建设遵循以服务为宗旨，以就业为导向，遵循技能型人才成长规律，在具体编写过程中注意把握以下特色：

1. 把握医药行业发展趋势，汇集了医药行业发展的最新成果、技术要点、操作规范、管理经验和法律法规，进行科学的结构设计和内容安排，符合高职高专教育课程改革要求。

2. 模块式结构教学体系，注重基本理论和基本知识的系统性，注重实践教学内容与理论知识的编排和衔接，便于不同地区教师根据实际教学需求组装教学，为任课老师创新教学模式提供方便，为学生拓展知识和技能创造条件。

3. 突出职业能力培养，教学内容的岗位针对性强，参考职业技能鉴定标准编写，实用性强，具有可操作性，有利于学生考取职业资格证书。

4. 创新教材结构和内容，体现工学结合的特点，应用最新科技成果提升教材的先进性和实用性。

本套教材可作为高职高专院校药学类专业及其相关专业的教学用书，也可供医药行业从业人员继续教育和培训使用。教材建设是一项长期而艰巨的系统工程，它还需要接受教学实践的检验。为此，恳请各院校专家、一线教师和学生及时提出宝贵意见，以便我们进一步的修订。

全国医药高等职业教育药学类规划教材建设委员会

2013年1月

前言

《生物制药工艺技术》是中国医药教育协会职业技术教育委员会暨行业指导委员会指导下的高职高专规划教材，本教材在编写中坚持以执业准入为标准，遵循“贴近企业、贴近岗位、贴近学生”的原则，把现代科学技术的迅猛发展，生物制药工艺技术方法不断更新和发展的新技术、新设备、新方法引入到教材中。教材在编写过程中广泛征求了生物制药企业专家的意见，因此具有较强的实用性、可读性和创新性，对高职高专生物制药工艺技术专业教学质量的提高起到了积极的促进作用。

本教材涉及面广，全书共八个项目，包括认识生物制药行业、生物制药生产安全技术、生化制药技术、生物制品生产技术、发酵工程制药技术、细胞工程制药技术、基因工程制药技术、酶工程制药技术等方面的内容。在阐述基本生物制药工艺理论知识的同时，对生物制药反应设备的操作结合生产实际作了介绍，增加实用性；并选择了几种典型生物药物的生产技术进行具体阐述，从而使学生走上岗位后能更快地适应实际操作和技术应用工作，为今后从事制药事业打下坚实基础。

生物制药工艺技术课程是培养中高级生物制药技术技能型人才的重要专业课程，本课程是高职高专生物制药技术专业、中药制药技术专业、药物制剂技术专业及药物分析鉴定专业的重要课程。本教材除可作为高职高专生物制药技术专业等专业教材外，还可作为职业技能鉴定中心对从业者掌握生物技术制药工职业技能鉴定的培训教材，对生物制药企业技术人员也有重要的参考价值。

本书由天津生物工程职业技术学院陶杰主编编写了“认识生物制药行业”、“基因工程制药技术（任务一）”及“酶工程制药技术（任务二）”；福建生物工程职业技术学院陈梁军主编编写了“发酵工程制药技术”；杨凌职业技术学院胡莉娟副主编编写了“生化制药技术”；天津渤海职业技术学院杨静副主编编写了“细胞工程制药技术”；山西药科职业学院李平副主编编写了“酶工程制药技术”部分内容；天津市协和干细胞基因工程有限公司句风华任主审。河南技师学院姜辉编写了“生物制品生产技术”、天津现代职业技术学院牛红军编写了“生物制药生产安全技术”部分内容；天津生物工程职业技术学院王尧编写了“基因工程制药技术”部分内容。本书编写过程中得到了中国医药教育协会职业技术教育委员会暨行业指导委员、中国医药科技出版社及各编者所在单位的大力支持，在此对他们的帮助表示衷心感谢。限于编者水平有限，缺乏经验，错误及不妥之处在所难免，恳请广大读者批评指正，以使教材更加丰富完善，更适合高等职业教育。

编者

2012 年 10 月

项目一 | 认识生物制药行业

◎知识目标

1. 掌握生物制药企业岗位分工与岗位职责。

2. 了解国内外生物制药行业发展现状及发展趋势。

3. 了解国内知名生物制药企业和生物制药企业的组织结构。

◎技能目标

1. 正确认识生物制药岗位环境、工作形象及相关法律法规。

2. 在产品原料、生产、包装、仓储、运输和销售等环节上建立生物制药岗位工作职责，不断强化药品生产者的职业素养。

3. 能够正确认识生物制药在制药行业中的重要性，树立为人类健康而努力的工作意识。

生物制药工艺技术就是利用传统的生化制药技术及生物工程技术来制备的生物药物，属于高科技、高利润、最前沿的行业，制备的产品如临床上使用的生化药物、抗生素药物、疫苗、细胞因子、诊断和治疗试剂等生物制品。其工作目标是使基因工程、蛋白质工程、酶工程、发酵工程、细胞工程、抗体工程等技术应用到制药领域；进行生物技术药物的研究、开发及生产过程。包括以下几方面的能力：

（1）知晓生物药物的原料来源。

（2）能进行生物原料药物生产的工艺过程操作。

（3）具备生物药物的一般提取、分离纯化技能。

（4）掌握主要生物药物的结构、性质、用途和生产方法、生产工艺原理与过程。

（5）具备生物药物研究、生产、开发的基本知识、基本理论与基本技能，具有应用现代生物技术研究、开发生物药物的初步能力。

任务一　世界生物制药行业状况

一、生物医药产业特点

1. 投资大

国际上一个新药的研制一般需 2 亿 ~ 3 亿美元以上，我国生物制药业虽起点较高，但从基础技术开始研制新药也需 5000 万 ~ 10000 万元以上。

2. 回报高

生物制药的高收益是引人注目的，一个新药回报可在10倍以上，一般上市2~3年就可收回投资。

3. 风险大

从刚开始有价值的理论研究，到转化为可生产的产品只有10%左右能成功，即一个有实用前途的技术项目，如有10家企业独立研究开发，能成功的只有一家左右。

4. 周期长

一个生物技术产品从投入研制，到获得技术开发成功，最少需6~7年时间，再到临床运用、广泛推广还需2~3年时间，可见其开发周期相当漫长。据美国1997年度调查结果显示，生物技术公司平均每个产品开发投入为1.5亿~2.0亿美元，周期8~15年。

5. 低污染

生物药品的生产制造一般在常温常压下进行，能源、原材料的消耗量极少，对周围环境几乎不产生污染。

二、世界生物医药产业的展望

1. 生物医药技术是21世纪科技发展的制高点

生物技术为最有可能取得革命性突破的战略高技术领域之一，56项关键技术中26项与之相关。过去10年生物技术论文总数，占全球自然科学论文的50%以上。年度十大科学进展50%来自生命科学领域。

2. 生物医药技术已经成为各国竞争的战略重点

2009年，美国总统奥巴马任命的4位科学顾问中有3位具有生物或医学背景。2009年，美国国立卫生研究院（NIH）的总预算达到303亿，比2008年增加了3%，增加了约9.38亿美元，约占民用科技投入的50%。2011年，NIH的预算达到了320亿美元。

2010年，英国生物技术与生物科学研究理事会（BBSRC）发布了发展生物技术5年规划《生物科学时代：2010~2015战略计划》，将尖端生物科学与技术作为首要优先支持领域，以确保英国生物科学世界一流水平，促进社会经济的发展。

伴随着新兴医药市场的快速增长，全球医药市场开始出现向新兴国家转移的趋势。2009年全球医药经济1/3的增长来源于新兴市场，2010~2014年间，以亚太和拉美地区为代表的新兴医药市场预计将以14%~17%的速度增长，而主要的发达医药市场的增长率将仅为3%~6%。到2014年，新兴医药市场的药品销售额的累计增长金额将与发达医药市场持平，达到1200亿~1400亿美元。印度目前生物医药产业发展十分迅速，将生物医药与信息学不断融合，是印度生物医药产业发展的一大特色，已成为亚太地区五个新兴的生物科技领先国家和地区之一。日本生物医药领域的发展起步晚于欧美国家，但发展非常迅猛。

任务二 我国生物制药行业发展前景

一、我国生物医药产业发展现状

1. 生物产业正在成为中国高技术领域新的增长点

我国生物产业规模近年来不断扩大。生物医药稳步增长，经济效益大幅增加。2011 年 1 ~6 月，生化药品制造业实现产值 740.79 亿元，同比增长 25.4%。生物产业正在成为中国高技术领域新的增长点。生物产业在“十二五”期间将迎来一段崭新的发展历程。

2. 产业空间格局

中国生物医药产业集群已初步形成以长三角、环渤海为核心，珠三角、东北等东部沿海地区集聚发展的总体产业空间格局。已批准设立国家级生物产业基地的省市已达到 21 个，主要分布在环渤海与长三角地区。其中，环渤海地区有 9 家基地，长三角地区有 6 家基地，分别占东部沿海基地总数的 53% 与 35%。

未来中国生物医药产业空间演变将呈现出三大趋势：首先是区域不平衡发展将进一步凸显，东部沿海地区仍将是发展的重心，与中西部差距将持续拉大；其次是地域分工更加明显，研发要素将进一步向上海、北京集聚，制造环节加速向江苏、山东集聚；最后是热点区域将不断涌现。深圳、武汉、长沙快速发展，太原、厦门、兰州等区域中心城市将成为新兴热点。在这其中，渤海区域生物医药产业发展迅速。北京市是环渤海地区生物医药的研发中心，初步形成以生命所、芯片中心和蛋白质组中心为主体的研发创新体系。北京的人才优势突出，拥有丰富的临床资源和一大批新药筛选、安全评价、中试与质量控制等关键技术平台。北京生物医药研发服务业的年收入已经突破 50 亿元。作为全国生物医药创新中心，北京拥有领先的科技资源和丰富的临床资源，具备一批拥有专有技术的研发服务机构，发展医药研发服务业优势明显。从服务内容来看，北京市在药物临床试验服务、药物非临床安全性评价、基因组技术服务、新药开发与转让服务等方面已形成规模，进入了快速成长期。以药物非临床安全性评价为例，北京市现已拥有非临床安全性评价中心 8 家，在这一领域位居全国领先地位。天津市以出口为导向，科技支撑实力突出，聚集了 500 多家从事生产和研发的相关机构，中药现代化居全国领先水平，是环渤海地区重要的现代生物医药产业制造基地和关键技术的研发转化基地。天津是全国重要的生物医药产业基地，先后被国家发改委、商务部和科技部认定为“国家生物产业基地”、“国家医药产品出口基地”和“中药现代化科技产业基地”。山东省、河北省是环渤海地区生物医药制造业的重要省份，均具有良好的传统医药产业基础。

二、我国生物医药产业展望

1. 中国：一个巨大的生物医药市场

人口为 1.3 亿；增长率为 0.517%；医院门诊量年增长率超过 10%；健康花费占中

国人收入的8%（发达国家约占总收入的48%）；到2020年中国健康产业市场规模将达到40 000亿人民币。2009年有10%人口超过65岁；到2020年65岁以上人口将超过20%。2003～2007年医疗卫生支出占同期财政支出的比重为3.56%；2009年中央财政安排医疗卫生支出1277亿元，增长49.5%；2010年中央财政预算安排医疗卫生支出1389亿元，再增8.8%，高于中央财政支出平均增幅2.5个百分点。

“十二五”期间，我国生物医药产业将进入以“量的规模扩张和质的起步追赶”为核心内容的整体提升阶段。“十二五”时期，国内市场需求的快速增长为产业发展带来机遇和提供推进动力。受人口老龄化、人均用药水平的不断提高、用药的疾病谱变化和新医改政策的刺激等因素的影响，生物医药市场需求将强劲增长。根据国家规划，到“十二五”末，生物医药产业规模将达到3万亿元，复合增长率20%以上；形成10～20个龙头企业，产业集中度明显提高；研发投入强度显著提高，产业化技术和装备研制水平和配套性大幅提升。

2. 具有较大产业化前景的科研成果与重点领域实现突破

1995年，我国批准上市的基因药物仅有3个，此后迅速增加。据我国不完全统计：①32种生物药和基因工程疫苗已经批准使用。②170多种生物药正在进行临床试验。③400多种生物药正在进行临床前试验。④6种基因治疗进入临床试验。⑤6种组织工程产品进入临床试验，一种上市。⑥世界上第一个基因治疗药物P53。⑦世界上最大疫苗生产国与使用国。⑧世界上最大的抗生素和维生素生产国。据了解，目前全国有一大批生物技术科研成果或已申报专利、或进入临床阶段、或正在处于规模生产前期阶段，具有较大的产业化前景，因此我国生物医药产品上市将会保持稳步发展态势。“十二五”期间，我国生物医药产业面临突破性发展的战略机遇。生物医药产业是我国与发达国家差距相对较小的高技术领域。我国具有发展生物医药产业的一定产业基础和巨大市场需求，有可能在生物医药的部分领域发挥优势，参与国际分工，实现局部的跨越式发展。

任务三　生物制药企业组织结构

我国有数万家医药企业，尽管其所有制形式不同，规模大小不一，但具有共同的以赢利为目的和满足社会需要的属性。生物制药企业的组织结构有职能制、事业部制、模拟分权制等。

一、企业组织结构

1. 职能制生物制药企业

职能制组织结构是指各级行政单位除主管领导以外还相应地设立一些具有指挥职责和权力的职能机构。因此，下级在接受上级行政主管的指挥之外还要接受上级职能机构的领导。其结构见图1－1。其主要优点是：提高了企业管理的专业化程度，减轻了行政主管人员的工作负担。其主要缺点是：每个下级都必须接受多个上级的直接领

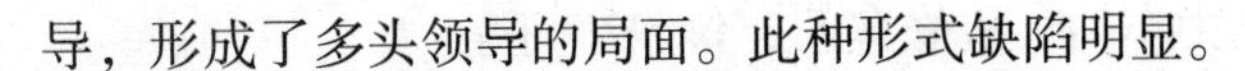

导，形成了多头领导的局面。此种形式缺陷明显。

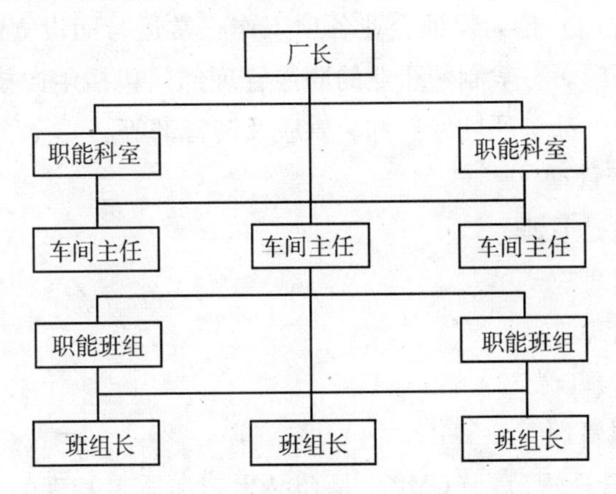

图 1－1 职能制制药企业组织结构

2. 事业部制生物制药企业

大中型制药企业普遍采用事业部制，其特点是按产品或地区成立各个经营事业部，每个事业部在财务上向总公司负责，内部实行独立核算、自负盈亏，每个事业部都是一个利润中心，并拥有相应的独立经营自主权，企业的部门设置可以根据企业实际情况，但应符合药品生产质量管理规范（GMP）认证要求，典型组织结构见图 1－2。

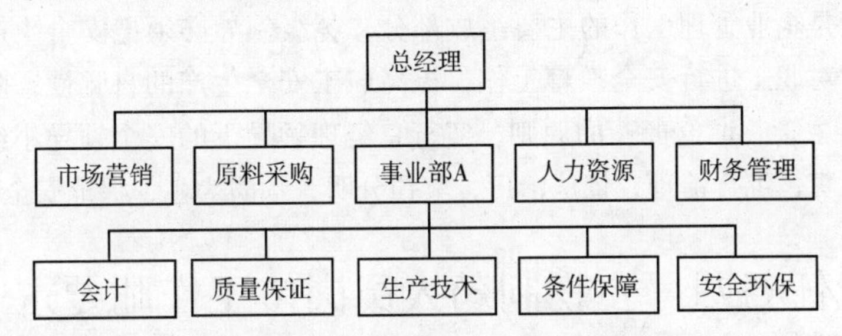

图 1－2 生物制药企业典型组织结构

二、生物制药企业管理

1. 生物制药企业生产管理部门

生产管理部门的主要工作内容有新产品开发、生产技术准备、生产过程组织、生产计划制定、劳动定额、劳动组织、生产作业计划、设备维修、质量检验、物资与库存管理等。

无论是大型制药企业，还是中小型企业，为保证正常生产进行，一般都要设置必要的生物制药生产车间、生产辅助车间以及担负各种任务的职能部门。

（1）生物制药生产车间 由若干工段和生产岗位组成，通过一定的生产程序完成从原料到产品的生产任务。生产车间的管理任务主要是通过对生产程序中操作条件控制和生产人员管理，保质保量地完成计划的生产任务。

（2）生产辅助车间 指为保证生产车间的生产设备、控制系统正常使用而配置的维护、维修及动力部门。一般包括动力车间、机修车间、仪表车间等。

（3）职能管理部门　指为保证企业各项工作正常运行而设立的完成各种管理任务和行使管理职权的部门。一般制药企业的职能管理部门包括生产技术部、质量检查部、机械动力部、安全生产部、环境保护部、供应及销售部等。

2. 生物制药生产管理

（1）生产指令下达管理。

（2）生产批号管理。

（3）生产过程管理。

（4）工艺查证管理。

3. 生物制药质量管理

《药品生产质量管理规范》（GMP）是药品生产和质量管理的基本准则，适用于药品制剂生产的全过程和原料药生产中影响成品质量的关键工序。大力推行药品GMP，是为了最大限度地避免药品生产过程中的污染和交叉污染，降低各种差错的发生，是提高药品质量的重要措施。

世界卫生组织20世纪60年代中开始组织制定药品GMP，中国则从20世纪80年代开始推行。1988年颁布了中国的药品GMP，并于2010年重新修订。

4. 安全生产管理

安全生产是企业管理工作的主要组成部分，各级领导必须把安全生产列入重要议事日程，经常对职工进行安全教育工作，提高职工安全生产的自觉性，防止事故的发生。本着“谁主管、谁负责”的原则，实行总经理领导下的安全领导小组，依靠广大职工，分级负责，综合治理，依法治厂，奖罚分明，预防为主，保证安全。

任务四　生物制药人员岗位工作和要求

生物制药企业中非常重视人力资源开发利用，在中小规模制药高技术企业中，管理和技术人员一般都有很高学历，技能型人才作为其助手将承担各种繁杂的工作，结合日常工作就能不断学习专业知识和迅速提高自己能力。虽然工资收入相对较低，但承担的工作压力相对较小，在激烈竞争的职场中容易做到知足者常乐。大规模制药企业重视员工培训，通过岗位技能竞赛和参与合理化建议活动脱颖而出的机会很多，企业设计有多元晋升通道。例如某集团将所有职位分为管理、研发、技术、专业、市场、营销六大类（图1-3），便于员工根据自己的职业目标选择适合自己的发展通路，从而形成企业与个人的“双赢”局面，达到个人目标与企业发展的高度统一，实现企业人力资源配置的最优化组合。

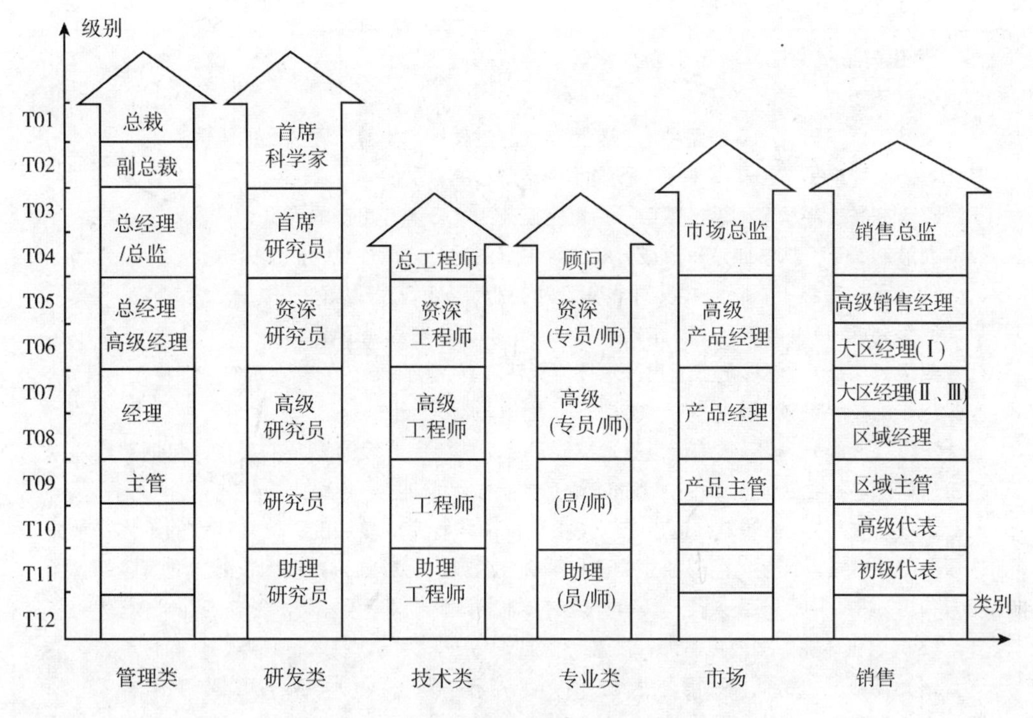

图1－3　某集团标准职位序列对照表

1. 专业技术岗位发展

生物技术制药工分为初级、中级、高级、技师、高级技师五级，可以结合岗位工作不断积累专业技能和学习专业知识。要防止技能老化，要进行技能更新，要树立终身学习的思想，主动承担具有挑战性的工作任务，努力向前发展。从生物技术制药工职业标准可以看出，“师”和“员”的区别主要在于增加了管理的内容，要求懂得技术经济评价方面内容。职业发展中要注意学习技术经济内容，使技术改进的目标更加明确。

2. 基层生产管理岗位

发展在传统职业生涯路径中，从事技术性职业生涯发展机会相当有限，因此许多公司开发了双重职业生涯路径体系，可以让员工自行决定其职业发展方向。可以继续沿着技术职业生涯路径发展，或进入管理职业生涯路径。员工应积极选择一种最适合自己兴趣和技能的发展道路。可以从专业岗位工作为基础从事基层生产管理岗位工作，也可以根据自身条件，经过短期培训从事企业急需的营销岗位工作。在新的工作岗位上就会发现，转岗只是原有专业技能的拓展，有时能够获得更大的发展空间。

知识链接

生物技术制药工的职业标准

1. 职业概况

（1）职业定义　从事抗生素、生化药品、疫苗、血液制品生产的人员。包括下列职业：

生化药品制造工：运用生物或化学半合成等技术，从动物、植物、微生物提取原料，制取天然药物的人员。

发酵工程制药工：从事菌种培育及控制发酵过程生产发酵工程药品的人员。

基因工程产品工：从事基因工程产品生产制造的人员。

疫苗制品工：从事细菌性疫苗、病毒性疫苗、类毒素等生产的人员。

血液制品工：从事血液有形成分和血浆中蛋白组分分离提纯生产的人员。

（2）职业等级 本职业共设四个等级，分别为：五级、四级、三级、二级。

五级（初级）：能够运用基本技能独立完成本职业的常规工作。

四级（中级）：能够熟练运用基本技能能够独立完成本职业的常规工作；在特定情况下，能运用专门技能完成技术较为复杂的工作；能够与他人合作。

三级（高级）：能够熟练运用基本技能和专门技能完成较为复杂的工作，包括部分非常规工作；能够独立处理工作中出现的问题；能指导和培训初、中级人员。

二级（技师）：能够熟练运用专门技能和特殊技能完成复杂的、非常规性的工作；掌握本职业的关键技术技能，能够独立处理和解决技术或工艺难题；在技术技能方面有创新；能指导和培训初、中、高级人员；具有一定的技术管理能力。

（3）职业环境 室内，室外，高温，低温，高压，负压，易燃，易爆，有毒有害。

（4）职业能力特征 手指、手臂灵活，色、味、嗅、视、听等感官正常，具有一定的观察、判断、理解、计算和表达能力。

2. 基本要求

（1）职业道德 职业道德知识、职业守则。

（2）基础知识 生物制药化学及药物知识；生物药物制备及分析检验知识；生物物质的分离、提纯；生物制药基本设备及材料的使用基础知识；计量知识；消防、安全及环境保护知识；相关法律、法规知识；药品生产质量管理规范内容和要求。

3. 工作要求

本职业对初级、中级、高级、技师、高级技师的技能要求依次递进，高级别涵盖低级别的要求。以发酵工程制药工初级级工（五级）为例，主要工作为生产操作和设备操作考核。

（1）生产操作

①能按照标准操作规程进行操作并正确填写原始记录 。

②按照工艺配方计算出原料、辅料的投料量。

③培养基配制及消毒锅的操作。

④接种、移种、取样、补料、调节 pH 与通气量操作。

（2）设备操作

①能识别本岗位的主要设备与管路。

②设备的状态识别。

③常用仪器仪表的使用。

4. 鉴定要求

（1）适用对象 从事或准备从事本职业的人员。

（2）申报条件　按照［某省（市）职业技能鉴定申报条件］申报。

（3）鉴定方式　鉴定一般分为一体化和非一体化两种鉴定模式。五级、四级采用非一体化鉴定模式，三级、二级采用一体化鉴定模式。非一体化分为理论知识考试和技能操作考核，一体化将理论知识融合在操作技能的考核中；国家职业资格二级（技师）及以上的人员还须进行综合评审。理论知识考试采用闭卷笔试或口试方式，技能操作考核采用现场实际操作方式；论文（报告）采用专家审评方式；考试成绩均实行百分制，成绩达60分为合格。

（4）鉴定场所设备　实施本职业各等级鉴定所必备的场所、设施、设备、工具等条件。

任务五　生物制药相关知识

1. 生物制药

生物制药是指运用微生物学、生物学、医学、生物化学等的研究成果，从生物体、生物组织、细胞、体液等，综合利用微生物学、化学、生物技术、免疫学、药学等学科的原理和方法进行加工，制造出的一类用于预防、治疗和诊断的生物药品。生物药物的原料以天然的生物材料为主，包括微生物、人体、动物、植物、海洋生物等。所以说，生物药物（或称生物技术药物）是集生物学、医药学的先进技术为一体，以化学、药学基因等高技术为依托，以分子遗传学、分子生物学等基础学科的突破为后盾所形成的产业。生物药物按它的用途不同可分为三大类：生化药物、生物工程药物和生物制剂。

2. 生物制品

生物制品是以微生物、细胞、动物或人源组织和体液等为原料，应用传统技术或现代生物技术制成，用于人类疾病的预防、治疗和诊断。人用生物制品包括：细菌类疫苗（含类毒素）、病毒类疫苗、抗毒素及抗血清、血液制品、细胞因子、生长因子、酶、体内及体外诊断制品以及其他生物活性制剂，如毒素、抗原、变态反应原、单克隆抗体、抗原抗体复合物、免疫调节及微生态制剂等。

3. 创新药物

创新药物是指具有自主知识产权专利的药物。相对于仿制药，创新药物强调化学结构新颖或新的治疗用途，在以前的研究文献或专利中，均未见报道。随着我国对知识产权现状的逐步改善，创新药物的研究将给企业带来高额的收益。

创新药物研究意义：创新药物研究对我国建设创新型国家具有重大的意义。在国家（2006～2020年）的中长期国家科技重大专项中，专门有“重大新药创制专项”，目的是创制一批对重大疾病具有较好治疗作用，具有自主知识产权的药物，降低对国外新药的依赖。

4. 仿制药

仿制药是指与商品名药物在剂量、安全性和效力（不管如何服用）、质量、作用以及适应证上相同的一种仿制品。

美国食品药品管理局（FDA）有关文件指出，能够获得FDA批准的仿制药必须满足以下条件：和被仿制产品含有相同的活性成分，其中非活性成分可以不同；和被仿制产品的适应证、剂型、规格、给药途径一致；生物等效；质量符合相同的要求；生产的GMP标准和被仿制产品同样严格。

5. 专利及保护期

指受到专利法保护的发明创造，即专利技术，是受国家认可并在公开的基础上进行法律保护的专有技术。“专利”在这里具体指的是技术方法——受国家法律保护的技术或者方案（所谓专有技术，是享有专有权的技术，这是更大的概念，包括专利技术和技术秘密。某些不属于专利和技术秘密的专业技术，只有在某些技术服务合同中才有意义）。专利是受法律规范保护的发明创造，它是指一项发明创造向国家审批机关提出专利申请，经依法审查合格后向专利申请人授予的该国内规定的时间内对该项发明创造享有的专有权，并需要定时缴纳年费来维持这种国家的保护状态。

专利是医药企业保护自身产品与技术的重要法宝。药品研究投资大、难度高、周期长，有朝一日药品上市又将面临被侵权、被仿制、市场被瓜分的危险，因此，制药企业提高知识产权保护意识，在中国乃至世界范围内进行专利保护就显得尤为重要。但专利具有时效性。只有在法律规定的时间内，专利权人对其发明创造拥有法律赋予的专有权。期限届满后，专利的内容就成为公知技术可以被任何人使用。通常发明、实用新型和外观设计专利的保护期自申请日起分别为20年、10年。药物的开发过程是十分漫长的，申报和临床试验也是复杂而繁琐的，所以当一个药物上市后，真正开始盈利的时候，专利保护期也所剩无几了。如何延长专利药物的保护期，使企业利润最大化，成为一个重要的课题。

有关统计表明，我国医药市场将迎来制药史上专利药品到期最多的时期，世界上总价值达340多亿美元的专利药品保护期到期。

6. 新药申请

指未曾在中国境内上市销售药品的注册申请。已上市药品改变剂型、改变给药途径的，按照新药管理。

7. 新药注册管理

SFDA主管全国药品注册管理工作，负责对药物临床研究、药品生产和进口的审批。

省、自治区、直辖市药品监督管理局受SFDA的委托，对药品注册申报资料的完整性、规范性和真实性进行审核。

药品注册司代表SFDA受理药品注册申请、下达审评任务、批准药品注册、办理发证事宜，并对药品注册工作实施监督管理。

8. 药品注册分类

对新药进行分类不完全从药物的药理作用角度划分，而主要是从药政管理角度考虑，对每类新药都相应规定必须进行的研究项目和审批必须申报的资料以证明药品的安全性与有效性，从而便于新药的研究和审批。

目前，我国现行《药品注册管理办法》将新药分为中药与天然药物、化学药品和生物制品三大部分。各部分又按照各自不同的情况再进行注册分类。

9. 生物制品注册分类

（1）治疗用生物制品注册分类

①未在国内外上市销售的生物制品。

②单克隆抗体。

③基因治疗、体细胞治疗及其制品。

④变态反应原制品。

⑤由人的、动物的组织或者体液提取的，或者通过发酵制备的具有生物活性的多组分制品。

⑥由已上市销售生物制品组成新的复方制品。

⑦已在国外上市销售但尚未在国内上市销售的生物制品。

⑧含未经批准菌种制备的微生态制品。

⑨与已上市销售制品结构不完全相同且国内外均未上市销售的制品（包括氨基酸位点突变、缺失，因表达系统不同而产生、消除或者改变翻译后修饰，对产物进行化学修饰等）。

⑩与已上市销售制品制备方法不同的制品（例如采用不同表达体系、宿主细胞等）。

⑪首次采用DNA重组技术制备的制品（例如以重组技术替代合成技术、生物组织提取或者发酵技术等）。

⑫国内外尚未上市销售的由非注射途径改为注射途径给药，或者由局部用药改为全身给药的制品。

⑬改变已上市销售制品的剂型但不改变给药途径的生物制品。

⑭改变给药途径的生物制品（不包括上述12项）。

⑮已有国家药品标准的生物制品。

（2）预防用生物制品注册分类

①未在国内外上市销售的疫苗。

②DNA疫苗。

③已上市销售疫苗变更新的佐剂。

④由非纯化或全细胞（细菌、病毒等）疫苗改为纯化或者组分疫苗。

⑤采用未经国内批准的菌毒种生产的疫苗（流感疫苗、钩端螺旋体疫苗等除外）。

⑥已在国外上市销售但未在国内上市销售的疫苗。

⑦采用国内已上市销售的疫苗制备的结合疫苗或者联合疫苗

⑧与已上市销售疫苗保护性抗原谱不同的重组疫苗。

⑨更换其他已批准表达体系或者已批准细胞基质生产的疫苗。

⑩改变灭活剂（方法）或者脱毒剂（方法）的疫苗。

⑪改变国内已上市销售疫苗的剂型，但不改变给药途径的疫苗。

⑫改变给药途径的疫苗。

⑬改变免疫剂量或者免疫程序的疫苗。

⑭扩大使用人群（增加年龄组）的疫苗。

⑮已有国家药品标准的疫苗。

目标检测

1. 简述生物药物及中间体开发的程序和内容。
2. 简述生物制药企业技能型人才岗位任务。
3. 简述生物技术制药工基本要求。
4. 简述生物技术制药工工作要求。
5. 简述生物技术制药工职业生涯发展途径。
6. 生物制药企业主要有哪些部门组成?

项目二 生物制药生产安全技术

◎**知识目标**

1. 掌握生物制药企业原料、辅料的安全管理技术。
2. 熟悉生物制药企业有关安全生产的工作制度。
3. 了解生物制药企业常用生产设备和水、火、电、气的安全技术。
4. 了解生物制药职业健康安全管理技术。
5. 生物制药安全系统分析与评价技术。

◎**技能目标**

1. 正确认识生物制药岗位环境、工作形象及相关法律法规。
2. 能够正确处理制药企业生产中遇到的安全事故。
3. 树立安全生产的工作意识。

生物药品生产涉及较多危险化学品和菌毒种等生物因子，生产过程一般具有高温、高压、真空、易燃、易爆、易中毒等特点，因此，生物制药企业易发生火灾、毒气泄漏、爆炸等事故以及生物安全事故。生物制药企业能否安全生产事关人民生命财产安全和社会稳定。

安全生产能力和职业健康保护能力是生物药品生产人员所必须具备的基本技能，主要涵盖以下能力的培养及训练：

（1）生物药品安全生产能力。

（2）风险评价和控制能力。

（3）事故预防和应急处理能力。

（4）员工职业健康保护能力。

目的是消除或控制危险和有害因素，使生产过程在符合安全要求的条件和工作秩序下进行，保障人身安全与健康，设备、设施免遭破坏，环境免受污染，保证人身安全、设备安全、产品安全和环境安全。

任务一 新入厂员工的三级安全教育

《药品生产质量管理规范（2010年修订）》第十八条明确指出，所有人员应当明确并理解自己的职责，熟悉与其职责相关的要求，并接受必要的培训，包括上岗前培训和继续培训。因此，安全生产教育主要包括新员工入厂三级教育和全员安全生产教育。

一、新员工入厂三级教育

企业的新员工、特种作业人员、“五新”（新工艺、新技术、新设备、新材料、新产品）人员、复工人员、转岗人员必须接受公司（厂）级、车间（分厂）级和班组级三级安全教育，考核合格后方能上岗。教育内容包括：①安全生产方针、政策、法规、制度、规程和规范。②安全生产技术，包括一般安全技术知识、专业安全技术知识和安全工程科学技术知识的教育等。③职业健康保护等。

1. 公司（厂级）安全教育培训

公司级安全教育一般由企业安技部门负责进行，教育内容主要是公司层级通用的安全生产知识。

（1）讲解安全生产相关的法律法规，安全生产的内容和意义，使新入厂的职工树立起“安全第一、预防为主”和“安全生产，人人有责”的思想。

（2）介绍企业的安全生产概况，包括企业安全生产组织的概况，企业安全工作发展史，企业安全生产相关的规章制度。

（3）介绍企业生产特点，工厂设备分布情况，结合安全生产的经验和教训重点讲解要害部位、特殊设备的注意事项。

（4）安全生产技术知识培训，介绍安全生产中的术语及常识，并进行安全生产技能训练。通过常见事故案例分析和针对性模拟训练，全面提高自我防护、预防事故、事故急救、事故处理的基本能力，从而全面提高企业安全管理素质与水平。

（5）职工健康安全教育，有效保证制药职工安全健康，避免或降低职业病的伤害。

2. 车间级安全教育培训

车间安全教育由车间负责人和安全员负责。根据各车间生产的特殊性，该培训重点对本部门的生产特点、危险区域和特殊设备操作予以介绍。

（1）介绍车间的安全生产概况，包括结构安全生产组织及其人员，车间安全生产相关的规章制度。

（2）介绍车间的生产特点、性质，生产工艺流程及相应设备，主要工种及作业中的专业安全要求。重点介绍车间危险区域、特种作业场所，有毒、有害岗位情况。

（3）介绍事故多发部位、事故原因及相应的特殊规定和安全要求，并剖析车间常见事故和典型事故案例，总结车间安全生产的经验与问题等。

（4）演练劳动保护用品的使用及注意事项。

（5）介绍车间消防预案等应急方案，并进行应急处理训练。

3. 班组级安全教育培训

班组是企业的基本作业单位，班组管理是企业管理的基础，班组安全工作是企业一切工作的落脚点。因此，班组安全教育非常重要。班组安全教育的重点是岗位安全基础教育，主要由班组长和安全员负责教育。安全操作法和生产技能教育可由安全员、培训员传授。

（1）介绍班组安全活动内容及作业场所的安全检查和交接班制度。

（2）介绍本班组生产概况、特点、范围、作业环境、设备状况、消防设施等。重点介绍可能发生伤害事故的各种危险因素和危险岗位，用一些典型事故实例去剖析讲解。

(3) 介绍本岗位使用的机械设备、工具性能、防护装置，讲解相应的标准操作规程。

讲解本工种安全操作规程和岗位责任及有关安全注意事项，使学员真正从思想上重视安全生产，自觉遵守安全操作规程，做到不违章作业，爱护和正确使用机器设备、工具等。

(4) 讲解劳动保护用品的使用及保管方法，边示范，边讲解安全操作要领，说明注意事项，并讲述违反操作造成的严重后果。

二、全员安全生产教育

每位员工每年至少接受一次由各部门（车间）负责实施的全员安全操作规程教育，并进行考核。教育内容包括安全生产责任制、标准化管理，各种安全要求、安全生产技术等。

全员安全教育培训目的在于，提高企业领导与管理层的安全意识，提高从业人员的安全技能，强化“安全第一，预防为主”的观念。通过集中学习，进一步掌握安全技术操作规程，培养遵守劳动安全纪律的自觉性。

三、生物制药安全生产的相关知识

1. 安全生产中的术语及常识

(1) 安全生产中的术语

安全（safety）：在生产活动过程中，能将人员伤亡或财产损失控制在可接受水平之下的状态。

危险（danger）：在生产活动过程中，人员或财产遭受损失的可能性超出了可接受范围的一种状态。

事故（fault）：在生产和行进过程中，突然发生的与人们的愿望和意志相反的情况，使生产进程停止或受到干扰的事件。

事故隐患（accident potential）：生产系统中可导致事故发生的人的不安全行为、物的不安全状态和管理上的缺陷，是一种潜藏的祸患。

安全性（safety property）：确保安全的程度，是衡量系统安全程度的客观量。

安全生产（work safety）：在生产经营活动中，为避免造成人员伤害和财产损失的事故而采取相应的事故预防和控制措施，以保证从业人员的人身安全，保证生产经营活动得以顺利进行的相关活动。具体地说，安全生产是指企事业单位在劳动生产过程中的人身安全、设备和产品安全以及交通运输安全等。

(2) 造成安全事故的原因　安全事故的教训是惨痛的，安全事故轻则造成经济损失，重则危及生命。安全事故的发生有其必然性和偶然性。

造成安全事故的直接原因包括设备的不安全状态和人员的不安全行为。不安全行为产生的主要原因有：①不知道正确的操作方法。②虽然知道正确的操作方法，却为尽快完工而省略了必要的步骤。③按自己的习惯操作。

造成安全事故的间接原因：①技术原因。②教育原因。③身体原因。④精神原因。

⑤管理原因。

2. 安全生产工作的基本思路与措施

安全生产关系人民群众生命和财产安全，安全责任重于泰山。安全生产中的安全包括人身安全、设备安全、消防安全和产品质量安全等。

（1）安全生产的基本方针　安全生产管理必须遵循“安全第一、预防为主”的方针。在各类生产经营和社会活动中，要把安全放在第一位；在各项安全措施的落实上，要把预防放在第一位。

（2）安全生产的原则　①管生产必须管安全的原则。②谁主管谁负责的原则。③安全生产人人有责（安全生产责任制）。

（3）安全生产中的三点控制　危险点控制、危害点控制和事故多发点控制。

（4）保障安全生产的“五要素”　安全文化（即安全意识）、安全法制、安全责任、安全科技、安全投入。

（5）安全生产中的“三违”现象　违反规章制度、违章操作和违章指挥。

（6）安全管理中的“四全管理”　全员、全面、全过程、全天候。“四全管理”的基本精神是人人、处处、事事、时时都要把安全放在首位。

（7）安全检查的要点　查思想，查管理，查现场、查隐患，查整改，查事故处理。

（8）调查处理工伤事故的“三不放过”　①事故原因不清不放过。②事故责任者和员工没受到教育不放过。③没有防范措施不放过。

3. 员工安全生产须知

（1）虚心学习，掌握技能　认真接受安全生产教育，努力掌握生产知识，并逐步实践，反复练习生产技能。

（2）遵守安全生产的一般规则　整理整顿工作地点，保证作业环境整洁、有序；经常维护保养设备，保证设备能够安全运行；按照标准进行操作，避免意外发生。

（3）遵守安全生产规章制度和操作规程　生产过程中做到“五必须”和“五严禁”。“五必须”：必须遵守厂纪厂规；必须经安全生产培训考核合格后持证上岗作业；必须了解本岗位的危险危害因素；必须正确佩戴和使用劳动防护用品；必须严格遵守危险性作业的安全要求。“五严禁”：严禁在禁火区域吸烟、动火；严禁在上岗前和工作时间饮酒；严禁擅自移动或拆除安全装置和安全标志；严禁擅自触摸与已无关的设备、设施；严禁在工作时间串岗、离岗、睡岗或嬉戏打闹。

（4）做到“三不伤害”　两人以上共同作业时注意协作和相互联系，立体交叉作业时要注意安全，做到不伤害自己，不伤害他人，不被他人伤害。

（5）工作前后进行安全检查　开工前，要了解生产任务、作业要求和安全事项。工作中，要检查劳动防护用品穿戴、机械设备运转安全装置是否完好。完工后，应将气阀、水阀、煤气、电气开关等关好；整理好用具和工具箱并放在指定地点；危险物品应存放在指定场所，填写使用记录，关门上锁。

4. 员工的权利和义务

（1）“八大权利”　知情权，建议权，批评、检举、控告权，拒绝权，紧急避险权，获得赔偿权，获得教育培训权，获得劳防用品权。

（2）三项义务　遵章守纪，服从管理义务；学习安全知识，掌握安全技能义务；

险情报告义务。

（3）从业人员的其他权益　预防职业病和职业中毒的权益；享有休息休假的权益；女职工享受特殊保护的权益；发生权益争议，有权提请复议和劳动仲裁。

5. 三级安全教育卡

三级安全教育卡（表2－1）是新进员工参加三级培训的记录和证明，内容包括个人信息、培训内容及考核成绩等。员工经培训、考核合格后方可上岗，三级安全教育卡片需存档备查。

表2－1　三级安全教育卡片

单位名称：　　　　　　　　编号：

姓　　名＿＿＿＿＿＿　　性　　别＿＿＿＿＿＿　　照片

出生年月＿＿＿＿＿＿　　文化程度＿＿＿＿＿＿

部　　门＿＿＿＿＿＿　　班　　组＿＿＿＿＿＿

原岗位（毕业或原单位/车间/岗位）＿＿＿＿＿＿

公司（厂）级教育	教育内容：安全生产的重要意义，国家有关安全生产的方针、政策和法规；本企业的安全组织及规章制度；本企业的生产特点及安全生产正反两个方面的经验教训；防火、防爆、防尘、防毒及机械伤害急救常识等					
	培训时间	年　月　日	学时		受教育人	
		至　年　月　日	考核成绩		安全负责人	
车间（分厂）级教育	教育内容：针对性地介绍本车间的生产特点；本车间的安全生产组织及安全生产规章制度；本车间的生产设备状况、危险区域以及有毒有害作业情况；本车间的安全生产情况和问题以及预防事故的措施					
	培训时间	年　月　日	学时		受教育人	
		至　年　月　日	考核成绩		安全负责人	
班组级教育	教育内容：本岗位的安全生产状况，工作性质和职责范围；本岗位的安全生产规章制度和注意事项；本岗位的各种工具、器具及安全装置的性能及标准操作规程；本岗位劳动保护用品的使用和保管					
	培训时间	年　月　日	学时		受教育人	
		至　年　月　日	考核成绩		安全负责人	

主管领导意见：

年　月　日

任务二　生物制药原、辅材料安全管理技术

生物药物广泛用于疾病的预防、诊断和治疗，在维护人类的身体健康中发挥着重要作用。但是，在生物制药过程中不可避免的存在着威胁人类健康与生态环境的危险物质，这些危险物质主要包括危险化学品（原辅材料及中间体）、危险废物、病毒和细菌等生物因子。危险物质的辨识、使用、运输和贮存是生物制药工作人员从事安全生产和个体保护必备的技能。

一、认识生物制药企业的危险物质

1. 危险物质的分类

生物制药中危险物质的常见分类方式如下。

（1）按照在生产中的存在形式分类　①原料。②辅料：溶剂、冻存保护剂等，如乙酸丁酯、二甲基亚砜。③生产用菌株、病毒株或细胞株：如大肠杆菌、狂犬病病毒等。④中间体：如7－氨基头孢烷酸（简称7－ACA）。⑤产品：如青霉素、链霉素等。⑥副产物或危险废物：如微生物生成的废气、培养基废渣等。

（2）按照存在形态分类　①固体。②液体。③气体。④蒸气：固体升华、液体挥发或蒸发时形成的蒸气，凡沸点低、蒸气压大的物质都易形成蒸气。⑤粉尘：能较长时间悬浮在空气中的固体微粒，粒径多在0.1～10μm。⑥微生物气溶胶：一群形体微小、构造简单的单细胞或接近单细胞的生物悬浮于空气中所成形的胶体体系，粒子大小在0.01～100μm，一般为0.1～30μm。⑦生物因子：如细菌和病毒等。

2. 职业中毒

职业中毒指在职业活动中，接触一切生产性有毒因素所造成的机体中毒性损害。职业中毒可分为急性、亚急性和慢性三种。

（1）急性中毒　毒物一次或短时间内大量进入人体后引起的中毒。

（2）慢性中毒　小剂量毒物长期进入人体所引起的中毒。慢性中毒的远期影响必需引起重视。

（3）亚急性中毒　介于急性中毒和慢性中毒之间，在较短时间内有较大剂量毒物进入人体而引起的中毒。

3. 生物危害及生物安全警示标志

（1）生物危害　生物危害（bio－hazard）是由生物因子形成的伤害。评估微生物危险性的依据主要包括：①实验室感染的可能性。②感染后发病的可能性。③发病症状轻重及愈后情况。④有无致命危险。⑤有无防止感染方法及用一般的微生物操作方法能否防止感染。⑥我国有否此种菌种及曾否引起流行、人群免疫力等。

（2）生物安全警示标识　生物安全警示标志用于指示该区域或物品中的生物物质（致病微生物、细菌等）对人类及环境会有危害（图2－1）。国际通用生物危害警告标志是由一位退休美国环境卫生工程师 Baldwin 于1966年设计的，标志为橙红色，有三边。危险废弃物的容器、存放血液和其他有潜在传染性的物品及进行生物危险物质操作的二级以上生物防护安全实验室的入口处等都贴有此标识。目前使用的生物危害警告标志的主体均为该标志，但颜色及背景可以为其他颜色，用于表示不同的生物安全级别，该标志下方还可以附带相应的警示信息。

生 物 危 险

非工作人员严禁入内

实验室名称		预防措施负责人	
接触病原体名称		紧急事故联络电话	
危险度			

图2－1　生物安全警示标识

二、生物制药企业的综合防护措施

1. 制药企业的常见防护措施

（1）替代或排除有毒、高毒物料　在生产中，要避免或减少使用有毒、有害、易燃和易爆的原辅材料。用无毒物料代替有毒物料，用低毒物料代替高毒或剧毒物料，用可燃物料替代易燃物料是消除或减少物料危害的有效措施。

（2）采用危害性小的工艺　生产过程中可供选择的危险化学品的替代品有限，为了消除或降低化学品危害，还可以改革工艺，以无害或危害性小的工艺代替危害性较大的工艺，从根本上消除毒物危害。

（3）隔离　敞开式生产过程中，有毒物质会散发、外溢，毒害工作人员和环境。隔离就是采用封闭、设置屏障和机械化代替人工操作等措施，把操作人员与有毒物质和生产设备等隔离开。避免作业人员直接与有害因素接触是控制危害最彻底、最有效的措施。

作业环境中毒物浓度高于国家卫生标准时，把生产设备的管线阀门、电控开关放在与生产地点完全隔开的操作室内是一种常用的防护措施。

（4）通风　通风是控制作业场所中有害或危险性气体、蒸气或粉尘最有效的措施。借助于有效的通风不断更新空气，能使作业场所空气中有害或危险性物质浓度低于安全浓度，保证工人的身体健康，防止火灾、爆炸事故的发生。

（5）个体防护　当作业场所中有害物质浓度超标时，工作人员必须使用适宜的个体防护用品避免或减轻危害程度。使用防护用品和养成良好的卫生习惯可以防止有毒物质从呼吸系统、消化道和皮肤进入人体。防护用品主要有头部防护器具、呼吸防护器具、眼防护器具、身体防护用品、手足防护用品等。

个体防护用品的使用只能作为一种保护健康的辅助性措施，并不能消除工作场所中危害物质的存在，所以作业时要保证个体防护用品的完整性和使用的正确性，以有效阻止有害物进入人体。另外，还要指导工人养成良好的卫生习惯，不在作业场所吃饭、饮水、吸烟，坚持饭前漱口，班后洗浴、清洗工作服等。

（6）定期体检　企业要定期对从事有毒作业的劳动者进行健康检查，以便能对职业中毒者早期发现、早期治疗。如，从事卡介苗或结核菌素生产的人员应当定期进行肺部X线透视或其他相关项目健康状况检查。

2. 微生物气溶胶的控制

微生物气溶胶的吸入是引起感染的最主要因素途径，防止微生物气溶胶扩散是控制病原微生物感染重要方法。综合利用围场操作、屏障隔开、有效拦截、定向气流、空气消毒等防护措施可以获得良好的效果。但由于气溶胶具有很强的扩散能力，工作人员在这些防护措施基础上，仍然需要进行个人防护，以防止气溶胶吸入。

（1）围场操作　围场操作是把感染性物质局限在一个尽可能小的空间（例如生物安全柜）内进行操作，使之不与人体直接接触，并与开放之空气隔离，避免人的暴露。生物安全室也是围场，是第二道防线，可起到“双重保护”作用。围场大小要适宜，以达到既保证安全又经济合理的目的。目前，进行围场操作的设施设备往往组合应用了机械、气幕、负压等多种防护原理。

（2）屏障隔离　微生物气溶胶一旦产生并突破围场，要靠各种屏障防止其扩散，因此屏障也被视为第二层围场。例如，生物安全实验室围护结构及其缓冲室或通道，能防止气溶胶进一步扩散，保护环境和公众健康。

（3）定向气流　对生物安全三级以上实验室的要求是保持定向气流。其要求包括：①实验室周围的空气应向实验室内流动，以杜绝污染空气向外扩散的可能，保证不危及公众。②在实验室内部，清洁区的空气应向操作区流动，保证没有逆流，以减少工作人员暴露的机会。③轻污染区的空气应向污染严重的区域流动。以BSL－3实验室为例，原则上半污染区与外界气压相比应为－20Pa，核心实验室气压与半污染区相比也应为－20Pa，感染动物房和解剖室的气压应低于普通BSL－3实验室核心区。

（4）有效消毒灭菌　实验室生物安全的各个环节都少不了消毒技术的应用，实验室的消毒主要包括空气、表面、仪器、废物、废水等的消毒灭菌。在应用中应注意根据生物因子的特性和消毒对象进行有针对性的选择。并应注意环境条件对消毒效果的影响。凡此种种，都应在操作规程中有详细规定。

（5）有效拦截　是指生物安全实验室内的空气在排出大气之前，必须通过高效粒子空气（HEPA）过滤器过滤，将其中感染性颗粒阻拦在滤材上。这种方法简单、有效、经济实用。HEPA滤器的滤材是多层、网格交错排列的，因此其拦截感染性气溶胶颗粒的原理如下。①过筛：直径小于滤材网眼的颗粒可能通过，大于的被拦截。②沉降：由于重力和热沉降或静电沉降作用，粒子有可能被阻拦在滤材上。③惯性撞击：气溶胶粒子直径虽然小于网眼，由于粒子的惯性撞击作用也可能阻拦在滤材上。④粒子扩散：对于直径较小的气溶胶粒子，虽然小于网眼，由于粒子的扩散作用也可能被阻拦在滤材上。

3. 生物安全实验室

中华人民共和国国家标准GB 19489－2008《实验室生物安全通用要求》指出生物因子系指微生物和生物活性物质，涉及生物因子操作的实验室需配套相应生物安全防护级别的实验室设施、设备和安全管理。根据对所操作生物因子采取的防护措施，将实验室生物安全防护水平分为生物安全第一等级（bio－safety level－1，BSL－1）、二级（BSL－2）、三级（BSL－3）和四级（BSL－4）。一级防护水平最低，四级防护水平最高

依据国家相关规定：①生物安全防护水平为一级的实验室适用于操作在通常情况下不会引起人类或者动物疾病的微生物。②生物安全防护水平为二级的实验室适用于操作能够引起人类或者动物疾病，但一般情况下对人、动物或者环境不构成严重危害，传播风险有限，实验室感染后很少引起严重疾病，并且具备有效治疗和预防措施的微生物。③生物安全防护水平为三级的实验室适用于操作能够引起人类或者动物严重疾病，比较容易直接或者间接在人与人、动物与人、动物与动物间传播的微生物。④生物安全防护水平为四级的实验室适用于操作能够引起人类或者动物非常严重疾病的微生物，以及我国尚未发现或者已经宣布消灭的微生物。

以BSL－1、BSL－2、BSL－3、BSL－4（bio－safety level，BSL）表示仅从事体外操作的实验室的相应生物安全防护水平。以ABSL－1、ABSL－2、ABSL－3、ABSL－4（animal bio－safety level，ABSL）表示包括从事动物活体操作的实验室的相应生物安全

防护水平。

生物制药企业中基础实验室的设施和设备要求如下。

（1）BSL－1 实验室

①实验室的门应有可视窗并可锁闭，门锁及门的开启方向应不妨碍室内人员逃生。

②应设洗手池，宜设置在靠近实验室的出口处。

③在实验室门口处应设存衣或挂衣装置，可将个人服装与实验室工作服分开放置。

④实验室的墙壁、天花板和地面应易清洁、不渗水、耐化学品和消毒灭菌剂的腐蚀。地面应平整、防滑，不应铺设地毯。

⑤实验室台柜和座椅等应稳固，边角应圆滑。

⑥实验室台柜等和其摆放应便于清洁，实验台面应防水、耐腐蚀、耐热和坚固。

⑦实验室应有足够的空间和台柜等摆放实验室设备和物品。

⑧应根据工作性质和流程合理摆放实验室设备、台柜、物品等，避免相互干扰、交叉污染，并应不妨碍逃生和急救。

⑨实验室可以利用自然通风。如果采用机械通风，应避免交叉污染。

⑩如果有可开启的窗户，应安装可防蚊虫的纱窗。

⑪实验室内应避免不必要的反光和强光。

⑫若操作刺激或腐蚀性物质，应在 30m 内设洗眼装置，必要时应设紧急喷淋装置。

⑬若操作有毒、刺激性、放射性挥发物质，应在风险评估的基础上，配备适当的负压排风柜。

⑭若使用高毒性、放射性等物质，应配备相应的安全设施、设备和个体防护装备，应符合国家、地方的相关规定和要求。

⑮若使用高压气体和可燃气体，应有安全措施，应符合国家、地方的相关规定和要求。

⑯应设应急照明装置。

⑰应有足够的电力供应。

⑱应有足够的固定电源插座，避免多台设备使用共同的电源插座。应有可靠的接地系统，应在关键节点安装漏电保护装置或监测报警装置。

⑲供水和排水管道系统应不渗漏，下水应有防回流设计。

⑳应配备适用的应急器材，如消防器材、意外事故处理器材、急救器材等。

㉑应配备适用的通讯设备。

㉒必要时，应配备适当的消毒灭菌设备。

（2）BSL－2 实验室

①适用时，应符 BSL－1 实验室 A 的要求。

②实验室主入口的门、放置生物安全柜实验间的门应可自动关闭；实验室主入口的门应有进入控制措施。

③实验室工作区域外应有存放备用物品的条件。

④应在实验室工作区配备洗眼装置。

⑤应在实验室或其所在的建筑内配备高压蒸汽灭菌器或其他适当的消毒灭菌设备，所配备的消毒灭菌设备应以风险评估为依据。

⑥应在操作病原微生物样本的实验间内配备生物安全柜。

⑦应按产品的设计要求安装和使用生物安全柜。如果生物安全柜的排风在室内循环，室内应具备通风换气的条件；如果使用需要管道排风的生物安全柜，应通过独立于建筑物其他公共通风系统的管道排出。

⑧应有可靠的电力供应。必要时，重要设备（如培养箱、生物安全柜、冰箱等）应配置备用电源。

三、生物制药企业安全生产管理

1. 危险化学品的使用

（1）熟悉常用危险化学品的种类、特性和危害、贮存地点，严格按照标准操作规程领取、贮存、使用和退回危险化学品。

（2）提高突发情况应对能力，熟悉事故的处理程序及方法，掌握急救知识，避免应对不当导致危险化学品造成伤害。

2. 危险化学品的贮存

（1）仓库保管员应熟悉本单位储存和使用的危险化学品的性质、保管知识和相关消防安全规定。

（2）根据物品种类、性质，按规定分垛储存、摆放各种危险化学品，并设置相应通风、防火、防雷、防晒、防泄漏等安全设施。

（3）爆炸品、剧毒品严格执行“五双”制度（双人、双锁、双人收发、双人运输、双人使用）。

（4）严格执行危险化学品储存管理制度，严格危险化学品出、入库手续，监督进入仓库的职工，严防原料和产品流失。

（5）正确使用个体防护用品，并指导进入仓库的职工正确佩戴个体防护用品。

（6）定期检查危险化学品，旋紧瓶盖，以防挥发、变质、自燃或爆炸。

（7）定期巡视危险化学品仓库以及周围环境，做到防潮、防火、防腐、防盗，消除事故隐患。

（8）按照消防的有关要求对消防器材进行管理，定期检查、定期更换。

（9）做到账物相符，日清月结，包括危险品存、出情况，安全情况和废液、废渣情况等。发现差错，及时查明原因并予以纠正，遇有意外情况，及时向处领导汇报。

3. 危险化学品的运输

（1）防护　从事危险化学品的运输装卸人员，应按危险品的性质佩带相应的防护用品。防护用品包括工作服、橡皮围裙、橡皮袖罩、橡皮手套、长筒胶靴、防毒面具、滤毒口罩、纱口罩、纱手套和护目镜等，操作后应进行清洗或消毒，放在专用的箱柜中保管。

（2）准备　在装卸搬运化学原辅材料前，要预先做好准备工作，了解物品性质，检查装卸搬运的工具是否牢固，不牢固的应予更换或修理。如工具上曾被易燃物、有机物、酸、碱等污染，必须清洗后方可使用。

（3）运输工具　禁止用电瓶车、翻斗车、铲车、自行车等运输爆炸品。运输强氧化剂、爆炸品及用铁桶包装的一级易燃液体时，没有采取可靠安全措施的，不得用铁底板车及汽车挂车。运输危险化学品的车辆必须戴阻火器，并且要防止日光曝晒。运输危险化学品的槽车、罐车以及其他容器必须封口严密，能够承受正常运输条件下产生的内部压力和外部压力，保证危险化学品在运输中不因温度、湿度或者压力的变化发生任何渗漏。

（4）装卸　两种性能互相抵触的物品，不得同地装卸，同车（船）并运。装卸时必须轻装轻卸，严禁撞击、重压、碰摔、震动和摩擦，不得损毁包装容器，并注意标识，堆放稳妥。液体铁桶包装下垛时，不可用跳板快速溜放，应在地上，垛旁垫旧轮胎或其他松软物，缓慢放下。标有不可倒置标志的物品切勿倒放。发现包装破漏，必须移至安全地点整修，或更换包装。整修时不应使用可能发生火花的工具。化学危险物品散落在地面上时，应及时扫除，对易燃易爆物品应用松软物经水浸湿后扫除。

（5）养成良好习惯　装卸搬运时不得饮酒、吸烟。工作完毕后根据工作情况和危险品的性质，及时清洗手、脸、漱口或淋浴。装卸搬运毒害品时，必须保持现场空气流通，如果发现恶心、头晕等中毒现象，应立即到新鲜空气处休息，脱去工作服和防护用具，清洗皮肤沾染部分，重者送医院诊治。

（6）强腐蚀性物品　装卸搬运强腐蚀性物品，操作前应检查箱底是否已被腐蚀，以防脱底发生危险。搬运时禁止肩扛、背负或用双手揽抱，只能挑、抬或用车子搬运。搬运堆码时，不可倒置、倾斜、震荡，以免液体溅出发生危险。在现场须备有清水、苏打水或冰醋酸等，以备急救时应用。

（7）放射性物品　装卸搬运放射性物品时，不得肩扛、背负或揽抱。并尽量减少人体与物品包装的接触，应轻拿轻放，防止摔破包装。工作完毕用肥皂和水清洗手脸和淋浴后才可进食、饮水。对防护用具和使用工具，须经仔细洗刷，除去射线感染。对沾染放射性的污水，不得随便流散，应引入深沟或进行处理。

4. 生物制品生产、检定用菌毒种管理

菌毒种，系指直接用于制造和检定生物制品的细菌、立克次体或病毒等，菌毒种参照《人间传染的病原微生物名录》分类。生产和检定用菌毒种，包括 DNA 重组工程菌菌种，来源途径应合法，并经国家药品监督管理部门批准。菌毒种由国家药品检定机构或国家药品监督管理部门认可的单位保存、检定及分发。

生物制品生产用菌毒种应采用种子批系统。原始种子批（primary seed lot）应验明其记录、历史、来源和生物学特性。从原始种子批传代和扩增后保存的为主种子批（master seed lot）。从主种子批传代和扩增后保存的为工作种子批（working seed lot），工作种子批用于生产疫苗。工作种子批的生物学特性应与原始种子批一致，每批主种子批和工作种子批均应按药典中各论要求保管、检定和使用。生产过程中应规定各级种子批允许传代的代次，并经国家药品监督管理部门批准。

菌毒种的传代及检定实验室应符合国家生物安全的相关规定。各生产单位质量管理部门对本单位的菌毒种施行统一管理。

（1）菌毒种登记程序

①菌毒种由国家药品检定机构统一进行国家菌毒种编号，各单位不得更改及仿冒。未经注册并统一编号的菌毒种不得用于生产和检定。

②保管菌毒种应有严格的登记制度，建立详细的总账及分类账。收到菌毒种后应

立即进行编号登记，详细记录菌毒种的学名、株名、历史、来源、特性、用途、批号、传代冻干日期和数量。在保管过程中，凡传代、冻干及分发，记录均应清晰，可追溯，并定期核对库存数量。

③收到菌毒种后一般应及时进行检定。用培养基保存的菌种应立即检定。

（2）菌毒种的检定

①生产用菌毒种应按要求进行检定。

②所有菌毒种检定结果应及时记入菌、毒种检定专用记录内。

③不同属或同属菌毒种的强毒株及弱毒株不得同时在同一洁净室内操作。涉及菌毒种的操作应符合国家生物安全的相关规定。

④应对生产用菌毒种已知的主要抗原表位的遗传稳定性进行检测，并证明在规定的使用代次内其遗传性状是稳定的。减毒活疫苗中所含病毒或细菌的遗传性状应与原始种子批和（或）主种子批一致。

（3）菌毒种的保存

①菌毒种经检定后，应根据其特性，选用冻干或适当方法及时保存。

②不能冻干保存的菌毒种，应根据其特性，置适宜环境至少保存 2 份或保存于 2 种培养基。

③保存的菌毒种传代或冻干均应填写专用记录。

④保存的菌毒种应贴有牢固的标签，标明菌毒种编号、名称、代次、批号和制备日期等内容。

（4）菌毒种的销毁　无保存价值的菌毒种可以销毁。销毁一类、二类菌毒种的原始种子批、主种子批和工作种子批时，须经本单位领导批准，并报请国家卫生行政当局或省、自治区、直辖市卫生当局认可。销毁三类、四类菌毒种须经单位领导批准。销毁后应在账上注销，做出专项记录，写明销毁原因、方式和日期。

（5）菌毒种的索取、分发与运输

①索取菌毒种，应按《中国医学微生物菌种保藏管理办法》执行。

②分发生物制品生产和检定用菌毒种，应附有详细的历史记录及各项检定结果。菌毒种采用冻干或真空封口形式发出，如不可能，毒种亦可以组织块或细胞悬液形式发出，菌种亦可用培养基保存发出，但外包装应坚固，管口必须密封。

③菌毒种的运输应符合国家相关管理规定。如《可感染人类的高致病性病原微生物菌（毒）种或样本运输管理规定》等。

5. 消毒及灭菌

生制药企业常采用消毒及灭菌的方法来避免微生物对药品的污染，以及菌毒种对人体和环境的威胁。灭菌系指用化学或物理的方法杀灭或去除物料及设备、空间中所有生物的技术或工艺过程。消毒系指杀灭或清除病原微生物，达到无害化程度，杀灭率 99.9% 以上。制药企业常用的灭菌工艺有：

（1）化学灭菌　用化学物质杀灭微生物的灭菌操作。常见的化学灭菌剂有氧化剂类、卤化物类、有机化合物等。

机制：与微生物细胞中的成分反应，使蛋白质变性，酶失活，破坏细胞膜透性，细胞死亡。应用于皮肤表面、器具，实验室和工厂的无菌区域的台面、地面、墙壁及空间的灭菌。使用方法为浸泡、擦拭、喷洒等。常用化学灭菌剂的杀菌原理及使用浓度见表2-2。

表2-2　生物制药企业常用的化学灭菌剂

化学灭菌剂	杀菌原理	使用浓度
高锰酸钾	使蛋白质、氨基酸氧化	0.1%～3%
过氧乙酸	氧化蛋白质的活性基团	0.2%～0.5%
漂白粉	在水溶液中分解为新生态氧和氯	1%～5%
苯扎溴铵（新洁而灭）	以阳离子形式与菌体表面结合，引起菌体外膜损伤和蛋白质变性	0.25%
酒精	使细胞脱水，蛋白质凝固变性	75%
甲醛	强还原剂，与氨基结合	37%
甲酚皂	蛋白质变性，损伤细胞膜	1%～5%

（2）物理灭菌　各种物理条件如高温、辐射、超声波及过滤等进行灭菌。①辐射灭菌：高能量电磁辐射与菌体核酸的光化学反应造成菌体死亡，如以^{60}Co射线灭菌。②高温干热灭菌法：电热烤箱加热至140～180℃，维持1～2小时或灼烧，利用氧化、蛋白质变性和电解质浓缩等作用使微生物致死。③高温湿热灭菌法：121℃维持15～30分钟，利用高温和蒸汽的穿透力灭菌。

6. 病毒的去除与灭活

为了提高生物药品的安全性，尤其是血液制品的安全性，生产工艺要具有一定的去除或灭活病毒能力，生产过程中应有特定的去除/灭活病毒方法。例如，凝血因子类制品生产过程中应有特定的能去除/灭活脂包膜和非脂包膜病毒的方法，可采用一种或多种方法联合去除/灭活病毒；免疫球蛋白类制品（包括静脉注射用人免疫球蛋白、人免疫球蛋白和特异性人免疫球蛋白）生产过程中应有特定的灭活脂包膜病毒方法，但从进一步提高这类制品安全性考虑，提倡生产过程中再加入特定的针对非脂包膜病毒的去除/灭活方法。白蛋白生产过程中采用低温乙醇生产工艺和特定的去除/灭活病毒方法，如巴斯德消毒法等。

常用的去除/灭活病毒方法有：

（1）巴斯德消毒法（巴氏消毒法）　本法适用于人血白蛋白制品等。

（2）干热法（冻干制品）　80℃加热72小时，可以灭活HBV、HCV、HIV和HAV等病毒。但应考虑制品的水分含量、制品组成（如蛋白质、糖、盐和氨基酸）对病毒灭活效果的影响。

（3）有机溶剂/去污剂（S/D）处理法　常用的灭活条件是0.3%磷酸三丁酯（TNBP）和1%吐温-80，在24℃处理至少6小时；0.3% TNBP和1% Triton X-100，在24℃处理至少4小时。S/D处理前应先用1μm滤器除去蛋白溶液中可能存在的颗粒（颗粒可能藏匿病毒从而影响病毒灭活效果）。

（4）膜过滤法　膜过滤技术只有在滤膜的孔径比病毒有效直径小时才能有效除去病毒。该方法不能单独使用，应与其他方法联合使用。

（5）低pH孵放法　免疫球蛋白生产工艺中的低pH（如pH 4）处理（有时加胃

酶）能灭活几种脂包膜病毒。灭活条件（如 pH、孵放时间和温度、胃酶含量、蛋白质浓度、溶质含量等因素）可能影响病毒灭活效果，验证试验应该研究这些参数允许变化的幅度。

四、生物制药企业的应急措施

1. 职业中毒的治疗原则

（1）病因治疗　解除中毒的病因，阻止毒物继续进入体内，促使毒物排泄以及拮抗或解除其毒作用。

（2）对症治疗　缓解引起的主要症状，以促使人体功能恢复。

（3）支持治疗　能提高患者抗病能力，促使早日恢复健康。

2. 急性中毒的救护

（1）救护人员的个人防护　救护人员进入危险区前，要做好个人防护，佩戴好防毒面具、穿好防护服等呼吸系统和体表的防护用品，避免救护人员中毒，防止中毒事故扩大。

（2）现场抢救　立即使患者停止接触毒物，尽快将其移出危险区，转移至空气流通处。保持呼吸畅通。如衣物或皮肤被污染，必须将衣服脱下，用清水洗净皮肤。如毒物进入眼睛，应用大量流水缓缓冲洗眼睛 15 分钟以上。如出现休克、停止呼吸，心跳停止等，立即采取人工呼吸、心肺复苏等急救措施进行抢救。必须尽快把中毒者送往医院进行专业治疗。

（3）毒物的消除　患者到达医院后，如毒物经口食入引起急性中毒，需立即用催吐、洗胃及导泻等消除毒物；如系气体或蒸汽吸入中毒，可给予吸氧，以纠正缺氧，加速毒物经呼吸道排出。

（4）消除毒物在体内的作用　尽快使用络合剂或其他特效解毒疗法。金属中毒可用二巯基丙醇等络合剂，达到解毒和促排作用。中毒性高铁血红蛋白血症可用美蓝治疗，使高铁血红蛋白还原。氨、铜盐、汞盐、羧酸类中毒时，可给中毒者喝牛奶、生鸡蛋等缓解剂。

3. 意外事故的处理

（1）刺伤、割伤及擦伤　受伤人员应脱除防护衣，清洗双手及受伤部位，使用适当的消毒剂消毒，必要时，送医院就医。要记录受伤原因及相关的微生物，并保留完整的医疗记录。

（2）食入潜在感染性物质　脱下受害人的防护衣并迅速送医院就医。要报告事故发生的细节，并保留完整的医疗记录。

（3）潜在危害性气溶胶的意外释放　所有人员必须立即撤离相关区域，并立即向上级领导汇报。为了使气溶胶排出及使较大的微粒沉降，应张贴“禁止进入”的标志，气溶胶意外释放后一定时间内（例如 1 小时内）严禁人员进入，如实验室无中央排气系统，则应延迟进入实验室时间（例如 24 小时后）。经适当隔离后，在专家的指导下，由穿戴防护衣及呼吸保护装备的人员除污。任何现场暴露人员都应接受医学检查。

（4）容器破碎导致感染性物质溢出　应戴上手套，立即用抹布或纸巾覆盖溢出的感染性物质及遭污染的破碎容器。然后在上面倒上消毒剂，并使其作用适当时间。然后将抹布、纸巾以及破碎物品清理掉；玻璃碎片应使用镊子清理。然后再使用消毒剂擦拭污染区域。如果使用畚箕清理破碎物，应对其进行高压灭菌或置入有效的消毒液内浸泡。用于清理的抹布、纸巾等均应放于盛装污染性废弃物的容器内。

五、生物制药原、辅材料相关知识

1. 危险化学品及其分类

危险化学品是指有爆炸、易燃、毒害、感染、腐蚀、放射性等危险特性，在运输、储存、生产、经营、使用和处置中，容易造成人身伤亡、财产损毁或环境污染而需要特别防护的化学品。

危险化学品可分为八大类：爆炸品、压缩气体和液化气体、易燃液体、易燃固体、自燃物品和遇湿易燃物品、氧化剂和有机过氧化物、毒害品和感染性物品、放射性物品、腐蚀品。中华人民共和国国家标准 GB 13690 – 92《常用危险化学品的分类及标志》和 GB 6944 – 86《危险货物分类和品名编号》均对各类危险化学品的性质、特点进行了详细介绍。

2. 生物制药中的危险废物

生物药物生产过程中会生成各种危险废物（表2 – 3），这些危险废物通常是危险化学品的混合物，除易爆和具有放射性以外的危险废物外，均可进行焚烧的方式处理。生物制药企业要加强对危险废物的污染控制，对危险废物焚烧全过程进行污染控制；对具备热能回收条件的焚烧设施要考虑热能的综合利用。

表 2 – 3 生物制药常见的危险废物

废物类别	行业来源	废物代码	危险废物	危险特性
HW02 医药废物	生物、生化制品的制造	276 – 001 – 02	利用生物技术生产生物化学药品、基因工程药物过程中的蒸馏及反应残渣	毒性
		276 – 002 – 02	利用生物技术生产生物化学药品、基因工程药物过程中的母液、反应基和培养基废物	毒性
		276 – 003 – 02	利用生物技术生产生物化学药品、基因工程药物过程中的脱色过滤（包括载体）物与滤饼	毒性
		276 – 004 – 02	利用生物技术生产生物化学药品、基因工程药物过程中废弃的吸附剂、催化剂和溶剂	毒性
		276 – 005 – 02	利用生物技术生产生物化学药品、基因工程药物过程中的报废药品及过期原料	毒性

注：摘自环境保护部、国家发展改革委于2008 年发布的《国家危险废物名录》。

3. 生物制品生产、检定用菌（毒）种的生物安全分类

依据病原微生物的危险程度，我国将生物制品生产用菌（毒）种分为四类。

(1) 第一类病原微生物　指能够引起人类或者动物非常严重疾病的微生物，以及我国尚未发现或者已经宣布消灭的微生物。

(2) 第二类病原微生物　指能够引起人类或者动物严重疾病，比较容易直接或者间接在人与人、动物与人、动物与动物间传播的微生物。如结核分枝杆菌、狂犬病病

毒等。

（3）第三类病原微生物　指能够引起人类或者动物疾病，但一般情况下对人、动物或者环境不构成严重危害，传播风险有限，实验室感染后很少引起严重疾病，并且具备有效治疗和预防措施的微生物。如肺炎双球菌、破伤风梭菌等。

（4）第四类病原微生物　指在通常情况下不会引起人类或者动物疾病的微生物。

4. 常见的生物制品生产用菌（毒）种

生产用菌（毒）种通常是指用于生产细菌活疫苗、微生态活菌制品、细菌灭活疫苗及纯化疫苗、体内诊断制品、病毒活疫苗、病毒灭活疫苗和重组产品的菌种及病毒。重组产品生产用工程菌株按第四类病原微生物管理。常见的生物制品生产用菌（毒）种的分类，见表2－4、表2－5、表2－6、表2－7、表2－8和表2－9。

表2－4　细菌活疫苗生产用菌种

疫苗品种	生产用菌种	分类
皮内注射用卡介苗	卡介菌 BCGPB302 菌株	四类
皮上划痕用鼠疫活疫苗	鼠疫杆菌弱毒 EV 菌株	四类
皮上划痕人用布氏菌活疫苗	布氏杆菌牛型 104M 菌株	四类
皮上划痕人用炭疽活疫苗	炭疽杆菌 A16R 菌株	三类

表2－5　微生态活菌制品生产用菌种

生产用菌种	分类	生产用菌种	分类
青春型双歧杆菌	四类	粪肠球菌 CGMCC No. 04060. 3，YIT 0072 株	四类
长型双歧杆菌	四类	屎肠球菌 R－026	四类
长型双歧杆菌	四类	凝结芽孢杆菌 TBC169	四类
嗜热链球菌	四类	枯草芽孢杆菌 BS－3，R－179	四类
婴儿型双歧杆菌	四类	酪酸梭状芽孢杆菌 CGMCC No. 0313－1	四类
保加利亚乳杆菌	四类	地衣芽孢杆菌 63516	四类
嗜酸乳杆菌	四类	蜡样芽孢杆菌 CGMCC No. 04060. 4，CMCC 63305	四类

表2－6　细菌灭活疫苗及纯化疫苗生产用菌种

疫苗品种	生产用菌种	分类
伤寒疫苗	伤寒菌	三类
伤寒副伤寒甲联合疫苗	伤寒菌，副伤寒甲菌	三类
伤寒副伤寒甲乙联合疫苗	伤寒菌，副伤寒甲菌、乙菌	三类
伤寒 Vi 多糖疫苗	伤寒菌	三类
霍乱疫苗	霍乱弧菌 O1 群，EL－Tor 型菌	三类
A 群脑膜炎球菌多糖疫苗	A 群脑膜炎球菌	三类
C 群脑膜炎球菌多糖疫苗	C 群脑膜炎球菌	三类
吸附百日咳疫苗	百日咳杆菌	三类

续表

疫苗品种	生产用菌种	分类
吸附破伤风疫苗	破伤风杆菌	三类
吸附白喉疫苗	白喉杆菌	三类
钩端螺旋体疫苗	钩端螺旋体	三类
b 型流感嗜血杆菌结合疫苗	b 型流感嗜血杆菌	三类
冻干母牛分枝杆菌制剂	母牛分枝杆菌	三类
短棒杆菌注射液	短棒杆菌	三类
注射用 A 群链球菌	A 群链球菌	三类
注射用红色诺卡菌细胞壁骨架	红色诺卡菌	三类
绿脓杆菌注射液	绿脓杆菌	三类
铜绿假单胞菌注射液	铜绿假单胞菌	三类
卡介菌多糖核酸注射液	卡介菌 BCGPB302 菌株	四类

表 2-7　体内诊断制品生产用菌种

制品品种	生产用菌种	分类
结核菌素纯蛋白衍生物	结核杆菌	二类
锡克试验毒素	白喉杆菌 PW8 菌株	三类
布氏菌纯蛋白衍生物	布氏杆菌牛型 104M 菌株	四类
卡介菌纯蛋白衍生物	卡介菌 BCGPB302 菌株	四类

表 2-8　病毒活疫苗生产用毒种

疫苗品种	生产用毒种	分类
麻疹减毒活疫苗	沪-191，长-47 减毒株	四类
风疹减毒活疫苗	BRDⅡ减毒株，松叶减毒株	四类
腮腺炎减毒活疫苗	S79、Wm_{84}减毒株	四类
水痘减毒活疫苗	OKA 株	四类
乙型脑炎减毒活疫苗	SA14-14-2 减毒株	四类
甲型肝炎减毒活疫苗	H2　L-A-1 减毒株	四类
脊髓灰质炎减毒活疫苗	Sabin 减毒株、中Ⅲ2 株	四类
口服轮状病毒疫苗	LLR 弱毒株	四类
黄热疫苗	17D 减毒株	四类
天花疫苗	天坛减毒株	四类

表 2-9　病毒灭活疫苗生产用毒种

疫苗品种	生产用毒种	分类
乙型脑炎灭活疫苗	P3 实验室传代株	三类
肾综合征出血热疫苗	啮齿类动物分离株，未证明减毒	二类
肾综合征出血热双价疫苗	啮齿类动物分离株，未证明减毒	二类

续表

疫苗品种	生产用毒种	分类
狂犬病疫苗	狂犬病病毒（固定毒）	三类
甲型肝炎灭活疫苗	减毒株	三类
流感全病毒灭活疫苗	鸡胚适应株	三类
流感病毒裂解疫苗	鸡胚适应株	三类
森林脑炎灭活疫苗	森张株（未证明减毒）	二类

5. 危险化学品进入人体的途径

在生产环境中，毒物主要经呼吸道、皮肤和消化道侵入人体。其中最主要的是呼吸道，其次是皮肤，经过消化道进入人体仅在特殊情况下发生。

（1）经呼吸道进入　毒物主要是通过呼吸道侵入人体，在全部职业中毒者中，有95%是由呼吸道吸入引起的。人体肺泡表面积约 90 ~ 160m^2，每天吸入空气约 12m^3（约 15kg）。空气在肺泡内流速慢，接触时间长，肺泡上有大量的毛细血管且壁薄，这些都有利于有毒气体、蒸气以及液体和粉尘的迅速吸入，而后溶解于血液，由血液分布到全身各个器官而造成中毒。吸入的毒物愈多，中毒就愈厉害，毒物水溶性越大导致中毒的可能性越大。

劳动强度、环境温度、湿度、接触毒物的条件和毒物的性能等因素，都将对吸收量有影响。肺泡内的二氧化碳，也能增加某些物质的溶解度，从而促进毒物的吸收。

（2）经皮肤进入　有些毒物可透过表皮屏障或经毛囊的皮脂腺进入人体。经表皮进入体内的毒物要经三种屏障，第一道是皮肤的角质层，一般分子量大于 300 的物质，不易透过无损的皮肤；第二道是位于表角质层下面的连接角质层，其表皮细胞，富有固醇磷脂，它能阻碍水溶性毒物的通过，而让脂溶性毒物透过，并扩散，经乳头毛细血管而进入血液；第三道是表皮与真皮连接处的基膜。水、脂都溶的物质（如苯胺），易被皮肤吸收。只脂溶而水溶极微的物质苯，经皮肤吸收量较少（如苯）。

毒物经皮肤进入毛囊后，可绕过表皮的屏障直接透过皮脂腺细胞和毛囊壁进入真皮，再从下面向表皮扩散。但这个途径不如表皮吸收重要。

如果表皮屏障的完整性被破坏，如外伤、灼伤等，可促进毒物的吸收。黏膜吸收毒物的能力远较皮肤强，部分粉尘可以通过黏膜吸收。

（3）经消化道进入　毒物从消化道进入人体，主要是由于不遵守卫生制度，误服毒物或毒物喷入口腔等导致。该种中毒情况较少见。

6. 病原微生物感染人体的途径

病原微生物感染的主要途径有：①微生物气溶胶的吸入。②刺伤、割伤。③皮肤、黏膜污染。④食入。⑤实验动物咬伤。⑥其他不明原因的感染。

微生物气溶胶的吸入是引起感染的最主要因素途径。生物气溶胶无色无味、无孔不入，不易发现，工作人员在自然呼吸中不知不觉吸入而造成感染。许多操作可以产生微生物气溶胶，并随空气扩散而污染实验室的空气，当工作人员吸入后，便可以引相关感染。在生物制药企业，产生的微生物气溶胶可分为两大类：一类是飞沫核气溶胶，另一类是粉尘气溶胶。这两类微生物气溶胶对工作人员都具有严重的危害性，其程度取决于微生物本身的毒力、气溶胶的浓度、气溶胶粒子大小以及当时室内的微小气候条件。一般来说，微生物气溶胶颗粒越多，粒径越小，实验室的环境越适合微生物生存，引起实验室感染的可能性就越大。

可产生微生物气溶胶的实验室操作如下。①轻度产生微生物气溶胶的操作（<10个颗粒）：玻片凝集实验、倾倒毒液、火焰上灼热接种环、颅内接种、接种鸡胚或抽取培养液等。②中度产生微生物气溶胶的操作（11~100个颗粒）：实验动物尸体解剖，用乳钵研磨动物组织，离心沉淀前后注入、倾倒、混悬毒液，毒液滴落在不同表面上，用注射器从安瓿种抽取毒液，接种环接种平皿、试管或三角瓶等，打开培养容器的螺旋瓶盖，摔碎带有培养基的平皿等。③离心时离心管破裂，打开、打碎干燥菌种安瓿，搅拌后立即打开搅拌器盖，小白鼠鼻内接种，注射器针尖脱落喷出毒液，刷衣服、拍打衣服等。

7. 毒物毒性及其评价指标

只要达到一定的数量，任何物质对机体都具有毒性，如果低于一定数量，任何物质都不具有毒性。在一定条件下，较小剂量就能够对生物体产生损害作用或使生物体出现异常反应的外源化学物称为毒物。毒性强弱通常以化学物质引起实验动物某种毒性反应所需的剂量表示。能引起人某种程度毒害所需的剂量统称为毒害剂量，某种毒物剂量（浓度）越小，表示该毒物毒性越大。常用的毒性评价指标有以下几种。

（1）绝对致死剂量或浓度（LD_{100}或LC_{100}） 是指引起全组受试动物全部死亡的最低剂量或浓度。

（2）半数致死剂量或浓度（LD_{50}或LC_{50}） 是指引起全组受试动物半数死亡所需的剂量或浓度。

（3）最小致死剂量或浓度（MLD或MLC） 是指使全组受试动物中有个别动物死亡的剂量，其低一档的剂量即不再引起动物死亡。

（4）最大耐受剂量或浓度 是指使全组受试动物全部存活的最大剂量或浓度。

以上各种“剂量”的单位以mg/kg表示，各种“浓度”的单位以mg/m^3、g/m^3或mg/L表示。

LD_{50}或LC_{50}的数值越小，表示毒物的毒性越强。物质的急性毒性可按LD_{50}或LC_{50}来分级。一般可按LD_{50}将有毒物分为剧毒、高毒、中毒、低毒、微毒等5级（表2-10）。

表2-10 化学物质的急性毒性分级

分级	大鼠一次经口 LD_{50}（mg/kg）	6只大鼠吸入4小时死亡2~4只浓度（μg/g）	兔涂皮时 LD_{50}（mg/kg）	经皮对人可能的单位体重致死剂量（g/kg）
剧毒	<1	<10	<5	<0.05
高毒	1~50	10~100	5~44	0.05~0.5
中毒	50~500	100~1000	44~350	0.5~5
低毒	500~5000	1000~10000	350~2180	5~15
微毒	5000~15000	10000~100000	2180~22590	>15

8. 生物制药企业的通风方式

通风包括排风和进风。排风是在局部地点或整个车间把不符合卫生标准的污浊空气排至室外，进风是把新鲜空气或经过净化符合卫生要求的空气送入室内。通风常采用局部通风法或全面通风法。

点式扩散源，宜采用局部通风。局部通风是把污染源罩起来，对局部地点进行排风或送风，以控制有害物向室内扩散，局部通风所需风量小，经济有效，并便于有害物质的净化回收。局部通风系统又分为局部进风和局部排风两大类。实验室中的通风橱即为局部排风设备，局部排风时，应使污染源处于通风罩控制范围内。

面式扩散源，宜采用全面通风。全面通风是对整个车间进行排风或送风，抽出污染空气，提供新鲜空气，降低有害物质浓度，全面通风能有效降低作业场所中有害物质的浓度，但全面通风所需风量大，难以净化回收有害物质。全面通风具体实施方法又可分为全面排风法、全面送风法、全面排送风法和全面送，局部排风混合法等。

通风不能消除有害物质，而只是将有害物质分散稀释，所以通风的方法仅适合于低毒性作业场所，不适于有害物质浓度产量、危害性大的作业场所。

任务三　生物制药设备与电气安全技术

一、电气安全管理

电气安全是指电气设备在正常运行及在预期的非正常状态下不会危害人身和周围设备的安全。

电气事故是电能作用于人体或电能失去控制所造成的意外事件，即与电能直接关联的意外灾害。电气事故将使正常生产活动中断，并可能造成人身伤亡和设备、设施的毁坏。电气事故包括：人身触电事故、设备烧毁事故、电气引起的火灾和爆炸事故、产品质量事故、电击引起的二次人身事故等。

1. 触电事故的种类

当人体接触带电体时，电流会对人体造成程度不同的伤害，发生触电事故。

（1）按能量施加方式分类　①电击：电流通过人体内部，人体吸收能量受到的伤害，也就是俗语中的“过电”。电击一般不会在人体表面留下大面积明显的伤痕，但会破坏人的心脏、肺部和中枢神经系统的正常工作，使人出现痉挛、窒息、心颤、心脏骤停等症状，甚至危及生命。绝大多数死亡事故都是由电击造成的，电流会引起心室颤动，减弱或丧失其压送血液功能，导致人大脑缺氧而窒息死亡。电击是全身伤害，所以又称全身性电伤。②电伤：电流的热效应、化学效应或机械效应对人体造成的伤害，主要有电弧烧伤、电烙印、皮肤金属化三种。电弧烧伤是指电弧产生的高温对身体造成的大面积损伤。电烙印是电弧直接打到皮肤上，造成皮肤深黑色。皮肤金属化是指由于金属导体的蒸气渗入皮肤，使皮肤变成金属色。电伤多是局部性伤害，在人体表面留下明显的伤痕。

（2）按造成事故的原因分类　①直接接触触电：人体触及正常运行的设备和线路的带电体时造成的触电。②间接接触触电：人体触及发生故障的设备或线路的带电体时造成的触电。

（3）按触电方式分类　①低压触电：低压触电是380V以下的触电，可分为单相触电和两相触电。单相触电是指人体某部位接触地面，而另一部位触及一相带电体的触电事故，由单相220V交流电引起。两相触电是指人体两部分同时触及两相电源，电流从一相经人体流入另一相导线的触电事故，由电源的380V线电压引起。两相触电的危害要大于单相触电。②高压放电：当人体靠近高压带电体时，就会发生高压放电而导致触电，而且电压越高放电距离越远。③跨步电压触电：高压电线掉落地面时，会在接地点附近形成电压降。当人位于接地点附近时，两脚之间就会存在电压差，即为跨步电压。跨步电压的大小取决于接地电压的高低和人体与接地点的距离。高压线落地会产生一个以落地点为中心的半径为8～10m的危险区。当发觉跨步电压的威胁时，应一只脚或双脚并在一起跳着离开危险区。

2. 防止触电事故的技术措施

（1）防止直接接触电击　①加强绝缘：利用绝缘材料对带电体进行封闭和隔离。②设置屏护装置：采用遮拦、护罩、护盖、箱（匣）等将带电体与外界隔离。③间隔一定的安全距离：保证带电体与地面、带电体与其他设备、带电体与人体、带电体之间有必要的安全距离。

（2）防止间接接触电击　①保护接地：将正常情况下不带电，而在故障情况下可能带电的电器金属部分用导线与接地体可靠连接起来，把设备上的故障电压限制在安全范围内的安全措施。②保护接零：指电气设备正常情况下不带电的金属部分与低压配电系统的零线相连接的技术防护措施。在实施保护接零的系统中，如果电气设备漏电，便形成一个单项短路回路，电流将很大，保证最短时间内使熔丝熔断、保护装置或自动开关跳闸。③工作接地：指正常情况下有电流通过，利用大地代替导线的接地。④重复接地：指零线上除工作接地以外的其他点的再次接地，以提高保护接零的可靠性。

（3）防止直接和间接接触电击　①双重绝缘：兼有工作绝缘和保护绝缘的绝缘。②加强绝缘：在绝缘强度和机械性能上具备双重绝缘同等能力的单一绝缘。③安全电压：通过限制作用于人体的电压，抑制通过人体的电流，保证触电时处于安全状态。④漏电保护：用于单相电击保护和防止因漏电引起的火灾。正常工作情况下，从电网流入的电流与经设备流回电网的电流是相等的，即漏电流为零；而设备壳体的对地电压也为零。当有人触电火设备漏电时，会出现异常现象，产生漏电流或漏电压，使漏电保护器断电。

3. 触电事故的脱电措施

（1）低压触电时使触电者脱离电源的方法　①如果电源开关或插头就在触电地点附近，可立即拉开开关或拔出插头。②如果电源开关或插头不在触电地点附近，可用带绝缘柄的电工钳或干燥木柄的斧头切断电源线。③当电线搭落在触电者身上时，可用干燥的衣服、手套、绳索、木板、木棒等绝缘物做工具，拉开触电者或挑开电源线。④如果触电者的衣服很干燥，且未紧缠在身上，可用一手抓住触电的衣服，拉离电源。但因触电者的身体是带电的，其鞋子的绝缘性也可能遭到破坏，所以救护人员不得接触触电者的皮肤和鞋子。

（2）高压触电时使触电者脱离电源的方法　①立即通知有关部门停电。②抛掷裸金属线使线路短路，迫使保护装置动作，断开电源。抛掷金属线前，应注意先将金属线一端可靠接地，然后抛掷另一端，被抛掷的一端且不可触及触电者或其他人员。

4. 触电事故救护的注意事项

（1）救护人员不可直接用手或其他金属或潮湿的物品作为救护工具，而必须使用干燥绝缘的工具。救护人最好只用一只手操作，以防自己触电。

（2）要防止触电者脱离电源后可能摔伤，特别是当触电者在高处的情况下，应考虑防摔措施。即使触电者在平地上，也要注意触电者倒下的方向，以防摔伤。

（3）如果触电事故发生在夜间，应迅速解决临时照明问题，以利于抢救。

（4）人触电以后，有可能出现“假死”现象，外表上呈现昏迷不醒的状态，呼吸中断、心脏停止跳动。此时应立即采用口对口（鼻）人工呼吸法和胸外心脏挤压法进行急救，并向“120”急救中心求救。有触电者经过4小时甚至更长时间的连续抢救而获得成功的先例。

二、制药设备的电气管理

1. 设备的运行管理

设备的运行管理是设备使用期间的养护、检修或校正、运行状态的监控及相关记录的管理。各种设备均需制定相应的标准操作规程。

（1）日常管理　为防止药品的污染及混淆，保证生产设备的正常运行，根据我国GMP第三十六条和第三十七条的规定。生产设备的使用者必须能同时从事设备一般的清洁及保养工作。这种日常的清洁维护保养设备是一件重复性工作，应经验证后制定相关的规程，使这项工作有章可循，并记好设备日志。

（2）设备运行状态的监控　设备正常运行时，其运行参数是在一定的范围，如偏离了正常的参数范围就有可能给产品质量带来风险。尤其是空调净化系统、制药用水系统的运行状态必须加以监控，工艺设备的运行状态也应监控。

监控是保证设备、设施系统正常运行的先决条件，是保证药品质量的重要措施。例如：空调净化系统的某个电机发生故障，可使洁净区的工艺环境发生变化，无菌灌装产品的要求无法得到保证。

2. 设备的维修管理

设备维修管理又称设备维修工程或设备的后期管理，是指对设备维护和设备检修工作的管理。

设备维护是指“保持”设备正常技术状态和运行能力所进行的工作。其内容是定期对设备进行检查、清洁、润滑、紧固、调整或更换零部件等工作。

设备检修是指“恢复”设备各部分规定的技术状态和运行能力所进行的工作。其内容是对设备进行诊断、鉴定、拆卸、更换、修复、装配、磨合、试验、涂装等工作。

设备维修工程主要内容是研究掌握设备技术状态和故障机制，并根据故障机制加强设备的维护，控制故障的发生，选择适宜的维修方式和维修类别，编制维修计划和制订相关制度，组织检查、鉴定及修理工作。同时做好维修费用的资金核算工作。

3. 特种设备及其安全管理

生物制药企业一般装备着涉及生命安全、危险性较大的锅炉、压力容器（含气瓶）、压力管道等特种设备。我国《安全生产法》、《劳动法》和《特种设备安全监察条例》中对特种设备的安全管理有明确规定，各类生产经营单位必须对特种设备的设计、制造、安装、使用、检验、修理改造和报废等环节实施严格的控制和管理。

（1）设计和制造 对实施生产许可证管理的特种设备，由国家质量技术监督检验检疫总局统一实行生产许可证制度；对未实施生产许可证管理的特种设备，则实施安全认可证制度。对锅炉产品，由当地锅炉压力容器安全监察机构或其授权的锅炉压力容器检验所实行出厂监督检验制度。

（2）安装、维修保养与改造 安装、维修保养、改造单位必须持有所在地省级特种设备安全监察机构或其授权的特种设备安全监察机构核发的资格证书。

（3）使用与管理 ①特种设备的注册登记制度：新增特种设备在投入使用前，必须到所在地区的地、市级以上特种设备安全监察机构注册登记，获得安全检验合格标志方可投入使用。②特种设备安全技术性能定期检验制度：使用单位必须按期向所在地的监督检验机构申请定期检验，超过有效期的特种设备不得使用。③特种设备使用管理制度：使用单位必须制定并严格执行以岗位责任制为核心，包括技术档案管理、安全操作、常规检查、维修保养、定期报检和应急措施在内的特种设备安全使用和运营的管理制度，必须保证特种设备技术档案的完整、准确。通过建立特种设备档案，可以使特种设备的管理部门和操作人员全面掌握其技术状况，了解和掌握运行规律，防止盲目使用特种设备，从而能有效地控制特种设备事故。④特种设备报废制度：标准或技术规程中有寿命要求的特种设备或零部件，应当按照相应的要求予以报废处理。报废处理后，应向负责该特种设备注册登记的特种设备安全监察机构报告。

（4）事故应急救援预案 特种设备的使用单位应根据特种设备的不同特性建立相适应的事故应急救援预案，并定期演练，确保当事故发生时，将事故造成的损失降到最低限度。

三、静电的危害及消除

摩擦可以产生静电，在车间生产中，开展灌装、输送、搅拌、过滤易燃液体工作以及人员活动时，都会因摩擦导致静电放电，从而造成危害。

制药生产中，静电的危害主要有三方面：①引起火灾和爆炸。②引起静电电击，带静电体向人体或带电的人体向接地的导体，以及带静电的人体相互间发生静电放电时，其产生的瞬间冲击电流通过人体而发生静电电击。静电电击不会对人体产生直接危害，但人体可能因此摔倒、坠落而造成二次事故或造成平时的精神紧张，影响工作。③妨碍生产，如流化床制粒过程中生成的静电很容易导致物料损失严重。

为避免或减少静电的危害，在涉及易燃液体或可燃粉尘的岗位，应采取消除静电的措施。消除静电首先要设法不产生静电，其次要设法不使静电积聚。

1. 限制物料流速

液体物料在管道内流动时产生的静电量与流动速度、管道内径成正比。因此物料流速越快，产生的静电量就越多，发生静电放电的可能性就越大，同时随着管径的增大，产生的静电量也会增大。

输送易燃液体物料时，静电的严重危害是在管道口处。由于管道本身具有较大电容且管道内部没有空气，易燃液体不会因静电放电在管道内燃烧爆炸。但在管道口处却极易放电，将液体表面的可燃气体混合点燃而发生火灾或爆炸。

2. 从容器底部进料

从罐顶进料时，易燃液体猛烈向下喷洒，所产生的静电电压要比从罐底进料高得多。因此易燃液体的进料管要延伸至罐底，减少静电产生。若不能伸至罐底，也应将易燃液体导流至罐壁，使之沿罐壁下流。

3. 静电接地

所有涉及易燃液体的容器、管道等设备要相互跨接形成一个连续的导电体并有效接地，从而消除了静电的积聚。使用软管输送易燃液体时，要使用导静电的金属软管并接地。静电接地简单有效，是防静电中最常见的措施。

4. 静置

在易燃液体灌装作业时，静电会向液面和器壁积聚。若再继续进行后续操作，容易发生事故。因此要求易燃液体灌装后和槽车装卸车前后均应静置至少 15 分钟，待静电充分地消散后方可进行其他作业。

5. 增加空气湿度

在空气湿度较大时，物体表面会形成一层极薄的水膜，加速静电的消散，避免静电放电现象发生。秋、冬季节易发生静电放电，与空气较为干燥有很大关系。车间内可采用洒水、拖地或安装空调设备等方法增加空气湿度。

6. 选用合适的材料

一种材料与不同种类的其他材料摩擦时，所带的电荷数量和极性随其他材料的不同而不同。可根据静电起电序列选用适当的材料匹配，使生产过程中产生的静电互相抵消。如氧化铝粉经过不锈钢漏斗时带负电，经过虫胶漆漏斗时带正电，经过由这两种材料以适当比例制成的漏斗时，静电为零。

尼龙等合成纤维布料在摩擦时易产生静电，因此，车间应使用棉质的抹布和拖把。

7. 消除人体静电

人体在作业过程中会因为摩擦而带有静电，存在静电放电的危险。车间从以下几方面进行要求：①在进入防爆区时需触摸防静电接地球，以清除人体所带静电。②不得穿着化纤衣物，应穿戴防静电工作服、帽、鞋，禁止在防爆区内穿脱衣物。③操作时动作应稳重果断，避免剧烈身体运动，严禁追逐打闹。

8. 厂房的雷电防护

当有带电的雷云出现时，在雷云下面的建筑物和传输线路上会感应出与雷云相反的束缚电荷。一旦雷云放电后，束缚电荷迅速扩散，即引起感应雷击。电磁感应和静电感应引发的雷击现象均称为感应雷，又称二次雷。它对设备的损害没有直击雷来的猛烈，但它要比直击雷发生的概率大得多，有统计显示，感应雷击约占现代雷击事故的 80% 以上。

制药工业厂房因其各自生产过程的特征不同，防雷要求又有差异。根据《建筑物防雷设计规范》，制药工业厂房中办公楼、前处理车间等不含可燃气体的建筑物按照三类防雷设防，诸如提取车间、合成车间、中试车间等在生产过程中有易燃有机溶媒和易燃气体的建筑物必须按照二类防雷设防。

四、防火、防爆技术

防火、防爆的关键在于破坏燃烧的条件，避免“燃烧三要素”——可燃物、助燃物、点火源同时存在和相互作用，在火灾爆炸发生后还要防止事故的扩大和蔓延。

1. 密闭系统设备

密闭设备可以有效地防止易燃液体挥发的蒸气与空气混合形成爆炸性混合物，车间涉及到易燃液体的生产过程均是在密闭的设备内进行的。在设备运行时，人孔、口等经常开启的部件处于关闭状态。

2. 通风置换

在有火灾爆炸危险的场所内，尽管采取很多措施使设备密闭，但总会有部分可燃物泄漏出来，采用通风置换可以有效地防止可燃物积聚。通风分为自然通风和强制通风，框架式结构的回收单体采用自然通风，液糖的调浆地池采用除尘器进行强制通风。

3. 安全监测

车间在有火灾爆炸风险的区域安装了可燃气体报警器、烟感火灾报警器等设施。可燃气体报警器的探头安装在生产现场的各个区域，当探头感受到现场可燃蒸气浓度升高时，将信息传递给报警器，由报警器通过声、光等形式发出报警信号，通知岗位人员前去处理。采用安全监测手段可以在第一时间发现可燃物泄漏，并及时采取措施进行控制，防止火灾爆炸的发生。

知识链接

《中华人民共和国安全生产法》和《药品生产质量管理规范（2010年修订）》明确要求，与药品生产、质量有关的所有人员都应当经过培训。生物制药企业应当对从业人员进行安全生产教育和培训，保证从业人员具备必要的安全生产知识熟悉有关的安全生产规章制度和安全操作规程，掌握本岗位的安全操作技能。未经安全生产教育和培训合格的从业人员，不得上岗作业。高风险操作区（如高活性、高毒性、传染性、高致敏性物料的生产区）的工作人员应当接受专门的培训。

五、生物制药设备与电气安全的相关知识

1. 生物制药设备

用于制药工艺过程的机械设备称为制药机械或制药设备，依据制药设备产品属性分为以下各大类。

（1）原料药生产用机械及设备　生化反应器（发酵罐、细胞培养生物反应器等）、分离设备（浸取与萃取设备、过滤设备、结晶装置、层析设备等）等。

（2）制剂机械及设备　片剂设备、水针（小容量注射）剂设备、粉针剂设备、输液（大容量注射）剂设备、软胶囊剂设备、硬胶囊剂设备、丸剂设备、软膏剂设备、栓剂设备、口服液剂设备、滴眼剂设备等。

（3）药用粉碎设备　万能粉碎机、超微粉碎机、锤式粉碎机、气流粉碎机、齿式粉碎机、超低温粉碎机、粗碎机、组合式粉碎机、针形磨、球磨机等。

（4）饮片机械　选药机、洗药机、烘干机等。

（5）制药用水设备　采用各种方法制取药用纯水的设备，包括电渗析设备、反渗析设备、离子交换纯水设备等水处理设备，以及纯蒸汽发生器、蒸馏水机等。

（6）药品包装机　小袋包装机、泡罩包装机、瓶装机、印字机、贴标签机、装盒机、捆扎机等。

（7）药物检测设备　包括崩解仪、溶出试验仪、融变仪、脆碎度仪和冻力仪以及紫外可见－分光光度计，近红外分光光度计和高效液相色谱仪等。

（8）特种设备　涉及生命安全、危险性较大的锅炉、压力容器（含气瓶）、压力管道、电梯等。

（9）制药用其他机械设备　空调净化设备、局部层流罩、物料传送设备（泵、风机、螺杆加料器等）、提升加料设备、不锈钢卫生泵以及废弃物处理设备。

2. 设备标准操作规程

标准操作规程（standard operation procedure，SOP）。在 WHO 的 GMP 以及我国的 GMP 和 GMP 实施指南中分别给予了规定和解释。

WHO 定义的标准操作规程：批准的书面规程，不一定专指一特定产品或一特定物料，是一个通用性的为完成操作而下的命令（例如：设备的操作、维修和清洗；验证；厂房的清洗和环境控制；取样和检查）。

我国最新版 GMP 定义的标准操作规程：经批准用来指导设备操作、维护与清洁、验证、环境控制、取样和检验等药品生产活动的通用性文件，也称操作规程。

以上所述的标准操作规程广义地讲是指规范所有管理行为和生产、检验等操作的规章制度和操作指南，并不仅限于设备操作。SOP 即是某项具体操作的书面文件。他详细地指导人们如何完成一项特定的工作，达到什么目的。企业中每个部门、每个岗位、每项操作均需制定 SOP。

标准操作规程的内容包括：规程题目、规程编号、制定人及制定日期、审核人及审核日期、批准人及批准日期、颁发部门、分发部门、生效日期、正文。

任务四　生物制药职业健康安全管理技术

一、制药职业健康安全管理

在药品生产过程中，因生产过程中的管理不合理、规章制度不完善或某些药品的生产环境与生产工序等特殊要求，可能引起生产人员身体不适，使生产人员患上各种疾病，危及健康，甚至由这些疾病可导致生产人员伤残而丧失生产能力或死亡。如无菌操作生产的生产人员没有及时更换岗位，导致生产人员的抵抗力下降，患上各种疾病等；又如小容量注射剂的可见异物检查，需要生产人员肉眼进行观察，时间过长可引起生产人员的视觉疲劳，甚至视力下降。

制药企业健康管理从广义上讲是指保护企业人员在劳动过程中的生命安全和身心健康；从狭义上来讲是指国家和制药企业为保护企业人员在劳动过程中的安全和健康所采取的立法和组织管理与技术措施的总称，如《药品安全生产质量规范》《药品管理法》等。

制药企业健康保护的任务主要有：一是保证企业人员在劳动过程中的生命安全和身心健康；二是保证制药企业周边居民的生命安全和身心健康；三是保证制药企业周边的空气、河流、土壤等不会受到污染。制药企业为完成上述健康护的任务，必须制定各种规章制度，制定各种规章制度，制定各规章制度的指导方针是“安全第一，预防为主”。

制药企业健康保护管理包括健康保护组织机构，健康保护法律体系，健康保护教育和健康保护监察。

二、职业健康安全管理体系

1. 职业健康安全管理体系

职业健康安全管理体系（occupation health safety management system，OHSMS）是20世纪80年代后期在国际上兴起的现代安全生产管理模式，它与ISO9000和ISO14000等标准化管理体系一样被称为后工业化时代的管理方法。OHSMS的基本思想是实现体系持续改进，通过周而复始地进行“计划、实施、监测、评审”活动，使体系功能不断加强。它要求组织在实施职业安全卫生管理体系时始终保持持续改进意识，对体系进行不断修正和完善，最终实现预防和控制工伤事故、职业病及其他损失的目标。

OHSMS目的是帮助组织采用系统化的管理方法，提高组织的职业健康安全管理水平，推动组织职业健康安全绩效的持续改进，并为第三方提供评审或审核的依据。因此，OHSMS标准是认证性标准，是OHSMS建立和认证的最终依据，而不是指导组织如何建立OHSMS的标准。

2. 职业健康安全管理体系的建立与实施

通常而言，建立和实施职业健康安全管理体系可分为6个基本过程：①职业健康安全管理体系的准备与策划阶段。②职业健康安全管理体系文件的编写阶段。③职业健康安全管理体系的试运行阶段。④职业健康安全管理体系的内部审核。⑤职业健康安全管理体系的管理评审。⑥职业健康安全管理体系的运行与改进。

在体系建立过程中，组织应注意以下几个方面的问题：

（1）建立的职业健康安全管理体系应与组织现有的管理体系相结合　一般情况下，组织客观上总是存在一个无形的“职业健康安全管理体系”，实际上就是对组织原有的职业健康安全管理加以规范，明确职责、制定方针和目标来加强对职业健康安全的管理，从而改善组织的职业健康安全管理行为，达到“安全第一，预防为主”的目的。

（2）体系应充分结合组织的实际情况和特点　不同组织经营的性质、规模和风险的大小、复杂程度及其员工的素质等，均会影响组织的职业健康安全方针、目标及管理方案，企业在根据标准建立体系时应与自身实际相结合。

（3）体系是动态　根据标准所规定的方针、策划、实施与运行、检查和纠正措施等环节建立的体系，随着科学技术的进步、法规的完善和客观情况的变化等，会不断地改进和完善，并呈螺旋式上升，使原来的体系不断改进，从而达到持续改进的目的。

（4）要与组织内的其他管理体系兼容　尽管质量管理、环境管理和职业健康安全管理所针对的对象不一样，但这三者管理体系的框架有很大相似之处，在内容上也有很多方面是交叉的，尤其在环境体系与职业健康安全管理体系之间更是如此。因此将职业健康安全管理体系结合好，是建立体系时应认真考虑的问题。

三、制药企业员工职业健康管理

制药企业员工在生产过程中，良好的生产条件不但能保证其生产的药品质量合格，也能保护其健康；而不良的生产条件不但会影响其生产的药品质量，也会引起其健康损害，甚至引起职业病。

1. 主要的职业有害因素

在生产过程、作业环境中存在的各种有害的化学、物理、生物等对人体产生健康损害的因素称之为职业有害因素。

（1）生产工艺中的有害因素　按其来源可分为以下三类。

①化学因素：ⓐ有机溶剂，在制药工业中常使用大量的有机溶剂通过萃取、浸析、洗涤等方法对生物药物进行分离纯化和精制。如乙醇、乙醚和丙酮在维生素、激素、抗生素等的浓缩和精制过程中是传统的常用溶剂，此外高级醇、酮类，氯代烃溶剂，高级醚、酯等也常被使用。ⓑ有害气体，如抗生素发酵过程中，由原辅料挥发、菌体代谢生成的二氧化硫、氮氧化合物、卤化氢、氨气等均为有害气体。ⓒ生产性粉尘，生物制药工业中，原料药的配料、包装，成品的压片等生产过程会生成对人体有害的药物性粉尘，如接触抗生素粉尘较多，会引起免疫功能失调，体内菌群失调，给霉菌生长造成机会。

②物理因素：高温、高压、高湿、低温、低压、高气流、噪声、震动。非电离辐射，如紫外线、可见光、红外线、激光等。电离辐射，如α、β、γ、X 射线等

③生物因素：生产原料和生产环境中存在的有害人体健康的致病微生物、寄生虫及动植物、昆虫等及其所产生的生物活性物质统称为生产性生物有害因素。无论是直接感染，还是间接地散播到环境中去，都会对人类、动物或植物、环境构成现实的或潜在的危险。常见的有附着于动物皮毛上的炭疽杆菌、布氏杆菌、蜱媒森林脑炎病毒、支原体、衣原体、钩端螺旋体、孳生于霉变蔗渣和草尘上的真菌或真菌孢子之类致病微生物及其毒性产物。此外还有某些动、植物产生的刺激性、毒性或变态反应性生物活性物质，如鳞片、粉末、毛发、粪便、毒性分泌物、酶或蛋白质和花粉等。

（2）劳动过程中的有害因素　①劳动组织和劳动休息制度不合理。②劳动过度精神（心理）紧张。③劳动强度过大，劳动安排不当，不能合理安排与劳动者的生理状况相适应的作业。④劳动时个别器官或系统过度紧张，如视力紧张等。⑤长时间用不良体位和姿势劳动或使用不合理的工具劳动。

2. 常见职业病及多发病

（1）职业中毒　以刺激性气体中毒和各种有机溶剂中毒最常见。前者多因事故所致，呈急性中毒过程，后者多为慢性中毒。

（2）职业性皮肤病　除原料、中间品可引起皮肤损害外，原药、成品也是引起职业性皮肤病的常见原因。常见者为接触性皮炎和过敏性皮炎，小面积化学性烧伤亦不少见。

（3）其他　肺尘埃沉着病、局部振动病、噪声聋以及职业性哮喘、外源性过敏性

肺泡炎在某些生物制药企业中偶有发生。生产激素的工人，易引起激素综合征。各种原药、成品的粉尘和蒸汽长期、少量进入体内，可因药物本身的药理作用而引起相应的症状或体征。

3. 职业病预防的原则

职业病的预防遵循三级预防原则，即：①一级预防，从根本上着手，使劳动者尽可能不接触职业性有害因素，或控制作业场所有害因素水平在卫生标准允许限度内。②二级预防，对作业工人实施健康监护、早期发现职业损害，及时处理、有效治疗、防止病情进一步发展。③三级预防，对已患职业病的患者积极治疗，促进健康。

三级预防的关系是：突出一级预防，加强二级预防，做好三级预防。

4. 职业病预防的措施

（1）对建设项目进行预防性卫生监督　对新建、扩建、改建、技术改造和引进的建设项目中有可能产生职业危害的，在其设计、施工、验收过程中进行卫生学监督审查，保证在投入使用后有良好的工作环境和条件。

（2）严格执行职业卫生法规和卫生标准　采取合理布局设备和工序、改进工艺、改善工作环境等措施控制作业环境职业病危害因素的浓度（强度），使之符合国家卫生标准的要求。对工作场所进行职业病危害的定期监测和评价，发现工作环境中有害因素超标时，要查明原因，采取相应处理措施。

（3）改善劳动条件　①禁止生产、进口和使用国际上禁止的严重危害人体健康的物质。②改善作业方式，减少有害因素扩散。③加强设备的维护检修和管理，减少有毒物质的跑、冒、滴、漏。④搞好工作场所的环境卫生和个人卫生，消除有害物质的二次污染。⑤合理安排劳动和休息，注意劳逸结合。⑥对女工要给以特殊保护。

（4）职业病防治培训　制定职业卫生制度和操作规程，开展健康教育，普及防护知识。对劳动者上岗前和在岗期间定期进行职业卫生培训，指导劳动者正确使用职业病防护设备和个人使用的职业病防护用品。

（5）建立职业卫生档案和劳动者个人的健康监护档案　职业卫生档案主要包括工作单位的基本情况，职业卫生防护设施的设置、运转和效果，职业危害因素的浓（强）度监测结果与分析，职业性健康检查的组织和检查结果及评价。劳动者个人健康档案主要包括职业危害接触史，职业健康检查的结果，职业病的诊断、处理、治疗和疗养，职业危害事故的抢救情况等。

（6）个人防护　在工作场所有害因素超标，或因进行设备检修而不得不接触高浓（强）度有害物质时，必须配备个人防护用品。如为工作场所噪声超标的工人配备3种以上声衰值足够、舒适、有效的护耳器，并经常维护、检修，定期检测其性能和效果。防护用品应当进行经常性的维护、检修，定期检测其性能和效果，确保其处于正常使用状态。

（7）劳动者进行职业性健康检查　劳动者必须进行就业前、定期和离岗时的职业性健康检查。健康检查利于及时调离职业禁忌人员；定期健康检查便于早期发现病人，及时治疗，防止职业危害的发展、为制定预防对策提供依据。

四、生物制药职业健康的相关知识

1. 职业健康安全法律法规

职业健康安全法律、法规是调整生产过程中所有产生的同劳动者的安全和健康有关的各种社会关系的法律规范总和，如国家制定的各种职业安全健康方面的法律、条例、规程、决议、命令、规定或指示等规范性文件。它是生产过程中的行为准则之一。我国安全生产法律法规体系分为以下几个层次（图2-2）。

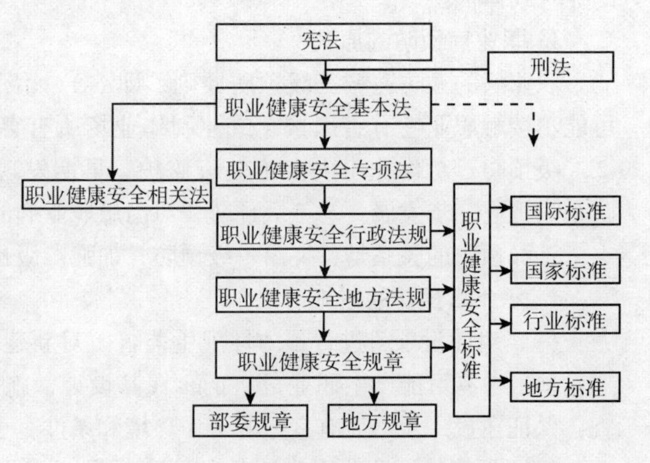

图2-2 职业健康法律法规体系

（1）宪法 《中华人民共和国宪法》第42条规定："中华人民共和国公民有劳动的权利和义务。国家通过各种途径，创造劳动就业条件，加强劳动保护，改善劳动条件，并在发展生产的基础上，提高劳动报酬和福利待遇。国家对就业前的公民进行必要的劳动就业训练。"第43条规定："中华人民共和国劳动者有休息的权利。国家发展劳动者休息和休养的设施，规定职工的工作时间和休假制度。"第48条规定："国家保护妇女的权利和利益"宪法中所有这些规定，是我国职业安全健康立法的法律依据和指导原则。

（2）刑法 《中华人民共和国刑法》对违反各项劳动安全健康法律法规，情节严重者的刑事责任做了规定。如第134条规定："工厂、矿山、林场、建筑企业或者其他企业、事业单位的职工，由于不服管理、违反规章制度，或者强令工人违章冒险作业，因而发生重大伤亡事故或者造成其他严重后果的，处三年以下有期徒刑或者拘役；情节特别恶劣的，处三年以上七年以下有期徒刑。"第135条、第136条、第137条和第139条等也作出了相关规定。

（3）职业安全健康基本法 目前，《中华人民共和国劳动法》暂时起到了职业安全健康领域基本法的作用，是我国制定各项职业安全健康专项法律的依据。该法以《宪法》为基础，共13章107条，其中第4章"工作时间和休息放假"、第6章"劳动安全卫生"及第7章"女职工和未成年工特殊保护"主要涉及职业安全健康内容。

（4）职业安全健康专项法 职业安全健康专项法是针对特定的安全生产领域和特定保护对象而制定的单项法律。如1992年11月，七届全国人大常委会第二十八次会议通过的我国第一部有关职业安全健康的法律《中华人民共和国矿山安全法》，随后陆续颁布了《中华人民共和国海上交通安全法》、《中华人民共和国消防法》，2001年10月27B，第九届全国人民代表大会常务委员会第二十四次会议通过的《中华人民共和国职业病防治法》都属于此类。

（5）职业安全健康相关法 职业安全健康涉及社会生产活动各方面，因而我国制定颁布的一系列法律均与此相关。如《中华人民共和国全民所有制企业法》的第三章

“企业的权利和义务”第四十一条指出：“企业必须贯彻安全生产制度，改善劳动条件，做好劳动保护和环境保护工作，做到安全生产和文明生产。”《中华人民共和国标准化法》第二章规定：“工业产品的设计、生产检验、包装、储存、运输、使用的方法或者生产、储存、运输过程中的安全、卫生要求”；“建筑工程的设计、施工方法和安全要求”。其他一些法律，如《中华人民共和国妇女权益保障法》、《中华人民共和国环境保护法》、《中华人民共和国卫生防疫法》和《中华人民共和国工会法》中部分条款也与职业安全健康有关，因而也属于此类。

（6）职业安全健康行政法规　由国务院组织制定并批准公布的，为实施职业安全健康法律或规范安全管理制度及程序而颁布的条例、规定等，如《危险化学品安全管理条例》、《中华人民共和国尘肺病防治条例》和《国务院关于特大安全事故行政责任追究的规定》等。

（7）各部门发布的有关职业安全健康规章　由国务院有关部门为加强职业安全健康工作而颁布的规范性文件，如原劳动部颁布的《爆炸危险场所安全规定》、《违反（中华人民共和国劳动法）的行政处罚办法》、《建设工程项目职业安全卫生监察规定》、《劳动防护用品规定》；国家经贸委颁布的《特种作业人员安全技术培训考核管理办法》；原国家质量技术监督局颁布的《特种设备质量监督与安全监察规定》；卫生部颁布的《工业企业听力保护规范》等。

（8）职业安全健康地方性法规和地方政府规章　指有立法权的地方权力机关——地方人民代表大会及其常委会和地方政府制定的劳动保护规范性文件，是对国家劳动保护法律、法规的补充和完善，它以解决本地区某一特定的职业安全健康问题为目标，具有较强的针对性和可操作性。

（9）职业安全健康标准　根据《劳动法》和《标准化法》的规定，职业安全健康标准属强制性标准，从而赋予了职业安全健康标准的法律地位，也是我国职业安全健康法规体系中的一个重要组成部分。安全及卫生标准包括主要标准、基础标准、方法标准、作业场所分级标准等。《中华人民共和国标准化法》第一章规定：“工业产品的设计、生产检验、包装、储存、运输、使用的方法或者生产、储存、运输过程中的安全、卫生要求”。“建筑工程的设计、施工方法和安全要求”。第二章规定：“对没有国家标准和行业标准而又需要在省、自治区、直辖市范围内统一的工业产品安全、卫生要求，可以制定地方标准。地方标准由省、自治区、直辖市标准化行政主管部门制定，并报国务院标准化行政主管部门和国务院有关行政主管部门备案。在公布国家标准或者行业标准之后，该项地方标准即行废止”。“国家标准、行业标准分为强制性标准和推荐性标准。凡保障人体健康、人身、财产安全的标准和法律、行政法规规定强制执行的标准是强制性标准，其他标准是推荐性标准”。“制定标准应当有利于保障安全和人民的身体健康，保护消费者的利益，保护环境”。

（10）国际公约　经我国批准生效的国际劳工公约，也是我国职业安全健康法规形式的重要组成部分。国际劳工公约，是国际职业安全健康法律规范的一种形式，它不是由国际劳工组织直接实施的法律规范，而是采用会员国批准，并由会员国作为制定国内职业安全健康法规依据的公约文本。国际劳工公约经国家权力机关批准后，批准国应采取必要的措施使该公约发生效力，并负有实施已批准的劳工公约的国际法义务。

新中国成立后已加入的条约有《作业场所安全使用化学品公约》、《三方协商促进履行国际劳工标准公约》等。

(11) 其他要求　其他要求指的是行业技术规范、与政府机构的协定、非法规性指南等。

任务五　生物制药安全系统分析与评价技术

一、安全系统分析及系统危险性分析

安全系统分析就是根据设定的安全问题和给予的条件，运用逻辑学和数学方法来对系统的安全性做出预测和评价，并结合自然科学、社会科学的有关理论和概念，制定各种可行的安全措施方案，通过分析，比较和综合，从中选择最优方案，使在既定的作业、时间和费用范围内取得最佳的安全效果。

1. 危险性

危险性指对于人身和财产造成危害和损失的事故发生的可能性。

2. 分析步骤

(1) 危险性辨识　通过以往的事故经验，或对系统进行解剖，或采用逻辑推理的方法，把评价系统的危险性辨识出来。

(2) 找出危险性导致事故的概率及事故后果的严重程度。

(3) 一般以以往的经验或数据为依据，确定可接受的危险率指标。

(4) 将计算出的危险率与可接受的危险率指标比较，确定系统危险性水平。

(5) 对危险性高的系统，找出其主要危险性并进一步分析，寻求降低危险性的途径，将危险率控制在可接受的指标之内。

二、生物制药企业危险源辨识、风险评价控制

医药企业与其他工业企业相比，有很大的危险性，首先，其原料、中间体及产品均为易燃、易爆、毒性、腐蚀性的化学性物质；其次生物制药工艺本身的特殊性，加压、加热等操作中包含许多不安全因素，给生产和职工生命造成一定的威胁；再次，生物因子潜在着生物危险性。若在日常安全工作中对生产工艺的危险源进行辨识，评价及控制，可防止事故的发生或把事故损失减少到最小。通过工艺的安全评价可对系统中固有的潜在的危险性及其严重程度进行预先的测评，分析和确定，并为安全决策提供科学依据。

1. 危险源的定义

危险源是指可能导致伤害或疾病、财产损失、工作环境破坏或这些情况组合的根源或状态。危险的根源是贮存、使用、生产、运输过程中存在易燃、易爆及有毒物质，或具有引发灾难性事故的能量。

2. 危险源的分类

危险源的分类方式较多，企业通常按照危险源在事故发生发展过程中的作用，把危险源划分为两大类。

第一类危险源：生产过程中存在的，可能发生意外释放的能量（能源或能量载体）或危险物质。为了防止第一类危险源导致事故，必须采取措施约束、限制能量或危险物质，控制危险源。一旦这些约束或限制的措施受到破坏或失效（故障），将发生事故。

第二类危险源：导致能量或危险物质约束或限制措施被破坏或失效的各种因素。第二类危险源主要包括物的故障（包括物的不安全状态）、人的失误（包括人的不安全行为）和环境因素。

伤亡事故的发生往往是两类危险源共同作用的结果。第一类危险源是伤亡事故发生的主体，决定事故后果的严重程度；第二类危险源是第一类危险源造成事故的必要条件，决定事故发生的可能性。两类危险源相互关联、相互依存。第一类危险源的存在是第二类危险源出现的前提；第二类危险源的出现是第一类危险源导致事故的必要条件。因此，危险源辨识的首要任务是辨识第一类危险源；在此基础上再辨识第二类危险源。

3. 危险源的辨识

危险源辨识应全面、系统、多角度、不漏项，重点放在能量主体、危险物质及其控制和影响因素上。

（1）危险源辨识应考虑以下范围　①常规活动（如正常的生产活动）和非常规活动（如临时抢修等）。②所有进入作业场所的人员（含员工、合同方人员和访问者）的活动。③所有作业场所内的设施，如建筑物、设备、设施等（含单位所有的或租赁使用的）。

（2）危险源辨识应考虑以下方面　①三种状态：正常（如生产）、异常（如停机检修）和紧急（如火灾、中毒）状态。②三种时态：过去出现并一直持续到现在的（如由于技术、资源不足仍未解决的或停止不用但其危害依然存在）、现在的和将来可能出现的危害情况都应进行辨识。③七种风险因素类型：机械能、电能、热能、化学能、放射能、生物因素（人员误操作等）、人机工程因素（不按操作规程操作等）可能对人造成的伤害。

另外，还可以从职业健康安全法规和其他要求中获得线索。正是因为危险源影响职业健康和安全，所以职业健康安全法规和其他要求才对其加以规定和限制，反过来说，职业健康安全法规和其他要求加以规定和限制的设备、物质、活动等，就可能是组织必须加以重视的危险源和职业健康安全风险。

（3）危险源辨识方法　可采用询问与交流、现场观察、查阅有关记录、获取外部信息、工作任务分析、安全检查表法、作业条件的危险性评价、事件树、故障树等方法。

（4）危险源辨识时应注意的问题　①确保危险源辨识具有主动性、前瞻性，而不是等到已经产生了事件或事故时再确定危险源。②应以全新的眼光和怀疑的态度对待危险源，因为过于接近危险源的人员可能会对危险源视而不见，或者心存侥幸，认为尚无人员受到伤害而视风险微不足道。③危险源辨识易遗漏的几个方面：与相关方有关的风险因素；异常和紧急状态的风险因素；危险源辨识的更新情况。

4. 风险评价

风险评价是职业健康安全管理体系的一个关键环节。目的是对公司现阶段的危险源所带来的风险进行评价分级，根据评价分级结果有针对性地进行风险控制，从而取得良好的职业健康安全绩效，达到持续改进的目的。

（1）风险评价的方法　D = LEC 法。即：定量的计算每一种危险源所带来的风险，并对识别的风险进行分级。

①发生事故的可能性大小（L）：事故发生的可能性大小，从系统安全角度考察，绝对不发生事故是不可能的，所以人为地将发生事故可能性极小的分数定为0.1，而必然要发生的事故分数定为10，介于这两种情况之间的情况指定为若干中间值（表2－11）。

表2－11　事故发生的可能性（L）

分数值	事故发生的可能性	分数值	事故发生的可能性
10	完全可以预料	0.5	很不可能，可以设想
6	相当可能	0.2	极不可能
3	可能，但不经常	0.1	实际不可能
1	可能小，完全意外		

②暴露于危险环境的频繁程度（E）：人员出现在危险环境中的时间越多，则危险性越大。规定连续出现在危险环境的情况定为10，非常罕见地出现在危险环境中定为0.5，介于两者之间的各种情况规定若干中间值（表2－12）。

表2－12　暴露于危险环境的频繁程度（E）

分数值	频繁程度	分数值	频繁程度
10	连续暴露	2	每月1次暴露
6	每天工作时间内暴露	1	每年几次暴露
3	每周1次，或偶然暴露	0.5	非常罕见地暴露

③发生事故产生的后果（C）：事故造成的人身伤害与财产损失变化范围很大，所以规定发生事故造成的人身伤害与财产损失变化分数值为1～100，把需要救护的轻微伤害或较少财产损失的分数定为1，把造成多人死亡或重大财产损失的可能性分数规定为100，其他情况的数值在1与100之间（表2－13）。

表2－13　发生事故产生的后果（C）

分数值	后果	分数值	后果
100	大灾难，许多人死亡	7	严重，重伤
40	灾难，数人死亡	3	重大，致残
15	非常严重，一人死亡	1	引人关注，不利于基本的安全卫生要求

④风险值（D）：风险值的确定：事故发生的可能性、频繁暴露程度与事故后果数值相乘可得风险级别D，D = LEC。

（2）风险等级的确定　根据公司具体情况来确定风险等级的界限值，以符合持续改进的思想，风险等级划分见表（表2－14）。

表 2-14　风险等级划分（D）（2003）

D 值	风险程度	级别
> 320	极其危险，不能继续作业	1　不可容许风险
160 ~ 320	高度危险，需立即整改	2　重大风险
70 ~ 160	显著危险，需要整改	3　中度风险
20 ~ 70	一般危险，需要注意	4　可容许风险
< 20	稍有危险，可以接受	5　可忽略风险

（3）重大危险源的确定

①原则上将经过风险评价确定风险等级为 1 ~ 3 级的为重大危险源。

②对下述情况可直接定为重大危险源：不符合职业健康安全法律、法规和标准的；相关方有合理抱怨或要求的；曾经发生过事故，现今未采取防范、控制措施的；直接观察到可能导致危险的错误，且无适当控制措施的。

5. 风险控制

依据风险级别采取对应控制措施（表 2-15）。

表 2-15　风险控制措施策划

风险级别		措施及时间期限
1	不可容许风险	只有当风险已降低时，才能开始或继续工作。如果无限的资源投入也不能降低风险，就必须禁止工作
2	重大风险	直至风险降低后才能开始工作，为降低风险有时必须配合给大量资源。当风险涉及正在进行中的工作时，就应采取应急措施
3	中度风险	应努力降低风险，但应仔细测定并限定预防成本，应在规定时间期限内实施降低风险措施；在中度风险与严重伤害后果相关的场合，必须进行进一步的评价，以更准确地确定伤害的可能，以确定是否需要改进的控制措施
4	可容许风险	不需要另外的控制措施，应考虑投资效果更佳的解决方案或不增加额外成本的改进措施，需要监测来确保控制措施得以维持

6. 定期评审与更新

安技部门负责每年一次（时间不超过 12 个月）组织各部门对危险源辨识、风险评价和风险控制策划工作进行定期评审与更新。

三、生物制药安全系统分析与评价的相关知识

安全系统工程是以预测和防止事故为中心，以检查、测定和评价为重点，按系统分析、安全评价和系统综合三个基本程序展开。

1. 系统分析

系统分析是以预测和防止事故为前提，对系统的功能、操作、环境、可靠性等经济技术指标以及系统的潜在危险性进行分析和测定。系统分析的程序，方法和内容如下：

（1）把所研究的生产过程和作业形式作为一个整体，确定安全设想和预定的目标。

（2）把工艺过程和作业形式分成几个部分和环节，绘制流程图。

（3）应用数学模型和图表形式以及有关符号，将系统的结构和功能抽象化，并将因果关系、层次及逻辑结构用方框或流线图表示出来，也就是将系统变换为图像模型。

（4）分析系统的现状及其组成部分，测定与诊断可能发生的故障、危险及其灾难性后果，分析并确定导致危险的各个事件的发生条件及其相互关系。

2. 安全评价

（1）安全评价概念　安全评价包括对物质、机械装置、工艺过程及人机系统的安全性评价，内容有：① 确定适用的评价方法、评价指标和安全标准。② 依据既定的评价程序和方法，对系统进行客观的、定性或定量的评价，结合效益、费用、可靠性、危险度等指标及经验数据，求出系统的最优方案和最佳工作条件。③ 在技术上不可能或难以达到预期效果时，应对计划和设计方案进行可行性研究，反复评价，以达到符合最优化和安全标准为目的。

（2）安全评价现状　安全评价是以实现工程、系统安全为目的，应用安全系统工程原理和方法。对工程、系统中存在的危险、有害因素进行辨识与分析、判断工程、系统发生事故和职业危害的可能性及其严重程度，从而为制定防范措施和管理决策提供科学依据。

（3）安全评价的目的　① 促进实现本质安全化生产。② 实现全过程的安全控制：设计之前，采用安全工艺及原料；设计后，查出缺陷和不足，提出改进措施；运行阶段，了解现实危险性，进一步采取安全措施。③ 建立系统安全的最优方案，为决策者提供依据。④ 为实现安全技术、安全管理的标准化和科学化创造条件。

3. 系统综合

系统综合是在系统分析与安全评价的基础上，采取综合的控制和消除危险的措施，内容包括：

（1）对已建立的系统形式、潜在的危险程度及可能的事故损失进行验证，提出检查与测定方式，制定安全技术规程和规定，确定对危险性物料、装置及废弃物的处理措施。

（2）根据安全分析评价的结果，研究并改进控制系统，从而控制危险，以保证系统安全。

（3）采取管理、教育和技术等综合措施，对工艺流程、设备、安全装置及设施、预防及处理事故方案、安全组织与管理、教育培训等方面进行统筹安排和检查测定，以有效地控制和消除危险，避免各类事故。

实训一　安全事故应急处理实训

一、火灾应急措施

生物制药企业要不断总结火灾发生的规律，尽可能地减少火灾及其对人类造成的危害。为了能正确处置火灾，减轻火灾的损失，企业必须制定消防安全预案。

火灾发生时应做两件事：一面扑救、一面报警。火灾初起时，一般燃烧范围比较小，火势比较弱。如能使用消防器材，采取正确的灭火方法，就能很快将火扑灭。在组织灭火的同时，应迅速向公安消防部门报警。每个职工都应做到“三懂”、“三会”，三懂：懂本岗位火灾的危害性，懂得预防措施，懂得灭火方法；三会：会报警，会使用消防器材，会扑救初起之火。消防安全预案如下：

1. 应急措施

（1）车间任何区域一旦着火，发现火情的员工应保持镇静，切勿惊慌。

（2）如火势初起较小，目击者应立即就近用灭火器进行灭火，先灭火后报警。

（3）如火势较大，自己难以扑灭，应采取最快方式报警（电话：119）并及时疏散人员。

（4）关闭火情现场附近门窗、防火门以阻止火势蔓延，并立即关闭附近电闸。

（5）引导火情现场附近的人员用湿毛巾捂住口鼻，迅速从安全通道撤离。

（6）在扑救人员未到达火情现场前，报警者应采取相应措施，使用火情现场附近的消防设施进行扑救。

（7）带电物品着火时，应立即设法切断电源，电源切断前严禁用水扑救，以免引发触电事故。

2. 报警要求

员工一旦发现火灾，要向部门主任、部门安全员、公司安计部及119报警。

（1）内部报警要讲清起火地点、起火部位、燃烧物品、燃烧范围、报警人姓名及报警电话。

（2）向119报警应讲清单位名称、火场地点（包括路名、附近标志物等）、火场发生部位、燃烧物品、火势状况、接应人等候地点及接应人、报警人姓名及报警人电话。

3. 疏散要求

（1）洁净区外部发生火情时，发现火情的员工应及时通知洁净区内的员工及一般生产区的员工撤离建筑物。

（2）洁净区内和一般生产区的员工在接到通知后依次从疏散通道撤离。①如果外部火情属初起阶段，员工可从正常通道依次撤离工作区，再依次撤离建筑物。②如果外部火情较大，员工可先用安全锤敲碎安全门玻璃，从安全门撤离，再依次撤离至建筑物外。③如果外部火情是在人流门口附近，员工应从物流门（或物流楼梯）依次撤离。如果外部火情是在物流门口附近，员工应从人流门（或人流楼梯）依次撤离。

（3）洁净区内部发生火情时，发现火情的员工及时通知本区域的其他员工撤离本区域，并通知其他洁净区域及一般生产区的员工撤离建筑物。①洁净区域发生火情时，员工撤离时要从离火情较远的安全门依次撤离，再依次（从楼梯）撤离至建筑物外。②洁净区外的员工在洁净区内发生火情时，不要慌张，要起着引导疏散的作用。③洁净区域发生火情时，切记不要走正常通道，一定要从安全门依次撤离。

（4）在火情较大时，楼上员工无法从楼梯撤离时，可采用其他方式撤离：①从空压间依次撤离。②借助火灾应急自救逃生绳撤离。③在外界情况允许的情况下，从窗口往楼下跳。

（5）员工在遇到火情时，不要喊叫、不要慌张，不要拥挤，以免造成次级伤害，如摔伤、挤伤、磕伤、互相踩踏等伤害。

二、化学品泄漏事故应急措施

1. 事故报警

当现场操作人员发现装置、设备泄漏的事故现象时，首先应急时向调度和有关领导汇报。由调度长、事故主管领导根据事故地点、事态的发展决定应急救援形式：为单位自救还是采取社会救援。若是公司的力量不能控制或不能及时消除事故后果，应根据情况拨打110、119、120等报警电话尽早争取社会支援，或直接借助政府的力量来获取支援，以便控制事故的发展。

2. 出动应急救援队伍

各主管单位在接到报警后，应迅速组织应急救援队伍（即由抢险抢修人员、消防人员、安全警戒人员、抢救疏散人员、医疗救护人员、物资供应人员等组成），赶赴现场，在做好自身防护的基础上，按各自分工快速实施救援，控制事故发展。

（1）抢险抢修作业　① 泄漏控制：工作现场的操作工人应及时查明泄漏的原因，泄漏点确切的部位，泄漏的程度，及泄漏点的实际压力，及时采取措施修补或堵塞漏点，制止进一步泄漏，必要时紧急停车。若是大面积的泄漏或是产品槽泄漏时，应及时将剩余的化学品倒到备用的储槽中。② 泄漏物处理：如为液体，泄漏到地面上时会四处蔓延扩散，难以收集，应及时用沙土筑堤堵截吸收，或是引流到安全地点，严防液体流入下水道。

设备抢修作业：事故现场严禁任何火种，严禁用铁器敲击管道。各种管道、设备修复需要动火时，必须先用蒸汽吹扫，用气体测爆仪进行检测可燃气体的含量，在确定合格后方可动火。动火时要有指定的监火人，事先将消防器材准备好。

恢复生产检修作业：在恢复生产前，应先对系统进行气密试验，确保漏点已完全消除。

（2）消防作业　由调度组织的人员和消防队员负责抢救在抢险抢修过程中受伤、中毒的人员，和负责扑救火灾。

（3）建立安全警戒区　泄漏事故发生后，应根据泄漏的扩散情况，建立警戒区：一般情况下，公司依靠自己的力量能够控制事故的发展时，警戒区应定为厂区；若是以公司的力量难以控制事故的发展并征求社会救援时，警戒区应定为厂区及周边的村庄。并在通往事故现场的主要干路上实行交通管制，保证现场及厂区道路畅通。①在警戒区的边界设立警示标志，并由专人警戒。②除消防、应急处理人员及必须坚守岗位人员外，其他人员禁止进入警戒区。③区域内严禁任何火种。

（4）抢救疏散　如果大量的泄漏且无法挽救时，迅速将警戒区及污染区内与事故无关的人员撤离。疏散时：①需要佩戴防毒面具、劳保用品或采取简易有效的防护措施，并有相应的监护措施。②应向上风方向转移，有明确专人引导和护送疏散人员到安全区，并在疏散或撤离的路线上设立哨位，指明方向。③不要在低洼处滞留。④查明是否有人流在污染区。

（5）医疗救护　在事故现场，如果有人中毒、窒息、烧伤、灼伤时，及时进行现场急救。现场急救应注意：①选择有利的地形设置急救地点。②做好自身及伤、病员的个体防护。③应至少2~3人为一组集体行动，以便相互照应。

（6）当现场由人受到化学品伤害时，应立即进行以下处理　①迅速将患者撤离现场至空气新鲜处。②呼吸困难、窒息时应立即给氧；呼吸停止时立即进行人工呼吸，及心脏按摩。③皮肤污染时，脱去污染的衣服，用流动清水冲洗，冲洗要及时、彻底、反复多次；头面部灼伤时，要注意眼、耳、鼻、口腔的清洗。④当人员发生烧伤时，应迅速将患者的衣服脱去，用流动的清水冲洗降温，用清洁布覆盖伤面，不要任意将水疱弄破，避免伤口感染。经现场处理后应立即送往医院进一步治疗。

（7）物资供应　由调度通知库房准备好沙袋、锹镐、水泥等消防物资及劳动保护、医疗用品、急救车辆，将所需物资及时供应现场。

三、急性化学品中毒事件处理的应急预案

1. 可能引起急性化学中毒事故的原因

引起急性化学中毒事故的原因很多，主要原因有：危险化学品储藏中发生渗漏、标识模糊不清、稀释过程引发的，演示实验过程和学生实验过程中引发的，违反实验操作规则等原因。

2. 预防措施

（1）加强对危险化学品的管理，制定管理和实验操作规则，并配备专人管理，对危险化学品实行专人、专柜、加锁的措施。

（2）加强对学生实验课的规范教育。

（3）加强实验课前对化学用品、实验设备的检查与维护，发现问题，及时整改。

3. 处置程序

一旦发生事故，立即向学校报告，学校领导应立即赶到现场，同时在第一时间向教育局有关部门报告。

（1）做好现场抢救，落实现场抢救人员，减轻中毒程序，防止并发症，争取时间，为进一步治疗创造条件。

（2）做好现场疏散工作，控制事故势态的扩大。

（3）及时向上级报告，并做好告知家长工作。

（4）做好家长安抚工作和其他学生及家长思想工作，控制事态，维持学校教育教学秩序正常进行，并及时做好随访工作。

4. 现场抢救

（1）气体或蒸汽中毒，应立即将中毒者移到新鲜空气处，松解中毒者颈、胸纽扣和裤带，以保持呼吸道的畅通，并要注意保暖，毒物污染皮肤时应迅速脱去污染的衣服、鞋袜等物，用大量清水冲洗，冲洗时间15～30分钟。

（2）经口中毒者，毒物为非腐蚀性者应立即用催吐的办法，使毒物吐出，现场可压迫舌根催吐。

（3）对于中毒引起呼吸、心跳停止者，应立即进行人工呼吸和胸外挤压，人工呼吸法（口对口呼吸）：患者仰卧，术者一手托起患者下颚并尽量使其头部后仰，另一手捏紧患者鼻孔，术者深吸气后，紧对患者的口吹气，然后送开捏鼻的手，如此有节律地、均匀地反复进行，每分钟吹14～16次。吹气压力视患者具体情况而不同。一般刚开始吹气时吹气压力可略大些，频率稍快些。10～20次后逐步将压力减少，维持胸部

升起即可。心跳停止者立即做人工复苏胸外挤压，具体方法是患者平仰卧在硬地板或木板床上，抢救者在患者一侧或骑跨在患者身上，面向头部，用双手的掌根以冲击式挤压患者胸骨下端略靠左方，每分钟60~70次。挤压时应注意不要用力过猛，以免发生肋骨骨折、血气胸等。

（4）及时送医院急救，给医务人员提供引起中毒的原因，毒物的名称等情况，送医院途中人工呼吸不能中断。黄磷灼伤者转运时创面应湿包。

四、生物安全事故的应急措施

生物制药企业应设立突发生物安全事故应急小组，制定生物安全事故应急处置预案。

1. 应急处置

特大生物安全事故发生后，现场的工作人员应立即将有关情况通知应急小组组长，应急小组组长接到报告后启动应急预案，并向上级报告。

应急小组成员对现场进行事故的调查和评估，按实际情况及自己工作职责进行应急处置。对潜在重大生物危害性气溶胶的释出（在生物安全柜以外），为迅速减少污染浓度，在保证规定的负压值条件下，增加换气次数。现场人员要对污染空间进行消毒。在消毒后，所有现场人员立即有序撤离相关污染区域；进行体表消毒和淋浴，封闭实验室。任何现场暴露人员都应接受医学咨询和隔离观察，并采取有适当的预防治疗措施。为了让气溶胶被排走和较大的粒子沉降，至少1小时内不能有人进入房间。如果实验室没有中央空调排风系统，需要推迟24小时后进入。同时应当张贴“禁止进入”的标志。封闭24小时后，按规定进行善后处理。

在事故发生后24小时内，事件当事人和检验科写出事故经过和危险评价报告呈组长，并记录归档；任何现场暴露人员都应接受医学咨询和隔离观察，并采取有适当的预防治疗措施，应急小组立即与人员家长、家属进行联系，通报情况，做好思想工作，稳定其情绪。

小组组长在此过程中对主管部门做进程报告，包括事件的发展与变化，处置进程、事件原因或可能因素，已经或准备采取的整改措施。同时对首次报告的情况进行补充和修正。

2. 后期处置

（1）善后处置　对事故点的场所、废弃物、设施进行彻底消毒，对生物样品迅速销毁；组织专家查清原由；对周围一定距离范围内的植物、动物、土壤和水环境进行监控，直至解除封锁。对于人畜共患的生物样品，应对事故涉及的当事人群进行强制隔离观察。对于实验作类似处理。

（2）调查总结　事故发生后要对事故原因进行详细调查，做出书面总结，认真吸取教训，做好防范工作。

事件处理结束后10个工作日内，应急小组组长向主管部门做结案报告。包括事件的基本情况、事件产生的原因、应急处置过程中各阶段采取的主要措施及其功效、处置过程中存在的问题及整改情况，并提出今后对类似事件的防范和处置建议。

知识链接

事故案例分析

案例 危险物质达到爆炸极限引发爆炸起火事故

2010 年 12 月 30 日上午，某生物制药有限公司发生爆炸并起火，造成 5 人被烧死亡，6 人被烧伤和摔伤，2 人轻伤。

据市安监部门通报，2010 年 12 月 30 日上午，该生物制药有限公司工厂四楼片剂车间洁净区段当班职工按工艺要求在制粒一房间进行混合、制软剂、制粒、干燥等操作。9 时 30 分许，检修人员为给空调更换初效过滤器，断电停止了空调工作，净化后的空气无法进入洁净区。同时，由于操作过程中存在边制粒、边干燥的情况，烘箱内循环热气流使粒料中的水分和乙醇蒸发，由于排湿口排出蒸发的水分和乙醇蒸汽效果明显降低，乙醇蒸汽不能从排湿口排走，烘箱内蓄积了达到爆炸极限的乙醇气体。同时，由于当时房间内空调已停止工作，制粒一房间内由于制粒物挥发出的乙醇气体与干燥门开关时溢散出的水分、乙醇气体无法被新风置换，也堆积了大量可以燃烧的乙醇气体。加之洁净区使用干燥箱的配套电气设备不防爆，操作人员在烘箱烘烤过程中开关烘箱送风机或在轴流风机运转过程中产生的电器火花，引爆了积累在烘箱中达到爆炸极限的乙醇爆炸性混合气体，炸毁烘箱，所产生的冲击波将四楼生产车间的各分区隔墙、吊顶隔板、通风设施、玻璃窗、生产设施等全部毁坏；爆炸过程产生的辐射热瞬间引燃整个洁净区其他可燃物。形成大面积燃烧，过火面积遍及整个 4 层。爆炸和燃烧发生后，由于工厂安全通道只有一条，部分现场人员和受伤人员不能及时逃生，导致 5 人被烧死亡，8 人烧伤。

【案例分析】

1. 事故性质 该事故属于一起责任事故。

2. 事故直接原因 电器火花引起达到爆炸极限浓度的乙醇蒸气发生爆炸并引起大火。

3. 事故间接原因

（1）空调的正常运行是保证制药场所洁净度、保障药品安全的必要手段，当空调停止运作时必须停止相应的生产操作。

（2）产生有害或危险性气体或蒸气的场所需要采取通风等综合防护措施，避免对操作人员、设备、厂房和环境造成危害，当通风不畅时，该企业应停止烘干等产乙醇蒸汽的操作。

（3）各种有爆炸危险性的气体和蒸气存在的场所，应按照有关规范、标准和规定，正确选用合适的防爆电器，该企业在乙醇蒸汽超标的车间未使用防爆开关，存在安全隐患。

4. 事故处理及预防

（1）企业需立即停产，展开安全隐患排查，避免隐患酿成事故。

（2）疏通、理顺各部门交流渠道，多部门协作配合，保证安全生产，生产出合格药品。

（3）加强安全教育，提高操作人员安全意识，主动避免事故发生。

（4）加强电气设备管理，严格按照设计标准安装设备，依据标准操作规程维修、操作电气设备。

目标检测

1. 为什么要开展生物制药安全生产培训，生物制药安全生产培训的主要内容有哪些？

2. 生物制药过程中有哪些生物危害，企业和员工应当采取哪些措施避免或减少生物危害？

3. 当发现有同事发生触电事故时，你将如何营救，营救过程中需要注意哪些事项？

4. 生物制药企业和员工需要采取哪些措施，以避免职业病的发生？

5. 如何进行风险评价？针对不同的风险等级，需要采取哪些控制措施？

6. 在生物药物生产过程中，如果因容器受损而导致了有害性生产用菌（毒）种泄露，你该如何应对？请制定该生物安全事故的应急预案，并与同学演练、实施。

项目三 | 生化制药技术

学习目标

◎知识目标

1. 掌握氨基酸、多肽和蛋白质类药物的基本性质及其制备方法。
2. 掌握核酸类药物的基本性质及其制备方法。
3. 掌握酶类药物的基本性质及其制备方法。
4. 掌握糖类药物的基本性质及其制备方法。
5. 掌握脂类药物的基本性质及其制备方法。
6. 掌握维生素与辅酶类药物的基本性质及其制备方法。

◎技能目标

1. 正确认识生化制药岗位环境、工作形象、岗位职责及相关法律法规。
2. 能够利用生化制药方法制备甲壳素、壳聚糖、肝素等生物药物。
3. 正确认识生化制药法的原理、方法和适用药物范围，能够正确采用该方法进行药物制备。

生化制药技术是指利用现代生物化学技术从生物体中分离、纯化、制备用于预防、治疗和诊断疾病的具有活性的“生化物质”。从选取含有生物活性成分的原材料，根据活性成分的性质，制定科学合理的提取方法，对提取物进行纯化，纯品符合国家药典的具体要求。

生化制药技术是生化药品制造工的核心操作技能，涵盖以下能力培养及训练：

（1）生物材料选取和保存的能力。

（2）生物材料预处理的能力。

（3）具有活性的“生化物质”的提取的方法选择和提取操作的能力。

（4）有效成分的纯化手段的选择和操作的能力。

（5）纯品的初步检验的能力。

目标是培养生化制药领域上、下游理论与技术，具有创新意识和工程化能力的高素质技能型人才。

任务一　生化制药工艺过程

一、生化药物的分类

生化药物是运用生理学和生物化学的理论、方法及研究成果直接从生物体分离或用微生物合成，或用现代生物技术制备的一类用于预防、治疗、诊断疾病，有目的地调节人体生理功能的生化物质。这类物质都是维持生命正常活动的必需生化成分，包括氨基酸、多肽、蛋白质、多糖、核酸、脂肪、维生素、激素等。

生化药物主要按其化学本质和化学特性进行分类，该分类方法有利于比较同一类药物的结构与功能的关系、分离制备方法的特点和检测方法的统一，因此一般均按此法分类。

（1）氨基酸及其衍生物　类药物这类药物包括天然的氨基酸和氨基酸混合物以及氨基酸衍生物。

（2）多肽和蛋白质类药物　多肽和蛋白质是一类在化学本质上相同，性质相似，仅相对分子质量不同，而导致其生物学性质上有较大差异的生化物质，如分子大小不同的物质其免疫原性就不一样。

（3）酶类药物　酶类药物可按其功能分为：消化酶类、消炎酶类、心脑血管疾病治疗酶类、抗肿瘤酶类、氧化还原酶类等。

（4）核酸及其降解物和衍生类药物　这类药物包括核酸（DNA、RNA）、多聚核苷酸、单核苷酸、核苷、碱基以及人工化学修饰的核苷酸、核苷、碱基等的衍生物，如5－氟尿嘧啶、6－巯基嘌呤等。

（5）糖类药物　糖类药物以黏多糖为主。多糖类药物是由糖苷键将单糖连接而成，但由于糖苷键的位置不同，因而多糖种类繁多，药理活性各异。

（6）脂类药物　这类药物具有相似的性质，能溶于有机溶剂而不易溶于水，其化学结构差异较大，功能各异。这类药物，主要有脂肪和脂肪酸类、磷脂类、胆酸类、固醇类、卟啉类等。

二、生化药物的特点

1. 生物原材料的复杂性

生物材料的复杂性主要表现在以下方面：①同一种生化物质的原料可来源于不同生物体，如人、动物、微生物、植物、海洋生物等。②同一种物质也可由同种生物体的不同组织，器官、细胞产生，如在猪胰脏和猪的颌下腺中都有血管舒缓素并且从两者获得的血管舒缓素并无生物学功能的差别。③同一种生物体或组织可产生结构完全不同的物质及结构相似物质，由此也造成对制备技术要求的多样性和复杂性。

2. 生化物质种类多、有效成分含量低

生物原材料中生化成分组成复杂，种类多，有效成分含量低，杂质多，生化活性越高的成分，含量往往越低。

3. 生物材料种属特性

由于生物体间存在着种属特性关系，许多内源性生理活性物质的应用受到了限制。如人脑垂体分泌的生长素在治疗侏儒症有特效，但猪脑垂体分泌的生长素对人体是无效的。

4. 药物活性与分子空间构象相关

生化成分中的大分子物质都是以其严格的空间构象维持其生物活性功能的，原有的构象一旦发生变化，其生理活性就完全丧失。

5. 对制备技术条件要求高

由于生物材料及产品的特殊性，对其生产技术、生产条件、检测方法、检测内容及生产人员都有较高的要求。

（1）不管是原料还是产品均为高营养物质，极易染菌腐败，因而对原料的采集、保藏、产品的生产等都有温度和无菌条件的要求。

（2）因有效成分含量低、稳定性差等对生产过程中的pH、温度、剪切力、重金属含量、压力等操作条件均需严格控制。

（3）检测内容不但要有理化检测指标更要求有生物活性检验指标，对生物技术药物还需有工程菌（细胞）的各种分析资料及产物的鉴定分析资料。

（4）检测方法要求重现性好，有较高的灵敏度高和专属性。

（5）要求生产、管理人员具备一定的知识深度和相当的知识结构。

三、传统生化制药的一般工艺过程

1. 材料的选择

选取生物材料时需考虑其来源、目的物含量、杂质的种类、价格、材料的种属特性等，其原则是要选择富含所需目的物、易于获得、易于提取的无害生物材料。

（1）来源　选材时应选用来源丰富的生物材料，做到尽量不与其他产品争原料，且最好能综合利用。

（2）与有效成分含量相关的因素　生物材料中目的物含量的高低，直接关系到终产品的价格，在选择生物材料时需从以下方面方面考虑。

①合适的生物品种：根据目的物的分布，选择富含有效成分的生物品种是选材的关键。

②合适的组织器官：不同组织器官所含有效成分的量与种类以及杂质的种类和含量多有不同。

③生物材料的种属特异性：为保证产品的有效性选材时应予以充分考虑。对于种属差异大，无法满足临床需求的成分只能借助于生物技术进行生产。

④合适的生长发育阶段：生物在不同的生长、发育期合成不同的生化成分，所以生物的生长期对生理活性物质的含量影响很大。

⑤合适的生理状态：生物在不同生理状态时所含生化成分也有差异，如动物饱食后宰杀，胰脏中的胰岛素含量增加，对提取胰岛素有利，但因胆囊收缩素的分泌使胆汁排空，对收集胆汁则不利。

2. 材料的采集与保存

（1）天然生物材料的保存　由于生理活性物质易失活、降解，所以采集时必须保持材料的新鲜，防止腐败、变质与微生物污染。如胰脏采摘后要立即速冻，防止胰岛素活力下降。

（2）动物细胞的保存方法　动物细胞的保存方法有组织块保存、细胞悬液保存、单层细胞保存及低温冷冻保存等。

①组织块保存法：胚胎组织块等保存方法是取出新生胎儿肾脏剪成小块，洗涤后加生长培养液，于4℃过夜，换液一次，可置冰瓶。

②细胞悬液保存法：在一定条件下，细胞悬液可短期保存，不同种类的细胞保存条件不同，通常于4℃，在生长培养液中可保存数日或数周。

③单层细胞保存法：通过降低温度来延长细胞的正常代谢时间，保存过程中经常更换生长培养液可提高保存的效果。

④低温冷冻保存　将细胞冻存于－70℃的低温冰箱中或液氮中。在低温冰箱中可冻存1年以上，在液氮中可长期保存。

3. 生物材料的预处理

（1）组织与细胞的破碎　生物活性物质大多存在于组织细胞中，必须将其结构破坏才能使目的物有效的提取，常用的组织与细胞破碎方法有物理法、化学法、生物法。

（2）细胞器的分离　为获得结合在细胞器上的一些生化成分或酶系，常常要先获得特定的细胞器，再进一步分离目的产物。方法是匀浆破碎细胞，离心分离，包括差速离心和密度梯度离心。

（3）制备丙酮粉　在生化物质提取前，有时还有用丙酮处理原材料，制成“丙酮粉”，其作用是使材料脱水、脱脂，使细胞结构松散，增加了某些物质的稳定性，有利于提取。常用的方法是将匀浆（或组织糜）悬浮于0.01mol/L、pH 6.5的磷酸盐缓冲液中，于0℃下边搅拌边慢慢加入5～10倍的－10℃无水丙酮中，静置10分钟，离心过滤取其沉淀物，用冷丙酮反复洗数次，真空干燥即得丙酮粉。丙酮粉在低温下可保存数年。

4. 生物活性物质的提取

生化材料中活性物质的提取常用的方法如下。

（1）用酸、碱、盐水溶液提取　用酸、碱、盐水溶液可以提取各种水溶性、盐溶性的生化物质。这类溶剂提供了一定的离子强度、pH及相当的缓冲能力。如胰蛋白酶用稀硫酸提取；肝素用pH＝9的3%氯化钠溶液提取。对某些与细胞结构结合牢固的生物大分子，在提取时采用高浓度盐溶液（如4mol/L盐酸胍，8mol/L脲或其他变性剂），这种方法称“盐解”。

（2）用表面活性剂提取　表面活性剂分子兼有亲水与疏水基团，分布于水油界面时有分散、乳化和增溶作用。表面活性剂可分为阴离子型、阳离子型、中性与非离子型。离子型表面活性剂作用强，但易引起蛋白质等生物大分子的变性，非离子型表面活性剂变性作用小，适合于用水、盐系统无法提取的蛋白质或酶的提取。某些阴离子去垢剂如十二烷基磺酸钠（SDS）等可以破坏核酸与蛋白质的离子键合，对核酸酶又有一定抑制作用，因此常用于核酸的提取。

（3）有机溶剂提取　用有机溶剂提取生化物质可分为固－液提取和液－液提取（萃取）两类。

①固－液提取：常用于水不溶性的脂类、脂蛋白、膜蛋白结合酶等。常用的有机溶剂有甲醇、乙醇、丙酮、丁醇等极性溶剂以及乙醚、氯仿、苯等非极性溶剂。极性溶剂既有亲水基团又有疏水基团，从广义上说，也是一种表面活性剂。乙醚、氯仿、苯是脂质类化合物的良好溶剂。

②液－液萃取：液－液萃取是利用溶质在两个互不混溶的溶剂中溶解度的差异，

将溶质从一个溶剂相向另一个溶剂相转移的操作。影响液－液萃取的因素主要有目的物在两相的分配系数（K）和有机溶剂的用量等。

5. 生物活性物质的分离与纯化

（1）生物制药中分离制备方法的特点　生物材料组成复杂，含量极微，易变性（难点）；重复性差，经验性强，步骤多，逐级分离，产品验证与化学上纯度概念不完全相同。

（2）生物制药中分离制备方法的基本原理

①据分子形状和大小：差速离心与超离心、膜分离（透析，电渗析）与超滤，凝胶过滤法。

②据分子电离性质的差异性：离子交换法、电泳法、等电聚集法。

③据分子极性大小及溶解度不同：溶剂提取法，盐析法，等电点沉淀法及有机溶剂分级沉淀法。

④据物质吸附性质的不同：选择性吸附法与吸附层析法。

⑤据配体特异性进行分离：亲和层析法。

6. 生物活性物质的浓缩与干燥

（1）生物活性物质的浓缩　多数生化成分对热不稳定，因此常采用一些较为缓和的浓缩方法。

① 盐析浓缩：用添加中性盐的方法使某些蛋白质（或酶）从稀溶液中沉淀出来，从而达到样品浓缩的目的。最常用的中性盐是硫酸铵，其次是硫酸钠、氯化钠、硫酸镁、硫酸钾等。

② 有机溶剂沉淀浓缩：在生物大分子的水溶液中，逐渐加入乙醇、丙酮等有机溶剂，可以使生化物质的溶解度明显降低，从溶液中沉淀出来，这也是浓缩生物样品的常用方法。

③ 用葡聚糖凝胶（sephadex）浓缩：向稀样品溶液中，加入固体的干葡聚糖凝胶G－25，缓慢搅拌30分钟，葡聚糖凝胶吸水膨胀，进行过滤，生物大分子全部留在溶液中。

④ 用聚乙二醇浓缩：将待浓缩液放入透析袋内，袋外覆以聚乙二醇，袋内的水分很快被袋外的聚乙二醇所吸收，在极短时间内，可以浓缩几十倍至上百倍。

⑤ 超滤浓缩：应用不同型号超滤膜浓缩不同相对分子质量的生物大分子。超滤浓缩设备有固定末端式系统，搅拌式系统，管状流动式系统和细管流式系统。

⑥ 真空减压浓缩与薄膜浓缩：真空减压浓缩在生物药物生产中使用较为普遍，具有生产规模大、蒸发温度较低、蒸发速度较快等优点。

薄膜浓缩器的加速蒸发原理是增加汽化表面积，使液体形成薄膜而蒸发，成膜的液体具有极大的表面。热的传播快而均匀，没有液体静压的影响，能较好地防止物料的过热现象，物料总的受热时间也有所缩短，而且能连续进行操作。

（2）干燥　干燥是使物质从固体或半固体状经除去存在的水分或其他溶剂，从而获得干燥物品的过程。在生化制药工艺中干燥目的在于：①提高药物或药剂的稳定性，以利保存与运输。②使药物或药剂有一定的规格标准。③便于进一步处理。

干燥多用加热法进行，常用的方法有膜式干燥、气流干燥、减压干燥等。此外，冷冻干燥、喷雾干燥以及红外线干燥等也常选用。

7. 生物活性物质的制剂

原料药（精制品）经精细加工制成片剂、针剂、冻干剂、粉剂等供临床应用的各种剂型。

任务二　氨基酸类药物制备

一、氨基酸的结构及理化性质

氨基酸是组成蛋白质的基本单位，通常由五种元素即碳、氢、氧、氮、硫组成。研究发现，在自然界中，组成生物体各种蛋白质的氨基酸有 20 种，其分子结构的共同点是构成生物体蛋白质的氨基酸都有一个 α－氨基和 α－羧基。故组成天然蛋白质的氨基酸统称为 α－氨基酸。所有 α－氨基酸的表达通武为：

$$H_2N\text{—}\underset{\displaystyle R}{\underset{|}{\overset{\displaystyle COOH}{\overset{|}{CH}}}}$$

在构成天然蛋白质的 20 种氨基酸（除甘氨酸外）中，产碳原子均为不对称碳原子，具有立体异构现象，且天然蛋白质的氨基酸都是 *L*－型，故称为 *L*－型氨基酸。它们彼此的区别，主要是 R 基团结构的不同，故其理化性质也各异。

1. 物理通性

天然氨基酸纯品均为白色结晶性粉末，其熔点及分解点均在 200℃以上，各种氨基酸均能溶于水，但溶解度不同。所有氨基酸都不溶于乙醚、氯仿等非极性溶剂，而均溶于强酸、强碱中。除甘氨酸外，所有天然氨基酸都具有旋光性。天然氨基酸的旋光性在酸液中可以保持，在碱液中由于互变异构，容易发生外消旋化。

2. 化学通性

α－氨基酸共同的化学反应有两性解离、酰化、烷基化、酯化、酰氯化、叠氮化、脱羧及脱氨反应、肽键结合反应等。此外，某些氨基酸的特殊基团也产生特殊的理化反应，如酪氨酸的酚羟基可产生米伦反应与福林－达尼斯反应；精氨酸的胍基产生坂口反应等。另外色氨酸、苯丙氨酸及酪氨酸均有特征紫外吸收，色氨酸的最大吸收波长为 279nm，苯丙氨酸为 259nm，酪氨酸为 278nm。但构成天然蛋白质的 20 种氨基酸在可见光区均无吸收。

二、氨基酸的命名与分类

1. 氨基酸的命名

氨基酸的化学名称是根据有机化学标准命名法命名的。氨基位置有 α、β、γ、δ、ε 之分，如赖氨酸的化学名为 α，δ－二氨基已酸。

$$\overset{\varepsilon}{}\ \overset{\delta}{}\ \overset{\gamma}{}\ \overset{\beta}{}\ \overset{\alpha}{}$$

$$H_2N—CH_2CH_2CH_2CH_2\underset{\displaystyle NH_2}{\underset{|}{C}H}—COOH$$

2. 氨基酸的分类

氨基酸的分类方法有四种：①根据氨基酸在 pH =5. 5 溶液中带电状况可分为酸性、中性及碱性氨基酸三大类。②按照氨基酸侧链的化学结构，可将氨基酸分为脂肪族氨基酸、芳香族氨基酸、杂环族氨基酸和亚氨基酸四大类。③按氨基酸侧链基团的极性，把氨基酸分为极性氨基酸和非极性氨基酸两类。④从对人体营养的角度，根据氨基酸对人体生理的重要性和人体内能否合成，将氨基酸分为必需氨基酸和非必需氨基酸两大类。

三、氨基酸的生产方法

目前，氨基酸的生产方法有 5 种：直接发酵法、微生物生物转化法、酶法、化学合成法和蛋白质水解提取法。通常将直接发酵法和微生物生物转化法统称为发酵法。现在除少数几种氨基酸（如酪氨酸、半胱氨酸、胱氨酸和丝氨酸等）用蛋白质水解提取法生产外，多数氨基酸都采用发酵法生产，也有几种氨基酸采用酶法和化学合成法生产。

1. 化学合成法

化学合成法是利用有机合成和化学工程相结合的技术生产氨基酸的方法。它的最大优点是在氨基酸的品种上不受限制，除制备天然氨基酸外，还可用于制备各种特殊结构的非天然氨基酸。由于合成得到的氨基酸都是 DL 型外消旋体，必须经过拆分才能得到人体能够利用的 *L* – 氨基酸。

2. 酶法

酶法是利用微生物特定的酶系作为催化剂，使底物经过酶催化生成所需的产品，由于底物选择的多样性，因而不限于制备天然产品。借助于酶的生物催化，可使许多本来难以用发酵法或合成法制备的光学活性氨基酸，有工业生产的可能。赖氨酸、色氨酸等均可用酶法进行制备。

3. 蛋白水解法

以毛发、血粉及废蚕丝等蛋白为原料，通过酸、碱或酶水解成多种氨基酸的混合物，经分离纯化获得各种氨基酸的生产方法。目前蛋白质水解分为酸水解法、碱水解法及酶水解法。

4. 直接发酵法

按照生产菌株的特性，直接发酵法可分为四类：第一类是使用野生型菌株直接由糖和铵盐发酵生产氨基酸，如谷氨酸、丙氨酸和缬氨酸的发酵生产；第二类是使用营养缺陷型突变株直接由糖和铵盐发酵生产氨基酸；第三类是由氨基酸结构类似物抗性突变株生产氨基酸；第四类是使用营养缺陷型兼抗性突变株生产氨基酸。常见氨基酸的中间体和发酵应用的微生物见表 3 – 1。

表 3-1 氨基酸的中间产物及发酵应用的微生物

氨基酸	前体（中间产物）	微生物	产率（g/L）
丝氨酸	甘氨酸	嗜甘油棒状杆菌	16
色氨酸	氨茴酸	异常汉逊酵母	3
色氨酸	吲哚	麦角菌	13
蛋氨酸	2-羟基-4-甲基-硫代丁酸	脱氨极毛杆菌	11
异亮氨酸	α-氨基丁酸	黏质赛氏杆菌	8
	D-苏氨酸	阿氏棒状杆菌	15

5. 微生物生物转化法

此法是以氨基酸的中间产物为原料，用微生物将其转化为相应的氨基酸，这样可以避免氨基酸生物合成途径中的反馈抑制作用。

四、氨基酸及其衍生物在医药中的应用

在生命活动中人和动物通过消化系统吸收氨基酸，并通过与蛋白质间的转化，维持其体内的动态平衡，若其动态平衡失调则机体代谢紊乱，甚至引起疾病。而且许多氨基酸还有特定的药理效应，所以在临床治疗中具有重要的应用价值。

1. 氨基酸的营养价值及其与疾病的关系

氨基酸是构成蛋白质的基本单位，它参与体内代谢和各种生理功能活动。故蛋白质营养价值实际是氨基酸作用的反应。

2. 治疗消化道疾病的氨基酸及其衍生物

此类氨基酸及其衍生物有谷氨酸及其盐酸盐、谷氨酰胺、乙酰谷酰胺铝、甘氨酸及其铝盐等。其中谷氨酸、谷氨酰胺主要通过保护消化道或促进黏膜增生，而达到防治综合性胃溃疡病、十二指肠溃疡、神经衰弱等疾病。

3. 治疗肝病的氨基酸及其衍生物

治疗肝病的氨基酸有精氨酸盐酸盐、磷葡精氨酸、鸟氨酸、赖氨酸盐酸盐及天冬氨酸等。精氨酸是鸟氨酸循环一员，具有重要的生理意义。多吃精氨酸，可以增加肝脏中精氨酸酶活性，有助于将血液中的氨转变为尿素而排泄出去。

4. 用于治疗肿瘤的氨基酸及其衍生物

近年来，发现不同癌细胞的增殖需要大量消耗某种特定氨基酸。寻找这种氨基酸的结构类似物——代谢拮抗剂，被认为是治疗癌症的一种有效手段，天冬酰胺的结构类似物是S-氨甲酰基-半胱氨酸。

5. 治疗其他疾病的氨基酸及其衍生物

胱氨酸及半胱氨酸均有抗辐射作用，并能促进造血功能，增加白细胞和促进皮肤损伤的修复，临床用于治疗辐射损伤、肝炎等。天冬氨酸可以制成各种盐类后使用，天冬氨酸钾盐主要用于恢复疲劳，治疗心脏病、肝病等，也可以治疗低钾症。

五、赖氨酸的制备

1. 结构与性质

赖氨酸的化学名称为2，6-二氨基己二酸，化学组成为$C_6H_{14}O_2N_2$，具有不对称

的α－碳原子，故有两种光学活性的异构体（图3－1）。

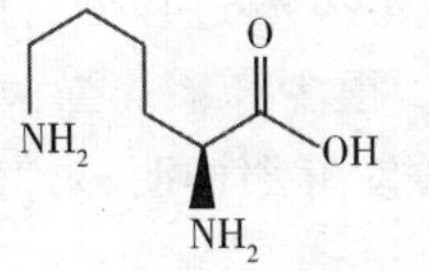

图3－1　赖氨酸结构式

由于游离的赖氨酸易吸收空气中的二氧化碳，故制取结晶比较困难。一般均制成赖氨酸盐酸盐的形式。

赖氨酸盐酸盐熔点为263℃，在水中的溶解度0℃时为53.6g/100ml，25℃时为89g/100ml，50℃时为111.5g/100ml。赖氨酸的口服半致死量LD_{50}为4.0g/kg，赖氨酸含有α－氨基及ε－氨基，只有在ε－氨基为游离状态时，才能被动物机体所利用，故具有游离ε－氨基的赖氨酸称为有效赖氨酸。在提取时，要特别注意防止有效赖氨酸受热破坏而影响其使用价值。

2. 生产工艺

（1）菌种　营养缺陷型变异菌株；调节突变型菌种的黄色短杆菌；非营养缺陷型的赖氨酸生产菌。

（2）工艺流程见图3－2。

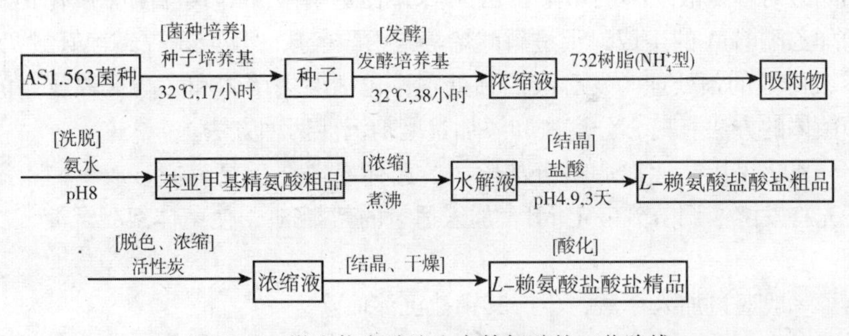

图3－2　微生物发酵法生产赖氨酸的工艺路线

（3）生产过程控制要点

①培养基

碳源：赖氨酸产生菌几乎都只能利用葡萄糖、果糖、麦芽糖和蔗糖，作为这些糖类来源的原料主要是淀粉（如大米、玉米和薯类）、甘蔗糖蜜、甜菜糖蜜等。以维持低糖浓度发酵对菌体生长和赖氨酸生成均有利，糖浓度5%以下，可获得高产。

氮源：赖氨酸是二氨基的碱性氨基酸，所以赖氨酸发酵所用的氮源比普通发酵要大得多。赖氨酸发酵中，有机氮源和无机氮源均有使用。常用大豆饼粉、花生饼粉和毛发的水解液。其用量一般为2%～5%。

无机盐：磷、镁、钾、钙等盐是菌体生长促进物质。磷酸化作用是糖代谢主要途径之一；镁能刺激菌体生长，又是很多酶促反应中的无机激活剂。硫构成蛋白质和某些酶的活性中心。

生长因子：赖氨酸发酵中，一般添加生物素能明显增加赖氨酸产量，培养基的生物素含量在30μg/L以上较好。

②赖氨酸发酵工艺条件：赖氨酸发酵过程分为两个阶段，发酵前期（约0～24小时）为长菌期，主要是菌体繁殖，很少产酸。当菌体生长一定时间后，转入产酸期。赖氨酸发酵的两个阶段没有谷氨酸发酵那样明显，但工艺控制上应该根据两个阶段的不同而异。

温度：幼龄菌对温度敏感，在发酵前期，提高温度，生长代谢加快，前期控制温度32℃，中后期34℃。

pH控制赖氨酸发酵控制：pH 6.5～7.5，最适为6.5～7.0。在整个发酵过程控制pH平稳为好。

种龄和种量：当采用二级种子扩大培养时，种量较少，约2%，种龄一般为8～12小时，当采用三级种子扩大培养，种量较大，约10%时，种龄一般为6～8小时。

供氧在培养条件适中时，特别重要的因素是通气搅拌效果。赖氨酸是天冬氨酸族氨基酸，它的最大量生成条件是供氧充足，这时细菌才能呼吸充分。发酵罐培养时，耗氧速率约40～54mmol/（L·h）。在发酵罐结构一定时，一般通过调节通风量来控制供氧。

生物素：生物素有促进草酰乙酸生成，增加天冬氨酸供给，提高赖氨酸产量的作用。

添加醋酸对赖氨酸发酵的影响：乙酰CoA促进磷酸烯醇式丙酮酸羧化作用，添加醋酸，增加乙酰CoA的生成，促进磷酸烯醇式丙酮酸羧化反应，提高赖氨酸产量。

（4）发酵液的预处理　发酵液的预处理，包括除去菌体和影响提取收率的杂质离子，去除菌体的方法有离心分离法和添加絮凝剂沉淀两种方法。

离心分离法采用高速离心机分离除去，菌体小需要反复离心，成本高；添加絮凝剂沉淀是先将发酵液调节到一定pH，加入适量的絮凝剂，使菌体絮凝沉淀，加助滤剂过滤除去。

钙离子一般通过加入草酸，生产其钙盐沉淀而除去。

（5）赖氨酸的提取：从发酵液中提取赖氨酸通常有四种方法：①沉淀法，利用赖氨酸生成难溶性的盐而沉淀分离的。②有机溶剂抽提法。③离子交换树脂吸附法。④电渗析法。

目前工业生产均采用离子交换树脂吸附法提取赖氨酸，该法回收率高，产品纯度高。

操作步骤：包括上柱吸附和洗脱。

①上柱吸附：上柱液以一定流速通过树脂层，树脂吸附上柱液中的赖氨酸，称为上柱吸附。

上柱方式：上柱方式有正上柱和反上柱两种。正上柱是上柱液自上而下通过树脂层，是属于多级交换，交换容量比较大。如果发酵液含固形物比较多，流速效快时，容易造成树脂层的堵塞，这时应需采用反上柱。反上柱是上柱液自下而上通过树脂层，是属于一级交换，交换容量比较小。

交换容量：交换容量是指单位质量离子交换树脂所能吸附的最大赖氨酸量。它反映树脂的交换能力大小。正上柱时，一般为每吨树脂可吸附90～100kg赖氨酸盐酸盐，反上柱时，一般为每吨树脂可吸附 70～80kg 赖氨酸盐酸盐，流出液 pH 为 5 时表明吸附达到饱和。

上柱流速：上柱流速是指上柱液通过树脂层的速度。上柱流速对交换效果影响很大。上柱流速应根据上柱液性质、树脂性质、柱大小及上柱方式等具体情况决定。赖氨酸提取上柱流速根据柱大小，线速度一般为 0.01～0.08m/s。交换柱：直径 1.0～1.4m 时，取线速度 0.05～0.05m/s。

②洗脱与收集：从树脂上洗脱赖氨酸所采用的洗脱剂有氨水、氨水和氯化铵或氢氧化钠等。

氨水洗脱：使用氨水洗脱时，一般浓度为 3.6%～5.4%，优点是洗脱液经浓缩除氨后，杂质较少，缺点是树脂吸附的阳离子如：Ca^{2+}、Mg^{2+} 等不易洗脱。随着操作的次数增加，造成树脂吸附能力下降。

氨水和氯化铵洗脱：特点是可以洗脱被树脂吸附的 Ca^{2+} 等阳离子，提高树脂的交换容量，而且在碱性条件下赖氨酸先被洗脱，然后才有 Ca^{2+} 等阳离子被洗脱，可采取分段收集，减少赖氨酸收集液中阳离子的含量。

氢氧化钠洗脱：特点是没有氨味，操作容易，但是在洗脱液中 Na^{+} 含量较高，影响赖氨酸的提纯精制。

洗脱操作及洗脱液收集：采用单柱顺流洗脱，一般线速度为 0.01～0.03m/s，收率可达 90%～95%。

（6）赖氨酸的精制

①真空浓缩：因洗脱液中赖氨酸浓度较低而氨的含量较高，故需用真空浓缩除氨并提高赖氨酸含量。蒸发的主要工艺条件为：温度 70℃以下，真空度 0.08MPa 左右，加热蒸汽约 0.2MPa。一般以真空度高些，温度低些为好。

②中和结晶与分离：赖氨酸盐酸盐浓缩液放入搅拌结晶罐中，搅拌结晶 16～20 小时，最低温度最好在 5℃左右。母液经浓缩后再结晶，直至不能结晶时，将母液稀释后上离子交换柱吸附回收赖氨酸。所得的晶体为赖氨酸盐酸盐粗晶体。

③重结晶和干燥：将赖氨酸盐酸盐粗结晶加一定量水，加热 70～80℃使其溶解成浓度为 1.12g/cm^3，加入 3%～5% 活性炭，搅拌脱色。过滤得赖氨酸盐酸盐清液。炭渣用水洗涤，洗水用于下批溶解赖氨酸盐酸盐。

赖氨酸盐酸盐晶体在 60～80℃下进行干燥至含水 0.1% 以下。然后粉碎至 60～80 目，包装得成品。

六、生化制药原料选择的相关知识

1. 生物活性物质的来源

（1）动物脏器

①胰脏：如激素、酶、多肽、核酸、多糖、氨基酸等，已提取 40 多种生物药物。

②脑：富含脂质、神经递质和多种神经多肽。

③胃黏膜：主要分泌消化液，如胃蛋白酶等，是生产胃蛋白酶和胃膜素的原料。

④肝脏：可制备肝注射液、肝水解物、肝细胞生长因子、造血因子、SOD、肝抑素、维生素、磷脂类、胆固醇等。

⑤脾脏：已用于生产的药物有脾水解物、脾 RNA 和脾转移因子。

⑥小肠：是消化和吸收的场所，可制备糖蛋白、核苷酸酶、溶菌酶、胃肠道激素。

⑦猪小肠黏膜：是生产肝素的原料，用十二指肠为原料可制取肝素。

⑧脑垂体：主要是各类激素，已用垂体为原料生产的药物有缩宫素注射液（OX）、加压素及助产素等。

⑨心脏：用心脏生产的药物主要有细胞色素 C、辅酶 Q_{10} 和心血通注射液。

⑩其他动物脏器：如肺、肾、胸腺、扁桃体、眼球、鸡冠等也都是重要的生物制药原料。

（2）血液、分泌物和其他代谢物

①血液：生产药品，主要有人血制剂、抗凝血酶Ⅲ、凝血因子Ⅷ、纤维蛋白原、免疫球蛋白、干扰素、白介素等；此外还生产生化试剂、营养食品、医用化妆品、饲料添加剂。

②分泌物：尿液可制备尿激酶、尿抑胃肽等；胆汁可生产胆酸、胆红素。

（3）海洋动物

①海藻：提取一些抗肿瘤、防止心血管疾病、治疗慢性气管炎等活性物质。

②腔肠动物：从中分离具有抗菌、抗癌作用的物质，如海葵毒素。

③节肢动物：从中分离具有抗癌、抑制心脏和神经阻断作用的物质，如甲壳素。

④软体动物：从中分离具有抗病毒、抗肿瘤、抗菌、降血脂、止血和平喘作用的多糖、多肽、毒素等物质。

⑤鱼类：制备鱼油、多种激素、毒素、硫酸软骨素等，可治疗癌症和调节心肌、中枢神经系统等作用。

⑥爬行动物：具有滋阴养肾、抗肿瘤作用，对中枢神经、呼吸、运动系统等活性较强。

⑦海洋哺乳动物：如鲸鱼鱼肝油，可抗贫血、扩张血管和降低血压。

（4）植物　药用植物品种繁多，除含有生物碱、强心苷、黄酮、皂苷、挥发油、树脂、鞣质等有效药理成分外，还含有氨基酸、蛋白质、酶、激素、糖类、脂类、维生素等生化成分，如天花粉蛋白、菠萝蛋白酶、木瓜蛋白酶、凝集素、多糖等。

药用植物中的主要药理成分如下。

①生物碱：是生物体中一类含氮有机化合物的总称，它们有类似碱的性质，能和酸结合成盐，如麻黄碱、吗啡。

②强心苷：是一类对心肌有兴奋作用，具有强心生理活性的成分，它们的分子中都有一个 C17 位被不饱和内酯环所取代的甾体母核，如洋地黄毒苷。

③黄酮：系两个芳环通过三碳链相互连接而成的一系列化合物，大多数具有颜色，在植物体内大部分与糖结合成苷。

银杏中含银杏素、异银杏素、白果素等都是黄酮类，它们具有解痉、降压、扩张冠状血管等药理作用。

④皂苷：是一类比较复杂的化合物，它们的水溶液振摇时能产生大量持久的蜂窝状泡沫，与肥皂相似，故名皂苷。它们有减低液体表面张力的作用，可以乳化油脂，用做去垢剂。人参中含皂苷总量约 4%。

⑤挥发油：是具香味和挥发性、可随水蒸气蒸馏的易流动的油状液体。它们多数具有多方面的药理作用，如解表、发汗、驱风、镇痛、杀虫、抗菌。薄荷、茴香、樟木、桂皮都含有挥发油。

⑥树脂：常与挥发油、树胶、有机酸等混合存在，与挥发油共存的称油树脂，与树胶共存的称胶树脂，与芳香族有酸共存的称香树脂。药用的如松香、乳香、没药、安息香等。

⑦鞣质：又称丹宁、鞣酸，是存在于植物中的一类分子较大的复杂多元酚类化合物，可与蛋白质结合成不溶于水的沉淀，故能与生兽皮结合而形成致密、柔顺、不易腐败又难以透水的皮革，所以称为鞣质。茶叶、柿子中含有丰富的鞣质。鞣质可用于解毒、抗菌、治疗烧伤（使创面收敛、干燥、结痂）。

（5）微生物

细菌发酵：

①氨基酸：利用微生物酶可转化对应的α－酮酸或羟基酸作用产生氨基酸等。

②有机酸：柠檬酸、苹果酸、乳酸、醋酸、丙酮、丁醇等。

③糖类：利用细菌可制取葡聚糖、聚果糖、聚甘露糖、脂多糖等。

④核苷酸类：用细菌可生产5′－AMP、5′－肌苷酸。

⑤维生素：VB_1、VB_2、VB_6、V_C 等。

⑥酶：淀粉酶、蛋白酶、脂肪酶、弹性蛋白酶等。

放线菌：放线菌是最重要的抗生素产生菌，已有1000多种抗生素，约2/3产自放线菌。还可制备核苷酸（5－脱氧肌苷酸）、维生素和酶。

真菌：可以利用真菌生产酶、有机酸、氨基酸、核酸、维生素、促生素、多糖；还可以直接利用真菌本身作为药物，如灵芝、银耳、冬虫夏草。

酵母：富含维生素、蛋白质、多肽和核酸等。

2. 原料的预处理和粉碎方法

（1）预处理方法

①动物组织先要剔除结缔组织、脂肪组织等非活性部分；植物种子去壳除脂；微生物要进行菌体与发酵液分离等基本操作。便于贮存和运输。

②冷冻法预处理：有些材料要冷冻保存或低温保存，以便抑制微生物和酶的作用。

③有机溶剂除去部分水分：用丙酮或乙醇进行脱水和脱脂，有利于贮存。

（2）原料的粉碎

①机械法：组织捣碎机、匀浆器、研钵、球磨机、万能粉碎机、绞肉机、击碎机、刨片机。动物组织多在冰冻状态绞碎、溶浆。

②物理法。

反复冻融法：把待破碎的样品冷至－20～15℃，使之凝固，然后缓慢地溶解，如此反复操作，大部分动物性细胞及细胞内的颗粒可以破碎。

冷热交替法：将材料投入沸水中，在90℃左右维持数分钟，立即置于冰浴中，使之迅速冷却，绝大部分细胞被破坏。此法多用于细菌或病毒中提取蛋白和核酸。

超声波处理法：多用于微生物材料，处理的效果与样品浓度、使用频率有关。用大肠杆菌制备各种酶时，常用50～100mg/L菌体浓度，在1～10KC频率下处理10～15

分钟。操作时注意避免溶液中气泡的存在。

加压破碎法：加气压或水压，达 0.59 ~ 34.32MPa（210 ~ 350kg/cm^2）的压力时，可使 90% 以上细胞被压碎。多用于微生物酶制剂的工业制备。

③生化及化学法。

自溶法：将新鲜的生物材料存放在一定的 pH 和适当温度下，利用组织细胞中自身的酶系将细胞破坏，使细胞内含物释放出来的方法。自溶的温度，动物材料在 0 ~ 4℃，微生物在室温下。自溶时，需加少量的防腐剂，甲苯、氯仿，以防止外界细菌的污染。由于自溶时间较长，不易控制，故制造具有活性的核酸和蛋白质时比较少用。

溶菌酶处理法：溶菌酶是专一地破坏细菌细胞壁的酶。多用于微生物，对蜗牛酶、纤维酶及植物细胞也适用。如用噬菌体感染大肠杆菌细胞制造 DNA 时，采用 pH 8.0 的 0.1mol/L Tris - 0.01mol/L EDTA 制成 2 亿/ml 的细胞悬液，然后加入 100μg ~ 1mg 的溶菌酶，在 37℃保温 10 分钟，细菌胞壁即被破坏。

表面活性剂处理法：表面活性剂的分子中，兼有亲脂性和亲水性基团，能降低水的界面张力，具有乳化、分散、增溶作用。常用有：SDS、氯化十二烷基吡啶、去氧胆酸钠。

知识链接

生物技术制药（品）人员中的生化药品制造工

运用生物或化学半合成等技术，从动物、植物、微生物提取原料，制取天然药物的人员。

从事的工作主要包括：

（1）使用切割、粉碎、研磨等设备对动、植物及微生物原材料进行预处理。

（2）采用浸泡、分馏、过滤等分离技术，提取、纯化有效药用成分。

（3）采用除力过滤、结晶、干燥等方法进行精制。

（4）使用衡器将原料药按规定量包装。

（5）制备符合生化药品生产标准的工艺用水。

任务三　肽类和蛋白质类药物制备

一、多肽与蛋白质类药物的基本概念

多肽类生化药物是以多肽激素和多肽细胞生长调节因子为主的一大类内源性活性成分。

自 1953 年人工合成了第一个有生物活性的多肽——催产素以后，整个 20 世纪 50 年代都集中于脑垂体所分泌的各种多肽激素的研究。60 年代，研究的重点转移到控制脑垂体激素分泌的多肽激素的研究。20 世纪 70 年代，神经肽的研究进入高潮。生物胚层发育渊源关系的研究表明，很多脑活性肽也存在于肠胃道组织中，从而推动了肠胃道激素研究的进展，极大地丰富了生化药物的内容。

蛋白质生化药物包括蛋白质类激素、蛋白质细胞生长调节因子、血浆蛋白质类、黏蛋白、胶原蛋白及蛋白酶抑制剂等，其作用方式从对机体各系统和细胞生长的调节，扩展到被动免疫、替代疗法和抗凝血等。

细胞生长调节因子系在体内和体外对效应细胞的生长、增殖和分化起调控作用的一类物质，这些物质大多是蛋白质或多肽，也有非多肽和蛋白质形式者。许多生长因子在靶细胞上有特异性受体，它们是一类分泌性、可溶性介质，仅微量就具有较强的生物活性。细胞生长调节因子常称为生长因子，包括细胞生长抑制因子和细胞生长刺激因子。

二、多肽与蛋白质类药物的分类

1. 多肽类药物

多肽类药物主要有多肽激素、多肽类细胞生长调节因子和含有多肽成分的组织制剂。

（1）多肽激素　多肽激素主要包括垂体多肽激素、下丘脑多肽激素、甲状腺多肽激素、胰岛多肽激素、肠胃道多肽激素和胸腺多肽激素等。

（2）多肽类细胞生长调节因子　多肽类细胞生长调节因子包括表皮生长因子、转移因子、心钠素等。

（3）含有多肽成分的组织制剂　这是一类临床确有疗效，但有效成分还不十分清楚的制剂，主要有骨宁、眼生素、血活素、氨肽素、妇血宁、蜂毒、蛇毒、胚胎素、助应素、神经营养素、胎盘提取物、花粉提取物、脾水解物、肝水解物、心脏激素等。

2. 蛋白质类药物

（1）蛋白质类激素　蛋白质类激素主要包括垂体蛋白质激素和促性腺激素。

（2）血浆蛋白质　血浆蛋白中的主要成有白蛋白、纤维蛋白溶酶原、血浆纤维结合蛋白、免疫丙种球蛋白，抗淋巴细胞免疫球蛋白。Veil′s 病免疫球蛋白，抗 - D 免疫球蛋白，免疫球蛋白，抗血友病球蛋白，纤维蛋白原（Fg）等。不同物种间的血浆蛋白质存在着种属差异，虽然动物血与人血的蛋白质结构非常相似，但不能用于人体。

（3）蛋白质类细胞生长调节因子　蛋白质类细胞生长调节因子主要包括干扰素 α、β、γ（IDN），白细胞介素 1 ~ 16（11），神经生长因子（NGF），肝细胞生长因子（HGF），骨发生蛋白（BMP）等。

（4）黏蛋白　主要有胃膜素、硫酸糖肽、内在因子、血型物质 A 和 B 等。

（5）胶原蛋白　主要有明胶、氧化聚合明胶、阿胶、冻干猪皮等。

（6）碱性蛋白质　主要有硫酸鱼精蛋白。

（7）蛋白酶抑制　主要有胰蛋白酶抑制剂、大豆胰蛋白酶抑制剂等。

三、多肽与蛋白质类药物的主要生产方法

1. 提取法

提取法是指通过生化工程技术，从天然动植物及重组动植物体中分离纯化多肽与蛋白质。天然动植物体内的有效成分含量低，杂质太多，引起人们对充足动植物的重视，重组动植物指的是通过基因工程技术，将药物基因或能对药物基因起到调节作用用

的基因转导入动植物组织细胞，以提高动植物组织合成药用成分的能力。

2. 发酵法

微生物发酵法是多肽与蛋白质类药物的主要生产方式。利用基因工程菌发酵生产多肽与蛋白质类药物，具有周期短，成本低，产品质量高的优点，一直受到全世界生物制药企业的青睐。多肽与蛋白质类药物多属于人体特有的细胞因子、激素、蛋白质，目前经过基因工程方法可生产绝大多数多肽与蛋白质类药物。

四、生物技术在多肽和蛋白质类药物中的应用

活性多肽和蛋白是生化药物中非常活跃的一个领域，20 世纪 70 年代以后，随着基因工程技术的兴起和发展，人们首先把目标集中在应用基因工程技术制造重要的多肽和蛋白质药物上，已实现工业化的产品有胰岛素、干扰素、白细胞介素、生长素、EPO 等，现正从微生物和动物细胞的表达向转基因动、植物方向发展。

许多活性蛋白质、多肽都是由无活性的蛋白质前体，经过酶的加工剪切转化而来的，它们中间许多都有共同的来源、相似的结构，甚至还保留着若干彼此所特有的生物活性。如生长激素与催乳激素的肽链氨基酸顺序约有近一半是相同的，生长激素具有弱的催乳激素活性，而催乳激素也有弱的生长激素活性。因此，研究活性多肽、蛋白质的结构与功能的关系及活性多肽之间结构的异同与其活性的关系，将有助于设计和研制新的药物。

另外，鉴于一些蛋白质和多肽生化药物有一定的抗原性、容易失活、在体内的半衰期短、用药途经受限等难以克服的缺点，对一些蛋白质生化药物进行结构修饰，应用计算机图像技术研究蛋白质与受体及药物的相互作用，发展蛋白质工程及设计相对简单的小分子来代替某些大分子蛋白质药物，起到增强疗效或增加选择性的作用等，已成为现代生物技术药物研究的主要内容。预计 21 世纪，生物技术作为生物药物生产的重要手段将全面革新传统的生物制药技术。与此同时，也将全面革新医疗实践的全过程。

五、降钙素的制备实例

1. 结构、功能与性质

降钙素是由 32 个氨基酸残基组成的单链多肽，相对分子质量约 3500，其氨基端为半胱氨酸，它与第 7 位上的半胱氨酸形成二硫键，羧基端为脯氨酸。羧基端的脯氨酸对降钙素的活性至关重要，如果失去该氨基酸，剩下的 31 个氨基酸组成的多肽完全无降钙素的活性。

降钙素分子的极性较强，不溶于丙酮、乙醇、氯仿、乙醚、苯、异丙醇、四氯化碳等有机溶剂及有机酸，易溶于水和碱性溶液。降钙素易被光氧化，保存时需避光，在避光的条件下 25℃ 保存可稳定 2 年。干燥状态比水溶液中稳定，一般需制成固体制剂。

2. 降钙素的生产工艺

降钙素的生产工艺一般采用天然的猪甲状腺和鲑、鳗的心脏或心包膜为原料通过生化分离提取（图3－3）。

（1）工艺流程

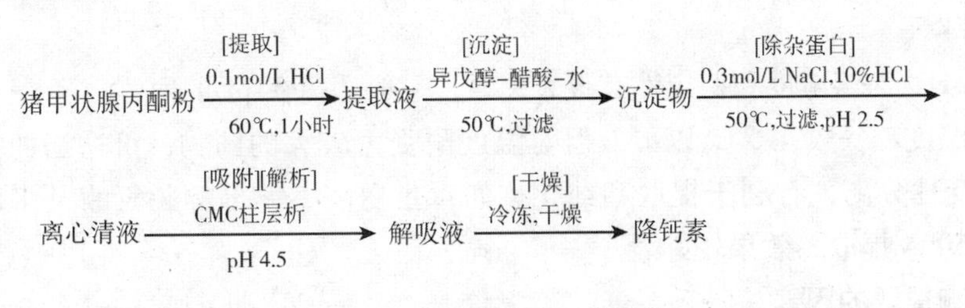

图3－3　降钙素生产工艺路线

（2）工艺过程及控制要点

①猪甲状腺经绞碎，用丙酮脱脂，制成脱脂的猪甲状腺丙酮粉。

②用0.1mol/HCl作为提取液，用量为甲状腺丙酮粉的0.55～0.6倍（V/W），提取温度60℃，边加热边搅拌，提取时间约1小时，然后再加丙酮粉质量的0.6倍水（V/W），充分搅拌1小时，离心，沉淀用水洗涤，合并上清液和洗液后，继续搅拌2小时后离心。

③上清液用0.5倍体积的异戊醇－醋酸－水（20∶32∶48）的混合液混匀沉淀得降钙素粗品，沉淀时控制温度50℃，沉淀加少量硅藻土作助滤剂过滤，收集沉淀。

④沉淀用适量0.3mol/L NaCl溶液溶解，用10% HCl调pH 2.5，离心除去不溶物，收集离心液。

⑤离心液用10倍水稀释后，通过cMc（羧甲基纤维钠）柱（5cm×50cm）。柱预先用0.02mol/L醋酸缓冲液（pH 4.5）平衡。收集含有降钙素的组分。

⑥收集的降钙素组分，冻干或用2mol/L NaCl盐析，制得降钙素粉末。由此法生产出来的降钙素含量约为3.6U/mg左右，若需更高纯度，则需进一步纯化。

3. 生物活性测定

样品用经过0.1mol/L CH_3COONa溶液稀释过的0.1%白蛋白溶液溶解，取0.2ml样品按倍比稀释法配制，选用雄性大白鼠，静脉注射后1小时收集血液，测定血液样品中的钙含量。血液中钙含量用原子吸光光度计测量。用猪甲状腺中提取的降钙素标准品作对照，稀释成10mU/ml、25mU/ml、50mU/ml和100mU/ml浓度梯度，然后用同样方法注射大白鼠，1小时后取血样测钙含量，以钙含量对降钙要素标准品浓度作直角坐标标准曲线。将待测样品的钙值与标准曲线对照，可查出待测样品的生物活性。

六、生化药物提取的相关知识

提取也称抽提、萃取，就是利用一种溶剂对物质的不同溶解度，从化合物中分离出一种或几种组分的过程。分为固体处理（液－固萃取）和液体处理（液－液萃取）。针对生物材料和目的物的性质选择合适的溶剂系统与提取条件。目的物与主要杂质在溶解度的差异以及它们的稳定性；在提取过程中增加目的物的溶出度，尽可能减少杂质的溶出度。

1. 提取条件的选择

（1）溶剂　常用水、稀盐、稀酸、稀碱，有机溶剂如乙醇、丙酮、氯仿、四氯化碳、丁醇等。丁醇提取的pH、温度范围较广（pH 3～6，－2～40℃）。适用于动植物和微生物原料。

（2）pH　与溶解度和稳定性有很大关系，一般选择在 pI 的两侧。

（3）温度　一般在5℃ 以下，但对温度耐受力较大的药物，可适当的提高温度，使杂蛋白变性分离，有利于提取和纯化。如胃蛋白酶、酵母醇脱氢酶及多肽激素类，选择37～50℃ 提取，效果较好。

2. 影响提取的因素

（1）被提取物质溶解度的大小　一般极性对极性；非极性对非极性；酸对碱；碱对酸；高温；远离等电点。

（2）扩散作用的影响　扩散方程式 $G = DF \times \Delta C/\Delta X \times t$

（3）分配作用的影响　分配定律（C1/C2）恒温、恒压 = K

3. 提取注意事项

（1）蛋白质类药物要防止其高级结构的破坏，即变性作用。

（2）对酶类药物的提取要防止辅酶的丢失。

（3）多肽类及核苷酸类药物需注意避免酶降解作用。

（4）脂类药物防止氧化，减少与空气接触。

任务四　核酸类药物制备

一、基本概念

核酸（RNA、DNA）是由许多核苷酸以3，7，5′－磷酸二酯键连接而成的大分子化合物。在生物的遗传、变异、生长发育以及蛋白质合成等方面起着重要作用。核苷酸是核酸的基本结构，核苷酸又由碱基、戊糖和磷酸三部分组成，碱基与戊糖组成的单元叫核苷。生物体内核酸代谢与核苷酸代谢密切相关。因而核酸类药物包括：核酸、核苷酸、核苷、碱基及其衍生物。

二、核酸类药物的分类

核酸类药物可分为两大类。

（1）第一类为具有天然结构的核酸类物质，这些物质都是生物体合成的原料，或是蛋白质、脂肪、糖等生物合成、降解以及能量代谢的辅酶。属于这一类的核酸类药物有核酸类药物有肌苷、ATP、辅酶 A、脱氧核苷酸、肌苷酸、鸟三磷（GTP）、胞三磷（CTP）、尿三磷（UTP）、腺嘌呤、腺苷、5′－核苷酸混合物、2′，3′－核苷酸混合物、辅酶Ⅰ、辅酶 A 等。

（2）第二类为自然结构碱基、核苷、核苷酸结构类似物或聚合物，临床上用于抗病毒的这类药物有三氟代胸苷、叠氮胸苷等8种。此外还有氮杂鸟嘌呤、巯嘌呤、氟胞嘧啶、肌苷二醛、聚肌胞、阿糖胞苷等都已用于临床。

常见核酸类药物的名称及治疗范围见表3-2。

表3-2　常见核酸类药物的名称及治疗范围

名称	治疗范围
核糖核酸（RNA）	口服用于精神迟缓、记忆衰退、动脉硬化性痴呆治疗；静脉注射用于刺激造血和促进白细胞生成，治疗慢性肝炎、肝硬化、初期癌症
脱氧核糖核酸（DNA）	有抗放射性作用；能改善肌体虚弱疲劳；与细胞毒药物合用，能提高细胞毒药物对癌细胞的选择性作用；与红霉素合用，能降低其毒性，提高抗癌疗效
免疫核糖核酸（iRNA）	推动正常的RNA分子在基因水平上通过对癌细胞DNA分子进行诱导，成通过反转录酶系统促使癌细胞发生逆分化，如可用于肝炎治疗的抗乙肝iRNA
转移因子（TF）	相对分子质量较小，含有多核苷酸、多肽化合物，$M_t < 10000$，它只传递细胞免疫信息，无体液免疫作用，不致促进肿瘤生长，治疗恶性肿瘤比较安全；也可用于治疗肝炎等
聚肌胞苷酸（poly I：C）	干扰素诱导物，具有广谱抗病毒作用；用化学合成、酶促合成方法生产
腺苷三磷酸（ATP）	用于心力衰竭、心肌炎、心肌梗死、脑动脉和冠状动脉硬化、急性脊髓灰质炎、肌肉萎缩、慢性肝炎等
核酸-氨基酸混合物	用于气管炎、神经衰弱等
辅酶A（CoA）	用于动脉硬化、白细胞、血小板减少，肝、肾疾病等
脱氧核苷酸钠	用于放疗、化疗引起急性白细胞减少症
腺苷一磷酸（AMP）	有周围血管扩张作用、降压作用；用于静脉曲张性溃疡等
鸟苷三磷酸（GTP）	用于慢性肝炎、进行性肌肉萎缩等症
辅酶Ⅰ（NAD）	用于白细胞减少及冠状动脉硬化
辅酶Ⅱ（NADP）	促进体内物质的生物氧化

三、核酸类药物的生产方法

核酸类药物的生产方法主要有酶解法、半合成法、直接发酵法。

1. 酶解法

酶解法是先用糖质原料、亚硫酸纸浆废液或其他原料发酵生产酵母，再从酵母菌体中提取核糖核酸（RNA），提取出的核糖核酸经过青霉菌属或链霉菌属等微生物产生的酶进行酶解，制成各种核苷酸。

2. 半合成法

半合成法即微生物发酵和化学合成并用的方法。例如由发酵法先制成5-氨基-4-甲酰胺咪唑核苷，再用化学合成制成鸟苷酸。

3. 直接发酵法

直接发酵法是根据生产菌的特点，采用营养缺陷型菌株或营养缺陷兼结构类似物抗性菌株，通过控制适当的发酵条件，打破菌体对核酸类物质的代谢调节制，使之发酵生产大量的目的核苷或核苷酸。例如用产氨短杆菌腺嘌呤缺陷型突变株直接发酵生产肌苷酸。

以上3种生产方法各有优点。用酶解法可同时得到腺苷酸和鸟苷酸，如果其副产物尿苷酸和胞苷酸能被开发利用，其生产成本可以进一步降低。发酵法生产腺苷酸和鸟苷酸的工艺正在不断改良，随着核苷酸的代谢控制及细胞膜的渗透性等方面研究的进展，其发酵产率可望得到提高。半合成法可以避开反馈调节控制，获得较高的产量。近年来发展起来的化学酶合成法，大大提高了收率，降低了成本。

四、核酸类药物的临床应用

1. 核酸类药物可以平衡机体的代谢

机体缺乏天然结构的核酸类物质，会使生物体代谢造成障碍，发生疾病。提供这类药物，有助于改善机体的物质代谢和能量代谢平衡，加速受损组织的修复，促使机体恢复正常生理功能。临床已广泛应用于血小板减少症、白细胞减少症、急慢性肝炎、心血管疾病、肌肉萎缩等代谢障碍性疾病。

2. 核酸类药物是合成其他药物的原材料

具有自然结构碱基、核苷、核苷酸结构类似物或聚合物是当今治疗病毒、肿瘤、艾滋病的重要药物，也是产生干扰素、免疫抑制剂的临床药物。这类药物大部分由自然结构的核酸类物质通过半合成生产。

五、三磷酸腺苷（ATP）的制备实例

1. 三磷酸腺苷（ATP）的理化性质

ATP也叫做三磷酸腺苷或腺三磷。ATP分子式的简写形式是A－P～P～P。由腺苷和三个磷酸基所组成，分子式$C_{10}H_{16}N_5O_{13}P_3$，分子量507.184。三个磷酸基团从腺苷开始被编为α、β和γ磷酸基。ATP的化学名称为5′－三磷酸－9－β－D－呋喃核糖基腺嘌呤。

ATP为白色结晶或类白色粉末，无臭，略有酸味；有引湿性。在水中易溶，在乙醇、乙醚、氯仿及苯中极微溶解。碱性溶液中较稳定，酸性及中性溶液中易分解。受热也易分解。用于心肌梗死及脑溢血时，应在发病后2～3周开始应用。不良反应较少；静脉注射宜慢。辅助酶类药，用于进行性肌萎缩、脑溢血后遗症、心功能不全、心肌疾患及肝炎等的治疗。

2. 三磷酸腺苷（ATP）的生产

三磷酸腺苷（ATP）是重要的医药品。自然界中，ATP广泛分布在生物细胞内，以哺乳动物肌肉中含量最高，约0.25%～0.4%。

（1）氧化磷酸法

①生产工艺流程：氧化磷酸法是以酵母为工具，加入AMP、葡萄糖、无机磷，经37℃培养发酵，把葡萄糖氧化成乙醇和二氧化碳，同时释放大量的能量，转化为化学能，促使AMP生成ATP，在酵母中腺苷酸激酶几乎可以定量地把AMP转化成ATP，其转化率达90%，理论收率达85%（图3－4）。

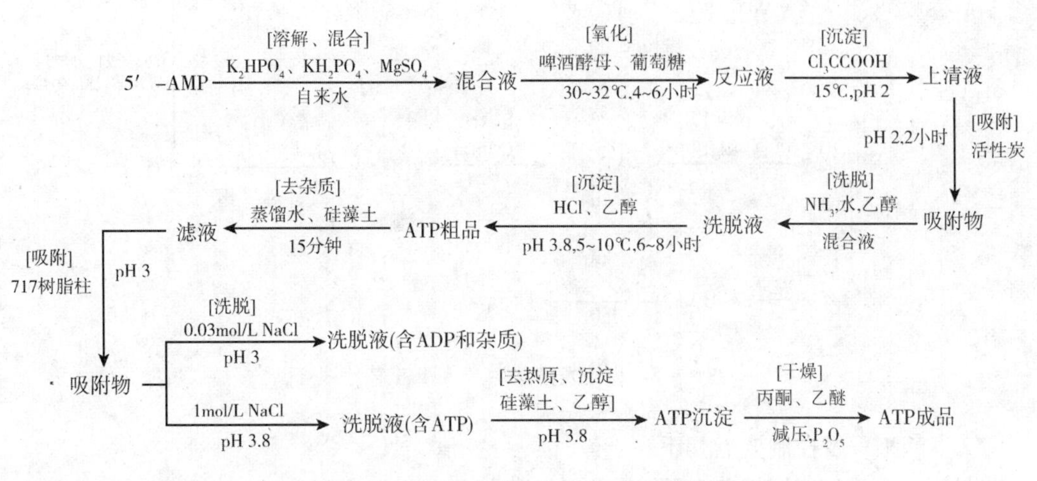

图3-4　氧化磷酸法生产ATP工艺路线

②生产工艺过程和控制要点如下。

氧化反应：取AMP（纯度85%以上）50g用2L水溶解，必要时用6mol/L NaOH溶液调至全部溶解。另取$K_2HPO_4 \cdot 3H_2O$ 184.8g，KH_2PO_4 57.7g，$MgSO_4 \cdot 7H_2O$ 17.5g，溶于5L自来水中。再将两溶液混合后，投入离心甩干的新鲜酵母1.8~2kg及葡萄糖175g，立即在30~32℃下缓慢搅拌，全部反应时间约4~6小时。然后将反应液冷却至15℃左右，加入400g/L（约40%）三氯乙酸500ml，并用盐酸调pH至2，用尼龙布过滤，去酵母菌体和沉淀物，得上清液。

分离纯化：在上清液中加入处理过的颗粒活性炭，于pH 2下缓慢搅动2小时，吸附ATP。用倾泻法除去上清液后，用pH 2的水洗涤活性炭，漂洗去大部分酵母残体后装入色谱柱中，再用pH 2的水洗至澄清，用V氨水∶V水∶V95%乙醇=4∶6∶100的混合洗脱液以30ml/min的流速洗脱ATP。

将ATP氨水洗脱液置于水浴中，用HCl调pH至3.8，加3~4倍体积的95%乙醇，在5~10℃静置6~8小时，倾去乙醇，沉淀即为ATP粗品。将粗品置于1.5L蒸馏水中，加硅藻土50g，搅拌15分钟，布氏漏斗过滤，取上清液调pH至3，上717氯型阴离子柱，一般100g树脂可吸附10~20g的ATP，吸附饱和后用pH 3的0.03mol/L氯化钠溶液洗柱，去ADP杂质。然后用pH 3.8、1mol/L氯化钠溶液洗脱，收集遇乙醇沉淀部分的洗脱液。

精制：洗脱液加硅藻土25g，搅拌15分钟，抽滤，清液调pH至3.8，加3~4倍体积的95%乙醇，立即产生白色ATP沉淀，置于冰箱中过夜。次日倾去上液，用丙酮、乙醚洗脱沉淀，脱水，用垂熔漏斗过滤，置P205干燥器中，减压干燥，即得ATP成品。按AMP质量计算，收率100%~120%，含量80%左右。

（2）直接发酵法

①生产工艺流程：产氨短杆菌在适量浓度的Mn^{2+}存在时，其5′-磷酸核糖、焦磷酸核糖、焦磷酸核糖激酶和核苷酸焦磷酸化酶能从细胞内渗出来，若在培养基中加入嘌呤碱基，可分段合成相应的核苷酸（图3-5）。其能源供应和氧化磷酸化法一样。

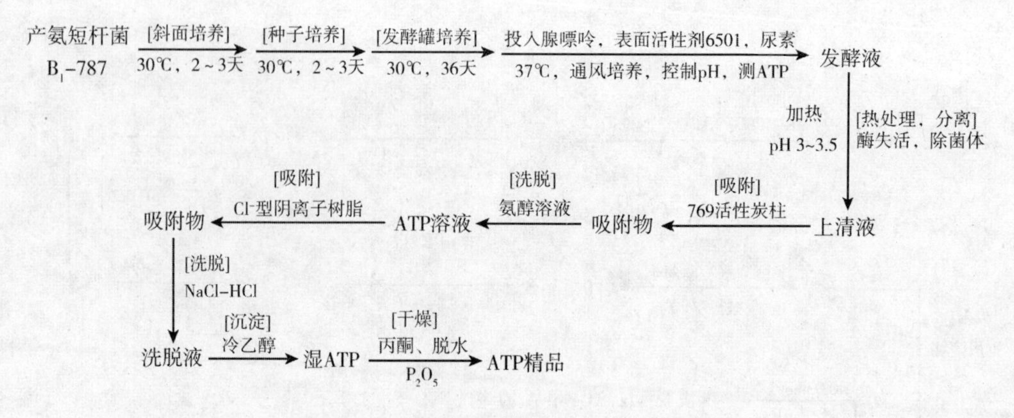

图3-5 直接发酵法生产ATP工艺路线

②生产工程及控制要点如下。

菌种：采用产氨短杆菌B-787进行发酵。

菌种培养：培养基组成为葡萄糖10%、$MgSO_4 \cdot 7H_2O$ 1%、尿素0.2%、$FeSO_4 \cdot 7H_2O$ 0.001%、$ZnSO_4 \cdot 7H_2O$ 0.001%、$CaCl_2 \cdot 2H_2O$ 0.01%、玉米浆适量、K_2HPO_4 1%、KH_2PO_4 1%，pH 7.2。种龄通常为20~24小时，接种量7%~9%，pH控制在6.8~7.2。

发酵培养：500L发酵罐培养，培养温度28~30℃，24小时前通风量1:0.5L/(L·min)，24小时后通风量1:1L/(L·min)，40小时后投入腺嘌呤0.2%、烷基醇酰胺0.15%、尿素0.3%，升温至37℃，pH 7.0。

D. 提取、精制　发酵液加热使酶失活后，调节pH至3~3.5，过滤除菌体，滤液通过769活性炭柱，用氨醇溶液洗脱，洗涤液再经过氯型阴离子柱，经NaCl-HCl溶液洗脱，洗脱液加人冷乙醇沉淀，过滤，丙酮洗涤，脱水，置P205真空干燥器中干燥，得ATP精品。按发酵液体积计算，收率为2g/L。

六、生化制药层析的相关知识

离子交换层析：采用不溶性高分子化合物作为离子交换剂，分离纯化各种生化物质。

1. 基本原理

离子交换树脂在水中能溶胀，溶胀后，其分子中的极性基团（活性基团），具有可扩散的离子，能与溶液中的离子起交换作用；非极性基团作为树脂的骨架，使树脂不溶于水并具有网状结构，为离子交换的进行及溶液和树脂的分离创造了条件。离子交换层析包括吸附、吸收、穿透、扩散、离子交换、离子亲和力等物理化学过程。

2. 树脂种类和理化性能

（1）强酸性阳离子交换树脂　功能团为磺酸基，pH一般没有限制。

（2）弱酸性阳离子交换树脂　功能团为羧基、酚基。在酸性溶液中不发生交换，pH愈大交换能力愈强。

（3）强碱性阴离子交换树脂　功能团为三甲基季胺基团。pH没有限制。

（4）弱酸性阴离子交换树脂　功能团为伯胺基、仲胺基、叔胺基。pH愈低交换能力愈大。

3. 影响交换速度的因素

（1）树脂颗粒的大小　颗粒小，表面积大，能促进内部和外部扩散。

（2）搅拌和流速　加快搅拌速度或加大液体流速，都能减少树脂外液膜的厚度，从而使液相扩散速度增加。

（3）离子浓度　交换速度随离子浓度的上升而增加，达到一定浓度后交换速度不在升高。

（4）离子的水化半径　水化半径小的易被吸附。

（5）树脂酸碱性的强弱和溶液的 pH。

（6）交联度大小　交联度愈小，树脂愈易膨胀，交换速度愈快。但交联度小的树脂选择性较差。

（7）有机溶剂的影响　当有有机溶剂存在时，会降低树脂对有机离子的选择性，而容易吸附无机离子。

任务五　酶类药物的制备

一、基本概念

酶是由生物活细胞产生的具有特殊催化功能的一类生物活性物质，其化学本质是蛋白质，故也称为酶蛋白。药用酶是指可用于预防、治疗和诊断疾病的一类酶制剂。生物体内的各种生化反应几乎都是在酶的催化作用下进行的，所以酶在生物体的新陈代谢中起着至关重要的作用。

二、酶类药物的分类

根据药用酶的临床用途，可将其分为以下 6 类。

1. 促进消化酶类

这类酶的作用是水解和消化食物中的成分，如蛋白酶、淀粉酶、脂肪酶和纤维素酶等。

2. 消炎酶类

蛋白酶的消炎作用已被实验所证实，其中用得最多是溶菌酶，其次为菠萝蛋白酶和胰凝乳蛋白酶。消炎酶一般作成肠溶性片剂。

3. 与治疗心脑血管疾病有关的酶类

健康人体血管中很多酶有助于促进血栓的溶解，也有助于预防血栓的形成。目前已用于临床的酶类主要有链激酶、尿激酶、纤溶酶、凝血酶和蚓激酶等。

4. 抗肿瘤的酶类

已发现有些酶能用于治疗某些肿瘤，如门冬酰胺酶、谷氨酰胺酶、蛋氨酸酶、酪氨酸氧化酶等。其中门冬酰胺酶是一种引人注目的抗白血病药物。它是利用门冬酰胺酶选择性地争夺某些类型瘤组织的营养成分，干扰或破坏肿瘤组织代谢，而正常细胞能自身合成门冬酰胺故不受影响。谷氨酰胺酶能治疗多种白血病、腹水瘤、实体瘤等。

神经氨酸苷酶是一种良好的肿瘤免疫治疗剂。

5. 与生物氧化还原电子传递有关的酶

这类酶主要有细胞色素 C、超氧化物歧化酶、过氧化物酶等。细胞色素 C 是参与生物氧化的一种非常有效的电子传递体，是组织缺氧治疗的急救和辅助用药；超氧化物歧化酶在抗衰老、抗辐射、消炎等方面也有显著疗效。

6. 其他药用酶

酶在解毒方面的应用研究已引起人们的注意，如青霉素酶、有机磷解毒酶等。青霉素酶能分解青霉素，可应用于治疗青霉素引起的过敏反应；透明质酸酶可分解黏多糖，使组织间质的黏稠性降低，有助于组织通透性增加，是一种药物扩散剂等。

三、酶类药物的基本生产方法

（一）酶类药物的生产技术

1. 生化提取酶技术

（1）原料选择原则　生物材料和体液中虽普遍含有酶，但各种酶的含量却非常少。个别酶的含量在 0.0001% ~1%，因此在提取酶时应根据各种酶的分布特点和存在特性选择适宜的生物材料。

①酶在生物材料中的分布：生物体内酶在各部位的含量是不同的，选择适宜的生物原料，确保该部位酶的含量比较高，如乙酰化氧化酶在鸽肝中含量高，提取此酶时宜选用鸽肝为原料。酶在组织中的分布情况见表 3 -3。

表 3 -3　某些酶在组织中的含量

酶	来源	含量（g/100g 组织湿重）	酶	来源	含量（g/100g 组织湿重）
胰蛋白酶	牛胰	0.55	细胞色素 C	肝	0.015
甘油醛 -3 -磷酸脱氧酶	兔骨骼肌	0.40	柠檬酸酶	猪心肌	0.07
过氧化氢酶	辣根	0.02	脱氧核糖核酸酶	胰	0.0005

②不同发育阶段及营养状况　酶含量的差别及杂质干扰的情况。如从鸽肝提取乙酰化酶，在饥饿状态下取材，可排除杂质肝糖原对提取过程的影响；凝乳酶只能用哺乳期的小牛胃作材料等。

③动物材料要新鲜　用动植物组织作原料，应在动物组织宰杀后立即取材。

④综合成本　选材时应注意原料来源应丰富，能综合利用一种资源获得多种产品。还应考虑纯化条件的经济性。

（2）生物材料的预处理　生物材料中酶多存在于组织或细胞中，因此提取前需将组织或细胞预处理，以便酶从其中释放出来，利于提取。生物材料的预处理方法有以下几种。

①机械处理：用绞肉机将事先切成小块的组织绞碎。当绞成组织糜后，许多酶都能从粒子较粗的组织糜中提取出来，实验室常用的是玻璃匀浆器和组织捣碎器，工业上可用高压匀浆泵。

②反复冻融处理：冷冻到－10℃左右，再缓慢溶解至室温，如此反复多次。由于细胞中冰晶的形成，及剩下液体中盐浓度的增高，可使细胞中颗粒及整个细胞破碎，从而使酶释放出来。

③制备丙酮粉：组织经丙酮迅速脱水干燥制成丙酮粉，不仅可减少酶的变性，同时因细胞结构的破坏使蛋白质与脂质结合的某些化学键打开，促使某些结合酶释放到溶液中，如鸽肝乙酰化酶就是用此法处理。

④微生物细胞的预处理：若是胞外酶，则除去菌体后就可直接从发酵液中提取；若是胞内酶，则需将菌体细胞破壁后再进行提取。通常用离心或压滤法取得菌体，用生理盐水洗涤除去培养基后，冷冻保存。

2. 微生物发酵产酶技术

利用发酵法生产药用酶的工艺过程，同其他发酵产品相似，下面简要讨论一下发酵法生产药用酶的技术关键。

（1）高产菌株的选育　菌种是工业发酵生产酶制剂的重要条件。优良菌种不仅能提高酶制剂产量和发酵原料的利用率，而且还与增加品种、缩短生产周期、改进发酵和提炼工艺条件等密切相关。

（2）发酵工艺的优化　优良的生产菌株，只是酶生产的先决条件，要有效地进行生产还必须探索菌株产酶的最适培养基和培养条件。首先要合理选择培养方法、培养基、培养温度、pH和通气量等。在工业生产中还要摸索一系列工程和工艺条件，如培养基的灭菌方式、种子培养条件发酵罐的形式、通气条件、搅拌速度、温度和pH调节控制等。还要研究酶的分离、纯化技术和制备工艺，这些条件的综合结果将决定酶生产本身的经济效益。

（3）培养方法　目前药用酶生产的培养方法主要有固体培养方法和液体培养方法。

①固体培养法：固体培养法亦称麸曲培养法，该法是利用麸皮或米糠为主要原料，另外还需要添加谷糠、豆饼等，加水拌成含水适度的固态物料作为培养基。目前我国酿造业用的糖化曲霉，普遍采用固体培养法。

②液体培养法：液体培养法是利用液体培养使微生物生长繁殖和产酶。根据通气（供氧）方法的不同，又分为液体表面培养和液体深层培养两种，其中液体深层通气培养是目前应用最广的方法。

（二）酶的提取

酶的提取方法主要有水溶液法，有机溶剂法和表面活性剂法三种。

1. 水溶液法

常用稀盐溶液或缓冲液提取。经过预处理的原料，包括组织糜、匀浆、细胞颗粒以及丙酮粉等，都可用水溶液抽提。一般在低温下操作，但对温度耐受性较高的酶（如超氧化物歧化酶），却应提高温度，以使杂蛋白变性，利于酶的提取和纯化。

2. 有机溶剂法

某些结合酶如微粒体和线粒体膜的酶，由于和脂质牢固结合，用水溶液很难提取，为此必须除去结合的脂质，且不能使酶变性，最常用的有机溶剂是丁醇。

用丁醇提取方法有两种：一种是用丁醇提取组织的匀浆然后离心，取下相层，但许多酶在与脂质分离后极不稳定，需加注意；另一种是在每克组织或菌体的干粉中加

5ml 丁醇，搅拌 20 分钟，离心，取沉淀，接着用丙酮洗去沉淀上的丁醇，再在真空中除去溶剂，所得干粉可进一步用水提取。

3. 表面活性剂法

表面活性剂分子具有亲水或憎水性的基团。表面活性剂能与酶结合使之分散在溶液中，故可用于提取结合酶，但此法用得较少。

（三）酶的纯化

酶的纯化是一个复杂的过程，不同的酶，因性质不同，其纯化工艺可有很大不同。

1. 杂质的除去

酶提取液中，除所需酶外，还含有大量的杂蛋白、多糖、脂类和核酸等，为了进一步纯化，可用下列方法除去。

（1）调 pH 和加热沉淀法　利用蛋白质在酸碱条件下的变性性质可以通过调 pH 和等电点除去某些杂蛋白，也可利用不同蛋白质对热稳定的差异，将酶液加热到一定温度，使杂蛋白变性而沉淀。

（2）蛋白质表面变性法　利用蛋白质表面变性性质的差别，也可除去杂蛋白。例如制备过氧化氢酶时，加入氯仿和乙醇进行震荡，可以除去杂蛋白。

（3）选择性变性法　利用蛋白质稳定性的不同，除去杂蛋白。如对胰蛋白酶、细胞色素 C 等少数特别稳定的酶，甚至可用 2.5% 三氯乙酸处理，这时其他杂蛋白都变性而沉淀，而胰蛋白酶和细胞色素 C 仍留在溶液中。

（4）降解或沉淀核酸法　在用微生物制备酶时，常含有较多的核酸，为此，可用核酸酶，将核酸降解成核苷酸，使黏度下降便于离心分离。

（5）利用结合底物保护法除去杂蛋白　酶和底物结合或与竞争性抑制剂结合后，稳定性大大提高，这样就可以用加热法除去杂蛋白。

2. 脱盐

酶的提纯以及酶的性质研究中，常常需要脱盐。最常用的脱盐方法是透析和凝胶过滤。

（1）透析　由于透析主要是扩散过程，如果袋内外的盐浓度相等，扩散就会停止，因此需经常更换溶剂。

（2）凝胶过滤　这是脱盐目前最常用的方法，不仅可除去小分子的盐，而且也可除去其他相对分子质量较小的物质。用于脱盐的凝胶主要有 SephadexG－10、G－15、G－25 等。

3. 浓缩

酶的浓缩方法很多，有冷冻干燥、离子交换、超滤、凝胶吸水等。

（1）冷冻干燥法　是最有效的方法，它可将酶液制成干粉。采用这种方法既能使酶浓缩，酶又不易变性，便于长期保存。

（2）离子交换法　此法常用的变换剂有 DEAE Sephadex A50，PAE－Sephadex A50 等。当需要浓缩的酶液通过交换柱时，几乎全部的酶蛋白会被吸附，然后用改变洗脱液 pH 或离子强度等法即可达到浓缩目的。

（3）超滤法　超滤的优点在于操作简单、快速且温和，操作中不产生相的变化。

（4）凝胶吸水法　由于 Sephadx Bio－Gel 都具有吸收水及吸收相对分子质量较小

化合物的性能，因此用这些凝胶干燥粉末和需要浓缩的酶液混在一起后，干燥粉末就会吸收溶剂，再用离心或过滤方法除去凝胶，酶液就得到浓缩。

4. 酶的结晶

把酶提纯到一定纯度以后（通常纯度应达50%以上），可进行结晶，伴随着结晶的形成，酶的纯度经常有一定程度的提高。从这个意义上讲，结晶既是提纯的结果，也是提纯的手段。酶的结晶方法有：

（1）盐析法　即在适当的pH、温度等条件下，保持酶的稳定，慢慢改变盐浓度进行结晶。结晶时采用的盐有硫酸铵、柠檬酸钠、乙酸铵、硫酸镁和甲酸钠等。

（2）有机溶剂法　酶液中滴加有机溶剂，有时也能使酶形成结晶。这种方法的优点是结晶悬液中含盐少。结晶用的有机溶剂有乙醇、丙醇、丁醇等。与盐析法相比，用有机溶剂法易引起酶失活。

（3）复合结晶法　也可以利用某些酶与有机化合物或金属离子形成复合物或盐的性质来结晶。

（4）透析平衡法　利用透析平衡进行结晶也是常用方法之一。它既可进行大量样品的结晶，也可进行微量样品的结晶。

（5）等电点法　一般地说，在等电点附近酶的溶解度较小，这一特征为酶的结晶条件提供了理论根据。

四、*L*－天冬酰胺酶的制备实例

1. 结构与性质

L－天冬酰胺酶（*L*－asparaginase，*L*－ASP，EC. 3. 5. 1. 1），又名*L*－门冬酰胺酶或*L*－天门冬酰胺酶，商品名为左旋门冬酰胺酶，目前在临床上已被用于儿童急性淋巴细胞白血病的治疗。*L*－ASP单独使用时，对儿童急性淋巴细胞白血病的有效率为60%，与长春碱及皮质甾类药物联合使用时，有效率可高达95%。另外，*L*－ASP对单细胞白血病、淋巴肉瘤、白血病性网状内皮组织增多症以及慢性髓细胞白血病也有一定的疗效，对胰腺癌细胞的增多还有一定的抑制作用，是临床治疗白血病的重要药物。

L－ASP抗肿瘤的作用机制在于它能够降低人体内*L*－天冬酰胺和*L*－谷氨酰胺的浓度，这两种氨基酸是合成嘌呤环和嘧啶环的重要组成部分。肿瘤细胞缺乏天冬酰胺合成酶，不能合成*L*－天冬酰胺，需要摄取外源*L*－天冬酰胺才能存活。当外源L－天冬酰胺被分解掉时，癌细胞合成核苷酸和蛋白质的能力就会显著降低，因此*L*－ASP能有效抑制肿瘤细胞的增殖。

L－ASP是由四个相同亚基（A、B、C、D）组成的同型四聚体，有222个对称轴，在AB或CD之间存在6对相互作用力，形成两对二聚物，所以更准确地说*L*－ASP是两个二聚物的二聚体。它的每个亚基含有326个氨基酸残基，包N端和C端两个β结构域。两个结构域之间由一段连接序列相连。

性状呈白色粉末状，微有吸湿性，溶于水，不溶于丙酮、氯仿、乙醚及甲醇。20%水溶液室温贮存7天，5℃贮存14天均不减少酶的活力。干燥品50℃、15分钟酶活力降低30%，60℃、1小时内失活。最适pH 8.5，最适温度37℃。

L－天冬酰胺酶的产生菌是霉菌和细菌。

2. 生产工艺

（1）工艺路线见图3－6。

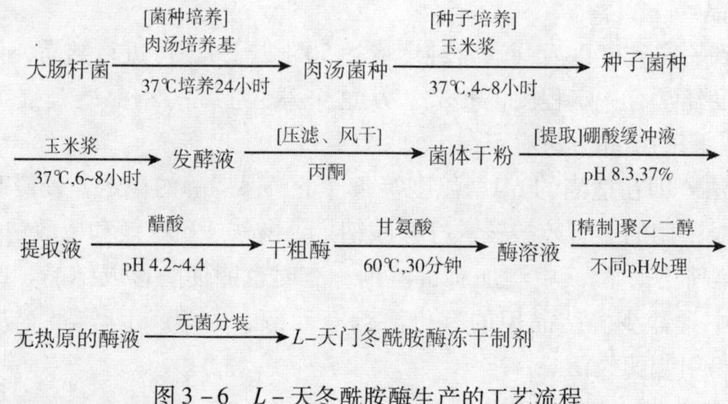

图3－6　L－天冬酰胺酶生产的工艺流程

（2）工艺过程及控制要点

①菌种培养：采取大肠杆菌ASl－375，普通肉汤培养基，接种后于37℃培养24小时。

②种子培养：16%玉米浆，接种量1%～1.5%，37℃通气搅拌培养4～8小时。

③发酵罐培养玉米浆培养基，接种量8%，37℃通气搅拌培养6～8小时，离心分离发酵液，得菌体，加2倍量丙酮搅拌，压滤，滤饼过筛，自然风干成菌体干粉。

④提取、沉淀、热处理　每千克菌体干粉加入0.01mol/L。pH 8.0的硼酸缓冲液10L 37℃保温搅拌1.5小时，降温到30℃以后，用5mol/ L醋酸调节pH至4.2～4.4进行压滤，滤液中加入0.2倍体积的丙酮，放置3～4小时，过滤，收集沉淀，自然风干，即得干粗酶。取粗制酶，加人0.3%甘氨酸溶液，调节pH 8.8，搅拌1.5小时，离心，收集上清液，加热到60℃，30分钟进行热处理。离心弃去沉淀，上清液加2倍体积的丙酮，析出沉淀，离心，收集酶沉淀，用0.01mol/L，pH 8.0磷酸缓冲液溶解，再离心弃去不溶物，得上清酶溶液。

⑤精制、冻干　上述酶溶液调节pH 8.8，离心弃去沉淀，清液再调pH 7.7加入50%聚乙二醇，使浓度达到16%。在2～5℃放置4～5天，离心得沉淀。用蒸馏水溶解，加4倍量的丙酮，沉淀，同法重复1次，沉淀用pH 6.4，0.05mol/L磷酸缓冲液溶解，50%聚乙二醇重复处理1次，即得无热原的L－天冬酰胺酶。溶于0.5mol/L磷酸缓冲液，在无菌条件下用6号垂熔漏斗过滤，分装，冷冻干燥制得注射用L－天冬酰胺酶成品，每支1万或2万单位。

五、生化制药分离的相关知识

1. 盐析法分离纯化

利用不同的蛋白质在高浓度盐溶液中，溶解度不同程度的降低来进行分离纯化。在低盐浓度下，溶解度随着盐浓度升高而增加，称盐溶作用；当盐浓度不断升高时，不同蛋白质的溶解度又以不同程度下降并先后析出沉淀，称盐析作用。

优点：设备和条件要求低，安全应用范围广泛。在高盐情况下，蛋白质不易发生变化，一般在室温下操作。

缺点：分级分离能力不高。

常用的中性盐：硫酸铵、硫酸镁、硫酸钠、氯化钠、磷酸钠。

盐析时应注意的几个问题：

（1）盐饱和度　由于蛋白质的结构和性质不同，盐析要求的饱和度也不同。要按工艺要求，正确计算饱和度。

（2）pH 的选择　蛋白质在 pI 时的溶解度最小。因此，进行盐析时的 pH，要选择在被分离蛋白质的 pI 附近。

（3）蛋白质浓度　在相同条件下，蛋白质浓度越大越易沉淀，使用盐的饱和度极限也愈低。蛋白质浓度愈高，其他蛋白质共沉作用也愈强，这是不希望的。选择适当的蛋白质浓度，可避免共沉的干扰。

（4）温度　一般在室温下进行，浓盐对蛋白质有保护作用。但对温度敏感的，要在低温下进行。常在 0～4℃范围内迅速操作，如尿激酶。

（5）盐析沉淀物的脱盐　盐析的沉淀分离后，经脱盐才能获得纯品。最常用的脱盐方法是透析，时间一般较长，应常换透析液，注意防止污辱。

2. 有机溶剂沉淀法分离纯化

利用不同蛋白质在不同浓度的有机溶剂中的溶解度差异而分离目的蛋白质的方法。蛋白质的沉淀与溶解，与溶剂的介电常数有关。降低溶液的介电常数，使其溶解度变小，同时，还破坏蛋白质的水化膜而使蛋白质沉淀析出。

几种溶剂的介电常数

溶剂名称	20℃时的介电常数	溶剂名称	20℃时的介电常数
乙醚	4.33	甲醇	33
丙酮	21.4	水	80
乙醇	24	2.5mol/L 甘氨酸水溶液	137

介电常数与静电力的关系：F = Q1Q2/Kr2

式中，K——介电常数。指带相反电荷的微粒之间的静电引力。

F——相距为 r 的 2 个带电量分别为 Q1、Q2 点电荷相互作用的静电引力。

经验：如 30～40% 乙醇沉淀的物质，改用丙酮时，其体积分数可减少 10% 左右。即可用 20～30% 的丙酮；而 70%～80% 乙醇沉淀的物质，可用 50%～60% 的丙酮即可。

注：水有较高的介电常数，具有很好的溶剂性能，是一种广谱溶剂。有机溶剂法比盐析法分辨力强，沉淀也好过滤，易干燥，但对有些生物活性物质能引起失活和变性。应用时还要注意挥发和火灾等。

有机沉淀法应注意的问题：

（1）控制工艺过程的温度　整个操作过程应在低温下进行，而且最好是同一温度。

（2）防止溶剂局部浓度过高　加入有机溶剂时搅拌要均匀，速度要适当，避免局部浓度过高，引起沉淀物的破坏、变性或失活。

（3）及时处理沉淀物　沉淀物经过滤或离心后，要立即用水或缓冲液溶解，降低有机溶剂的浓度。

（4）pH 的选择　在待沉淀蛋白质的 pI 附近。

（5）有机溶剂是酶和蛋白质的变性因素，尤其是对敏感酶类。

3. 等电点沉淀法分离纯化

利用蛋白质在等电点时的溶解度最低，而各种蛋白质又具有不同的等电点的特性进行分离的工艺过程。

由于各种蛋白质在等电点时，仍有一定的溶解度而沉淀不完全，多数蛋白质的等电点又都十分接近，所以单独使用效果不理想，分辨力差，多用于提取后除杂蛋白。实际生产中常与有机溶剂沉淀法、盐析法联合使用。

任务六　糖类药物的制备

一、糖类药物的类型

糖及其衍生物广布于自然界生物体中，种类繁多。按照所含糖基数目的不同可分为单糖、低聚糖和多糖等形式（表3－4）。

表3－4　常见糖类药物

类型	品名	来源	作用与用途
单糖及其衍生物	甘露醇	由海藻提取或葡萄糖电解	降低颅内压、抗脑水肿
	山梨醇	由葡萄糖氢化或电解还原	降低颅内压、抗脑水肿、治青光眼
	葡萄糖	由淀粉水解制备	制备葡萄糖输液
	葡萄糖醛酸内脂	由葡萄糖氧化制备	治疗肝炎、肝中毒、解毒、风湿性
	葡萄糖酸钙	由淀粉或葡萄糖发酵	关节炎
	植酸钙（菲汀）	由玉米、米糠提取	钙补充剂
	肌醇	由植酸钙制备	营养剂、促进生长发育
	1，6－二磷酸果糖	酶转化法制备	治疗肝硬化、血管硬化、降血脂
			治疗急性心肌缺血休克、心肌梗死
多糖	右旋糖酐	微生物发酵	血浆扩充剂、改善微循环、抗休克
	右旋糖酐铁	用右旋糖酐与铁络合	治疗缺铁性贫血
	糖酐酯钠	由右旋糖酐水解酯化	降血脂、防治动脉硬化
	猪苓多糖	由真菌猪苓提取	抗肿瘤转移、调节免疫功能
	海藻酸	由海带或海藻提取	增加血容量、抗休克、抑制胆固醇
	透明质酸	由鸡冠、眼球、脐带提取	吸收
	肝素钠	由肠黏膜和肺提取	化妆品基质、眼科用药
	肝素钙	由肝素制备	抗凝血、抗肿瘤转移
	硫酸软骨素	由喉骨、鼻中隔提取	抗凝血、防治血栓
	硫酸软骨素A	由硫酸软骨素提取	治疗偏头痛、关节炎
	冠心舒	由猪十二指肠提取	降血脂、防治冠心病
	甲壳素	由甲壳动物外壳提取	治疗冠心病
	脱乙酰壳多糖	由甲壳质提取	人造皮、药物赋形剂
			降血脂、金属解毒、止血、消炎

1. 单糖

单糖是糖的最小单位，如葡萄糖、果糖、氨基葡萄糖等；单糖的衍生物如6－磷酸葡萄糖、1，6－二磷酸果糖、磷酸肌醇等。

2. 低聚糖

常指由2～20个单糖以糖苷键相连组成的聚合物，如麦芽乳糖、乳果糖、水苏糖等。

3. 多聚糖

常称为多糖是由20个以上单糖聚合而成的，如香菇多糖、右旋糖酐、肝素、硫酸软骨素、人参多糖和刺五加多糖等。多糖在细胞内的存在方式有游离型与结合型两种。

二、糖类药物的来源

1. 单糖及其衍生物的来源

自然界已发现的单糖主要是戊糖和己糖。常见的戊糖有 *D*－（－）－核糖、*D*－（－）－2－脱氧核糖、*D*－（＋）－木糖和 *L*－（＋）－阿拉伯糖。它们都是醛糖，以多糖或苷的形式存在于动植物中。己糖以游离或结合的形式存在于动植物中。

2. 低聚糖的来源

低聚糖又称为寡糖，低聚糖的获取方法大体上可分为以下几种：从天然原料中提取、微波固相合成法、酸碱转化法、酶水解法等。

3. 多糖的来源

（1）动物多糖　动物多糖来源于动物结缔组织、细胞间质，是研究最多、临床应用最早、生产技术最成熟的多糖，重要的有肝素、透明质酸和硫酸软骨素等。

（2）植物多糖　植物多糖来源于植物的各种组织，从各种中草药中可以提取分离出药用的多糖。我国近年来对植物多糖，特别是中草药多糖的药物活性研究越来越深入，据研究，这些多糖缀合物具有免疫调节、抗肿瘤、降血糖、抗放射、抗突变等多方面的药理作用。

（3）微生物多糖　微生物多糖是一类无毒、高效、无残留的免疫增强剂，能够提高机体的非特异性免疫和特异性免疫反应，增强对细菌、真菌、寄生虫及病毒的抗感染能力和对肿瘤的杀伤能力，具有良好的防病治病的效果。微生物多糖的生产不受资源、季节、地域等的限制，而且周期短，工艺简单，易于实现生产规模大型化和管理技术自动化。微生物多糖的种类繁多，依生物来源可分为细菌多糖、真菌多糖和藻类多糖，现已经从真菌得到真菌多糖已达数百种，如香菇多糖、云芝多糖、灵芝多糖等。

三、糖类药物的生理活性

多糖是研究得最多的糖类药物。多糖类药物具有以下多种生理活性。

1. 调节免疫功能

主要表现为影响补体活性，促进淋巴细胞增生，激活或提高吞噬细胞的功能，增强机体的抗炎、抗氧化和抗衰老。

2. 抗感染作用

多糖可提高机体组织细胞对细菌、原虫、病毒和真菌感染的抵抗能力。如甲壳素对皮下肿胀有治疗作用，对皮肤伤口有促进愈合的作用。

3. 促进细胞DNA、蛋白合成可促进细胞增殖和生长

多糖对肝脏细胞的生长具有促进作用，促进DNA 、RNA合成减轻肝毒性物质引的病变，增强肝脏解毒功能和肝细胞保护作用，用于病毒性肝炎，脂肪肝等均有良好的防治效果。多糖可以改善肾细胞代谢和肾功能，降低血肌酐水平，可缓解肾切除后肾功能衰竭，对肾病综合征、急性肾功能衰竭等均有良好的防治效果。

4. 抗辐射损伤作用

茯苓多糖、紫菜多糖、透明质酸等均有抗是^{60}Co γ－射线损伤的作用。

5. 抗凝血作用

如肝素是天然抗凝剂，用于防治血栓、周围血管病、心绞痛、充血性心力衰竭与肿瘤的辅助治疗。甲壳素、芦荟多糖、黑木耳多糖等均具有类似的抗凝血作用。

6. 降血脂、抗动脉粥样硬化作用

如硫酸软骨素、小分子肝素等具有降血脂、降胆固醇抗动脉粥样硬化作用。

7. 其他作用

多糖类药物除上述活性作用外，还具有其他多方面的活性作用，如右旋糖酐可以代替血浆蛋白以维持血液渗透压，中等相对分子质量的右旋糖酐用于增加血容量、维持血压，而小相对分子质量的右旋糖酐是一种安全有效的血浆扩充剂；海藻酸钠能增加血容量，使血压恢复正常。

四、糖类药物生产的一般方法

1. 单糖、低聚糖及其衍生物的生产

游离单糖及小分子寡糖易溶于冷水及温乙醇，可以用水或在中性条件下以50%乙醇为提取溶剂，也可以用80%乙醇，在70～78℃下回流提取。溶剂用量一般为材料的20倍，需多次提取。一般提取流程如下：粉碎植物材料，乙醚或石油醚脱脂，拌加碳酸钙，以50%乙醇温浸，浸液合并，于40～45℃减压浓缩至适当体积，用中性醋酸铅去杂蛋白及其他杂质，铅离子可通H_2S除去，再浓缩至黏稠状；以甲醇或乙醇温浸，去不溶物（如无机盐或残留蛋白质等）；醇液经活性炭脱色，浓缩，冷却，滴加乙醚，或置于硫酸干燥器中旋转，析出结晶。单糖或小分子寡糖也可以在提取后，用吸附层析法或离子交换法进行纯化。

2. 多糖的生产

多糖的生产包括提取、纯化、浓度的测定和纯度检查等环节。

（1）多糖的提取　提取多糖时，一般需先进行脱脂，以便多糖释放。方法：将植物材料粉碎，用甲醇或乙醇－乙醚（1∶1）混合液，加热搅拌温浸1～3小时，也可用石油醚脱脂。动物材料可用丙酮脱脂、脱水处理。

多糖的提取方法主要有以下几种。

①稀碱液提取：主要用于难溶于冷水、热水、可溶于稀碱的多糖。此类多糖主要是不溶性的胶类，如木聚糖等，提取时可先用冷水浸润材料，使其溶胀后，再用0.5mol/L NaOH提取，提取液用盐酸中和、浓缩后，加乙醇沉淀多糖。如在稀碱中不易溶出者，可加入硼砂，如甘露醇聚糖、半乳聚糖等能形成硼酸配合物，用此法可得到相当纯的产品。

②热水提取：适用于难溶于冷水和乙醇，易溶于热水的多糖。提取时材料先用冷水浸泡，再用热水（80～90℃）搅拌提取，提取液除蛋白质，离心，得清液。透析或

用离子交换树脂脱盐后，用乙醇沉淀的多糖。

③黏多糖的提取：大多数黏多糖可用水或盐溶液直接提取，但因大部分黏多糖与蛋白质结合于细胞中，需用酶解法或碱解法裂解糖－蛋白间的结合键，促使多糖释放。

碱解：多糖与蛋白质结合的糖肽键对碱不稳定，故可用碱解法使糖与蛋白质分开。碱处理时，可将组织在40℃以下，用0.5mol/L NaOH溶液提取，提取液以酸中和，透析后，以高岭土、硅酸铝或其他吸附剂除去杂蛋白，再用酒精沉淀多糖。

酶解：蛋白酶水解法已逐步取代碱提取法而成为提取多糖的最常用方法。理想的工具酶是专一性低的、具有广谱水解作用的蛋白水解酶。鉴于蛋白酶不能断裂糖肽键及其附近的肽键，因此成品中会保留较长的肽段。为除去长肽段，常与碱解法合用。常用的酶制剂有胰蛋白酶等。酶解液中的杂蛋白可用三氯醋酸法、磷钼酸一磷钨酸沉淀法等方法去除，再经透析后，用乙醇沉淀即可制得粗品多糖。

（2）多糖的纯化　多糖的纯化方法很多，但必须根据目的物的性质及条件选择合适的纯化方法，而且往往用一种方法不易得到理想的结果，因此必要时应考虑合用几种方法。

①乙醇沉淀法：乙醇沉淀法是制备黏多糖的最常用手段。乙醇的加入，改变了溶液的极性，导致糖溶解度下降。供乙醇沉淀的多糖溶液，其含多糖的浓度以1%～2%为佳。如使用充分过量的乙醇，黏多糖浓度少于0.1%也可以沉淀完全，向溶液中加入一定浓度的盐，如醋酸钠、醋酸钾、醋酸铵或氯化钠有助于使黏多糖从溶液中析出，盐的最终浓度5%即可。使用醋酸盐的优点是在乙醇中其溶解度更大，即使在乙醇过量时，也不会发生这类盐的共沉淀。一般只要黏多糖浓度不太低，并有足够的盐存在，加入4～5倍乙醇后，黏多糖可完全沉淀。可以使用多次乙醇沉淀法使多糖脱盐，也可以用超滤法或分子筛法（Sephade－xG－10或G－15）进行多糖脱盐。加完酒精，搅拌数小时，以保证多糖完全沉淀。沉淀物可用无水乙醇、丙酮、乙醚脱水，真空干燥即可得疏松粉末状产品。

②分级沉淀法：不同多糖在不同浓度的甲醇、乙醇或丙酮中的溶解度不同，因此可用不同浓度的有机溶剂分级沉淀分子大小不同的黏多糖。在Ca^{2+}、$2n^{2+}$等二价金属离子的存在下，采用乙醇分级分离黏多糖可以获得最佳效果。

③季铵盐络合法：黏多糖与一些阳离子表面活性剂如十六烷基三甲基溴化铵（CTAB）和十六烷基氯化吡啶（CPC）等能形成季铵盐络合物。这些络合物在低离子强度的水溶液中不溶解，在离子强度大时，这种络合物可以解离、溶解、释放。

④离子交换层析法：黏多糖由于具有酸性基团（如糖醛酸和各种硫酸基），在溶液中以聚阴离子形式存在，因而可用阴离子交换剂进行交换吸附。常用的阴离子交换剂有D254、Dowex－X2、ECTEOIA－纤维素等。吸附时可以使用低盐浓度样液，洗脱时可以逐步提高盐浓度如梯度洗脱或分步阶梯洗脱。如以Doxexl进行分离时，分别用0.5mol/L、1.25mol/L、1.5mol/L、2.0mol/L和3.0mol/L NaCl洗脱，可以分离透明质酸、硫酸乙酰肝素、硫酸软骨素、肝素和硫酸角质素。

此外，区带电泳法、超滤法及金属络合法等在多糖的分离纯化中也常采用。

五、硫酸软骨素的制备实例

1. 结构与性质

硫酸软骨素（CS）按其化学组成和结构差异，又分A、B、C、D、E、F…、H等多种，药用硫酸软骨素是从动物软骨中提取的，主要是A、C及各种硫酸软骨素的混合物。一般硫酸软骨素含50~70个双糖基本单位，相对分子质量在10000~50000之间。

硫酸软骨素A　　　　硫酸软骨素C

硫酸软骨素为白色粉末，有引湿性。硫酸软骨素或其钠盐及钙盐等易溶于水，不溶于乙醇、丙酮、乙醚、氯仿等有机溶剂。此外硫酸软骨素还具有以下化学性质。

（1）水解反应　硫酸软骨素可被浓硫酸降解成小分子组分，并被硫酸化，降解的程度和硫酸化的程度随着温度的升高而增加，在-30~-5℃的温度下，2小时可使平均分子量M降至3000~4000。硫酸软骨素也可以在稀盐酸溶液中水解而成为小分子产物，温度越高，水解速率越快。

（2）酯化反应　硫酸软骨素分子中的游离羟基可以被酯化，而生成多硫酸衍生物。

（3）中和反应　硫酸软骨素呈酸性，其聚阴离子能与多种阳离子生成盐。这些阳离子包括金属离子和有机阳离子如碱性染料甲苯胺蓝等。可以利用此性质对它进行纯化，如用阴离子交换树脂纯化等。

2. 生产工艺

（1）工艺流程见图3-7。

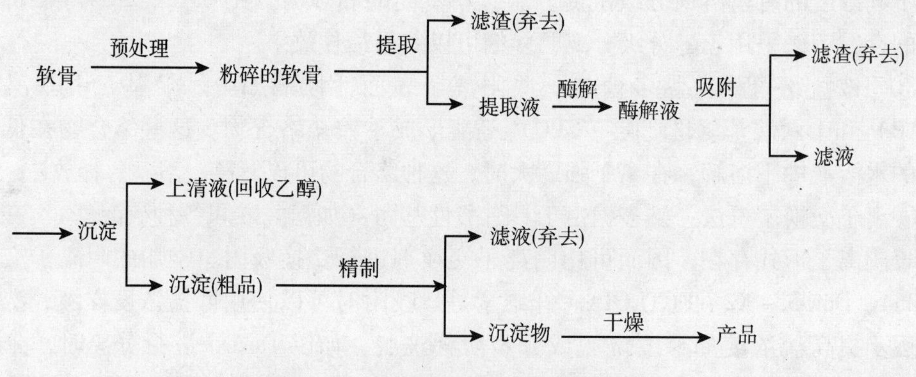

图3-7　硫酸软骨素的生产工艺路线

（2）工艺过程及控制要点

①预处理：将新鲜的软骨除脂肪等结缔组织后，置于冷库中保存。提取时取出，用粉碎机粉碎。

②提取：将粉碎的软骨置于不锈钢反应罐内，加入1倍量的40%氢氧化钠溶液，加热升温至40℃，保温搅拌提取24小时，然后冷却，加人工业盐酸调pH至7.0～7.2，用双层纱布过滤，滤渣弃去，收集滤液。

③酶解：将上述滤液置于不锈钢消化罐中，在不断搅拌的条件下，加入1∶1盐酸调pH至8.5～9.0，并加热至50℃，加入3%（按原软骨的量计）相当于1∶25倍胰酶，继续升温，控制消化温度在53～54℃，共计5～6小时。在水解过程中，由于氨基酸的增加，pH下降，需用100g/L（10%）氢氧化钠调整pH至8.8～9。水解终点检查，取少许反应液过滤于比色管中，10ml滤液滴加100g/L（10%）三氯乙酸1～2滴，若微显混浊，说明消化良好，否则酌情增加胰酶。

④吸附：当罐内温度达53～54℃时，用1∶1盐酸调节pH至6.8～7，加入14%（按原软骨的量计）活性白陶土、1%活性炭，在搅拌的条件下，用100g（10%）氢氧化钠调整pH保持在6.8～7，搅拌吸附1小时，再用1∶2盐酸调节pH至5.4，停止加热，静置片刻，过滤，收集澄清滤液。

⑤沉淀：将上述澄清滤液置于搪瓷缸中，然后迅速用100g/L（10%）氢氧化钠调节pH至6.0，并加入澄清液体积10g/L（1%）的氯化钠，溶解，过滤至澄明。

在搅拌的条件下，缓缓加入90%乙醇，使含醇量达70%，每隔30分钟搅拌1次，约搅拌4～6次，使细小颗粒增大而沉降，静置8小时以上，吸去上清液，沉淀用无水乙醇充分脱水洗涤2次，抽干，于60～65℃干燥或真空干燥得粗品。

⑥精制：将上述粗品置于不锈钢反应罐中，按10%左右浓度溶解，并加入1%氯化钠。加入1%的胰酶，在pH为8.5～9.0，控制消化温度为53～54℃，酶解3L左右。然后升温至100℃，过滤至清，滤液用盐酸调pH至2～3，过滤，然后再用氢氧化钠调pH至6.5，用90%乙醇沉淀过夜，然后过滤收集沉淀。

⑦干燥：将沉淀经无水乙醇脱水，然后真空干燥后得精品。

六、生化制药纯化的相关知识

1. 膜分离法分离纯化

膜分离技术包括超滤、反渗透析、电渗析、微孔过滤、气体渗析和超精密过滤。

（1）超滤　根据溶质分子和悬浮粒子是否通过多孔膜来进行筛分。在液压的驱动下，能通过超滤膜的分离粒子的范围，一般在0.001～0.01μm。即利用一种特制的膜对溶液中的各种溶质分子进行选择性过滤。

优点：成本低、操作方便、条件温和、能较好地保持药物活性、回收率高。适用于酶和蛋白质药物的分离、浓缩、脱盐、提纯、除菌、除病毒和热原。

（2）反渗透　以高分子透过性薄膜为分离介质，在超过溶液渗透压力的情况下，使溶液中的溶剂透过薄膜，同时使溶质和不溶物阻截在膜前。这一过程类似于渗透，但方向相反，即溶剂从高浓度一侧传递到浓度低的一侧，故称反渗透。

特点：能耗少，体积小，适应大规模生产。

（3）微孔滤膜　由高分子材料制成的薄膜过滤介质，可以过滤一般介质不能截留的细菌和微粒。膜的孔径在0.2～10μm。

（4）超精密过滤　以聚乙烯醇为主体的中空多孔滤膜，分级性能在超滤膜与微孔滤膜之间。为0.01～0.2μm。用于水的精制、循环水的净化、除悬浮固体粒子以及糖液、酶液的精制。

2. 凝胶层析分离纯化

凝胶层析分离纯化指化合物随流动相流经装有凝胶的固定相的层析柱时，因其各种物质分子大小不同而被分离的技术。又称凝胶过滤、凝胶渗透过滤、分子筛过滤、阻滞扩散层析、排阻层析。

优点：设备简单，操作方便，分离效果好，回收率高，分离条件缓和，不使活性物质失活变性，凝胶可重复使用，无需再生处理。

缺点：分离速度慢。

广泛用于分离氨基酸、多肽、蛋白质、酶及多糖等药物。

几种常用的凝胶：

（1）葡聚糖凝胶　基本骨架是1～6糖苷键。由葡聚糖和甘油以醚桥形式交联而成的网状结构。最著名的商品为Sephadex葡聚糖凝胶，珠状颗粒物，化学性质稳定，不溶于水、弱酸、碱和盐溶液。低温时，在0.1mol/L盐酸中保持1～2小时不改变性质；室温时，在0.01mol/L盐酸中放置半年也不改变；在0.25mol/L的氢氧化钠中，60℃ 2个月没有发改变。可在120℃加热30分钟灭菌而不破坏，但高于120℃即变黄。湿状贮存易发霉，若长期不用，需加防腐剂。

（2）聚丙烯酰胺凝胶　由碳－碳骨架构成。完全为惰性。稳定性比葡聚糖凝胶好，洗脱时不会有凝胶物质下来。

缺点：不耐酸。遇酸时酰胺键会水解为羧基，使凝胶带有一定的离子交换基团。

（3）琼脂糖凝胶　天然凝胶，不是共价交联，是以氢键交联。空隙度以契纸糖的浓度来改变，化学稳定性不如葡聚糖凝胶。没有干凝胶，必须在溶胀状态保存，遇脱水剂、冷冻和一些有机溶剂即破坏，丙酮和乙醇对它无影响。在pH 4.5～9，温度0～40℃稳定。对硼酸有吸附，不能用硼酸缓冲液。他能分离及万到几千万相对分子质量的物质，弥补了葡聚糖和聚丙烯酰胺凝胶的不足。瑞典商品名Sepharose，美国称生物凝胶－A（Bio－Gel－A），英国称Sagavac。

（4）疏水性凝胶　常用的为聚甲基丙烯酸酯（Polymethacrylate）凝胶、聚苯乙烯凝胶（如Styrogel，Bio－Beads－S）。

任务七　脂类药物的制备

一、脂类药物的分类

脂类系脂肪、类脂及其衍生物之总称。脂类药物是其中具有特定生理药理效应者。脂类药物分为复合脂类及简单脂类两大类：复合脂类包括与脂肪酸相结合的脂类药物，如卵磷脂及脑磷脂等；简单脂类药物为不含脂肪酸的脂类，如甾体化合物、色素类及CoQ_{10}等（表3－5）。

脂类药物共同的物理性质是不溶或微溶于水，易溶于某些有机溶剂。简单脂类药物在结构上极少有共同之处，其性质差异较大，所以其来源和生产方法也是多种多样。

表 3－5　脂类药物分类

<table>
<tr><th colspan="2">复合脂类</th><th colspan="2">简单脂类</th></tr>
<tr><td>甘油三酯</td><td>甘油和脂肪酸结合而成，其脂肪酸中含碳原子 12～22 个，且仅存在偶数碳的化合物，是天然存在最普通的化合物，分为饱和脂肪酸和不饱和脂肪酸</td><td rowspan="2">萜类化合物</td><td rowspan="2">产生香味的重要化合物，在香辛植物中含量很高</td></tr>
<tr><td>饱和脂肪酸</td><td>脂肪酸中碳与碳之间以单键相连，在常温下呈凝聚状态，在动物脂肪中含量较高</td></tr>
<tr><td>不饱和脂肪酸</td><td>脂肪酸中碳与碳之间存在双键或三键，在常温下呈液状态，称为“油”，在植物脂中含量较高，常见的有油酸、亚油酸和亚麻酸</td><td rowspan="3">甾类化合物</td><td rowspan="3">包括对代谢起调节作用的性激素、肾上腺皮质激素和胆汁酸，与心血管疾病相关的胆固醇</td></tr>
<tr><td>甘油磷酸</td><td>含有磷酸的酯，是生物膜中最重要的成分，包括卵磷脂、脑磷脂和肌醇等，在蛋黄和大豆中含量较高</td></tr>
<tr><td>其他</td><td>包括鞘磷脂和蜡等</td></tr>
</table>

二、脂类药物的理化性质

1. 脂肪和脂肪酸

（1）水溶性　脂肪一般不溶于水，易溶于有机溶剂（如乙醚、石油醚、苯等）。由低级脂肪酸构成的脂肪则能在水中溶解，脂肪的相对密度小于1，故浮于水面上。

（2）熔点　脂肪的熔点各不相同，脂肪的熔点取决于脂肪酸链的长短及其双键数的多寡。脂肪酸的碳链越长，则脂肪的熔点越高，饱和脂肪酸熔点随其相对分子质量而变化，相对分子质量越大，其熔点就越高。带双键的脂肪酸存在于脂肪中能显著地降低脂肪的熔点。不饱和脂肪酸的双键越多，熔点越低。

（3）吸收光谱　脂肪酸在紫外和红外区显示特有的吸收光谱，可对脂肪酸进行定性、定量或结构研究。饱和酸和非共轭酸在 220nm 以下的波长区域有吸收峰。共轭酸中的二烯酸在 230nm 附近附近各显示出吸收峰。红外吸收光谱可有效地应用于测定脂肪酸的结构，它可以用于判断有无不饱和键、是反式还是顺式、脂肪酸侧链的情况。

（4）皂化作用　脂肪内脂肪酸和甘油结合的酯键容易被氢氧化钾或氢氧化钠水解，生成甘油和水溶性的肥皂。这种水解称为皂化作用。

（5）加氢作用　脂肪分子中如果含有不饱和脂肪酸，可因双键如氢而变为饱和脂肪酸。

（6）加碘作用　脂肪不饱和双键可以加碘，100g 脂肪所吸收碘的克数称为碘价。脂肪中不饱和脂肪酸越多，或不饱和脂肪酸所含的双键越多，则碘价越高。

（7）氧化和酸败作用　脂类的多不饱和脂肪酸在体内容易氧化而生成过氧化脂质，它不仅能破坏生物膜的生理功能，导致机体的衰老，还会伴随某些溶血现象的发生，促使贫血、血栓、动脉硬化、糖尿病。

2. 磷脂

由于磷脂分子中含有疏水性脂肪酸链和亲水基团（磷酸、胆碱或乙醇胺等基团），因此具有表面活性，可乳化于水，以胶体状态在水中扩散。卵磷脂、脑磷脂及神经鞘磷脂的溶解度在不同的脂肪溶剂中具有显著差别，可用来分离此三种磷脂。

卵磷脂为白色蜡状物，在空气中极易氧化，迅速变成暗褐色。卵磷脂有降低表面张力的能力，若与蛋白质或碳水化合物结合则作用更大，是一种极有效的脂肪乳化剂。它与其他脂类结合后，在体内水系统中均匀扩散。因此，能使不溶于水的脂类处于乳化状态。

神经鞘磷脂对氧较为稳定。不溶于醚及冷乙醇，可溶于苯、氯仿及热乙醇。

3. 萜式脂

胆固醇为白蜡状结晶片，不溶于水而溶于脂肪溶剂，可与卵磷脂或胆盐在水中形成乳状物。胆固醇与脂肪混合时能吸收大量水分。胆固醇不能皂化，能与脂肪酸结合成胆固醇酯，为血液中运输脂肪酸的方式之一。脑中含胆固醇很多，约占湿重的2%，几乎完全以游离的形式存在。

类固醇与固醇比较，甾体上的氧化程度较高，含有2个以上的含氧基团，这些含氧基团以烃基、酮基、羧基和醚基的形式存在，主要化合物有胆酸、鹅去氧胆酸、熊去氧胆酸、睾酮、雌二醇、黄体酮（孕酮等）等。

三、脂类药物的一般制备方法

1. 脂类的生产

（1）直接提取法

①提取溶剂的选择：往往采用几种溶剂的结合的方式进行的，以醇作为组合溶剂的必需组分。醇能裂开脂质－蛋白质复合物，溶解脂类和使生物组织中脂类降解酶失活。醇溶剂的缺点是糖、氨基酸、盐类等也被提取出来，要除去水溶性杂质，最常用的方法是水洗提取物，但可能形成难处理的乳浊液。采用V（氯仿）：V（甲醇）：V（水）＝1∶2∶0.8组合溶剂提取脂质，提取物再用氯仿和水稀释，形成两相体系，V（氯仿＋甲醇）：V（水）＝1∶0.9，水溶性杂质分配进入甲醇－水相，脂类进入脂肪相，基本能克服上述问题。

使用含醇的混合溶剂，能使许多酯酶和磷脂酶失活，对较稳定的酶，可将提取材料在热水或沸水中浸1～2分钟，使酶失活。

提取溶剂要刚蒸馏的，不含过氧化物。

②提取条件：一般在室温下进行，阻止其发生过氧化与水解反应，如有必要，可低于室温。提取不稳定的脂类时，应尽量避免加热。提取高度不饱和的脂类时，溶剂中要通入氮气驱除空气，操作应置于氮气环境下进行。

③脂类的保存：脂类具有过氧化与水解等不稳定性质，提取物不宜长期保存；如要保存可溶于新鲜蒸馏的V（氯仿）：V（甲醇）＝2∶1的溶剂中，于－15～0℃保存，时间较长者（1～2年），必须加入抗氧化剂，保存于－40℃。

（2）水解法　对有些和其他成分构成复合物质的脂类药物，需经水解或适当处理后，再进行提取分离纯化，或先提取再水解。

①脑干中胆固醇酯经丙酮提取，浓缩后残留物用乙醇结晶，再用硫酸水解和结晶才能获得胆固醇。

②辅酶 Q_{10} 与动物细胞内线粒体膜蛋结合成复合物，故从猪心提取辅酶 Q_{10} 时，需

将猪心绞碎后用氢氧化钠水解，然后用石油醚提取，经分离纯化制得。

③在胆汁中，胆红素大多与葡萄糖醛酸结合成共价化合物，故提取胆红素需先用碱水解胆汁，然后用有机溶剂抽提。

④胆汁中胆酸大都与牛磺酸或甘氨酸形成结合型胆汁酸，要获得游离胆酸，需将胆汁用10%氢氧化钠溶液加热、水解后，再进一步分离纯化才可得到产物。

（3）生物转化法　生物转化法包括微生物发酵、动植物细胞培养和酶工程技术。例如：微生物发酵法或烟草细胞培养法生产辅酶 Q_{10}；紫草细胞培养用于生产紫草素；以花生四烯酸为原料，用类脂氧化酶－2 为前列腺素合成酶的酶原，通过酶工程技术将原料转化合成前列腺素。

2. 脂类药物的分离

脂类生化药物种类较多，结构各异、性质相差较大，其分离纯化通常用溶解度法及吸附法分离。

（1）溶解度法　是依据脂类药物在不同溶剂中溶解度差异进行分离的方法。如游离胆红素在酸性条件溶于氯仿及二氯甲烷，故胆汁经碱水解、酸化后，用氯仿抽提，其他物质难溶于氯仿，而胆红素则溶出，因此得以分离。又如卵磷脂溶于乙醇，不溶于丙酮，脑磷脂溶于乙醚而不溶于丙酮和乙醇，故脑干丙酮提取液用于制备胆固醇，不溶物用乙醇提取可得卵磷脂，用乙醚提取可得脑磷脂，从而使三种成分得以分离。

（2）吸附分离法　是根据吸附剂对各种成分吸附力差异进行分离的方法。如从家禽胆汁中提取的鹅去氧胆酸粗品经硅胶柱层析及乙醇－氯仿溶液梯度洗脱即可与其他杂质分离。前列腺素 E_2 粗品经硅胶柱层析及硝酸银硅胶柱层析分离得精品。CoQ_{10}粗制品经硅胶柱吸附层析，以石油醚和乙醚梯度洗脱，即可将其中杂质分开。胆红素粗品也可通过硅胶柱层析及氯仿－乙醇梯度洗脱分离。

3. 脂类药物的精制

经分离后的脂类药物中常有微量杂质，需用适当方法精制，常用的有结晶法、重结晶法及有机溶剂沉淀法。如用层析分离的 PGE_2 经醋酸乙酯－己烷结晶，及用层析分离后的 CoQ_{10}经无水乙醇结晶均可得相应纯品。经层析分离的鹅去氧胆酸及自牛羊胆汁中分离的胆酸需分别用醋酸乙酯及乙醇结晶和重结晶精制，半合成的牛磺熊去氧胆酸经分离后需用乙醇－乙醚结晶和重结晶精制。

四、脂类的药用价值

1. 胆酸类的药用价值

胆酸类化合物是人及动物肝脏生产的甾族化合物，集中于胆囊，排入肠道对脂肪起乳化作用，促进脂肪消化吸收，同时促进肠道正常菌落繁殖，抑制致病菌生长，保持肠道正常功能。不同的胆酸又有不同的药理效应及临床应用。

2. 色素类的药用价值

色素类药物有胆红素、原卟啉、血卟啉及其衍生物。胆红素用于消炎、镇静等，也是人工牛黄的重要成分。胆绿素是胆南星、胆黄素等消炎药的成分。原卟啉用于治疗肝炎。血卟啉为激光治疗癌症的辅助剂，临床上用于治疗多种癌症。血红素用于制备抗癌特效药，临床上可制成血红素补铁剂。

3. 不饱和脂肪酸的药用价值

不饱和脂肪酸主要包括前列腺素、亚油酸、亚麻酸、花生四烯酸及二十碳五烯酸等。前列腺素主要用于治疗肝炎、肝硬化、脑梗塞、糖尿病、呼吸系统疾病等，用于催产、中早期引产、肾功能不全、抗早孕及抗男性不育症等。亚油酸用于防治动脉粥样硬化，用于治疗高血压、糖尿病等。花生四烯酸治疗冠心病、糖尿病、预防脑血管疾病，对婴幼儿的大脑、神经及视神经系统的发育也具有重要作用。二十碳五烯酸用于预防和改善动脉硬化，防止高血压等。

4. 磷脂类的药用价值

本类药物包括卵磷脂、脑磷脂和大豆磷脂。卵磷脂用于预防高血压、心脏病、老年痴呆症、痛风、糖尿病等，临床上可用于治疗神经衰弱及防治动脉粥样硬化。脑磷脂用于防治肝硬化、肝脂肪性病变、动脉粥样硬化，治疗神经衰弱，有局部止血作用。大豆磷脂用于口服制剂的乳化，治疗高血脂、急性脑梗死和神经衰弱等。

5. 固醇类的药用价值

本类药物包括胆固醇、麦角固醇及β-谷固醇等。胆固醇为合成人工牛黄原料、机体多种甾体激素和胆酸原料。麦角固醇是机体维生素 D_2 的原料。

6. 人工牛黄的药用价值

本类药物包括胆红素、胆酸、猪胆酸、胆固醇及无机盐等。临床上用于治疗热病癫狂、神昏不语、小儿惊风、恶毒症及咽喉肿胀等，外用可治疗疔疮及口疮。

脂类药物的来源及主要用途见表3-6。

表3-6 脂类药物的来源及主要用途

品名	来源	主要用途
胆固醇	脑或脊髓提取	人工牛黄的原料
麦角固醇	酵母提取	维生素 D_2 原料，防治小儿软骨病
β-谷固醇	蔗渣及米糠提取	降低血浆胆固醇
脑磷脂	酵母及脑中提取	止血、防治动脉粥样硬化及神经衰弱
卵磷脂	脑、大豆及卵黄中提取	防治动脉粥样硬化、肝病及神经衰弱
卵黄油	蛋黄中提取	抗绿脓杆菌及治疗烧伤
亚油酸	玉米胚及豆油中提取	降血脂
亚麻酸	亚麻油中提取	降血脂，防治动脉粥样硬化
花生四烯酸	动物肾上腺中提取	降血脂，合成前列腺素 E_2 原料
鱼肝油脂肪酸钠	鱼肝油中分离	止血，治疗静脉曲张及内痔
前列腺素 E_1、E_2	羊精囊中提取或酶转化	中期引产，催产或降血压
辅酶 Q_{10}	心肌提取、发酵或合成	治疗亚急性肝坏死及高血压
胆红素	胆汁提取或酶转化	抗氧剂，消炎，人工牛黄原料
原卟啉	动物血红素中分离	治疗急性及慢性肝炎
血卟啉及其衍生物	由原卟啉合成	肿瘤激光疗法辅助剂及诊断试剂
胆酸钠	由牛羊胆汁中提取	治疗胆汁缺乏，胆囊炎及消化不良

续表

品名	来源	主要用途
胆酸	由牛羊胆汁中提取	人工牛黄的原料
α－猪去氧胆酸	由猪胆汁中提取	降低胆固醇，治疗支气管炎
胆石去氧胆酸	胆酸脱氢制备	治疗胆囊炎
鹅去氧胆酸	禽胆汁提取或半合成	治疗胆结石
熊去氧胆酸	由胆酸合成	治疗急性或慢性肝炎，溶胆石
牛磺熊去氧胆酸	化学半合成	治疗炎症，退热
牛磺鹅去氧胆酸	化学半合成	抗艾滋病，抗流感及副流感病毒感染
牛磺去氧胆酸	化学半合成	抗艾滋病，抗流感及副流感病毒感染
人工牛黄	由胆红素、胆酸配制	清热解毒，抗惊厥

五、胆固醇的制备实例

1. 胆固醇的理化性质

胆固醇化学名称为胆甾－5－烯－3β－醇，相对分子质量为386.64，胆固醇是最初由胆结石中分离得到的一种有羟基的物质，属固醇类化合物，存在于脑、脊髓、神经、血液、肝、骨、胰脏等组织中，是胆结石的主要成分。主要用作人工牛黄原料，也用于合成维生素 D_2 和维生素 D_3 的起始材料和化妆品原料。难溶于水，易溶于丙酮、乙醇、乙醚、苯、三氯甲烷、油脂等有机溶剂。

2. 胆固醇生产工艺

生产方法以猪脑或脊髓为原料。

（1）工艺流程见图3－8。

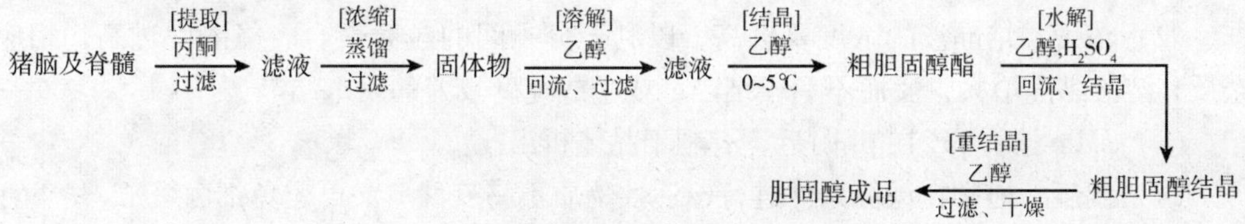

猪脑及脊髓 →（[提取] 丙酮，过滤）→ 滤液 →（[浓缩] 蒸馏，过滤）→ 固体物 →（[溶解] 乙醇，回流、过滤）→ 滤液 →（[结晶] 乙醇，0~5℃）→ 粗胆固醇酯 →（[水解] 乙醇,H_2SO_4，回流、结晶）→ 粗胆固醇结晶 →（[重结晶] 乙醇，过滤、干燥）→ 胆固醇成品

图3－8　胆固醇生产工艺流程

（2）技术要点

①提取、结晶：取新鲜动物脑及脊髓（除去脂肪和脊髓膜）若干，绞碎，40～50℃烘干，得干脑粉。干脑粉加1.2倍量丙酮浸渍，不断搅拌，提取4.5小时，反复提取6次，过滤，合并提取液，蒸馏浓缩至出现大量黄色固体物，同时回收丙酮。往固体物中加10倍量乙醇，加热回流溶解1小时，得胆固醇乙醇溶液，过滤，滤液在0～5℃冷却，静置，结晶，过滤，得粗胆固醇酯结晶。

②精制胆固醇：取粗胆固醇酯结晶加5倍量乙醇和和5%～6%的硫酸，加热回流8小时，得水解液，0～5℃冷却，结晶，过滤，得晶体，加95%乙醇洗至中性。将洗至中性的晶体加10倍量95%乙醇，加3%活性炭，加热溶解，回流脱色1小时，保温过滤，滤液在0～5℃冷却结晶，反复3次，过滤，把结晶压干，挥发除去乙醇，70～80℃真空干燥，得精制胆固醇。

六、生化制药浓缩的相关知识

1. 浓缩

低浓度溶液通过除去熔剂边为高浓度溶液的过程称为浓缩。浓缩常在提取后和结晶前进行，有时也贯穿与整个制药过程。

（1）蒸发装置的设计原理　加热、扩大液体表面积、低压。

（2）薄膜蒸发浓缩　卧式喷淋降膜蒸发器、Rose 蒸发器、板式蒸发器。

（3）减压蒸发浓缩　减压抽真空（真空浓缩），适用不耐热的药物和制品。

（4）吸收浓缩　通过吸收剂直接吸收除去溶液中的溶剂分子使溶液浓缩的方法。吸收剂与溶液不起化学反应，对生化药物不起吸附作用，易与溶液分开。吸附剂除去溶剂后可重复使用。

（5）常用的吸收剂　聚乙二醇、聚乙烯吡咯烷酮、蔗糖、凝胶。

凝胶可直接投入待浓缩的溶液中，溶剂和小分子被吸收到凝胶内，大分子留在溶液中，然后离心过滤。使用聚乙二醇时，先将溶液装入半透膜的袋内，扎紧袋口，外加聚乙二醇覆盖，袋内溶剂渗出即被聚乙二醇吸去。

2. 结晶

利用某些药物具有形成晶体的性质是目标药物（溶质）呈晶态从溶液中析出的过程称为结晶。

结晶的条件：

（1）纯度　各种物质在溶液中均需达到一定的纯度才能析出结晶。蛋白质和酶，纯度不低于50%。总趋势是越纯越易结晶，但已结晶的制品不表示达到了绝对的纯化，只能说到了相当纯的程度。有时纯度不高，但加入有机溶剂和制成盐，也能达到结晶。

（2）浓度　结晶液的浓度要较高，以利于分子间的碰撞聚合。但浓度过高，相应杂质和溶液黏度增大，反而不利于结晶，或生成纯度较差的粉末结晶。

（3）pH　选择 pH 在 pI 附近，有利于晶体析出。

（4）温度　通常在低温条件进行，活性物质不易变性，又可避免细菌繁殖。

（5）时间　结晶的生成和生长需要时间。但生物药物要求在几小时内完成，时间不宜过长。

（6）晶种　不易结晶的药物常加晶种。

任务八　维生素与辅酶类药物的制备

一、维生素概述

维生素是维持机体正常代谢功能的一类化学结构不同的小分子有机化合物，它们在体内不能合成，大多需从外界摄取。人体所需的维生素广泛存在于食物中，其在机体内的生理作用有以下特点。

（1）维生素不能供给能量，也不是组织细胞的结构成分，而是一种活性物质，对机体代谢起调节和整合作用。

（2）维生素需求量很小，例如人每日约需维生素 A 0.8 ~ 1.7mg、维生素 B_1（硫胺素）1 ~ 2mg、维生素 B_2（核黄素）1 ~ 2mg、维生素 B_3（泛酸）3 ~ 5mg、维生素 B_6（吡哆素）2 ~ 3mg、维生素 D 0.01 ~ 0.02mg、叶酸 0.4mg、维生素 H（生物素）0.2mg、维生素 E 14 ~ 24μg、维生素 C 60 ~ 100mg 等。

（3）绝大多数维生素是通过辅酶或辅基的形式参与体内酶促反应体系，在代谢中起调节作用，少数维生素还具有一些特殊的生理功能。

（4）人体内维生素缺乏时，会发生一类特殊的疾病，称“维生素缺乏症”。人体每日需要量是一定的摄入量应根据机体需要提供，使用不当，反而会导致疾病。

维生素缺乏的临床表现是源于多种代谢功能的失调，大多数维生素是许多生化反应过程中酶的辅酶和辅基。例如维生素 B_1，在体内的辅酶形式是硫胺素焦磷酸（TPP），是 α－酮酸氧化脱羧酶的辅酶；又如泛酸，其辅酶形式是 CoA，是转乙酰基酶的辅酶。有的维生素可在体内转变为激素，因此用维生素及辅酶能治疗多种疾病。

二、维生素与辅酶类药物的分类

维生素通常根据它们的溶解性质分为脂溶性和水溶性两大类。脂溶性维生素主要有维生素 A、维生素 D、维生素 E、维生素 K、维生素 Q 和硫辛酸等；水溶性维生素有维生素 B_1、维生素 B_2、维生素 B_6、维生素 B_{12}、烟酸、泛酸、叶酸、生物素和维生素 C 等。目前世界各国已将维生素的研究和生产列为制药工业的重点。我国维生素产品研究开发近年来也有很大发展，新老品种已超过 30 种（表 3－7）。

表 3－7　维生素及辅酶类药物

名称	主要功能	生产方式	临床用途
维生素 A	促进黏多糖的合成，维持上皮组织正常功能，促进骨的形成	合成、发酵、提取	用于治夜盲症等维生素 A 的缺乏症的治疗，也用于抗癌
维生素 D	促进成骨作用	合成	用于治疗佝偻病、软骨病等
维生素 E	抗氧化作用，保护生物膜，维持肌肉正常功能，维持生殖功能	合成	用于治疗进行性肌营养不良、心脏病、抗衰老等
维生素 K	促进凝血酶原和促凝血球蛋白等凝血因子的合成，解痉止痛作用	合成	用于维生素 K 缺乏所致的出血症和胆道蛔虫等的治疗
硫辛酸	转酰基作用，转氨作用	合成	适用于肝炎、肝昏迷等
维生素 B_1	α－酮酸脱羧作用，转酰基作用	合成	用于治疗脚气、食欲不振等
维生素 B_2	递氢作用	发酵、合成	用于治疗口角炎等
烟酸、烟酰胺	扩张血管作用，降血脂递氢作用	合成	用于治疗末梢痉挛、高脂血症、糙皮症
维生素 B_6	参与氨基酸的转氨基、脱羧作用，参与转 C_1 反应，参与多烯脂肪酸的代谢	合成	用于白细胞减少症等的治疗

续表

名称	主要功能	生产方式	临床用途
生物素	与 CO_2 固定有关	发酵	用于鳞屑状皮炎、倦怠等的治疗
泛酸	参与转酰基作用	合成	用于巨细胞贫血等的治疗
维生素 B_{12}	促进红细胞的形成，转移，促进血红细胞成熟，维持神经组织正常功能	发酵、提取	用于恶性贫血、神经疾患等的治疗
维生素 C	氧化还原作用，促进细胞间质形成	合成、发酵	用于治疗坏血病和感冒等，也用于防止癌症等
谷胱甘肽	巯基酶的辅酶	合成、提取	治疗肝脏疾病具有光谱解毒作用
芦丁	保持和恢复毛细管的正常弹性	提取	治疗高血压等疾病
维生素 U	保持黏膜的完整性	合成	治疗胃溃疡、十二指肠溃疡等
胆碱	神经递质，促进磷脂合成等	合成	治疗肝脏疾病
辅酶 A（CoA）	转乙酰基酶的辅酶，促进细胞代谢	发酵、提取	用于白细胞减少症，肝脏疾病等的治疗
辅酶 Ⅰ（NAD）	脱氢酶的辅酶	发酵、提取	冠心病、心肌炎、慢性肝炎等的治疗
辅酶 Q（CoQ）	氧化还原酶的辅酶	发酵、提取	用于治疗肝病和心脏病

三、维生素及辅酶类药物的一般生产方法

维生素及辅酶类药物的生产，在工业上大多数是通过化学合成——酶促或酶拆分法获得的，近年来发展起来的微生物发酵法代表着维生素生产的发展方向。

1. 化学合成法

根据已知维生素的化学结构，采用有机化学合成原理和方法，制造维生素，近代的化学合成，常与酶促合成、酶拆分等结合在一起，以改进工艺条件，提高收率和经济效益。用化学合成法生产的维生素有：烟酸、烟酰胺、叶酸、维生素 B_1、硫辛酸、维生素 B_6、维生素 D、维生素 E、维生素 K 等。

2. 发酵法

即用人工培养微生物方法生产各种维生素，整个生产过程包括菌种培养、发酵、提取、纯化等。目前完全采用微生物发酵法或微生物转化制备中间体的有维生素 B_{12}、维生素 B_2、维生素 C 和生物素、维生素 A 原（β－胡萝卜素）等。

3. 直接从生物材料中提取

主要从生物组织中，采用缓冲液抽提，有机溶剂萃取等，如：从猪心中提取辅酶 Q_{10}，从槐花米中提取芦丁，从提取链霉素后的废液中制取 B_{12} 等。

在实际生产中，有的维生素既用合成法又用发酵法，如维生素 C、叶酸、维生素 B_2 等；也有既用生物提取法又用发酵法的，如辅酶 Q_{10} 和维生素 B_{12} 等。

四、辅酶 A 的制备实例

1. 辅酶 A 组成与性质

CoA 分子由 β－巯基乙胺、4′－磷酸泛酸和 3′，5′－二磷酸腺苷所组成。纯品为白

色或淡黄色粉末，最高纯度为95%，一般为70%～80%，还未得结晶。具有典型的硫醇味，易溶于水，不溶于丙酮、乙醚和乙醇中。兼有核苷酸和硫醇的通性，是一种强酸。它的盐除不溶于酸的汞、银和亚铜的硫醇化合物以外，其他了解的还很少。易被空气、过氧化氢、碘、高锰酸钾等氧化成无催化活性的二硫化合物。与谷胱甘肽、半胱氨酸可形成混合的二硫化物。二硫键可被锌和盐酸、锌汞齐、碘化氢或碱金属硼氢化物所破坏。稳定性随着制品纯度的增加而降低，纯度为1.5%～4%的CoA丙酮粉，在室温条件下干燥储存3年尚不失活。水溶液pH小于7，数天内不失活；pH 7时，在热压温度120℃，30分钟失活23%；在pH 8时，40℃、24小时失活42%。真空干燥时温度40℃ 4小时失活14.3%，24小时失活15%；76.8℃ 4小时失活21.3%，24小时失活21.6%；100%4小时失活70.5%，24小时失活89.5%。高纯度的冻干粉，有很强的吸湿性，暴露在空气中很快吸收水分并失活。在碱性溶液中易失活。在酸性溶液中，还观察到一个有趣的现象：在pH 2.6时，其活性不但没有损失，反而有所增加。活性的增加与时间、温度有关，在40℃，3小时达到20%～25%，为最大值，4小时以后，活性开始下降，并于24小时回复到原来水平。

2. 辅酶A的生产工艺过程

制取CoA有用动物肝、心、酵母等作原料的提取法和微生物合成法等。

（1）以猪肝为原料的GMA提取法（图3-9）

①技术路线

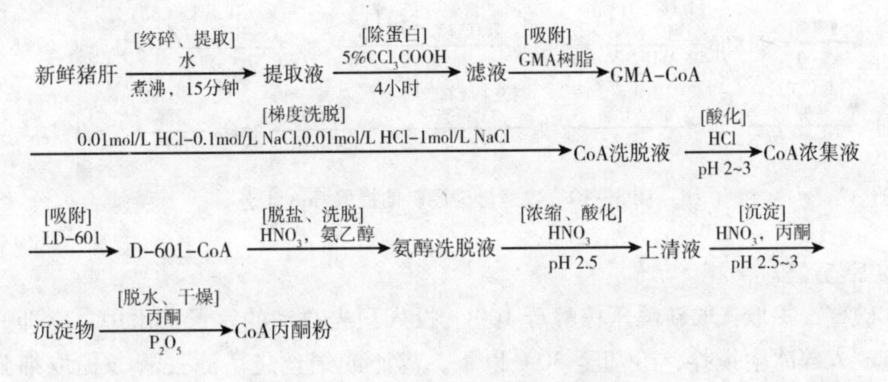

图3-9　以猪肝为原料的CoA提取工艺

②工艺过程

ⓐ绞碎、提取：将新鲜猪肝去结缔组织，绞碎，得肝浆，再投入5倍体积的沸水中，立即煮沸，保温搅拌15分钟，迅速过滤，冷却至30℃以下，过滤得提取液。

ⓑ除蛋白：在搅拌下向提取液中加入50g/L（5%）三氯乙酸，加入量为2%，静置4分钟吸取上清液，沉淀过滤，收集并合并滤液与上清液。

ⓒ吸附、梯度洗脱、酸化：将pH约5的清液，直接流入经再生的GMA树脂柱，柱比（1:7）～（1:10），树脂与提取液比（1:50）～（1:60），流速每分钟为树脂体积的10%～15%。

吸附完毕，以去离子水洗涤树脂柱至清，用3～4倍体积的0.01mol/L盐酸0.1mol/L氯化钠以2%的流速流洗树脂柱，最后用5倍体积的0.01mol/L盐酸-1mol/L氯化钠以2%的流速洗脱CoA，收集至洗脱液呈无色，pH下降至3～2为止。洗脱液用盐酸调节 pH 2～3，过滤除沉淀，得 CoA 浓缩液。

ⓓ吸附、脱盐、洗脱：取上述浓集液，于交换柱中装入 GMA1/2 体积得 LD－601，以5%流速吸附。LD－601 用1倍体积 pH 3 的硝酸水以2%～4%的流速通过，洗去黏附于 LD－601 大孔吸附树脂表面的氯化钠，至洗液无氯离子反应。再用3～4倍体积的氨醇液 V（乙醇）：V（水）：V（氨水）＝40：60：0.1，以1%～2%的流速洗脱，弃取少量无色液，得氨醇洗脱液。

ⓔ浓缩、酸化：将氨醇洗脱液薄膜浓缩至原体积的1/20，用稀硝酸酸化至 pH 2.5，放置冰箱过夜，次日离心除去不溶物，得澄清液。

ⓕ沉淀、脱水、干燥：上述清液在搅拌下逐渐加入10倍体积的 pH 2.5～3 的酸化丙酮中，静置沉淀。离心，收集沉淀，用丙酮洗涤2次，置于五氧化二磷真空干燥器中，干燥，即得 CoA 丙酮粉。

（2）以酵母为原料的提取法（图3－10）

①技术路线

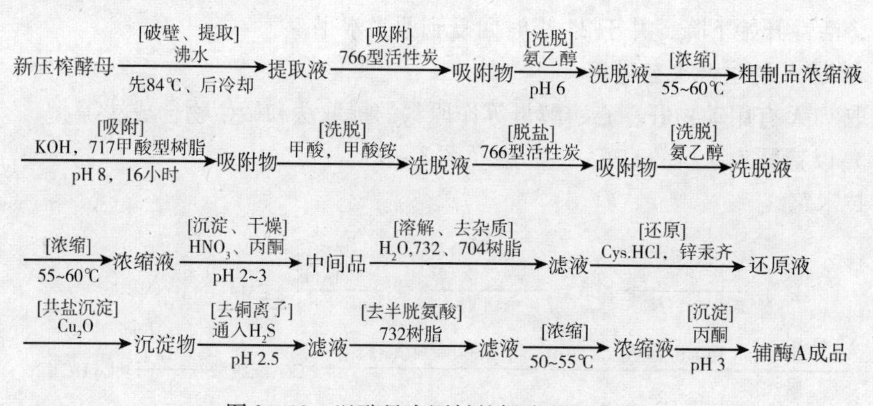

图3－10 以酵母为原料的提取 CoA 工艺

②工艺过程

ⓐ破壁、提取：取新鲜压榨酵母100kg 投入预先搅动的等量沸水中，立即升温至84℃，放入碎冰中搅拌，冷却至30℃以下，离心或绢丝袋吊滤去渣（提取细胞色素C）。滤液为提取液。

ⓑ吸附、洗脱、浓缩：将浓缩液从柱顶加入766型颗粒活性炭柱，进行吸附，加入流速1.9～2.1ml/min，吸附完后用自来水冲洗至流出澄清液为止，再用40%乙醇洗涤，直至以数滴洗液加10倍丙酮不呈白色混浊为止，约需1600L。再以3.2%氨乙醇洗脱，出现微黄色开始收集，pH 约6左右，洗脱液加过量丙酮至不显白色浑浊为止，边洗脱边真空浓缩，以除去乙醇和氨，至洗脱液体积的一半，真空浓缩的温度控制在55～60℃，得粗品浓缩液（冰箱中可保存1个月）。

ⓒ吸附、洗脱、浓缩、干燥：将粗浓缩液，用10moL/L 氢氧化钾调节，再加入13.5kg 60～80目717甲酸型树脂（先以2mol/L 氢氧化钠处理，水洗至中性后，再加1mol/L 甲酸及0.5mol/L 甲酸铵溶液处理，最后经1mol/L 甲酸处理即可使用），搅拌吸附16小时取出，树脂以蒸馏水清洗，然后上柱，用蒸馏水平衡，至中性，最后用1mol/L 甲酸及0.5mol/L。甲酸铵液洗脱，约320L，再用一根小的766型颗粒活性炭柱

（活性炭加2mol/L盐酸浸没煮沸5分钟，用蒸馏水洗至中性）吸附脱盐，倾入流速约65~70ml/min，吸完后用蒸馏水洗至中性，以150L的40%乙醇洗，再以65L含氨3.2%的40%乙醇液洗下CoA，真空浓缩至6L，温度55~60℃。浓缩用8mol/L硝酸调pH 2~3，逐步倒入10倍以上PH为2~3的丙酮，沉淀离心取上清液，沉淀以无水丙酮洗1~2次，减压干燥即得中间品。

ⓓ溶解、去杂质：取中间体溶于5倍体积的水中，有不溶物应离心除去，加入中间品2.5倍量的732强酸性离子交换树脂，搅拌5分钟，过滤，再以2倍水洗树脂，滤液合并。再加5倍704弱碱性离子交换树脂，调整pH为2~3，迅速过滤，以3倍水洗沉淀，滤液合并，再加入中间品0.3倍量半胱氨酸盐酸盐，并以10mol/L氢氧化钾调pH 7，放置10分钟，加入等体积的5mol/L硫酸（1∶1，按中间品质量计算），将已活化好的锌汞齐按中间品的2.5倍加入，振摇10分钟，有相当的气泡产生，溶液色泽由深变浅，倾去上清液，并以少许水洗锌汞齐粒2次，滤液与上清液合并。在水浴中加热至35~40℃，分次加入混悬的氧化亚铜［V（中间体）∶V（氧化亚铜）=8∶1.5］，应较快溶解，每加1次后应以0.1ml吸管吸出反应液，并观察管中反应液是否迅速呈白色混浊状，否则，再加氧化亚铜，直至析出检测液时，反应液呈白色混浊为止。随搅动迅速加入3倍量水中，即有大量的白色沉淀析出，离心分离沉淀，以0.125mol/L硫酸洗涤沉淀物2次，再水洗至不呈硫酸根反应为止。

ⓔ去铜离子、去半胱氨酸：将沉淀物悬浮于水［V（水）∶M（中间品）=10∶6］中，用10mol/L氢氧化钠调pH 2.5，通硫化氢2~2.5小时，pH应不小于3.5。再以4mol/L盐酸调pH 2~3，离心倾取上清液，用少许水洗残渣2次，合并洗液，呈无色或微黄色澄明液。加入5倍量732树脂，搅拌5分钟，布氏漏斗过滤，合并水洗液，减压浓缩，温度50~55℃，至250ml左右，再加pH 3的20倍体积丙酮，剧烈振摇，有白色沉淀析出，放置10分钟，离心，以无水丙酮脱水2次，真空干燥即得成品。按新鲜压榨酵母质量计算，收率3000U/kg。

五、生化制药干燥的相关知识

干燥是从湿的固体生物药物中，除去水分或溶剂而获得相对或绝对干燥制品的工艺过程。它也是一种蒸发，但不同于浓缩。通常包括原料药的干燥和制成的临床制剂的干燥。

（1）常压干燥　通风与加热结合。成本低、干燥量大，但时间长，易污染。

（2）减压干燥　利用专用设备减压加速，使溶剂迅速蒸发。时间短、温度低。制药常用方法。

（3）喷雾干燥　将液体通过喷射装置喷成雾滴后，在一定流速的热气流中，迅速蒸发干燥的方法。

从理论推算：每升液体，如果喷成10μm直径的雾滴，约有1.91×10^{12}多个，表面积有600m^2。实验表明：把含水量为80%的1L溶液，喷成直径约10~60μm雾滴，当与热空气接触时，仅3~5秒可使雾滴水分气化而得到干燥产品。

优点：快速高效，可在无菌条件下操作，应用广泛。

缺点：热利用率不高，设备费用投资大。

（4）冷冻干燥　在低温及高真空6.67~40Pa（0.05~0.3mmHg）下，将物料与溶液中的水分直接升华的干燥方法。

适用于高度热敏的生物药物。制剂应具有多孔性、疏松、易溶的特点，一般含水量在1% ~3%。设备投资及维护费用高，生产能力不大。

改进的干燥设备：环型喷射干燥器、振动流动干燥器、涡流干燥器等。

实训二 甲壳素、壳聚糖及肝素生物药物的制备实训

一、甲壳素及壳聚糖的制备

1. 甲壳素的制备

(1) 实验目的与要求　初步掌握利用蝗虫壳制备可溶性甲壳素的操作技术；计算蝗虫壳制备甲壳素的成品率和原辅材料成本费。

(2) 原理　甲壳素又称甲壳质、壳蛋白，是一种含氮多糖物质。为无脊椎动物甲壳的主要构造成分，虾、蟹、昆虫等动物的外骨骼主要由甲壳质与碳酸钙组成。甲壳质为白色半透明固体，不溶于水、乙醇和乙醚，溶于浓硫酸和浓盐酸。经酸碱处理后，除去壳内的钙质、蛋白质、脂肪、色素等。

(3) 实验需要的主要仪器设备及试剂（试药）与材料　电动搅拌，三颈瓶，烘箱、水浴锅、天平、盐酸、氢氧化钠、高锰酸钾、亚硫酸钠、蝗虫。

(4) 实验内容与步骤

①原料处理：蝗虫用自来水洗净，烘箱100℃烘干。

②盐酸浸泡：2M 盐酸浸泡，时而搅拌，直至无泡产生，除碳酸钙和磷酸盐等。

③自来水洗至中性（pH 试纸检测）。

④碱处理：5% ~10% 的氢氧化钠 90 ~95℃搅拌并加热 3 ~4 小时。用于除蛋白质，脂质，色素。

⑤水洗至中性（pH 试纸检测）。

⑥5% 高锰酸钾浸泡 30 分钟氧化脱色，进而用 5% 亚硫酸钠浸泡 15 ~30 分钟脱色。

⑦水洗至中性得产品为白色片状甲壳素。

思考题：计算蝗虫壳制备甲壳素的成品率和原辅材料成本费。

2. 壳聚糖的制备

(1) 实验目的与要求　掌握可溶性壳多糖的制备原理；掌握壳多糖应用价值。黏度计的使用。

(2) 原理　脱乙酰反应及脱乙酰的条件控制。

(3) 实验需要的主要仪器设备及试剂（试药）与材料　电动搅拌，三颈瓶，旋转黏度计、烘箱、水浴锅、天平、盐酸、氢氧化钠、高锰酸钾、亚硫酸钠。

(4) 实验内容与步骤

①甲壳素加 40% ~50% 的氢氧化钠 110℃回流 2 小时脱乙酰基。

②水洗至中性，烘干，白色粉末状的壳聚糖。

③用 NDJ－1 旋转黏度计测壳聚糖的黏度。

按图装好黏度计，调至水平状态，插上电源

称取 1g 壳聚糖于 200ml 烧杯中用 100ml 2% 的冰醋酸水浴溶解。杯中溶解液置于如图中转子中，液面指示线与杯中液面相齐。试调转速与转换转子，直至读数指针停在在 10～100 之间。测转速。连测三次取平均值。若黏度较高，说明壳聚糖含量高。否则则甲壳素还没完全转化为壳聚糖，还需继续强碱热水解。

思考题：壳多糖应用价值是什么?

3. 壳聚糖抑菌实验

（1）实验目的与要求　掌握配制培养基的一般方法和步骤；了解常见灭菌、清毒基本原理及方法；掌握干热天菌、高压蒸汽灭菌及过滤除菌的操作方法。掌握配制不同浓度梯度的药敏纸片。

（2）实验需要的主要仪器设备及试剂（试药）与材料

①器材：试管、三角瓶、烧杯、量筒、玻璃棒、培养基、分装器、天平、牛角匙、高压蒸汽灭菌锅、pH 试纸、棉花、牛皮纸、记号笔、麻绳、纱布、吸管、培养皿、电烘箱、注射器、微孔滤膜过滤器、镊子等。

②试剂：牛肉膏、蛋白胨、NaCl、琼脂、大肠杆菌、金黄葡萄球菌、绿脓杆菌。

（3）实验内容与步骤

①培养基的配制：自行设计（每组菌两板）。

称量→溶化→调 pH→过滤→分装→加塞→包扎→灭菌→无菌检查。

高压蒸汽灭菌：加水→装物品→加盖→加热→排冷空气→加压→恒压→降压回零→排汽→取物→无菌检查。

②抑菌实验（大肠杆菌、金黄色葡萄球菌、绿脓杆菌）。

配制 0.1%、0.5%、1.0% 的壳聚糖乙酸各 5ml（称取 1g 壳聚糖于烧杯中用 100ml 2% 的冰醋酸水浴溶解，即为 1.0% 的壳聚糖乙酸溶液）。做药敏纸片，再将溶剂本身也做成药敏纸片，做一下对比。但做药敏纸片时要注意药物的浓度，同时设置几个不同浓度梯度的纸片。

③观察抑菌圈。

先用 1.5% LB 固体培养基铺底，然后将培养的大肠杆菌、金黄色葡萄球菌、绿脓杆菌加到 0.8% LB 固体培养基中，然后倒到铺好底的平板上，待凝固后，用打孔器打孔。ⓐ然后将已溶解的 0.1%、0.5%、1.0% 的壳聚糖乙酸分别加到孔中，37℃ 过夜培养，观察是否有抑菌圈出现。ⓑ几个不同浓度梯度的药敏纸片贴在凝固后平板上 37℃ 过夜培养，观察是否有抑菌圈出现。

思考题

1. 培养基配好后，为什么必须立即灭菌？如何检查灭菌后的培养基是无菌的?

2. 培养微生物的培养基应具备哪些条件？为什么?

二、肝素生物药物的制备

1. 实训目的

了解肝素钠的提取原理，掌握其分离、纯化的实训技术。

2. 原料与试剂

（1）收集新鲜猪小肠黏膜，保证不变质，不腐败。

（2）氢氧化钠、盐酸、氯化钠试剂均为工业品；乙醇、巴比妥、柠檬酸三钠均为化学纯；氯化钙、高锰酸钾、过氧化氢均为分析纯。

（3）天青 A　生物染料，选用上海新中化工厂产品。

（4）D－254 树脂是一种大孔径阴离子树脂，这里作为吸附剂。

（5）滑石粉这里作为助滤剂。

（6）732 树脂　全称 001×7 强酸性苯乙烯，是阳离子交换树脂，这里作为吸附剂。

3. 器材

提取罐（或反应锅），吸附罐，陶瓷缸，电动搅拌器，722 型分光光度计，恒温水浴，低温冰箱（－20℃），酸度计，比重计，温度计（1～100℃），漏斗，试管，尼龙布白涤纶布竹筛，量筒（1000ml），烧杯，移液管。

4. 实训步骤

目前肝素的提取制备分为粗制和精制两个阶段：粗制包括肝素蛋白质复合物提取、降解和分级分离两步；精制是把粗品经过纯化得到精品。在粗品提取的三步中，常采用碱式盐解（即盐解）来完成前两步，即提取和解离肝素蛋白质的复合物，第三步分级分离常采用沉淀法和离子交换法。

（1）猪小肠黏膜提取肝素钠粗品工艺（盐解－离子交换法）

①提取：将新鲜的小肠黏膜移入不锈钢提取锅中，按肠黏膜量加入 4%～5% 的粗盐（工业级），加热搅拌。用 30%～40% 氢氧化钠溶液调 pH 至 9.0，等锅内温度升到 50℃时停止加热，搅拌下 55℃保温 2 小时，然后升温到 85℃左右，这时停止搅拌，温度在 90℃保持 15 分钟，趁热用竹筛过滤除去大的杂物，最后用 100 目尼龙布过滤提取液（过滤前如液面上有浮油，应先捞去）。滤液供吸附用，滤渣是经高温灭菌的优质蛋白饲料，直接冲洗后可喂养动物或晒干后配制饲料。

②吸附：将滤液移入吸附罐中，等液体温度冷至 50℃以下时，按原来小肠黏膜量加入 5% 已处理好的 D－254 树脂，搅拌吸附 6～8 小时，注意搅拌不可太快，以使整个液体维持转动为宜，以防弄碎树脂。然后用尼龙布滤掉液体，收集树脂。

③清洗：把树脂倒入不锈钢桶中，用水反复清洗，至水变清为止，也可直接用尼龙袋装树脂冲洗，但千万注意不可冲洗掉树脂。在树脂中加 2 倍量的 7% 精盐水，浸泡 1 小时，不时搅拌，滤掉盐水。然后再加 2 倍量 8% 精盐水浸泡 1 小时，也要不时轻轻搅动，滤干，收集树脂。

④洗脱（也称解析）：将树脂移入桶中，用 25% 精盐水（用前要过滤）浸泡 3 小时，用量为刚浸没树脂面，要不时轻轻搅动，以使洗脱液与树脂充分接触，促使肝素钠被解析下来，然后过滤，收集滤液。树脂可再用 18% 精盐水重复洗脱一次，然后滤去树脂（备用），合并二次洗脱液。

⑤乙醇沉淀：将洗脱液用 100 目的涤纶袋过滤除去杂物，然后移入搪瓷缸中，加入质量分数为 85% 以上的乙醇，使洗脱液中乙醇的质量分数达 35%～40%（夏季可略高点），搅匀过夜（沉淀缸最好放在通风、低温处），然后虹吸出上层乙醇清液，乙醇

可回收后再用。

⑥复沉：加3倍量95%乙醇于沉淀缸内，搅匀，盖好沉淀缸，静置6小时，然后虹吸出上层乙醇清液（回收再用）。

⑦脱水：加3倍量的95%乙醇到沉淀缸中，搅拌均匀，盖好沉淀缸，静置6小时。然后虹吸出上层乙醇液（回收再用）。把下层沉淀滤干或用白布吊干（也可用新砖挤干水分）。

⑧干燥：将吊干的粗品放在石灰缸中干燥。具体操作步骤如下：先把石灰块装在搪瓷缸中，石灰量以装2/3为好。在石灰块上盖一块硬纸板，硬纸板上做一些小洞，以便吸水。在硬纸板上放一层纸，然后把肝素粗品放在纸上，用塑料布包好石灰缸，放置1~2天即可干燥，干燥品也可装入塑料袋或瓶内，于石灰缸中保存。

（2）肝素钠的精制工艺（高锰酸钾氧化法）

①配液：肝素钠粗品沉淀经过复沉后就可以直接用于精制，用2%氯化钠水溶液把粗品配成10%肝素钠溶液（即1kg肝素钠粗品加9L盐水，如果是干粗品，用15倍量1%氯化钠水溶液溶解），备用。

②氧化：在上述肝素钠溶液（粗品）中，加入4%高锰酸钾进行氧化，也可按每亿单位肝素钠加79g高锰酸钾。先将肝素钠粗品溶液调节pH至7~9，并加热至80℃，高锰酸钾也先加热到80℃，在搅拌下加到肝素钠溶液中，保温2~5小时。

③过滤：加滑石粉或纤维素粉助滤，收集滤液。

④沉淀：滤液用1∶2盐酸调pH至6.4，加入1倍左右的95%乙醇于冷处沉淀8小时以上，收集沉淀物。

⑤脱水、干燥：沉淀物分别用无水乙醇和丙酮脱水，再干燥即得肝素钠精品。

5. 肝素钠含量的测定

高效液相色谱法测定。

色谱条件与系统适用性试验：用十八烷基硅烷键合硅胶为填充剂；以0.05mol/L磷酸二氢钾溶液-乙腈-甲醇（57∶38∶5）为流动相，并用磷酸调节pH为3.7±0.2；检测波长为254nm。理论板数按灰黄霉素峰计算不低于800。

测定方法：取本品约50mg，精密称定，置50ml量瓶中，加流动相溶解并稀释至刻度，精密量取5ml，置50ml量瓶中，加流动相稀释至刻度，摇匀，精密量取10μl注入液相色谱仪，记录色谱图；另取灰黄霉素对照品适量，同法测定。按外标法以峰面积计算出供试品中$C_{17}H_{17}ClO_6$的含量。

6. 总结汇报

小组完成实训后，对实训过程、结果及收获进行总结，并向同学们和老师汇报。

（1）小组评价 实训结束后，小组成员互相评价各自在实训过程中的表现和收获。

（2）实训总结 小组成员提交的实训报告，应包括实训的目的、材料、实训的方法、结果、参考文献等。

目标检测

（一）名词解释

丙酮粉；盐析；絮凝；有机溶剂沉淀法；盐溶现象；晶核

（二）填空题

1. 生化药物按照其化学本质和化学特性进行分类，可分为：________、________、________、________、________。

2. 氨基酸的生产方法有________、________、________、________、________。

3. 核酸有________、________、________三部分组成。

4. 酶纯化时常需要脱盐，常用的方法有________、________。

5. 糖类药物按照聚合的程度可分为________、________、________三种形式。

6. 动物来源的多糖以________为主。

7. 脂类药物分为________、________两大类 。

8. 提取多糖时，一般需先进行________，以便多糖释放，方法是将材料粉碎，加甲醇或乙醇－乙醚混合液（1∶1），加热搅拌1～3小时，也可用石油醚脱脂。动物材料可用________脱脂、脱水处理。

9. ________是与治疗心血管疾病有关的酶。

10. 胸腺原料要采自________，其中使用最多的是________。

（三）选择题

1. 氨基酸分子结构的共同点是构成生物体蛋白质的氨基酸都有一个（　　）和（　　）

A. α－氨基　B. α－羧基　C. 羰基　D. 巯基

2. 核酸类药物包括：（　　）

A. 核酸及其衍生物　B. 核苷酸及其衍生物
C. 核苷及其衍生物　D. 碱基及其衍生物

3. 蛋白质生化药品包括（　　）

A. 干扰素　B. 胰岛素　C. 白介素　D. 促皮质素

4. 酶提取方法主要有（　　）

A. 水溶液法　B. 有机溶剂法　C. 表面活性剂法　D. 碱液法

5. 有机溶剂沉淀法常用的沉淀剂（　　）

A. 乙醇　B. 丙醇　C. 乙醚　D. 乙酸

6. 多糖的提取方法主要有（　　）

A. 稀碱液提取法　　B. 热水提取法
C. 酶解法　　D. 有机溶剂法

7. 乙醇沉淀多糖溶液时，其多糖浓度以（　　）为佳。
A. 3%～7%　　B. 1%～2%　　C. 10%～15%　　D. 30%～35%

8. 分级沉淀法是沉淀多糖常有的方法，它是使用（　　）来分级沉淀分子大小不同的黏多糖的。
A. 不同浓度不同种类的有机溶剂　　B. 相同浓度不同种类的有机溶剂
C. 不同浓度相同种类的有机溶剂　　D. 相同浓度相同种类的有机溶剂

9. 简单脂为不含有（　　）的脂类
A. 核酸　　B. 蛋白质　　C. 脂肪酸　　D. 糖

10. 生产辅酶 Q_{10} 常用的方法有（　　）
A. 直接从生物材料中提取　　B. 微生物发酵法
C. 化学合成法　　D. 转化法

（四）简答题

1. 简述生化药物的特点。
2. 简述糖类药物的生理活性。
3. 简述赖氨酸发酵工艺条件及其控制要点。
4. 简述多肽类药物的功能特性。
5. 简述酶类药物的特点。
6. 简述维生素及辅酶类药物重要的生理作用。

（五）论述题

1. 试述发酵法生产 *L*－天冬酰胺酶的工艺过程及其控制要点。
2. 试述脑磷脂的性质和药用价值。
3. 论述核酸类药物的发展现状。

（六）思考与探索题

1. 查找药用（或保健用）复方氨基酸的生产工艺。
2. 用不同的原材料生产 SOD 的工艺流程。

项目四 生物制品生产技术

◎**知识目标**

1. 掌握血液制品的基本性质和制备方法。
2. 掌握细胞因子类药物的基本性质和制备方法。
3. 掌握免疫诊断的基本原理和试剂制备方法。
4. 掌握疫苗的基本性质和制备方法。

◎**技能目标**

1. 正确认识生物制品生产岗位环境、工作形象、岗位职责及相关法律法规。
2. 能够利用生物制品生产方法制备诊断试剂。
3. 正确认识生物制品生产的原理、方法和适用药物范围，能够正确采用该方法进行生物制品的制备。

生物制品是应用普通的或以基因工程、细胞工程、蛋白质工程、发酵工程等生物技术获得的微生物、细胞及各种动物和人源的组织和液体等生物材料制备的，用于人类疾病预防、治疗和诊断的药品，主要包括疫苗、血液制品、细胞因子、重组产品及诊断试剂等。

1. 血液制品生产人员的能力培养及训练

（1）对血浆有形成分和血浆中蛋白质组分分离提纯以及效价检测。

（2）人血原料副产品的综合利用。

2. 细胞因子生产人员的能力培养及训练

（1）对菌种活化，能够利用发酵罐来完成生产相关要求，对发酵过程参数较为熟悉。

（2）掌握生物大分子的提取方法以及相关色谱的纯化技术。

3. 免疫诊断试剂生产人员的能力培养及训练

（1）能采用合理的方法来收集不同标本（血液、尿样等）并加以妥善保存。

（2）能够通过培养基因工程菌，来制备目的产物。

（3）通过利用免疫学相关知识，对产物（抗原或抗体）进行提取与纯化。

（4）能够较好地使用免疫诊断技术中常用的工具酶，常用的仪器与设备（酶标仪、发光免疫分析仪等）。

4. 疫苗制品生产人员的能力培养及训练

（1）能够利用熟练操作相关设备，并能够使用相关方法制备工艺用水。

（2）能够按照SOP制备出符合要求的培养基及溶液。

（3）能够利用菌（毒）种进行传代培养，熟练的进行细胞传代培养。

（4）较好的掌握纯化及提取技术，并能够进行免疫、采集等获得高特异性抗体、抗原。

任务一 血液制品的制备

生物制品以微生物、寄生虫、动物毒素、生物组织作为起始材料，采用生物学工艺或分离纯化技术制备，并以生物学技术和分析技术控制中间产物和成品质量制成的生物活性制剂，包括疫苗、毒素、类毒素、免疫血清、血液制品、免疫球蛋白、抗原、变态反应原、细胞因子、激素、酶、发酵产品、单克隆抗体、DNA重组产品以及体外免疫诊断制品等。用于预防、诊断和治疗人类疾病的一类生物制品，称为医用生物制品。

生物制品按所用材料、制备方法或用途，一般分为三大类：即预防类生物制品、诊断类生物制品和治疗类生物制品。

1. 预防类生物制品

（1）病毒类疫苗　由病毒、衣原体、立克次体或其衍生物制成的进入人体后使机体产生抵抗相应病毒能力的生物制品，有减毒活疫苗、灭活疫苗、重组DNA疫苗、亚单位疫苗等，如常见的甲型肝炎灭活疫苗等。

（2）细菌类疫苗　由细菌、螺旋体或其衍生物制成的进入人体后使机体产生相应抗细菌能力的生物制品，有减毒活疫苗、灭活疫苗及亚单位疫苗，如卡介苗等。

（3）联合疫苗　由两种或两种以上疫苗抗原原液配制成的具有多种免疫原性的灭活疫苗或活疫苗，如百白破联合疫苗等。

2. 治疗类生物制品

（1）血液制品　由健康人的血浆或免疫人血浆的分离、提纯或由重组DNA技术制成的血浆蛋白组分或血细胞组分，如人血白蛋白、人免疫球蛋白、人凝血因子等。

（2）细胞因子类制品　由健康人血细胞增殖、分离、提纯或由重组DNA技术制成的多肽类或蛋白质类制剂，如干扰素（IFN）、白细胞介素（IL）、集落刺激因子（CSF）、促红细胞生成素（EPO）等。

（3）抗毒素及免疫血清　由特定抗原通过对动物进行免疫，收获其血浆制成的抗毒素或免疫血清，如白喉抗毒素等。

3. 诊断类生物制品

（1）体外诊断制品　由特定抗原、抗体或有关生物物质制成的免疫诊断试剂盒，如HBsAg酶联免疫诊断试剂盒、沙门菌属诊断血清等，用于体外免疫诊断。

（2）体内诊断制品　由变态反应原或相关抗原材料制成的免疫诊断试剂，如单克隆抗体等，用于体内免疫诊断。

一、血液制品相关概念

血液制品是指“由健康人的血液、血浆或特异免疫人血浆分离、提纯或由重组DNA技术职称的血浆蛋白组分或血细胞组分”的制品。血液制品是重要的生物制品，在医疗急救及某些特定疾病的预防和治疗上血液制品有着其他药品和生物制品不可替代的临床疗效。血液制品的分类及常用品种见表4－1。

表4－1　血液制品的分类及常用品种

分类	常用品种	临床用途
白蛋白类制品	人血白蛋白	休克、烧伤、体外循环、ARDS
免疫球蛋白类制品	人免疫球蛋白	提高免疫力、预防病毒性传染疾病
	乙肝免疫球蛋白	乙肝的治疗和预防、肝移植
	破伤风免疫球蛋白	治疗破伤风
凝血因子类制品	人凝血因子Ⅷ	血友病
	人凝血酶原复合物	凝血因子缺乏性出血性疾病

血液制品的原料是血浆，人血浆中有92%～93%是水，仅有7%～8%是蛋白质，血液制品就是从这部分蛋白质分离提纯制成的。目前，我国有血液制品生产企业33家，分布在23个省，能够生产人血白蛋白、人免疫球蛋白、人乙肝免疫球蛋白、人破伤风免疫球蛋白、人狂犬疫苗免疫球蛋白、人凝血酶、人纤维蛋白止血胶等十余种血液制品。理论上，现有生产企业总的年生产加工能力高达12 000吨血浆，能够生产人血白蛋白3000万瓶左右，完全能够满足国内市场需求。但由于种种原因，近年投放原料血浆只有4000吨左右，白蛋白年生产总量1200万瓶（按10g/瓶计算），仅约为生产能力的1/3。受技术水平的限制，血浆蛋白中仅有一部分能够得到利用，因此可以考虑在改进完善现有产品的同时，进一步加强对血浆的综合利用，开发一些新的临床有效制品，如HDL、AT－Ⅲ、SPP、Fn、FS等，着手研发基因重组或转基因制品，也是我国血液制品工作面临的新的任务。血液制品工艺流程及环境区域划分见图4－1。

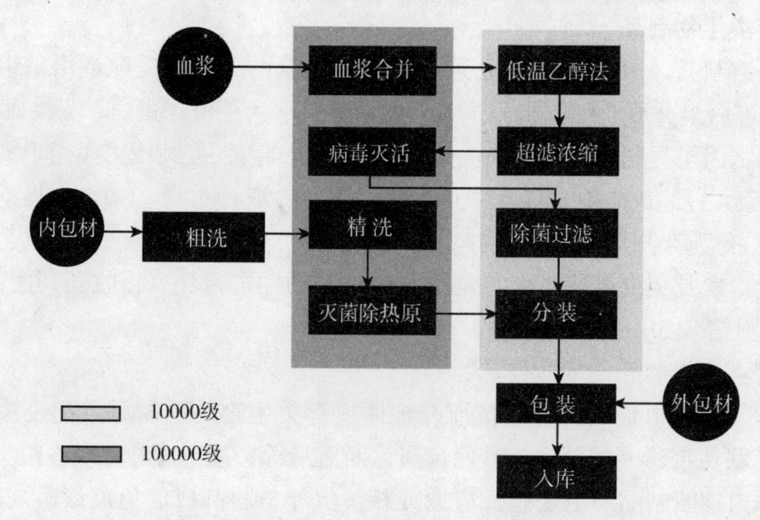

图4－1　血液制品工艺流程及环境区域划分示意图

二、人血白蛋白的制备

白蛋白系由健康人的血浆，经低温乙醇蛋白分离或经国家批准的其他方法分离提取，并经60℃加热处理10小时灭活病毒后制成的液体制剂或冻干制剂。

1. 结构和性质

白蛋白约占血浆总蛋白的65%。同种白蛋白制品无抗原性，主要功能是维持血浆胶体渗透压的主要物质。

白蛋白是在肝细胞内合成且合成速度极快的，一个一级结构简单的单链蛋白，相对分子量67 000，由584个氨基酸残基组成，N端为天门冬氨酸，C端为亮氨酸，Mr为66×10^3，在离子强度为0.15时，pI为4.7，易溶于水，在饱和度达60%以上的硫酸铵中沉淀。由于分子量相对较小、表面积相对较大，故渗透压高，但不会从毛细血管和肾小球渗透而流失，而且其特性黏度低，可以穿过毛细血管壁和细胞间隙，能在血液循环与组织液之间自由交换；由于其负电性强，能与多种分子可逆的结合，在血液循环与各种体液之间传递运送各种生理活动所必要的物质。基于这些特性，白蛋白是最重要的血浆蛋白，为临床上常用的血浆容量扩张剂，对治疗严重烧伤、低蛋白血症、肝肾疾病及新生儿高胆红质血症等的治疗有重要作用。

根据来源分，白蛋白有两种：一种是从人血浆中分离获得的人血白蛋白，另一种是从产妇胎盘种分离获得的胎盘白蛋白。

2. 分布

人体血浆中约40%的白蛋白分布在血管内，60%在血管外；每小时约5%由血液循环进入组织液，再经淋巴系统，主要通过胸导管重新返回血液循环，即全部血管内白蛋白每天与血管外交换1次。白蛋白在体内分布情况见表4-2。

表4-2　白蛋白在体内分布情况

组织、器官	70kg体重的成人（g）	器官中的浓度（g/kg）
血管内	140	24
血管外	210	—
肌肉	50	2.3
皮肤	40	7.7
肠	8	5
肝	2	1.4
其他组织	110	—
全身总计	350	—

3. 白蛋白的制备

人血浆中已发现的蛋白成分约百种。其中大约有二十多种已用作临床用途。血浆蛋白的分离是血液制剂生产工艺的主要目的，最终产品为免疫球蛋白及白蛋白，其他蛋白成分则在预处理中或分离过程的不同组分中进一步加工获得。

常见的分离蛋白的方法有：

（1）利凡诺法　该法是利用利凡诺与蛋白形成络合物，降低溶解性而进行分离血浆蛋白的。该法设备要求低，工艺简单，曾在国内被广泛用来生产白蛋白和丙种球蛋白。但因为利凡诺具有潜在的致癌风险，而且管理容易失控导致生产质量不稳定，1996 年开始被禁止使用。

（2）盐析法　无机盐类在水溶液中电离成正负离子，这些离子不仅可以中和蛋白颗粒表面的电荷，而且由于与水分子亲和力大而与蛋白竞争水分子，蛋白颗粒因电荷性减弱和水化膜难以形成而从溶液中析出。其中，使用最多的盐类是硫酸铵。盐析法始终未能发展成大规模生产工艺，原因是无论在理论上还是实践上都无法将血浆这样一种复杂的蛋白质分离成各种成分并达到满意的程度。

（3）层析法　该法是一种常用的蛋白分析和分离的方法，随着层析技术和相关设备的出现，层析法逐渐被用于血浆蛋白制品的生产。其原理是按分子大小的顺序进行分离，也可按介质的不同分为：凝胶、离子交换层析、亲和层析。应用该技术使原来用盐析、有机溶剂沉淀不可分离的血浆蛋白成分，特别是小量和微量的成分被一个接一个的分离出来。层析法生产工艺简单，耗能少，产品纯度高，但不适合大型连续生产。多用来对低温乙醇法产生的一些粗制进行加工精制。

（4）低温乙醇法　低温乙醇法是 1940 年美国哈佛大学医学院 E. J. COHN 教授发明的，1946 年 E. J. COHN 教授和他的同事们又创建低温乙醇 Cohn－6 法用于分离人血白蛋白，1949 年又报道了 Cohn－9 法用于制备丙种球蛋白，1950 年又发表了 Cohn－10 法。1945 年 Nitschmann 和 Kistler 提出另一种改良低温乙醇分离血浆蛋白的方法，这种方法简化了操作，提高了血浆白蛋白的收率，降低了乙醇的消耗，是目前国际上普遍使用的方法之一。低温乙醇法是以混合血浆为原料，逐级降低酸度（pH 7.0 降至 pH 4.0），提高乙醇浓度（0% 升至 40%），同时降低温度（2℃降至－2℃），各种蛋白组分在不同条件下以组分形式分别从溶液中析出，并经离心或过滤将其分离出来。根据粗制品沉淀的先后顺序的不同，蛋白相对分子量越大越早析出，相对分子量越小，则析出的越晚。各种粗制品经超滤、层析、除菌、病毒灭活等手段，制成最终产品。

低温乙醇法的最大优点是适应工业化、自动化的生产要求，随着 2010 年版 GMP 的颁布，国家对于生物制品的要求也随之提高，国内一些企业在不变更生产工艺的前提下，实现了低温乙醇血浆蛋白分离工艺系统的自控，使得产品质量进一步提高。目前，我国现行人血白蛋白规程规定：可采用 Cohn－6 法或 Nitschmann－Kistler 法生产制造人血白蛋白。

①人血白蛋白生产工艺流程

N－K 法制备人血白蛋白工艺流程见图 4－2。

ⓐ注射用水及 75% 乙醇，血浆袋在化浆室用注射用水清洗干净，并将血浆转入到不锈钢容器中，并不断搅拌，冷却至 1～3℃。

ⓑ调血浆 pH 至 5.8，将 100ml 血浆用 900ml 注射用水稀释，调 pH 至 5.8～5.9，加缓冲液流速不超过 1L/min。

ⓒ向反应液加入 19% 乙醇，加入 0.9% 的 NaCl 溶液，调节蛋白浓度在 1.2%。每加试剂一次反应 15 分钟，搅拌 2 小时，静置 6 小时，并使温度维持在－3℃。

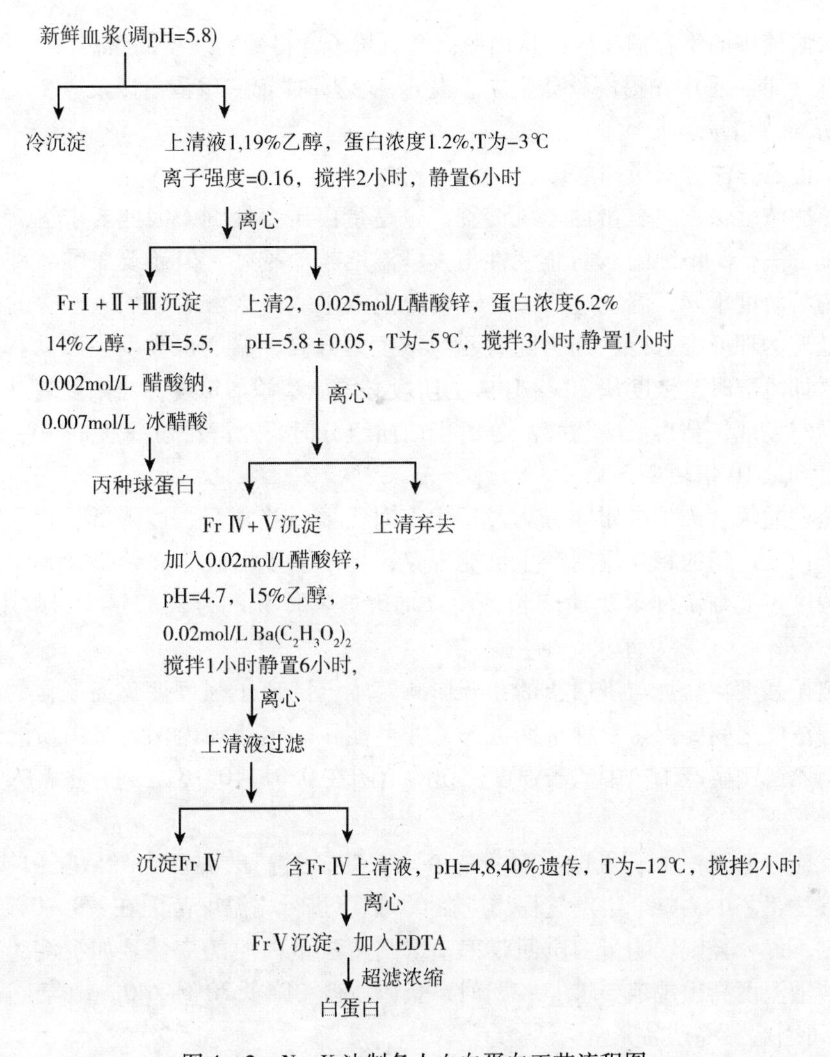

图4-2 N-K法制备人血白蛋白工艺流程图

ⓓ离心，获取上清液向其中加入0.025mol/L的醋酸锌溶液，并调pH至5.8，温度-5℃，蛋白浓度6.2%。

ⓔ上清液1加入19%的乙醇，搅拌3小时，静置1小时并离心。

ⓕ获得上清液2，用5倍注射用水进行稀释，调pH至4.7，搅拌1小时后静置4小时，保持温度在-9℃。

ⓖ在提取组分Ⅴ时加0.01mol/L的Ba（$C_2H_3O_2$）$_2$做稳定剂，促进Zn^{2+}与蛋白结合，加速组分Ⅴ溶解，加注射用水使乙醇浓度调至15%，反应15分钟，搅拌1小时，静置6小时。

ⓗ将2‰的硅藻土加入到15%乙醇中，过滤后将上清液转入到另一反应罐中。过滤压力小于0.8MPa，残留在过滤器内的反应液用氮气吹出。

ⓘ温度-6℃下，用碳酸氢钠缓冲液调上清液pH为4.8，反应30分钟。然后将反应液降温至-12℃，乙醇浓度调至40%，加后反应30分钟，搅拌1小时并离心。

ⓙ离心结束后，对Fr Ⅴ重量进行称量，放入-20℃冷库保存。萃取出的锌蛋白可

与乙醇水溶液中的螯合剂反应，从而脱去金属离子，得到高纯度的蛋白。

ⓚ Ⅰ + Ⅱ + Ⅲ中先提丙种球蛋白后提 α－球蛋白，β－球蛋白以及 γ－球蛋白。

ⓛ 分装、清场。

②低温乙醇法分离蛋白的影响因素

ⓐ乙醇浓度：乙醇是蛋白质沉淀剂，也是蛋白质变性剂，因此要求沉淀反应应在低温环境下进行。单纯的从防止变性出发，温度越低越好，但还要兼顾各种蛋白在不同温度的溶解度不同，温度过低也会影响分离效果。向水溶液中加入乙醇的时候应当在相对低温的环境中进行，因为随着乙醇浓度的升高，温度也会发生波动。有研究表明，在添加乙醇时，浓度从0% ~10% 的阶段必须放缓添加速度，当浓度超过30% 即可加速。同时发现，利用低温乙醇法分离蛋白质组分时，乙醇浓度每提高 10%，白蛋白的溶解度则以 10 倍幅度下降。

ⓑ蛋白质浓度：蛋白质在分离过程中有时需要适当稀释，以降低蛋白质浓度，从而减少蛋白质之间的相互作用产生沉淀现象，提高了蛋白质分离效果及其组分的回收率。但浓度过低则沉淀聚集时间长，而且加大容器体积和分离容量，影响生产效率，一般以 2.5% ~3.0% 为宜。

ⓒ离子强度：盐类与蛋白质的相互影响基本上随离子强度变化而变化的，离子强度与乙醇浓度之间要保持一种平衡关系，才可能在一定范围内保持蛋白质溶解度的恒定。低温乙醇法生产工艺中离子强度变化的范围在 0.01 ~0.16 之间，正常人血清的离子强度近乎于 0.15。

ⓓ反应液温度：由于蛋白质自身的特点决定，过高的温度会导致蛋白质的变性，低温乙醇法工艺中，整个生产过程均应在0℃以下进行，温度范围在 －8 ~0℃之间，若温度控制不好，轻则影响蛋白质回收率，重则造成蛋白质的变性。如沉淀组分时，若蛋白质溶液温度高出规定要求 1 ~2℃时，蛋白质得率降低 30% ~40%；若温度提高3 ~4℃时，可引起最终产品完全失活。

ⓔpH：N－K 法对于 pH 的准确控制要求较高，pH 的准确控制与否，对白蛋白的收率影响较大。当蛋白质分子含有相等的正负电荷时，溶解度小，利于蛋白质分离沉淀。白蛋白等电点 pH 为 4.7 ~4.8；转铁蛋白 pH 为 5.69。通常低温乙醇法是在 pH 4.7 ~7.4 进行分离血浆中蛋白组分的。

三、人凝血酶原复合物（PCC）的制备

人凝血酶原复合物是一种供静脉输注，促进血液凝固的止血制剂，含有凝血因子Ⅱ（凝血酶原）、凝血因子Ⅶ（稳定因子）、凝血因子Ⅸ（抗乙型血友病因子）和凝血因子Ⅹ（自身凝血酶Ⅲ）。

凝血酶原复合物被广泛地应用于治疗乙型血友病、严重创伤或外科手术中出血过多以及由肝疾患、维生素 K 缺乏而继发的Ⅱ、Ⅶ、Ⅸ、Ⅹ因子低下所造成的出血，也用于治疗具有Ⅷ因子抗体的甲型血友病的出血。此外还用于在抗凝疗法中，因服用抗凝药物如香豆素等过量而引起的出血症状。

1. 结构、性质及活性

凝血酶原复合物中主要的凝血因子Ⅱ、Ⅶ、Ⅸ、Ⅹ都属于依赖维生素 K 的凝血因

子，其共同有的生化特征是：分子中均含有特殊的氨基酸残基——γ-羧基谷氨酸（Gla），Gla是可以与钙离子结合的氨基酸，它的存在使依赖维生素K凝血因子具有与金属离子结合的特征。依赖维生素K凝血因子与钙离子结合后发生结构改变，从而显露出与磷脂膜结合的特征，并进而参与血液凝固的过程。依赖维生素K凝血因子都是丝氨酸蛋白酶（原），它们的催化区在结构和氨基酸顺序上与糜蛋白酶和胰蛋白酶同源。另外，这类因子氨基末端区的氨基酸顺序相似，Gla即集中在肽链氨基末端的前45个氨基酸残基组成的肽段中，被称为“Gla区”。

（1）凝血酶原（prothrombin）　酶原即“凝血因子Ⅱ（factor Ⅱ，FⅡ）”，是一单链糖蛋白，相对分子量为72 000，由579个氨基酸残基组成，其中包括在分子的氨基末端区有10个Gla；凝血酶原的糖含量约为8%，3条不同的糖基链分别连在分子中天冬酰胺78、100和373上，但3条糖链末端均是*N*-乙酰神经氨酸。凝血酶原在正常人血浆中的浓度为150~200mg/L，生物半衰期是72小时。

凝血酶原活化后变成具有蛋白水解活性的凝血酶，凝血酶是蛋白水解酶，它通过对多种凝血因子的蛋白水解作用而参与凝血过程；还可激活蛋白C发挥抗凝活性，能诱导血小板活化，近年来又发现它有刺激成纤维细胞分裂，对巨噬细胞有趋化性，参与内皮细胞增殖调控等诸多功能。

（2）因子Ⅶ（factor Ⅶ，FⅦ）　FⅦ是一单链糖蛋白，血浆浓度仅为0.5~2.0mg/L，生物半衰期是4~6小时，相对分子质量为50 000，由406个氨基酸残基组成，其中包括在氨基末端区有11个Gla残基，而其天冬氨酸63被β羟基化，分子中糖含量约为13%。

FⅦ的作用主要是和组织因子形成活性复合物（组织因子-因子Ⅶ）后激活FⅩ而启动外源性凝血途径。正常情况下，FⅦ是以蛋白酶原形式存在于循环血液中。一般认为FⅦ具有低的催化活性，在凝血开始时，FⅦ与组织因子结合而使少量FⅩ转化为Ⅹa，Ⅹa反过来又激活FⅦ成为FⅦa，FⅦa具有强催化活力，与组织因子结合后能激活大量的FⅩ，从而启动凝血过程。

（3）因子Ⅸ（factor Ⅸ，FⅨ）　凝血因子Ⅸ，简称“FⅨ”，是一单链糖蛋白，生物半衰期是24~56小时，有415个氨基酸残基组成，相对分子质量是56 000，分子含糖量约为17%。

凝血因子Ⅸ的作用是在凝血过程中酶激活FⅩ而使其活化为FⅩ，人血浆中，FⅨ是以酶原形式存在，不具备酶解活性，它只有在被激活转为FⅨa，并要在Ca^{2+}存在条件下，于磷脂膜表面与Ⅷa形成复合物后才能有效地激活FⅩ。FⅨ和Ⅸa均能与活化血小板结合，但不能静息血小板作用。

（4）因子Ⅹ（factor Ⅹ，FⅩ）　FⅩ在血浆中是以双链形式存在的，相对分子质量为59 000，是由一条轻链（相对分子质量约为17 000）和重链（相对分子质量约为49 000）组成的双链糖蛋白，两链之间有二硫键相连。

FⅩ处于内源性凝血途径和外源性凝血途径的共同通路。通过内源性、外源性凝血途径的激活，FⅩ转为活化的FⅩa。FⅩ在Ca^{2+}存在条件下，在磷脂膜表面与FⅤa形成复合物即凝血酶酶原，后者激活凝血酶原使之转为具有酶解活性的凝血酶。FⅩa除具有蛋白酶解活性外，还有酯酶活性。

2. 临床应用

凝血酶原复合物内所含凝血因子单位可用1ml 血浆中的含量作为1U，每瓶200U FⅨ，相当于200ml 血浆中的FⅨ的含量。

（1）凝血酶原缺乏症　凝血酶原缺乏症分先天性和继发性：单纯的低凝血酶原血症和凝血酶原缺乏症由先天引起；肝脏出血、外科手术等出血可造成继发性包括凝血酶原在内的多种凝血因子缺乏。

（2）维生素K缺乏症　严重的肝脏疾病，譬如重症肝炎、中毒性肝病以及晚期肝癌等可引起维生素K的摄入、吸收、代谢和利用过程的障碍，使肝细胞不能合成正常的维生素K依赖性凝血因子。

（3）血友病B（FⅨ）缺乏症　血友病B又称"遗传性FⅨ缺乏症"。临床上以创伤性出血为特点，出血时一般采用血浆或凝血酶原复合物替代疗法，治疗量取决于出血量的大小和欲达到所需止血FⅨ的水平。

（4）因子Ⅹ缺乏症　先天性FⅩ缺乏是一种常染色体隐形遗传病，50%的此类患者来源于近亲婚配的家族。此类患者可用血浆、PCC或VⅩ浓缩剂治疗。

（5）因子Ⅶ缺乏症　FⅦ缺乏症一般分为两种：一种是先天性因子Ⅶ缺乏症，较为少见，它是一种常染色体隐性遗传的疾病；另一种是继发性FⅦ缺乏症，主要见于肝脏疾病患者，肝脏疾病维生素K摄入、吸收、代谢和利用过程中的障碍，使肝脏合成包括因子Ⅶ在内的维生素K依赖性凝血因子缺乏症。因子Ⅶ是肝脏疾病最早和减少最多的凝血因子。

（6）带有因子Ⅷ抑制剂的甲型血友病治疗　甲型血友病患者经常输注FⅧ制剂，有的会产生抗-FⅧ，这类患者大约占甲型血友病的20%，对他们输注PCC有抑制抗-FⅧ的作用。

3. 制备

迄今为止，PCC的制备方法，都是使用无机盐吸附剂（例如硫酸钡、磷酸三钙、氢氧化铝）和（或）离子交换吸附剂（例如DEAE-纤维素、DEAE-Sephadex A50和DEAE-Sepharose Fast Flow）。这些吸附剂的特性允许为治疗目的从人血浆中大规模制备含FⅡ、FⅦ、FⅨ以及FⅩ四种凝血因子的浓缩物。

（1）PCC制备的工艺流程　PCC的制备工艺流程见图4-3。

①将原料血浆融化，保持血浆温度在0~4℃，在此温度下离心去除冷沉淀。

②凝胶平衡用1倍凝胶体积平衡液洗涤凝胶5分钟，洗涤1~2次，滤液废弃；加1倍凝胶体积平衡液，用4mol/L冰醋酸溶液调pH为7.20~7.30浸泡5分钟；用1倍凝胶体积平衡液洗涤凝胶3分钟，洗涤2次，滤液废弃；用1倍凝胶体积平衡液洗涤凝胶6~8次，使滤液pH为7.20~7.30。

③将血浆升温至6~8℃并逐级过滤。结束后，用0.9% NaCl溶液冲洗管道以及滤器内残留的血浆，并收集。

④将过滤后的血浆与平衡后DEAE-Sephadex A50凝胶混合，保持血浆温度维持在2~8℃，搅拌吸附40分钟。

⑤收集凝胶，用平衡液冲洗凝胶3次以上，再用洗脱液将制品洗脱下来，并收集洗脱液，进行超滤，预浓缩。

⑥血浆置入反应罐，加入 S/D 灭活剂，使 TNBP 和 Tween－80 的终浓度分别为 0.3% 和 1%，保持温度在 24～25℃下不断搅拌，处理 6 小时。

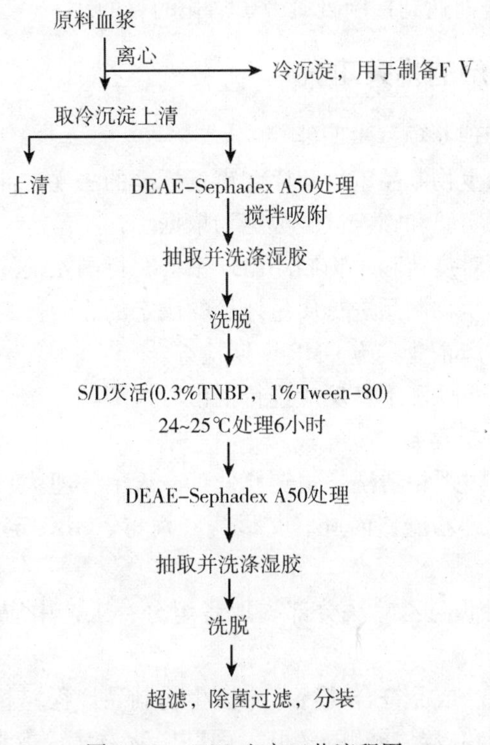

图 4－3　PCC 生产工艺流程图

⑦将 S/D 灭活剂灭活的蛋白液搅拌，按血浆量的 1%～1.5% 加入用平衡液预平衡好的凝胶，吸附 45～50 分钟。收集凝胶，弃流出液。

⑧洗涤液冲洗凝胶以去除残余的 S/D。再用洗脱液浸润 10 分钟/次，洗 3 次以上。

⑨洗脱下来的制品收集并进行超滤，预浓缩，再用 3～5 倍体积透析液超滤，将超滤浓缩后蛋白液的 pH 调整至 6.8～7.0，补加透析液。

⑩分装、冻干、干热灭活。

（2）生产工艺要点

①PCC 的原料主要为新鲜冷冻血浆、去冷沉淀的血浆和低温乙醇法分离出的组分Ⅰ上清或组分Ⅲ沉淀，分离纯化的方法主要是凝胶吸附法和亲和层析法。PCC 生产中关键是防止凝血酶的激活，采用去冷沉淀的上清血浆比低温乙醇法的组分Ⅰ上清、组分Ⅲ沉淀更好。

②在去除沉淀的上清液中对于凝胶 DEAE－Sephadex A50 的加入量也有一定要求，1.5g/L 时，凝血因子的活性最大。另外，对于加入凝胶后吸附的时间应控制在 40 分钟左右，以保证充分吸附。

③蛋白含量对制品凝血因子活化有一定影响，相对高的蛋白含量可以抑制或延缓凝血因子活化过程；而当蛋白含量相对较低时，制品非常不稳定，容易激活进而出现凝块。因此生产过程中，应采取有效措施，如慢加、快搅等，避免制品超滤、稀配中局部出现蛋白含量过低状况。

④电导率的高低影响了制品的品质，因此在生产中，采取如用电导率相对较高的平衡液/洗脱液来洗涤、超滤、稀释制品等方法，尽可能保持整个工艺操作中制品电导率不低于15ms/cm^2，进而达到控制凝血因子活化的目的。

四、血液制品生产的相关知识

1. 生物制品国家管理6项基本职能

（1）完整的疫苗和生物制品审批程序和审批标准的法规文件。

（2）审批结论要以实验和临床试验数据为依据。

（3）国家质控部门对疫苗和生物制品出厂销售实行国家批签发制度。

（4）要有对疫苗和生物制品进行质量评价的法定的实验检定机构和实验实施。

（5）对生物制品生产企业实施GMP定期检查。

（6）对生物制品有效性和不良反应进行上市后检测。

2. 血液制品质量控制要点

（1）生产用具，经过严格清洗、去热原处理、灭菌处理。

（2）原料血浆要经过乙肝、丙肝、艾滋病、梅毒、ABO定型诊断试剂检测合格，-20℃以下保存。

（3）生产工艺采用低温乙醇法分部提取各组分；工艺中应有去除/灭活病毒工艺步骤。

（4）原液、半成品、成品符合现行《中国生物制品规程》相应标准。

（5）所用血源检测和成品检测的乙肝、丙肝、艾滋病、梅毒等检测的试剂均为国家批批检定试剂。

3. 血液制品的安全性

血液制品的安全性一直都是人们所关注的重点，对于其安全性的风险一般由原料血浆及生产制作中的局限所造成。其中原料血浆的安全性更直接关系到产品的可靠及安全性，甚至是血液制品生产企业的生死存亡。

（1）原料血传播的病原体　常见的经原料血浆传播的病原体有下列几种：梅毒螺旋体、人免疫缺陷病毒（HIV-Ⅰ、HIV-Ⅱ）、类嗜T细胞病毒（HTLV）、甲肝病毒（HAV）、乙肝病毒（HBV）、丙肝病毒（HCV）、丁肝病毒（HDV）、人疱疹病毒（HHV）等。我国是肝炎大国，几种肝炎病毒严重威胁到输血的安全，其中90%的HCV是经输血传播的，这些病毒的存在加大了采集健康原料血浆的困难程度。

（2）生产条件所致感染　随着分离与纯化技术的不断发展和进步，血液制品的生产工艺也在发生着比较大的变化。以白蛋白生产为例，从过去的盐析法、利凡诺法发展到目前大多数企业所采用的低温乙醇法Cohn-6或Nitschmann-Kistler法，一些企业也采取了压缩过滤法来替代离心分离法用于生产。针对生物大分子结构的特点，开发了“仿生亲和”工艺，获得了专一、稳定且高效的亲和层析载体，用于白蛋白、抗体、凝血因子Ⅶ或胰岛素、眼镜蛇神经毒素等的大规模分离提取。在新的生产工艺发展的同时，各企业也重视并开发了许多检测系统，以及在制造过程中采取各种灭活手段来提高制品安全性，但是客观存在的困难还是不能保证现在所生产的血液制品能达到绝对安全的程度。原因是多方面的，检测方法的局限使得对某些致病因子、新出现的感染性因子及新病毒的变异株还缺乏认识或缺乏检测手段，例如常规的免疫学检测方法对 HBV 新的变异株无法识别、对非脂包膜病毒的灭活没有有效手段、更重要的是管理层面的原因导致检验结果的人为错误。

各种主观和客观存在的原因，要实现血液制品的绝对安全可靠还有很长的路要走，很多细致的工作要做。

任务二 细胞因子类药物的制备

一、重组人促红细胞生成素的制备

1. 概述

重组人促红细胞生成素（RhEPO）是一种促进造血前提细胞分化、繁殖的细胞因子。人促红素主要由肾脏近曲小管附近的细胞合成和分泌，基本的生理功能是刺激骨髓红细胞的生产和释放，由于红细胞缺少细胞核、线粒体等细胞成分，不能通过自身分裂，故自身生成促红素是人体产生红细胞的唯一途径。

2. 结构与功能

RhEPO 是由 193 个氨基酸组成的高度糖基化蛋白质，其中有 27 个氨基酸为信号肽，166 个氨基酸组成了较为成熟的蛋白质。去糖基化不影响 EPO 体外生物活性，但缩短了在体内的半衰期，导致在体内活性丧失，因此糖基对于 EPO 的活性非常重要，基因工程方法生产的 EPO 不能利用大肠杆菌作为表达系统，只能利用哺乳动物表达系统，例如 CHO 细胞来生产 EPO。RhEPO 对热稳定，在 80℃不变性，并且能耐受有机溶剂，如丙酮、95% 乙醇等。

EPO 主要由肾脏产生，仅有约 10% ~15% 的 EPO 来自于肝脏，主要功能是刺激造血细胞分化为红细胞，维持外周血的正常红细胞水平，促进红细胞成熟，如细胞体积变小，核仁消失，血红蛋白含量增加等等；抗氧化作用，温度红细胞膜，提高红细胞膜抗氧化酶的功能。

3. 临床应用

EPO 是治疗肾功能衰竭所致贫血的首选药物，还用于治疗多种严重贫血，如恶性肿瘤、艾滋病继发贫血，化疗和放疗引起的贫血，类风湿性关节炎及其他慢性炎症引起的贫血，早产儿贫血、运动性贫血等；对手术和癌症等需要输血的病人，EPO 治疗可代替输血、造血干细胞移植和化疗引起的贫血，用于择期手术的自身输血的血液储备等方面也有一定疗效。

EPO 在人体内作用巨大，但天然来源十分有限，以前主要从贫血病人的尿液或绵羊血中提取，收率低且不稳定，理化及生物性质难以测定，无法实现大规模应用。1985 年后出现了重组人促红素，才广泛应用于临床治疗，目前为止 EPO 可以说是人类开发最为成功的基因工程药物之一。

4. 制备

由于现阶段生产重组人促红素的主要是通过 CHO（中国仓鼠卵巢细胞）细胞，来分泌、表达生产促红素，因此多采用大规模细胞培养的方法来获得目的产物，通过提取纯化，来获得精制品。

（1）工艺流程　重组人促红细胞生成素的生产工艺流程见图4－4。

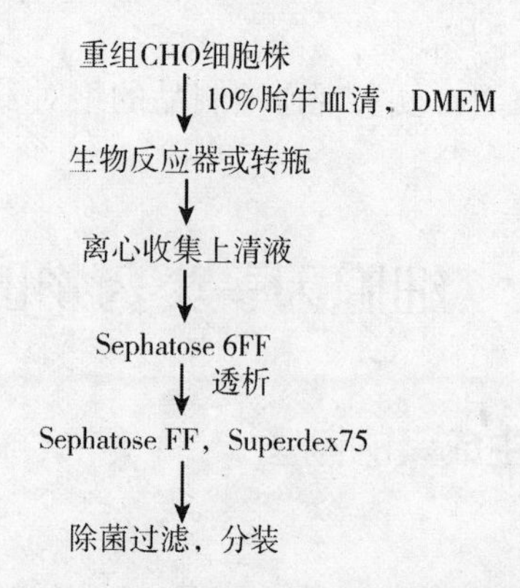

图4－4　重组人促红素生产工艺流程图

①细胞及培养基：RhEPO 生产用的 CHO 细胞株一般多为基因工程方法构建的，细胞复苏及传代使用含 10% 胎牛血清的 DMEM 培养基来进行种子细胞的扩增。

②培养方式：进过复苏或扩增的细胞可采用转瓶或者克氏瓶来进行贴壁培养。

③目的产物的收集：CHO 细胞株用含 10% 胎牛血清的 DMEM 培养基，经克氏瓶移至转瓶培养至成单层后，收集培养液，其中 EPO 表达量约为 1000IU/ml。

④纯化：将粗提物通过 Sepharose 6FF 凝胶柱经缓冲液洗脱，收集洗脱液，用Tris－Cl 平衡的 Q－Sepharose FF 柱再次洗脱，最后经 Superdex75 进行精制，流动相为 20mmol/L 的 Tris－Cl。

⑤除菌过滤：将层析后的 RhEPO 半成品原液加入保护液，用 0. 22μm 的滤膜除菌过滤，并取样测定效价，进行无菌及热原试验。

⑥分装及清场处理。

（2）生产控制要点

①工程细胞：重组人促红素工程细胞系由带有人促红素基因的重组质粒转染的 CHO－dhfr－（二氢叶酸还原酶基因缺陷型细胞）细胞系。由原始细胞库的细胞传代，扩增后冻存于液氮中，作为主细胞库；从主细胞库的细胞传代，扩增后冻存于液氮中，作为工作细胞库。每次传代不超过经批准的代次。细胞系冻存于液氮中，检定合格后方可用于生产。

②外源因子检查：细菌和真菌、支原体、病毒检查均应为阴性。

③细胞鉴别试验：应用同工酶分析、生物化学、免疫学、细胞学和遗传标记物等任一方法进行鉴别，应为典型 CHO 细胞。

④细胞培养液及细胞培养：生产用细胞培养液应不含牛血清和任何抗生素。细胞培养全过程应严格按照无菌操作。细胞培养时间可根据细胞生长情况而定。

⑤蛋白质含量：用 4g/L 碳酸氢铵溶液将供试品稀释，作为供试品溶液。以 4g/L 碳酸氢铵溶液作为空白测定供试品溶液在 320nm、325nm、330nm、340nm、345nm 和 350nm 的吸光度。用读出的吸光度的对数与其对应波长的对数做直线回归，求得回归方程。按照紫外－可见分光光度法，在波长 276～280nm 处，测定供试品溶液最大吸光

度 A_{max}，将 A_{max} 对应波长带入回归方程求得供试品溶液由于光散射产生的吸光度 $A_{光散射}$。按下式计算，应不低于0.5mg/ml。蛋白质含量（g/100ml）=（$A_{max}-A_{光散射}$）÷7.43×供试品稀释倍数。

⑥纯度：ⓐ电泳法，用非还原SDS－聚丙烯酰胺凝胶电泳法，考马斯亮蓝染色，分离胶浓度为12.5%，加样量应不低于10μg，经扫描仪扫描，纯度应不低于98.0%。ⓑ高效液相色谱法。亲水硅胶体积排阻色谱柱，排阻极限300 000，孔径24nm，粒度10μm，直径7.5mm，长30cm；流动相为3.2mmol/L磷酸氢二钠，1.5mmol/L磷酸二氢钾，400.4mmol/L氯化钠，pH 7.3；上样量20~100μg，于波长280nm处检测，以人促红素色谱峰计算理论板数应不低于1500。按面积归一化法计算人促红素纯度，应不低于98.0%。ⓒ分子量，用还原型SDS－聚丙烯酰胺凝胶电泳法，考马斯亮蓝R250染色，分离胶胶浓度为12.5%，加样量应不低于1μg，分子质量应为36 000~45 000。

（3）质量控制　重组人促红素在收集细胞的时候，凡接触过菌液的用具，如离心杯、玻璃器皿等应用新洁尔灭浸泡杀菌1小时以上，才可清洗。离心后的废弃液经灭菌后才可倒入下水道。经离心或其他方法分离，上清即为粗制促红素。不得用对人体有害的化学试剂裂解细胞。另外在纯化过程中，不得加入对人体有害的物质，加入的物质应能在以后的纯化过程中被去除或证明其浓度在允许的范围内，且不得影响制品安全性。重组人促红素半成品及成品质量检测还要做无菌试验、鉴别试验、异常毒力试验、热原试验，水分、pH、外观等项目检测。

二、细胞因子类药物的相关知识

1. 细胞因子

细胞因子（cytokine，CK）是指由免疫细胞（淋巴细胞、单核巨噬细胞）和非免疫细胞（成纤维细胞、上皮样细胞和树突状细胞等）产生的调节细胞功能的一组高活性、多功能小分子多肽，大多与糖链结合而以糖蛋白形式由细胞分泌至周围组织液中。细胞因子能调节机体的生理功能，参与各种细胞的增殖、分化、凋亡和行使功能，在某些情况下还可产生病理作用，参与自身免疫、肿瘤、移植排斥、休克等疾病的发生和发展。

20世纪70年代末，随着基因工程技术的发展，为细胞因子研究提供了新的契机。利用cDNA克隆技术，细胞因子结构被阐明；利用外源基因表达技术，可获得大量重组细胞因子纯品，使得细胞因子的功能研究获得明确的结果。由于研究技术的创新，细胞因子研究领域获得了惊人的成果，分子克隆成功并阐明结构与功能的细胞因子，已不下百种，有数十种重组细胞因子在进行临床研究，其余细胞因子已被批准作为药物上市销售，成为治疗某些疾病的首选药物，在临床广泛应用。

根据细胞因子主要生物学功能可将其分为五类。

（1）干扰素（interferon，IFN）　干扰素是最早发现的细胞因子，依据其来源和结构，可将IFN分为IFN－α、IFN－β、IFN－γ，分别由白细胞、成纤维细胞和活化的T细胞产生。

（2）白细胞介素（interleukin，IL）　种类繁多，功能复杂，许多IL不仅与白细胞相互作用，还参与其他细胞的相互作用，如血管内皮细胞、神经细胞、成骨细胞等的相互作用，在机体的多系统中发挥功能。

（3）造血生长因子（hematopoietic factor）　与血液细胞的生成有关，包括集落刺激因子（colony stimulating factor，CSF）、粒细胞集落刺激因子（G - CSF）、多能集落刺激因子（Multi - CSF）、巨噬细胞集落刺激因子（M - CSF）和干细胞因子（stem cell factor，SCF）等。

（4）肿瘤坏死因子（tumor necrosis factor，TNF）　TNF 是一类能直接造成肿瘤细胞死亡的细胞因子，依据其来源和结构分为两种，即 TNF - α 和 TNF - β，前者有单核巨噬细胞产生，后者由活化的 T 细胞产生，又称淋巴毒素（lymphotoxin，LT）。

（5）转化生长因子（transforming growth factor，TGF）　包括 TGF - α 和 TGF - β。肿瘤细胞和正常 T 细胞产生，对胚胎早期细胞的发育有诱导作用，但对成熟 T 细胞功能表达有抑制作用。

2. 生物制品的基本属性和特点

（1）其起始材料均为生物活性物质。

（2）生物制品生产加工全过程是生物学过程，是无菌操作过程。

（3）有些生物制品的生产过程是有毒或有菌的过程。

（4）生物制品多为蛋白质或多肽类物质，分子量较大，并具有复杂的分子结构，较不稳定，易失活，易被微生物污染，易被酶解破坏。

（5）其质量控制和质量检定是采用生物学分析方法，其效价或生物活性检定有其变异性。

（6）生物制品原材料、中间品、成品、运输、贮存、甚至使用保持在“冷链”系统中。

（7）特别是预防制品使用对象不是病人，而是健康人群。

（8）生物制品的质量控制实行生产全过程监控。

任务三　免疫诊断试剂的制备

一、免疫学基本概念

1. 抗原

抗原（antigen，Ag）是指能够引起免疫反应产生免疫应答、并能与相应免疫应答产物（抗体或致敏淋巴细胞）在体内外发生特异性结合的物质。它是形成特异性免疫的起始因素和必备条件。抗原分子一般具备两种特性：一是免疫原性（immunogenicity），即可以刺激机体产生免疫应答，包括诱导产生抗体及效应 T 淋巴细胞；二是抗原性（antigenicity），即与抗体或效应 T 细胞发生特异性结合的能力。同时具有免疫原性和抗原性的物质称之为完全抗原（complete antigen），如大多数蛋白质、细菌、病毒等。具有与抗体结合能力，而单独不能诱导抗体产生的物质称半抗原（hapten）。半抗原多为简单的小分子物质，通常用大分子蛋白质作为载体，或用非抗原的物质多聚赖氨酸作载体。

（1）依据抗原来源抗原可分为如下4种。

①异种抗原：来自另一种属或物种的抗原性物质，如微生物、动物蛋白等。

②异嗜性抗原：在动植物、微生物与人类间共有的、抗原决定簇相同的抗原。

③同种异型抗原：来自同种而基因型不同的个体的抗原性物质，如人类个体间不同的血型抗原等。

④自身抗原：能引起自身免疫应答的自身组织成分。

（2）依据抗原激活B细胞产生抗体时是否需要T细胞协助抗原可分为如下2种。

①胸腺依赖性抗原（thymus - dependent antigen，TDAg）：这类抗原需要在巨噬细胞及T细胞参与下，才能激活B细胞产生抗体。大多数抗原，如细菌、病毒、异种血清等，其共同特点是结构复杂，分子量大，抗原表面决定簇种类多，能引起体液免疫与细胞免疫。TDAg抗原刺激机体产生IgG类抗体，产生细胞免疫应答和回忆应答。

②胸腺非依赖性抗原（thymus - independent antigen，TIAg）：这类抗原无须T细胞辅助即可刺激B细胞产生抗体。少数抗原如细菌脂多糖（LPS）、细菌多聚鞭毛素等。TIAg只能引起体液免疫，不引起细胞免疫，只能激发B细胞产生IgM类抗体，无IgG的转换，也不引起回忆应答。

2. 抗体

机体免疫系统被抗原激活后，分化成熟的B细胞转化为浆细胞，由浆细胞产生能与抗原发生特异性结合的球蛋白，即为抗体（antibody，Ab）。抗体主要存在于血清内，但也见于其他体液及外分泌液中，抗体介导的免疫称为体液免疫。

1937年Tiselius利用电泳方法将血清蛋白分为白蛋白、α_1（甲种）、α_2、β（乙种）和γ（丙种）球蛋白等组分，并且又证明了抗体的活性部分是在丙种球蛋白部分。具有抗体活性和化学结构与抗体相似的球蛋白，称免疫球蛋白（immunoglobulin，Ig）。Ig是化学结构的概念，抗体则是生物学功能的概念。注意的是，所有的抗体都是Ig，但并不是所有的Ig都有抗体活性。

Ig是体液免疫应答中发挥免疫功能的最重要的分子，其生物学功能是由分子中不同的功能区特点所决定的。Ig的基本结构式由二硫键连接四条肽链构成的单体，两条长肽链称为重链（H链），两条短的称为轻链（L链）。重链有一个重链易变区（VH）及3～4个重链恒定区（CH_1～CH_4）；轻链有两个功能区，一个是轻链易变区（VL），另一个是轻链恒定区（CL）。

Ig的VL和VH的超变区共同组成抗原结合部位，其肽链可通过二硫键连接进行折叠，使原来比较分散的高变区相对集中，在V区表面形成凹槽。可与相应的抗原决定簇在空间结构上形成空间互补，并借助于抗原间形成的氢键和离子键，使抗原与抗体呈结合状态。IgG的CH_2和IgM的CH_3是补体CL结合位点；IgG可通过胎盘；CH_3有与免疫细胞受体结合的作用。IgE的CH_4可与肥大细胞结合，与Ⅰ型变态反应的发生有关。在IgG和IgA的CH_1和CH_2之间的区域称为铰链区，内含丰富的脯氨酸，易伸展弯曲，且易被木瓜蛋白酶等水解。

3. 抗原组分、抗体的制备

虽然自然界中的许多物质都可以作为抗原，但用于制备诊断试剂的抗原必须是经过纯化的抗原。常见的抗原制备方法：

（1）颗粒性抗原的制备　颗粒性抗原以细菌或细胞抗原为主，细菌抗原多用液体或固体培养基经过细菌培养过程后收集菌体进行处理所制成的。常见的细胞抗原是制备溶血素用的羊红细胞。其制备方法简单，采集新鲜羊红细胞，用灭菌的生理盐水洗涤2次，最终配制成浓度为10^6个/ml的细胞悬液。

（2）可溶性抗原的制备　蛋白质、糖蛋白、酶、核酸、细菌毒素等都是良好的可溶性抗原，但这些多来自于细胞或组织的蛋白成分复杂，不能直接应用，因此，使用以前需要进行纯化处理。

①组织和细胞抗原的制备：对于粗抗原的制备，通常是将新鲜或冻存的组织进行预处理，并将其分制成小块进行粉碎，常用的粉碎方法有：高速组织捣碎机法和研磨法。粉碎的组织经离心处理后，在其上清液中就含有目的抗原。

对于细胞中可溶性抗原的制备方法，除了上述机械捣碎法外，还有反复冻融法、超声破碎法、酶处理法等。

②超速离心法：超速离心法是分离亚细胞成分和蛋白质的一种有效的方法，其主要依据各颗粒的比重不同来实现分离的目的。超速离心法又分为差速离心和梯度离心。差速离心是采用低速离心和高速离心交替进行；梯度密度离心是根据颗粒的不同沉降速度处于不同密度梯度层内，达到分离的目的，常用梯度密度介质有蔗糖、甘油等。

③选择性沉淀法：该法主要根据不同蛋白质的理化性质的差异，采用不同沉淀剂或改变某些条件来促使抗原成分分离出来，达到了纯化的目的。常用的选择性沉淀法有盐析法、有机溶剂沉淀法等。

④色谱层析法：常用的有凝胶过滤法、离子交换层析法、亲和层析法。这些技术可以准确的将目的抗原从复杂的组分中分离出来。

⑤纯化抗原的鉴定：对于纯化的抗原主要对其含量、理化性质、纯度及免疫活性进行鉴定，一般常把几种方法联合使用才能得到相对可靠的结果。

4. 抗体的获得

只有质量好的抗原，才能获得特异性强和效价高的抗体。抗体获得的方法主要有：

（1）免疫动物　可作抗原感染或免疫的动物有兔、山羊或绵羊、马和豚鼠等。动物种类的选择主要是根据抗原的特性和所要获得抗体的量和用途。如制备抗γ-免疫球蛋白抗血清多用兔和山羊，因动物反应良好，且能提供足够量的血清；豚鼠适用于制备抗酶类抗体和补体结合试验用的抗体，但抗血清产量较少；对于难以获得的抗原，且抗体需要量少，可用纯系小鼠制备。

（2）免疫剂量　免疫剂量依照抗原的种类、免疫次数、注射途径、受体动物种类及所要求抗体特性等的不同而异。一般而言，抗原剂量首次为300～500μg，剂量过低不能行程足够的免疫刺激，过高又可能造成免疫耐受。

（3）佐剂 由于不同的抗原产生的免疫反应能力也有高低，且不同个体的反应不同，因此，在注射抗原的同时，通常加入一些能增强抗原的抗原性的物质，来刺激机体产生免疫应答，这种物质称免疫佐剂。佐剂除了增加抗原刺激作用外，更重要的是，能刺激网状内皮系统参与免疫反应，增强了机体对抗原的细胞免疫，促使抗体的产生。

酶联免疫诊断试剂工艺流程见图4-5。

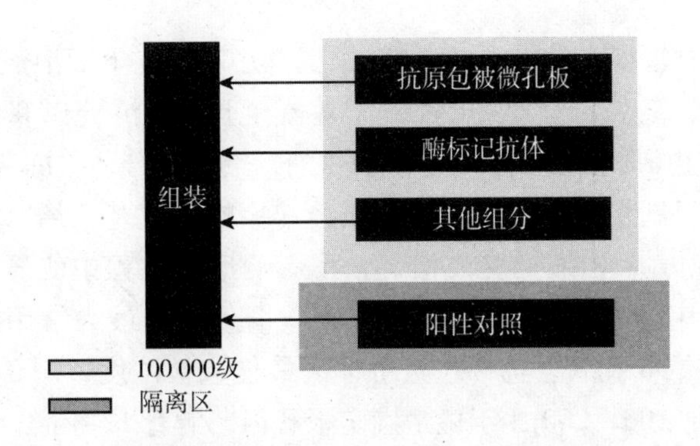

图4－5 酶联免疫诊断试剂工艺流程及环境区域划分示意图

二、丙型肝炎病毒抗体诊断试剂的制备

丙型肝炎病毒（hepatitis C virus，HCV）是一种严重危害人类健康的传染病，主要由血液、体液传播，占输血后肝炎的90%。其病原体丙型肝炎病毒（HCV）与艾滋病病毒（HIV）、乙型肝炎病毒（HBV）并列为3个最危险的血液传播病毒。据WHO统计，全球1.7亿人感染HCV，丙型肝炎慢性转化率为50%～85%，危害十分严重。我国HCV的感染率约为3.2%，预防感染是防治HCV的有效方法。

从发现丙型肝炎病毒以来，丙肝的检测技术发展迅速，灵敏度和特异性都有明显提高，方法也在不断完善。

1. 生产工艺

丙型肝炎病毒抗体诊断试剂的生产流程见图4－6。

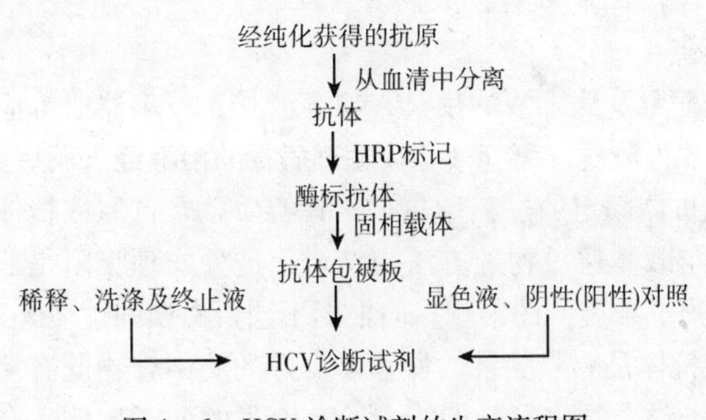

图4－6 HCV诊断试剂的生产流程图

（1）抗原 检测试剂制备抗体所用的抗原，是利用分子生物技术重组的含有丙型肝炎病毒基因中高度保守区域。通过基因技术利用大肠杆菌作为表达的载体，经过高度纯化得到抗原。并具有较好的免疫原性。

（2）抗体制备 利用实验动物（鼠或兔）分离含有特异性抗体的血清，经过盐析粗提，并用亲和层析的方法获得纯度较高的抗体。

（3）酶标记抗体的制备 采用改良过碘酸法或其他适宜方法进行辣根过氧化物酶（horse radish peroxidase，HRP）或其他酶标记。取5mg HRP溶于0.5ml，加入0.5ml过碘酸钠混匀，置于4℃静置30分钟。取出后加入乙二醇溶液0.5ml，室温静置30分钟；加入5mg纯化的抗体，混匀并置于透析袋中，用0.05mol/L的碳酸盐缓冲液缓慢搅拌透析。加入硼氢化钠0.2ml混匀，置于4℃静置2小时，在上面溶液中缓慢加入等体积的饱和硫酸铵溶液，混匀，静置30分钟，离心弃上清。沉淀以0.02mol/L的PBS溶解，装入透析袋，透析除盐。加入等体积的甘油，混匀，分装，冻存备用。

（4）抗体包被板制备 固相载体的物质最常用的是聚苯乙烯，有较强的吸附蛋白质的能力，并且不损害蛋白质的免疫活性，不影响反应过程中的显色反应。载体形状主要由3种：微量滴定板、小珠和小试管。以微量滴定板最为常用。国际上标准的微量滴定板为12×8的96孔式。选择包被抗体的最佳包被浓度，用0.05mol/L的碳酸盐缓冲液稀释，每孔加100～200μl于微量滴定板孔内，孵育12小时。弃去包被液，用洗涤液充分洗涤各孔，洗涤晾干后，加入封闭液。4℃封闭3～5小时，弃去封闭液，室温干燥20小时。干燥后迅速真空包装，并将置于2～6℃保存。

（5）稀释液、洗涤液、终止液配制

①稀释液：0.05% Tween－20；2%兔血清；0.05mol/L NaCl；PBS（pH 7.4）；1%硫柳汞。

②洗涤液：0.2mol/L $NaH_2PO_4 \cdot 2H_2O$；0.2mol/L $Na_2HPO_4 \cdot 12H_2O$；0.05% Tween－20；NaCl；双蒸水。

③终止液：2mol/L H_2SO_4；双蒸水。

（6）显色液、阴性对照、阳性对照

①显色液A：含有过氧化氢的柠檬酸盐缓冲液；显色液B：含有四甲基联苯胺的柠檬酸盐缓冲液。

②阴性对照：正常人血清。

③阳性对照：含有HCV抗体的人血清。

2. 生产控制要点

（1）凡接触过病毒及病毒液的用具，如容器具、玻璃器皿等应进行高压蒸汽灭菌处理1小时以上，才可清洗。废弃液等接触过病毒的溶液经灭菌后才可倒入下水道。

（2）将抗原或抗体固定的过程称包被，其实质就是抗原或抗体结合到固相载体表面的过程。蛋白质与载体通过物理方法相结合，这种物理吸附是非特异性的，受蛋白质的分子量、等电点、浓度等的影响。应根据不同蛋白质的性质来选择吸附方法。

（3）酶标记的抗体是一步关键的操作。良好的酶结合物既有酶催化能力，也保持了抗体的免疫活性。结合物中酶与抗体之间有恰当的分子比例，有效合理的抗体配比是提高试剂灵敏度的关键因素，抗体配比不合适还有可能导致漏检的问题。

三、免疫诊断试剂的相关知识

1. 酶联免疫诊断试剂质控要点

（1）所用抗原或抗体的纯度、带型、效价及稳定性等符合现行国家标准，来源要固定。

（2）辣根过氧化物酶R2不应低于3.0。

（3）微孔板CV（%）不大于10%。

（4）选择最佳浓度进行抗原或抗体包被，选择最佳浓度进行酶标记。

（5）酶标记后抗体加入有关保护剂，低温保存。

（6）应有阳性血清处理、分装的隔离操作间。

2. 分子诊断技术

近些年来，分子诊断技术的迅速发展，对医学科学的进步产生了巨大的推动作用。人类对疾病的诊断，不再限于检测体液中蛋白类、糖类或其他物质浓度的变化，而是应用分子生物学技术从分子（DNA）水平检测与分析，疾病发生的原因、追踪疾病发展过程、对感染的病原微生物进行鉴别、分类以及筛选有效的治疗药物等。分子诊断技术的基础是分子生物学，医学作为生命科学的重要领域，首先得益于分子生物学理论与技术的渗透与影响。现代分子诊断技术主要是指应用免疫学和分子生物学的方法来对病原物质进行诊断检测，例如，免疫微粒技术、DNA 诊断技术、免疫脂质体技术（liposone immunity，LIA）、癌症的分子诊断技术等。

但是，不管是传统的常规诊断，还是现代的分子诊断技术，一种有效的诊断方法都应该具备以下三个条件：①强专一性（specificity），是指诊断只对目标分子或只对某一种病原菌分子产生阳性反应。②高灵敏度（sensitivity），即便只有微量的目标分子，或是在有很多干扰存在的情况下，也能够很灵敏地检测出所寻找的那种病原菌分子。③操作简单（simplicity），主要是在做大规模检测时，要求能够操作简单方便、高效准确而且廉价。

任务四 疫苗的制备技术

一、疫苗的相关概念

疫苗（vaccine），泛指所有用减毒或杀死的病原生物（细菌、病毒、立克次体等）或其抗原性物质所制成的，能诱导机体产生抗体的生物制品。国内常将细菌制成的用作人工主动免疫的生物制品称为细菌性疫苗（简称菌苗）；而将病毒、立克次体制成的称为疫苗。国际上将细菌性疫苗、病毒性疫苗及类毒素疫苗统称疫苗。

1. 病毒性疫苗

病毒性疫苗根据其性质又可分为：

（1）灭活疫苗（inactivated vaccine）是选用免疫原性强的病原体，经人工培养后，用物理化学方法灭活而制成。灭活疫苗主要诱导特异性抗体的产生，由于灭活疫苗的病原体不能进入宿主细胞内增殖，难以通过内原性加工递呈，诱导出 CD8 的 CTL，故细胞免疫弱，免疫效果有一定的局限性。为维持血清抗体水平，常需多次接种。常见的灭活疫苗有：甲型肝炎灭活疫苗、乙脑脊髓灰质炎灭活疫苗等。

（2）减毒活疫苗（live - attenuated vaccine）是用减毒或无毒力的活病原微生物制成。传统的制备方法是将病原体在培养基或动物细胞中反复传代，使其失去毒力但保留免疫原性。

多数活疫苗的免疫效果良好而且免疫时间持久，除诱导机体产生体液免疫外，还可以产生细胞免疫，经自然感染途径接种还有黏膜局部免疫形成。常用的活疫苗有卡介苗、麻疹、脊髓灰质炎减毒活疫苗等。

病毒疫苗工艺流程见图4-7。

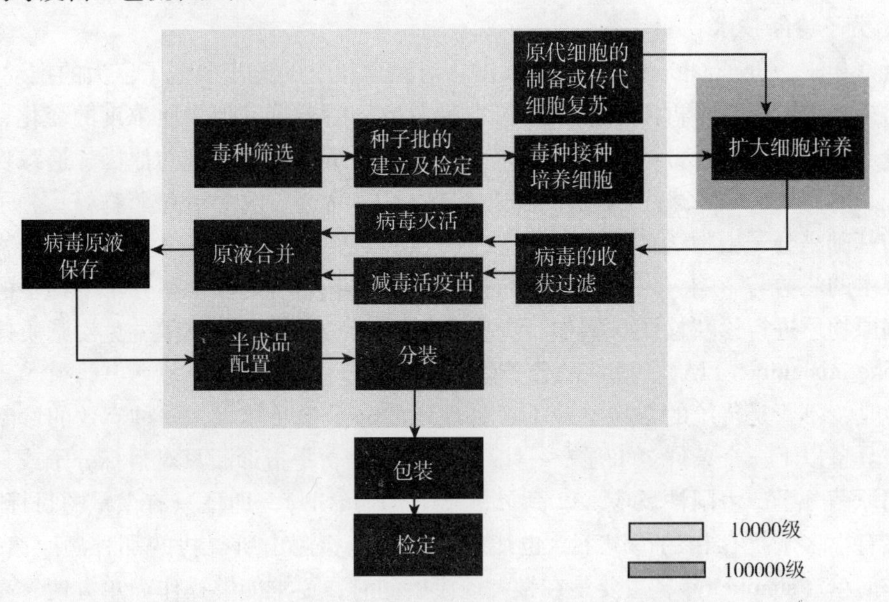

图4-7 病毒疫苗工艺流程及环境区域划分示意图

2. 细菌性疫苗

用细菌、支原体、螺旋体或其衍生物制成，进入人体后使机体产生抵抗相应细菌能力的生物制品。主要分为：减毒活疫苗（常用的有炭疽疫苗以及结核疫苗等）；灭活疫苗（常用的有气管炎疫苗、霍乱疫苗、伤寒疫苗等）；亚单位疫苗或成分疫苗。细菌性疫苗的工艺流程见图4-8。

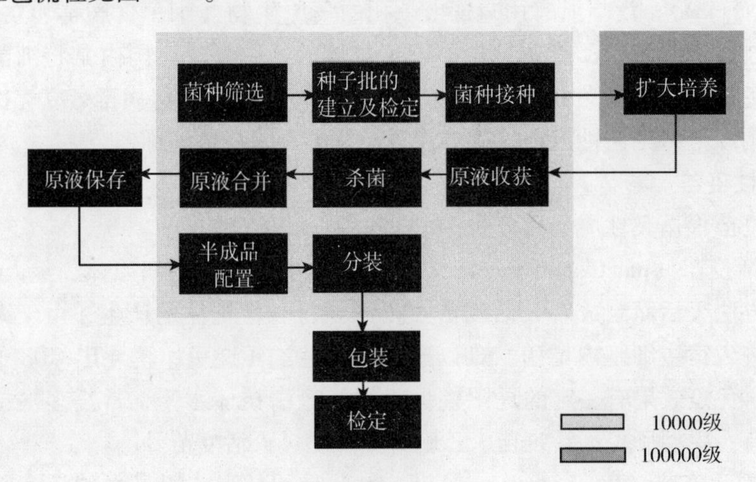

图4-8 细菌疫苗工艺流程及环境区域划分示意图

3. 类毒素疫苗

类病毒（toxoid）已失去外毒素的毒性，但保留免疫原性，接种后能产生抗毒素。类毒素疫苗在体内吸收慢，能长时间持久刺激机体产生大量抗毒素，免疫效果好，可减少注射次数及注射量，常用的有白喉、破伤风类毒素等。类毒素还常与灭活疫苗混合使用，如百白破三联疫苗。

4. 新型疫苗

新型疫苗（new vaccine）是利用现代生物技术、免疫学、生物化学、分子生物学等研制出的新疫苗，有下述几种：基因工程疫苗、亚单位疫苗、基因工程载体疫苗、核酸疫苗，遗传重组疫苗和自身免疫疫苗等。

二、菌苗的生产——气管炎疫苗的制备

1. 概述

气管炎、哮喘和肺气肿是一种可以影响世界各国所有年龄人群且常常是致命的慢性或反复发作性疾病。三者的全球发病率达 10%，发病病人给社会造成的经济负担已超过了结核病及艾滋病的总和。目前临床对气管炎的治疗主要以抗生素为主，而我国呼吸道感染的病原菌对抗生素的耐药性高达 40% 以上。细菌耐药的直接后果是临床治疗困难，病情难以控制。接种或口服气管炎疫苗是一种有效的相对经济的预防控制手段之一。

支气管炎是由于感染或非感染因素引起的气管、支气管黏膜及其周围组织的慢性非特异性炎症。其病理特点是支气管腺体增生、黏液分泌增多。临床以咳嗽、咳痰为主要症状或伴有喘息及反复发作的慢性过程为特征。肺气肿是由于终端末梢细支气管远端的气道弹性逐渐减退而导致的气道过于膨胀，肺容量逐渐增大的肺部疾病，其发病率和病死率较高。

气管炎疫苗是一种免疫调节剂，它的主要成分是甲型溶血性链球菌、白色葡萄球菌和卡他球菌三种微生物灭活菌体。从分子免疫学角度分析，气管炎疫苗作为微生物抗原，能提高机体的非特异性和呼吸道黏膜的特异性免疫功能。临床研究表明，应用气管炎疫苗后，可出现干扰素、IgA、IgG、CD_3^+、CD_4^+ 等方面提高，从而增强了机体对病毒、病原菌及其他外来抗原的抵抗力，起到了预防呼吸道感染的作用。

2. 生产工艺流程

气管炎疫苗生产工艺流程见图 4－9。

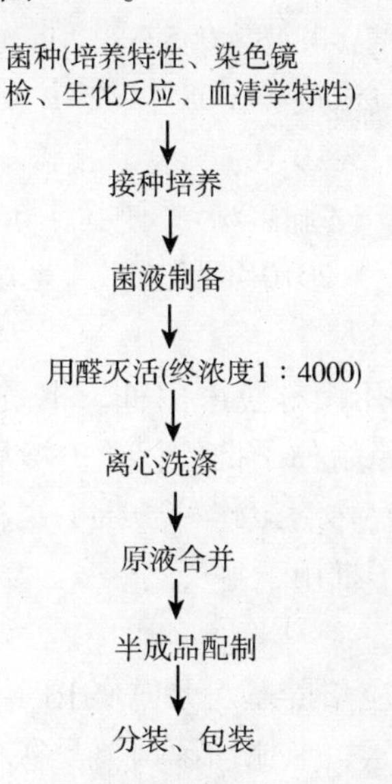

图 4－9　气管炎疫苗的生产工艺流程图

（1）生产用菌种　分别将卡他球菌和白色葡萄球菌接种到肉汤琼脂上，甲型溶血性链球菌接种到羊血琼脂培养基上，37℃培养 18 ~ 24 小时（链球菌可延长至 48 小时）。种子培养物不超过 10 代。

（2）生产用培养基　白色葡萄球菌和卡他球菌用 pH 7.2 ~ 7.4 肉汤琼脂培养基，甲型溶血性链球菌采用含 0.5% 葡萄糖的羊血琼脂（pH 7.4 ~ 7.6）培养基。

（3）菌种的接种　用涂种法接种，接种后置 37℃培养 18 ~ 24 小时，甲型血溶性链球菌亦可用液体培养法（液体培养大量接种甲型溶血性链球菌时用 10L 瓶装 6 000 ~ 7 000ml培养基，接种菌种量不少于 0.5%，培养过程应振荡 2 ~ 3 次），必要时延长至 48 小时。在培养过程中逐管（瓶）检查有无杂菌生长，并取样做革兰染色镜检。

（4）菌液制备　染杂菌者废弃，将卡他球菌和白色葡萄球菌菌苔刮入生理盐水溶液内，制成均匀的菌液。甲型溶血性链球菌经离心 15 ~ 30 分钟，加生理盐水溶液制成菌液。

（5）无菌试验　菌液制备好后，逐瓶接种到琼脂斜面一管，置 36℃ ±1℃培养 2 天，25℃ ±1℃培养 1 天。有杂菌生长者，废弃。

（6）甲醛灭活　菌液用甲醛溶液灭活，使得甲醛终浓度为 0.1% ~ 0.3%（ml/ml）。于 37℃培育 2 ~ 3 天后，2 ~ 8℃保存。

（7）灭活检查　将纯菌试验合格的原液，取样接种含硫乙醇酸盐培养基及琼脂斜面各 1 管（甲型溶血性链球菌应加试血斜面），置于 37℃培养 5 天，如有本菌或杂菌生长者，可用加倍量原液及培养基复试 1 次。

（8）菌液处理　用无菌生理盐水对检查合格的菌液进行洗涤，最后制成菌悬液。将无菌检查合格原液充分摇匀，用带附盖及内置双层纱布的漏斗分别过滤至有刻度的灭菌 10L 瓶内。

（9）配制　将不同菌种的原液用 PBS 稀释至浓度 6.0×10^8 个/ml，利用分光光度计测定，在 660nm 波长下吸收值分别为：

白色葡萄球菌原液配制浓度：0.48 ~ 0.57；

甲型溶血性链球菌原液配制浓度：1.08 ~ 1.27；

卡他球菌原液配制浓度：0.5 ~ 0.6。

（10）合并　将三种菌液等比例混合后，使其在 660nm 波长下吸收值为 0.5 ~ 0.9。

（11）分批　按《中国药典》2010 年版三部《生物制品分批规程》要求进行。

3. 工艺要点

（1）种子批的制备　生产用菌种应采用种子批系统。原始种子批应验明其记录、历史、来源和生物学特性。从原始种子批传代、扩增后经冻干保存作为主种子批；从主种子批传代、扩增后冻干保存作为工作种子批。主种子批和工作种子批的各种特性应与原始种子批一致。工作种子批用于生产。

（2）种子批检定

①菌落形态：肉眼观察相应培养基上形成的菌落：白色葡萄球菌菌落呈乳白色，边缘整齐，不透明，不产生色素；卡他球菌菌落呈灰白色，半透明；甲型溶血性链球菌菌落呈灰白色，光滑，有绿色溶血环。

②革兰染色镜检：白色葡萄球菌为 G^+，不规则排列球菌，卡他球菌为 G^- 双球菌，也有呈单球菌状者；甲型溶血性链球菌为 G^+，链状（长链或短链状）球菌。

③凝集试验：用生理盐水将培养 18～24 小时的菌苔制成含菌 6.0×10^8 个/ml 的菌悬液，与相应的血清做定量凝集试验，摇匀后放 37℃过夜，次日观察结果，以肉眼可明显见到的凝集的（+）之血清最高稀释度为凝集反应效价。凝集效价不应低于血清效价之半。

三、病毒性疫苗的生产——甲型肝炎灭活疫苗的制备

按照国家免疫规划政策，把疫苗又分为两种类别：一类疫苗和二类疫苗。一类疫苗系指政府免费向公民提供，公民应当依照政府的规定受种的疫苗，如甲肝疫苗、卡介苗等。二类疫苗系指有公民自费并自愿受种的其他疫苗，如流感疫苗、狂犬疫苗等。

1. 概述

甲型肝炎（简称甲肝）是由甲肝病毒（hepatitis A virus，HAV）感染人体引起的一种急性传染病，是病毒性肝炎中传播面最广，发病率最高的一种。发展中国家尤为严重。甲肝病毒主要经粪－口途径传播，以青少年及儿童发病为主。甲肝在人群中的流行率与社会经济发展水平密切相关，世界各国均有流行的相关报道，但在发达国家，随着社会公众健康水平的提高，HAV 感染率大幅下降；可是在发展中国家相对严重，每年全球约有 1 亿人感染 HAV，虽然甲肝是自限性疾病，并不导致慢性迁延性肝脏疾病，但有少数患者发生死亡。

2. 结构特点

甲肝病毒为直径 27～32nm 圆球形颗粒（图 4－10），归属微小核糖核酸病毒（picornavirus）肝病毒属（hepatovirus）。无包膜有蛋白衣壳，HAV 基因组为线状单股正链 RNA，长约 7.5kb，仅含一个开放阅读框，编码约 2227 个氨基酸的多蛋白聚合体，加工成熟后产生四种结构蛋白和其中非结构蛋白。5′端含约 734 个核苷酸非编码区（NCR），3′端含约 63 个非编码核苷酸并连接一段 PolyA 尾巴。研究发现 HAV 5′ NCR 等区域的变异是导致细胞适应和减毒的关键。

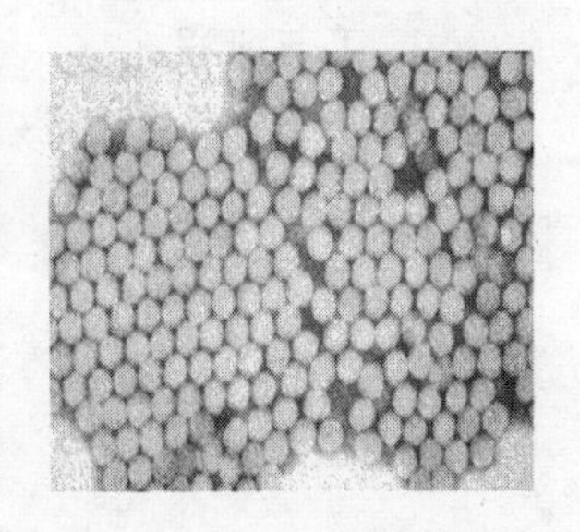
图 4－10　甲肝病毒颗

3. 制备

目前，我国上市销售的甲肝疫苗剂型上分以冻干和水针剂型为主，根据其性质又可分甲肝减毒活疫苗和灭活疫苗。甲肝疫苗生产用细胞主要是：人二倍体细胞（2BS 株、KMB_{17}株或其他经批准的细胞株），国内一些企业的研发部门在摸索 MRC－5 的人二倍体细胞的生产工艺；甲肝疫苗所采用的毒种，常见的有：TZ84 株、吕 8 株、HM－175 株、H_2 减毒株及 L－A－1 减毒株。

目前常用的细胞大规模培养方法有转瓶（图 4－11）培养，细胞工厂（图 4－12，图 4－13）培养，生物反应器培养等。转瓶技术为传统的贴壁细胞培养技术，细胞接种在旋转的圆筒形培养器转瓶中，培养过程中转瓶不断旋转，使细

图 4－11　转瓶

胞交替接触培养液和空气。转瓶培养具有结构简单，投资少，技术成熟，放大只需简单的增加转瓶数量等优点。但也有其缺点：劳动强度大，占地空间大，单位体积提供细胞生长的表面积小，细胞生长密度低，瓶间差异较难控制等。转瓶培养技术在我国疫苗生产中使用的较长的时间，工艺相对成熟。

细胞工厂（cell factory）培养技术在国外已有三十多年的应用历史，近十来年在中国开始逐渐普及，它在有限的空间内利用了最大限度的培养表面，从而节省了大量的厂房空间，无需进行任何厂房改造即可实现扩大产能的目的。由于其便捷安全的操作方式，较少的占用空间，可控性好，细胞工厂已被越来越多的国内生产及科研用户接受，既有优于转瓶的优势，又没有类似生物反应器的应用限制，细胞工厂的应用将会越来越广泛，并在今后几年间迅速成为较成熟的新一代细胞培养技术。

图4－12　细胞工厂（培养细胞中）

图4－13　细胞工厂产品

4. 工艺流程

甲型肝炎灭活病毒疫苗的生产流程见图4－14。

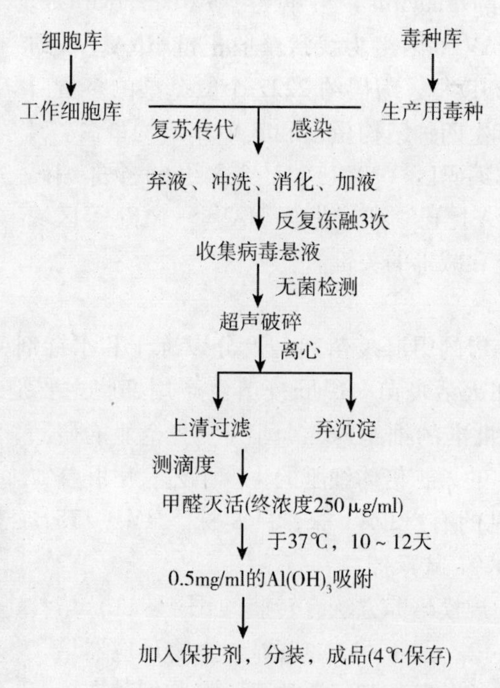

图4－14　甲型肝炎疫苗生产工艺流程

（1）溶液配制　分别配制0.02%EDTA、PBS缓冲液、$NaHCO_3$溶液并在121℃下，灭菌60分钟；另配制3%GLN、胰酶溶液（均采用过滤方式除菌）；Al（$OH)_3$溶液于116℃灭菌20分钟。

（2）细胞复苏　取经高温灭菌的ю烧杯一只，内装2/3杯41℃的注射用水。取出细胞冻存管并迅速置入烧杯中不断搅拌，使冻存管中的冻存物迅速融化。在A洁净级别的操作间中，打开冻存管，将融化的细胞悬液转移到离心管中，1000r/min离心5分钟，弃上清，加入少量生长液进行吹打，并将细胞吸至含生长液的无菌细胞培养瓶中。

（3）细胞传代　镜检观察，当细胞生长到要求水平时，则进行细胞传代。弃旧液，加PBS清洗细胞表面一次并倒去，然后加入胰酶消化液消化细胞。消化时，水平放置细胞瓶，使消化液覆盖整个细胞面，消化1～2分钟左右，肉眼观察瓶壁，至细胞层出现裂纹。倒掉消化液让细胞干消化一段时间，待细胞面呈现毛玻璃状时，每瓶加入少量新的生长液，充分吹打细胞，使细胞脱落并分散均匀。根据消化前细胞生长情况按（1∶2）～（1∶5）比例进行分装，分装后，每瓶补加足量的生长液。

（4）病毒接种　在层流罩下将待种毒的细胞瓶PBS溶液清洗细胞表面。弃PBS洗液，加入细胞消化液消化；倒掉消化液让细胞干消化一段时间，待细胞面呈现毛玻璃状时，每瓶加入少量病毒稀释液，充分吹打细胞。每5～7天更换一次维持液。

（5）病毒液收获　在层流罩下将待收毒的细胞瓶用酒精进行表面消毒，向瓶内加入PBS溶液来清洗细胞表面。弃PBS并加入胰酶消化液消化细胞，轻晃动数圈，使消化液布满整个细胞表面，待细胞表面呈现毛玻璃状时，弃消化液，加入PBS冲洗、吹打细胞。于4～8℃条件下，用大容量低速冷冻离心机以2500r/min离心25分钟。弃上清液，用不含牛血清的维持液悬浮沉淀（$20\mu l/cm^2$）即为病毒液，同时取样做无菌，冻存于-80℃冰库中。

（6）超声破碎　在层流罩下组装好探头，紫外消毒30分钟，超声波破碎仪90%振幅工作，开1分钟，停1分钟，破碎10次后，保存于-80℃。如此重复冻融超声破碎3次，滴片显微镜下观察细胞破碎达99%以上（同时留样待检）。

（7）氯仿抽提　于层流罩下在上述破碎合格细胞悬液平均分装于两个离心杯中，再1∶1加入等量氯仿振荡30分钟，用低速冷冻离心机以3000r/min，4～8℃离心30分钟，吸取上层水相。在剩余的蛋白相中再1∶1加入等量PBS溶液，重复上述程序共5次操作。合并5次收集的水相，获得甲肝疫苗粗制品，于4℃保存备用（取样做无菌及抗原滴度检测）。

（8）病毒纯化　将甲肝疫苗粗制品采用超滤技术进行超滤浓缩，然后选用DEAE Sepharose FF凝胶进行纯化。先对凝胶进行平衡，将超滤浓缩后获得的产物加于凝胶上，全部进入后，加入洗脱液分布洗脱。

（9）病毒灭活及吸附　将纯化后甲肝病毒液除菌过滤后，加入终浓度为250μg/ml的甲醛，于36.5℃±0.5℃灭活12天，病毒灭活到期后，每个灭活容器应立即取样，分别进行病毒灭活验证试验。灭活后的病毒液即为原液。HAV被吸附到$Al(OH)_3$上或与Al（$OH)_3$共沉淀。

（10）分装、分批　按《中国药典》2010年版三部《生物制品分批规程》要求进行。

5. 生产工艺要点

（1）疫苗生产用毒株　为国家食品药品监督管理局批准的相关病毒的毒株，病毒种子批，须按现行《中国生物制品规程》要求，进行鉴别试验、无菌试验，用酶联免疫法进行病毒滴定，病毒滴度有明确要求。

（2）细胞库的建立　生产用细胞常见的有人二倍体细胞（2BS 株、KMB_{17}株或其他经批准的细胞株）及动物细胞。但应符合“生物制品生产和检定用动物细胞基质制备及检定规程”的有关规定。取自同批工作细胞库的 1 支或多支细胞管，经复苏扩增后的细胞仅用于一批疫苗的生产。对于甲肝疫苗的生产来说 2BS 细胞株原始细胞库应不超过第 14 代，主细胞库应不超过第 31 代，工作细胞库次应不超过第 44 代。KMB_{17}株原始细胞库应不超过第 6 代，主细胞库应不超过第 15 代，工作细胞库应不超过第 45 代。

取工作细胞库中的 1 支或多支细胞管，经复苏、扩增制备的一定数量并用于接种病毒的细胞为一个消化批。

（3）病毒接种　将培养好的细胞洗脱下来，然后将已稀释的无菌试验合格的毒种加入细胞悬液中，37°C 水浴 10 分钟（不停摇动）后置 37°C 温室用磁力搅拌器搅拌吸附 40 分钟，吸附完毕平均分装至细胞培养瓶中，补加适量生长液。分装完毕，置 35℃恒温室培养，定期更换维持液。

（4）洗涤细胞、维持培养　细胞培养过程中，用含有牛血清及 MEM 作为生长液；种毒后培养，应定期更换不含牛血清的维持液。

（5）病毒收获及纯化　将培养好的病毒连同细胞，一起洗脱下来。经过超滤浓缩将病毒液浓缩为一定倍数；浓缩病毒液再经 DEAE Sepharose FF 柱层析或其他适宜方法进行精制纯化。病毒的灭活可采用甲醛或 β－丙内酯，在规定时间内进行病毒灭活。

（6）疫苗配制　经过精制纯化的疫苗半成品，加入适宜稳定剂及用 $Al(OH)_3$ 进行吸附，配制成甲肝灭活疫苗。分装至西林瓶内，每支装量在 0. 5ml 或 1. 0ml。

四、疫苗的相关知识

1. 生物制品批签发

生物制品批签发是指国家对疫苗类制品、血液制品、用于血源筛查的体外生物诊断试剂以及国家食品药品监督管理局规定的其他生物制品，每批制品出厂上市或者进口时进行强制性检验、审核的制度。检验不合格或者审核不被批准者，不得上市或者进口。

国家食品药品监督管理局主管全国生物制品批签发工作；承担生物制品批签发检验或者审核工作的药品检验机构由国家食品药品监督管理局指定。

生物制品批签发检验或者审核的标准为现行的国家生物制品规程或者国家食品药品监督管理局批准的其他药品标准。

2. 细菌和病毒类疫苗质控要点

（1）所有原辅材料符合《中国药典》或《中国生物制品主要原辅料质量标准》。

（2）采用强毒菌株（鼠疫、霍乱、炭疽等）、芽孢菌和强毒病毒株，应有专用生产操作间，专用生产设备及隔离实施，操作人员应有安全防护设施。

（3）所用生产的菌株或病毒株，要建立原始种子批、主代种子批、生产种子批三级种子批系统；病毒疫苗生产用细胞也要建立上述三级细胞库系统。

（4）菌苗及疫苗原液、中间品合并、分离、纯化等每道加工工序后均要做无菌试验和鉴别试验。

（5）细菌类及病毒类的灭活疫苗，加入灭活剂后，必须要做活菌或活毒试验，确保彻底灭活。

（6）原材料、半成品及成品，应按现行《中国生物制品规程》相关标准进行检定。

（7）对制品的安全、效价或免疫力试验等项目检定所用实验动物应符合清洁级。

（8）从起始材料直至使用，全过程，必须无菌操作，制品2～8℃保存。

（9）生物制品生产用水均为注射用水。

知识链接

生物制品工

从事以微生物、动物毒素、生物组织等作为起始材料，采用生物学及分离纯化技术制备，并以生物学技术和分析技术控制中间产物和成品质量制成的生物活性制剂，包括疫苗、血液制品、细胞因子、重组产品及诊断试剂等生产制造的人员。

1. 血液制品工

从事血液有形成分和血浆中蛋白组分分离提纯生产的人员。人血液制品（包括血浆验收、融浆、蛋白分离、超滤、除菌过滤、灭活等工序）和人血原料副产品的综合利用，其中蛋白分离技术等工序适合于抗毒素的生产。

《中华人民共和国职业分类大典》对血液制品工从事的工作内容进行了阐述，主要包括：

（1）进行动物免疫、效价检测、采血、分离，生产动物免疫血浆。

（2）使用物理、化学方法，将血浆有形成分和血浆中蛋白质组分分离提纯。

（3）除菌过滤、冷冻干燥。

2. 疫苗制品工

从事细菌性疫苗、病毒性疫苗、类毒素等生产的人员。

《中华人民共和国职业分类大典》对疫苗制品工从事的工作内容进行了阐述，主要包括：

（1）使用专用容器、设备制备各类特殊的原辅料、使用离子交换或蒸馏方法制备生产用水。

（2）使用专用设备和器皿制备基础液，配置化学药品及其他原辅料等，制备疫苗培养基。

（3）用物理方法和化学方法对培养基、压缩空气或其他材料、设备、器皿等进行消毒、灭菌，并去除热原质。

（4）采用微生物、原代或传代细胞培养，制备生产菌。

（5）使用发酵罐、生物反应器、摇床或转瓶机，进行发酵和原代或传代细胞培养。

（6）接种病毒或细菌，收获病毒液，灭活或杀菌，收获培养液。

（7）使用离心、过滤等设备对培养液进行分离。

（8）使用纯化、超离技术提取有效成分。

（9）配置稀释液、保护剂、吸附剂。

（10）进行制品除菌过滤或冷冻干燥。

（11）选定菌毒种制备抗原，进行免疫、采集、纯化，获得高特异性抗体、抗原，使用标记物标记，组装诊断试剂盒。

（12）分装、包装。

实训三 诊断试剂制备模拟实训

一、ABO 血型诊断试剂的生产

1. ABO 血型诊断试剂的制作

（1）设备仪器 离心机；平板滤器装置（配套 0.22μm 滤膜）；物品：无菌服及口罩、玻璃器皿 121℃，1 小时高压灭菌。

（2）备料 新鲜血液；试剂：75% 乙醇；美蓝；吖啶黄。

（3）具体操作步骤

①血液的采集：利用无菌采血系统从健康的献血人员采集血液，置于灭过菌的玻璃器皿中。经传染病项目（HBsAg、HCV 抗体、HIV－1/ HIV－2 抗体、梅毒血清）检验应为阴性，丙氨酸氨基转移酶（ALT）值应在正常范围内。用人 A 血型红细胞和 B 血型红细胞分别测定抗 A 和抗 B 血型血清凝集效价，均应不低于 1∶128。

②分离：采集的血液凝固后置于 2～6 ℃的环境中 48 小时，便于去除冷凝集素，在洁净室内安装无菌操作要求进行离心，分离血清到无菌的容器内。

③灭活与保存：分离制得的血清经 56℃处理 30 分钟，使血清中的某些补体及酶等活性物质失活，保证血清的稳定性，加入叠氮化钠或其他适宜的防腐剂保存。

④染色：取制备好的血清，加入染料，使抗 A 血型血清呈蓝色（抗 A 血清中加入美蓝），抗 B 血型血清染色呈黄色（抗 B 血清中加入吖啶黄）。

⑤除菌过滤：利用经过灭菌的平板滤器，在无菌环境将血清通过滤器中 0.22μm 的滤膜来达到除菌的目的。

⑥分装、冻干：经过除菌过滤的血清，按照无菌操作要求分装到无菌容器中，及时封口，或冷冻干燥制成冻干品。

2. 工艺生产要点

①所用玻璃器皿及容器具经过高温灭菌处理；平板滤器系统在生产前后，均应做完整性测试——起泡点试验，从而保证膜的完整性，将整个系统于 121℃处理 1 小时。

②采集的血低温存放，其目的是为了去除冷凝集素。否则当成品抗血清在较低温度情况下使用的话，容易出现假阳性反应，干扰检测结果。

二、诊断试剂制备实训小结

实训制备的 ABO 血型检测试剂主要依据血型正定型，目前血型正定型是根据血型抗体与对应红细胞抗原的凝集反应来检测的。对应制备的检测试剂使用步骤：在反应容器或平板上加制备好的定型试剂；采集受检者全血；将两者混匀，根据结果来判定。但是由于制备以及保存等原因，可能结果会产生一些误差，而且真正的实用性还是有一定的差距。

在制备过程中一定要注意冷凝集素的去除，冷凝集素对于结果的准确性有着比较大的影响，可以根据实际检测结果，来对比一些，看哪位同学在制备过程中操作的更严谨，更认真。

三、诊断试剂的相关知识

1. ABO 血型的相关概念

1900 年，奥地利维也纳大学的 Karl Landsteiner 发现了人类红细胞的同种凝集现象，随之发现了人类第一个血型系统：ABO 血型系统。ABO 系统是最早发现的血型系统，开创了免疫血液学研究和应用工作的新纪元。正确鉴定血型是安全输血的第一要务，输血作为临床抢救病患生命的重要医疗手段，输入 ABO 血型不相容的血清，会引起严重的输血反应，因此，准确的 ABO 血型检定则是安全输血的保障。

人的血液中凡红细胞上具有 A 抗原者为 A 型，有 B 抗原者为 B 型，A 抗原和 B 抗原都没有者为 O 型，A 抗原和 B 抗原都有者为 AB 型，这四种血型。为了准确的鉴别血型，常采集富含抗 A 或抗 B 抗体的健康人血，经分离纯化血清，制成抗 A 或抗 B 血清，用于鉴别血型。此外，还有采用动物血清及单克隆抗体制备检测 ABO 血型的血清。

2. 免疫诊断中的酶

酶是一类及其特殊的蛋白质，它能够参与一切生物生命活动的代谢反应，具有极强的作用专一性、极高的催化效率且反应条件温和等显著特点。疾病治疗效果的好坏，很大程度上决定于诊断的正确性。随着技术的不断发展，酶学诊断也飞速发展。酶学诊断方法可靠、简便而且快捷等特点，已广泛应用与临床诊断中。酶学诊断包括两方面：一是根据体内原有酶活力的变化来诊断疾病；另一个是利用酶来测定体内某些物质的含量，从而确诊某些疾病。

由于酶的强专一性，可以使其在一个复杂体系中，准确的测出某一物质的含量，这种方式成为物质分析检测的重要手段。国外已普遍将酶学分析法应用于临床诊断及相关分析等方面。酶法检测使用的酶可以是游离的，也可以采用固定化酶或单酶电极等方式，通过酶作用后物质的变化为依据来进行检测的。酶电极由于其高度简便化、自动化等优点，引起人们广泛关注，是目前固定化酶技术中研究与应用最活跃的领域之一。常用的酶电极有：葡萄糖氧化酶电极（测定葡萄糖）、乳酸脱氢酶电极（测定乳酸）以及青霉素酶电极（测定青霉素）。

单酶或多酶偶联检测：单酶检测技术是最简单的，通过单酶与底物发生反应，利用反应前后物质的变化进行检测底物的量。其具有准确灵敏、快捷简便等优点，是酶法检测中最常用的技术。多酶偶联反应检测是通过利用两种或两种以上的酶的联合作用，使底物经过进一步反应，转化为易检测的产物，便于检测被测物质的量。

酶联免疫法（enzyme - linked immuno sorbent assay，ELISA）检测：将酶与抗原或抗体结合，制成酶标记的抗原或抗体，利用酶标抗原（抗体）与待检测的抗体（抗原）结合，经酶催化作用定量检测，即可得出欲测定的抗体或抗原的量。常用的标记酶有碱性磷酸酶和过氧化物酶等。ELISA 广泛用于多种抗体或抗原的检测，以及某些疾病的诊断。

3. 血液标本的采集

血液是由占 45% 的血细胞（红细胞、白细胞及血小板）和占 55% 的血浆组成的红色黏稠液体。不断流动的血液参与机体的各项功能活动，维持正常的新陈代谢和内外环境的平衡。同时，很多因素会影响到血液标本检测，例如患者的活动、精神状态、年龄、性别、种族、标本采集的时间以及是否吸烟等都会明显影响检测结果。

（1）采血方法　正确的采集血样标本是获得准确、可靠的实验结果的关键。血液标本的采集分为静脉采血法、皮肤采血法和真空采血法，均应保持血液标本的完整性。

①静脉采血法：当所需血量较多或采用全自动血液分析仪测定时，通常使用静脉采血法。位于体表的浅静脉几乎均可作为采血部位，通常采用肘部静脉；如肘部静脉不明显时，可改用手背静脉或内踝静脉，必要时也可从股静脉采血。

②皮肤采血法：主要是微动脉、微静脉和毛细血管的混合血。主要用于一般常规检查，多选择手指为采血部位。WHO 推荐取左手无名指指端内侧血液做血液一般检验。婴幼儿手指太小可用脚拇趾或足跟采血。应严格实行一人一针制，有利于采血的质量控制。皮肤采血的主要缺点是易于溶血、凝血和可能混入组织液，检查结果重复性差。

③真空采血法：又称为负压采血法。标准真空采血管是采用国际通用管盖识别颜色规则的（蓝色——1∶9 枸橼酸钠管，黑色——1∶4 枸橼酸钠管，紫色——血常规管，绿色——肝素管，灰色——血糖管，黄色——促凝管，淡黄色——分离胶促凝管，红色——无添加剂），这样编译采血人员准确辨认和使用。该法采用封闭式采血，血样无需容器之间的转移，减少了溶血现象，保证待验血标本原始性状的完整性，使结果更真实，为临床诊断提供可靠依据。

（2）抗凝剂选择　采用理化方法，去除或抑制血液中某些凝血因子，组织血液凝固，称抗凝。能阻止血液凝固的试剂或物质，称抗凝剂，常用抗凝剂如下。

①乙二胺四乙酸（EDTA）盐：常用其钠盐或钾盐，EDTA 能与血液中钙离子结合成螯合物，而使 Ca^{2+} 失去凝血作用，从而阻止血液凝固，对血细胞形态和血小板计数影响很小，适用于多项血液学检查。但 EDTA 影响血小板聚集，不适合于作凝血象检查和血小板功能试验。

②草酸盐：常用的有草酸钠、草酸钾和草酸铵。草酸盐溶解后解离的草酸根离子与样本中的钙离子形成草酸钙沉淀，使 Ca^{2+} 失去凝血功能。草酸钠通常用 0.1mol/L 浓度，与血液按 1∶9 比例使用，过去主要用于凝血象检查。但草酸盐对凝血Ⅴ因子保护功能差，影响凝血酶原时间测定效果；草酸盐与钙结合形成的沉淀物，影响自动凝血仪的使用。因此，凝血象检查宜选用枸橼酸钠为抗凝剂。

③肝素：肝素是生理性抗凝剂，广泛存在于肺、肝、脾等几乎所有组织和血管周围肥大细胞和嗜碱性粒细胞的颗粒中。肝素具有抗凝力强、不易溶血、不影响血细胞体积等优点，主要是加强抗凝血酶Ⅲ灭活丝氨酸蛋白酶的作用，从而阻止凝血酶的形成，并有阻止血小板聚集等多种抗凝作用。尽管肝素可以保持红细胞的自然形态，但由于其可引起白细胞聚集，并使血涂片在罗氏染色时产生蓝色背景，因此肝素抗凝血不适合血液学一般检查。

④枸橼酸盐　主要为枸橼酸钠，凝血试验时枸橼酸盐能与血液中的钙离子结合形成螯合物，从而阻止血液凝固。枸橼酸钠与血液的比例为 1∶9。枸橼酸盐在血中的溶解度低，抗凝力不如前几种抗凝剂。多用于临床血液学检查，一般用于红细胞沉降率和

凝血功能测定。因其毒性小，也是输血保养液的成分之一。

目标检测

1. 什么是生物制品，国家怎样对生物制品进行质量控制。
2. 你所知道的哪些疫苗是免费接种的，是属于几类疫苗。
3. 简述人血白蛋白的生产流程。
4. 简述细胞因子类药物的种类及功能。
5. 常用抗凝剂有哪些，应当如何选择抗凝剂。
6. 简述除菌过滤的机制及相关装置。
7. 对于病毒类制品如何保障其对环境的无害性。

项目五 | 发酵工程制药技术

◎**知识目标**

1. 掌握培养基中成分及作用。
2. 掌握发酵制药生产中常用的灭菌、除菌方法和适用范围。
3. 掌握发酵过程中需要控制的工艺参数及其控制方法。
4. 掌握常用的生物分离、纯化、干燥方法。
5. 了解发酵制药生产中菌种的选育原理和方法。

◎**技能目标**

1. 正确认识生物制品生产岗位环境、工作形象、岗位职责及相关法律法规。
2. 熟悉并完成发酵制药的基本工艺操作，如培养基制备、无菌空气制备、发酵设备的灭菌、发酵过程控制等。
3. 能够针对不同发酵产物选择合适的分离纯化和干燥方法。
4. 掌握发酵制药的生产质量控制接工艺验证技术。
5. 能够利用发酵制药方法生产硫酸庆大霉素。

发酵工程制药是从20世纪40年代随着抗生素发酵工业的建立而兴起的。70年代以来，由于细胞融合、细胞固定化以及基因工程等技术的建立，发酵工程制药进入了一个崭新的阶段。现代发酵工程的主体是指利用工业微生物菌种，特别是采用经DNA重组技术构建的微生物基因工程菌来生产产品。发酵工程是现代生物技术的重要组成部分，是现代生物技术实验成果产业化的关键技术。

发酵工程制药技术是发酵工程产品工的核心操作技能，涵盖以下能力培养及训练：

（1）菌种的制备与选育能力。

（2）种子扩大培养以及培养基的制备能力。

（3）培养基和发酵设备的灭菌能力。

（4）发酵过程中的参数检测、分析与控制能力。

（5）发酵工程药物的提取、分离与纯化能力。

（6）发酵工程药物生产的质量控制能力。

目标是培养贯通发酵工程制药领域上、下游理论与技术、具有创新意识和工程化能力的高素质技能型人才。

任务一 发酵工程制药生产过程

一、发酵工程制药发展历程

1. 第一阶段

液体深层通气搅拌发酵技术，即带有搅拌和通气装置的钢制发酵罐，大量培养基的生产设备的灭菌技术，大量空气的净化除菌技术，无菌接种技术，制定和完善了发酵过程中的发酵液 pH、温度、营养物质浓度等参数的监控。典型代表：青霉素的液体深层发酵生产。

2. 第二阶段

代谢控制发酵工程技术，利用代谢控制的手段，进行微生物菌种选育和发酵条件控制。

3. 第三阶段

现代生物技术，20 世纪 70 年代以后，随着基因工程、细胞工程等生物工程技术的开发，发酵工程进入了定向育种的新阶段，新产品不断研究开发出来。

二、发酵工程药物制造的一般流程

发酵工程药物制造的一般流程：①菌种培养。②孢子制备。③种子制备。④发酵生产。⑤发酵液预处理。⑥提取精制。⑦成品检验。⑧成品包装。

1. 上游阶段

包括优良种菌株的选育，最适发酵条件（pH、温度、溶氧和营养组成）的确定，营养物的准备等。其中的发酵工程药物制造的一般流程①、②步骤属于上游阶段，在实验室完成。

2. 中游阶段

将实验室成果产业化、商品化，它主要包括在最适发酵条件下，发酵罐中大量培养细胞和生产代谢产物的工艺技术。首先有严格的无菌生长环境，包括发酵开始前采用高温高压对发酵原料和发酵罐以及各种连接管道进行灭菌的技术；在发酵过程中不断向发酵罐中通入干燥无菌空气的空气过滤技术；其次在发酵过程中根据细胞生长要求控制加料速度的计算机控制技术；还有种子培养和生产培养的不同的工艺技术。此外，根据不同的需要，发酵工艺还可分为分批发酵、补料分批发酵和连续发酵。在进行任何大规模工业发酵前，必须在实验室规模的小发酵罐进行大量的实验，得到产物形成的动力学模型，并根据这个模型设计中试的发酵要求，最后从中试数据再设计更大规模生产的动力学模型。由于生物反应的复杂性，在从实验室到中试，从中试到大规模生产过程中会出现许多问题，这就是发酵工程工艺放大问题。上述发酵工程药物制造的一般流程③、④等属于中游阶段，在生产车间完成。

3. 下游阶段

发酵液分离和纯化产品的技术：包括固液分离技术（离心分离、过滤分离和沉淀分离等），细胞破壁技术（超声、高压剪切、渗透压、表面活性剂和溶壁酶等），提取质纯化技术（沉淀法、色谱分离法和超滤法等），最后还有产品的精制技术（真空干燥和冷冻干燥等)。上述发酵工程药物制造的一般流程⑤、⑥、⑦、⑧等属于下游阶段，在生产车间完成。

任务二 生产准备(环境、设备)

一、生产环境

1. 接种室

(1) 接种室 菌种的移接工作是在接种室完成的，所以接种室必须按照接种室设计、操作进行。当菌种移接操作不当或接种室管理不严格杂菌较多，就可能在移种过程中造成污染。因此首先要严格接种室管理制度，严格控制接种室的洁净程度，根据生产工艺的要求，建立合理的接种室，并交替使用各种灭菌手段对接种室进行经常性的洁净处理(图5-1)。

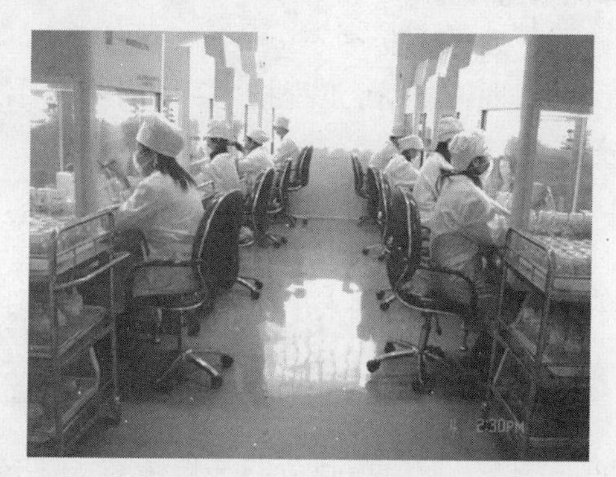

图5-1 菌种接种室

(2) 接种室清洁、消毒

①接种室的内表面(墙壁、地面、天棚)应当平整光滑、无裂缝、接口严密、无颗粒物脱落，避免积尘，便于有效清洁，必要时应当进行消毒。

②定期用乳酸或甲醛熏蒸，每次约30分钟，无特殊情况每周消毒一次。带进接种室的物品必须精简，必要时可用75%酒精擦拭消毒物品表面。

③接种前1小时开启工作台上方层流罩送风开关，开启接种室和缓冲间紫外线消毒1小时，待紫外线灯关灭后15~20分钟，即可进入接种室。

④做好个人卫生，在更衣间穿戴好已灭菌的无菌服、帽，用0.2%新洁尔灭溶液或用75%酒精消毒手，烘干，携带无菌毛巾进入接种室，操作过程应注意动作要轻、快、准、避免大动作，避免说话。

⑤每次使用完毕，应用浸泡过消毒液的毛巾擦拭桌面，换洗毛巾和更换消毒液。

2. 生产区

生产区应当有整洁的生产环境；厂区的地面、路面及运输等不应当对药品的生产造成污染；生产、行政、生活和辅助区的总体布局应当合理，不得互相妨碍；厂区和厂房内的人流、物流走向应当合理。

为降低污染和交叉污染的风险，厂房、生产设施和设备应当根据所生产药品的特性、工艺流程及相应洁净度级别要求合理设计、布局和使用，并符合下列要求：

(1) 应当综合考虑药品的特性、工艺和预定用途等因素，确定厂房、生产设施和设备多产品共用的可行性，并有相应评估报告。

(2) 生产特殊性质的药品，如高致敏性药品(如青霉素类)或生物制品(如卡介苗或其他用活性微生物制备而成的药品)，必须采用专用和独立的厂房、生产设施和设备。青霉素类药品产尘量大的操作区域应当保持相对负压，排至室外的废气应当经过净化处理并符合要求，排风口应当远离其他空气净化系统的进风口。

（3）生产β－内酰胺结构类药品、性激素类避孕药品必须使用专用设施（如独立的空气净化系统）和设备，并与其他药品生产区严格分开。

（4）生产某些激素类、细胞毒性类、高活性化学药品应当使用专用设施（如独立的空气净化系统）和设备；特殊情况下，如采取特别防护措施并经过必要的验证，上述药品制剂则可通过阶段性生产方式共用同一生产设施和设备。

生产区应当有适度的照明，目视操作区域的照明应当满足操作要求。厂房应当有适当的照明、温度、湿度和通风，确保生产和贮存的产品质量以及相关设备性能不会直接或间接地受到影响。

每次生产结束后应当进行清场，确保设备和工作场所没有遗留与本次生产有关的物料、产品和文件。下次生产开始前，应当对前次清场情况进行确认。

生产开始前应当进行检查，确保设备和工作场所没有上批遗留的产品、文件或与本批产品生产无关的物料，设备处于已清洁及待用状态。检查结果应当有记录。

生产操作前，还应当核对物料或中间产品的名称、代码、批号和标识，确保生产所用物料或中间产品正确且符合要求。

二、生产设备

生产设备不得对药品质量产生任何不利影响。与药品直接接触的生产设备表面应当平整、光洁、易清洗或消毒、耐腐蚀，不得与药品发生化学反应、吸附药品或向药品中释放物质。

应当配备有适当量程和精度的衡器、量具、仪器和仪表。设备所用的润滑剂、冷却剂等不得对药品或容器造成污染，应当尽可能使用食用级或级别相当的润滑剂。

生产设备应当有明显的状态标识，标明设备编号和内容物（如名称、规格、批号）；没有内容物的应当标明清洁状态。

应当制定设备的预防性维护计划和操作规程，设备的维护和维修应当有相应的记录。

不得使用未经校准、超过校准有效期、失准的衡器、量具、仪表以及用于记录和控制的设备、仪器。

发酵生产设备主要包括空气过滤器、联轴器装置、轴封、轴承、变速装置、搅拌装置、挡板、空气分布管、换热装置和电机等。

1. 空气过滤器

目前，用于发酵过程中空气过滤的介质有纤维状或颗粒状物，包括棉花活性炭过滤器、平板式超细纤维过滤器、金属烧结管过滤器和微孔膜过滤器。

（1）棉花活性炭过滤器　棉花活性炭过滤器为圆筒形，过滤介质由上下两层棉花和中间一层颗粒活性炭组成，由两层多孔筛板将过滤介质压紧并加以固定，棉花用未经脱脂的，压紧后仍有弹性，纤维长度适中。装填过滤器时，介质层总高度约为0.3～1.0m。

棉花活性炭过滤器进行灭菌时，一般是自上而下通入$2\times10^5\sim4\times10^5$Pa的蒸汽，灭菌45分钟左右，用压缩空气吹干备用。

（2）平板式超细纤维过滤器　平板式超细纤维过滤器通常以3～6张滤纸叠合在一起，两面用麻布和细铜丝网保护，同时垫以橡皮垫，再用法兰盘压紧，以保证过滤器的严密。

这种过滤器占地小，装卸方便。平板式超细纤维过滤器进行灭菌时，一般是自上而下通入 $2\times10^5\sim4\times10^5$Pa 的蒸汽，灭菌45分钟左右，用压缩空气吹干备用。

（3）金属烧结管过滤器　金属烧结管过滤器的金属烧结过滤管是采用粉末冶金工艺将镍粉烧结形成单管状，将单根或几十以至上百根金属烧结过滤管安装在不锈钢过滤器壳体内，用硅橡胶作为密封材料。使用时为了防止空气管道中的铁锈和微粒以及蒸汽管道中的铁锈对金属烧结过滤管的污染，在金属烧结过滤管过滤器之前要加装一个与其匹配的空气预过滤器和蒸汽过滤器。

（4）微孔膜过滤器　微孔膜过滤器的过滤介质是由耐高温、疏水的聚四氟乙烯薄膜构成，厚度为150μm。它能滤除所有大于0.01μm的微粒，除去空气中夹带的几乎所有的微生物，获得发酵用的无菌空气。是目前发酵工程制药最常用的过滤器之一。

2. 发酵罐（图5－2，图5－3）

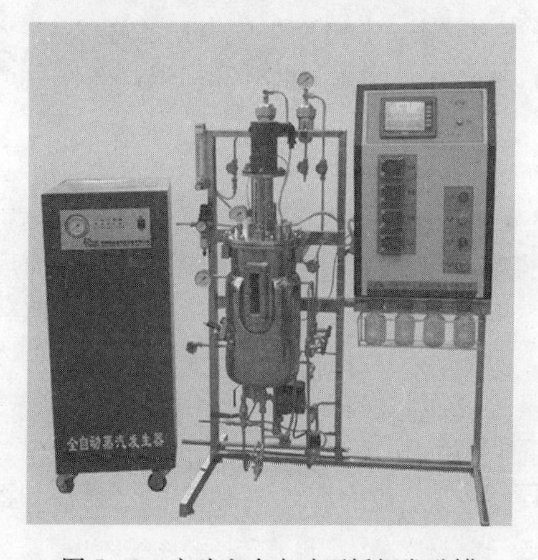

图5－2　实验室全自动不锈钢发酵罐

图5－3　生产企业不锈钢发酵罐

（1）联轴器装置　大型发酵罐搅拌轴较长，常分为2～3段，用联轴器使上下搅拌轴成牢固的刚性联结。常用的联轴器有鼓形及夹壳形两种。小型的发酵罐可采用法兰将搅拌轴连接，轴的连接应垂直，中心线对正。

（2）轴封　轴封的作用是使罐顶或罐底与轴之间的缝隙加以密封，防止泄漏和污染杂菌。常用的轴封有填料函和端面轴封两种。

（3）轴承　为了减少震动，中型发酵罐一般在罐内装有底轴承，而大型发酵罐装有中间轴承，底轴承和中间轴承的水平位置应能适当调节。

（4）变速装置　试验罐采用无级变速装置。发酵罐常用的变速装置有三角皮带传动，圆柱或螺旋圆锥齿轮减速装置，其中以三角皮带变速传动较为简便。

（5）搅拌装置　生产前应检查搅拌器叶片与圆盘涡轮是否已经固定牢固。

通用式通气搅拌发酵罐都有搅拌装置，搅拌有四个目的。①打碎气泡，增加气液接触面积。②产生涡流，延长气泡在液体中的停留时间。③造成湍流，减少气泡外滞流膜的厚度。④动量传递，有利于混合及固体物料保持悬浮状态。

搅拌器的作用是打碎气泡，使空气与溶液均匀接触，使氧溶解于发酵液中。搅拌器的形式多样，一般通用式通气搅拌发酵罐大多采用涡轮式搅拌器，且以圆盘涡轮搅拌器为主，这样可以避免在阻力较小的搅拌器中心部位沿着搅拌轴周边快速上升逸出。

桨叶类型有平直叶、弯叶、箭叶三种类型，叶片数量至少三个，通常为六个，多至八个桨叶类型不同，破碎气泡的能力不同，翻动流体的能力也不同。

在相同的搅拌功率下，破碎气泡的能力大小顺序依次为平直叶、弯叶、箭叶；而翻动流体的能力大小顺序依次为箭叶、弯叶、平直叶。可见，综合传质和混合能力则是弯叶最好。

（6）挡板　一般都装有四块挡板以防止涡流形成和提高通气效率。挡板与罐壁间留隙缝，目的是消除发酵罐内死角。

挡板的作用：①加强搅拌，促进液体上下翻动和控制流型，并可防止由搅拌引起的中心漩涡，即避免“打漩”现象。②是改变液流的方向，由径向流改为轴向流，促使液体剧烈翻动，增加溶解氧。

（7）空气分布管　空气分布器的作用是向发酵罐中吹入无菌空气，并使其分布均匀。

空气分布器有两种：①采用单孔管，开口朝下，以防止固体物料在管口堆积形成堵塞，管口距罐底40mm左右。②采用带小孔的环形空气分布管，但容易使喷气孔堵塞。

（8）换热装置

①夹套式换热装置：这种装置多应用于容积较小的发酵罐、种子罐；夹套的高度比静止液面高度稍高即可，无须进行冷却面积的设计。这种装置的优点是：结构简单；加工容易，罐内无冷却设备，死角少，容易进行清洁灭菌工作，有利于发酵。其缺点是：传热壁较厚，冷却水流速低，发酵时降温效果差。

②竖式蛇管换热装置：这种装置是竖式的蛇管分组安装于发酵罐内，有四组、六组或八组不等，根据管的直径大小而定，容积$5m^3$以上的发酵罐多用这种换热装置。

优点是冷却水在管内的流速大，传热系数高。这种冷却装置适用于冷却用水温度较低的地区，水的用量较少。

但是气温高的地区，冷却用水温度较高，则发酵时降温困难，发酵温度经常超过40℃，影响发酵产率，因此应采用冷冻盐水或冷冻水冷却，这样就增加了设备投资及生产成本。此外，弯曲位置比较容易蚀穿。

3. 发酵罐的管道

发酵车间的管道大多数以法兰连接，但常会发生诸如垫圈大小不配套、法兰不平整、法兰与管道的焊接不好、受热不均匀使法兰翘曲以及密封面不平等现象，从而形成“死角”而染菌。因此法兰的加工、焊接和安装要符合灭菌要求，使衔接处管道畅通、光滑、密封性好，垫片内径与法兰内径匹配，安装时必须对准中心，同时尽可能减少连接法兰。

三、发酵工程制药的相关知识

1. 发酵工程制药研究的内容

是指利用微生物进行药物研究、生产和制剂的综合性技术科学。研究内容包括微生物制药用菌的选育、发酵以及产品的分离和纯化工艺等。主要讨论用于各类药物发酵的微生物来源和改造、微生物药物的生物合成和调控机制、发酵工艺与主要参数的确定、药物发酵过程的优化控制、质量控制等。

2. 发酵药物的分类

发酵药物可以按生理功能和临床用途来分类，还可以产品类型来分类，但通常按其化学本质和化学特征进行分类。

（1）抗生素类药　抗生素是在低微浓度下能抑制或影响活的机体生命过程的生物次级代谢产物及其衍生物。据不完整统计，目前已知的抗生素总数不少于9000种，最常见有β－内酰胺类抗生素、大环内酯类抗生素、氨基糖苷类抗生素、肽类抗生素和四环类抗生素等。

（2）氨基酸类药　氨基酸类药分成个别氨基酸制剂和复方氨基酸制剂两类。

（3）核苷酸类药　如肌苷酸、肌酐、腺苷三磷酸辅酶A等。

（4）维生素类药　近年来发展用微生物发酵法生产维生素，使维生素的产量大为提高，成本降低，如维生素A、维生素B_1、维生素B_2、维生素B_6、维生素B_{12}、维生素D、维生素E、维生素K、维生素Q和维生素C等。

（5）甾体类激素　如皮质酮、氢化可的松、睾酮、雄酮、孕酮、雌二醇和雌酮等。

（6）治疗酶及酶抑制剂　药用酶主要有助消化酶类、消炎酶类、心血管疾病治疗酶、抗肿瘤酶类以及其他几种酶类，如*L*－天门冬酰胺酶、溶菌酶等。

知识链接

发酵工程制药工

从事发酵工程产品生产制造的人员。

发酵工程也称微生物工程，是利用微生物的生长繁殖和代谢活动来大量生产人们所需产品过程的理论和工程技术体系。该工程技术体系主要包括：①微生物菌种选育与保藏。②培养基和发酵设备的灭菌技术。③空气净化除菌技术。④菌种的扩大培养。⑤发酵生产和产品分离纯化技术。⑥发酵过程中的参数检测、分析与控制技术。

发酵工程制药工从事的工作主要包括：①采用无菌操作技术培养、制备各级生产菌种，复壮、选育优质高产生产菌株。②使用发酵罐或消毒锅等，对培养基、压缩空气或其他材料、设备、器皿等进行消毒、灭菌。③使用配料罐或其他容器、输送泵等设备或器皿配制工艺需要的培养基。④操作发酵设备和控制仪器、仪表，根据发酵代谢指标适当调节发酵工艺条件，完成发酵过程。⑤加入工具酶和中间体，控制工艺条件，完成抗生素的酶解、转化工序。⑥使用固液分离设备进行发酵液或浸提液的固液分离。⑦使用溶剂、交换树脂等进行有效药用成分的提取、纯化。⑧使用除菌过滤、结晶、干燥等方法进行药品的精制。

任务三　菌种的制备

目前工业规模的发酵罐容积已达到几十立方米或几百立方米。如按10%左右的种子量计算，就要投入几立方米或几十立方米的种子。要从保藏在试管中的微生物菌种逐级扩大为生产用种子是一个由实验室制备到车间生产的过程。

进行工业化的发酵生产要求菌种具有较高的发酵水平，这是由工业化的发酵生产成本决定的，如果菌种的生产能力低，就难以收回设备运行及维持成本，更难以获得一定的经济利润。因此，只有具备较高生产能力的菌种，才能够进行工业化的发酵生产。

一、菌种的选育

1. 自然选育

利用微生物在一定条件下产生自发突变的原理，通过分离、筛选排除衰变型菌落，从中选择维持原来生产水平的菌株。在工业化发酵生产上，自然选育主要用于维持菌种的生产能力，用于优良生产菌株的保存。自然选育有时也可用来选育高产突变株，不过这种正突变的概率很低，获得优良菌种的可能性极小，因此也就难以依赖自然选育来获得高产突变株。为了保持生产菌种的稳定性，自然选育作为日常工作的一部分。自然选育流程见图5-4。

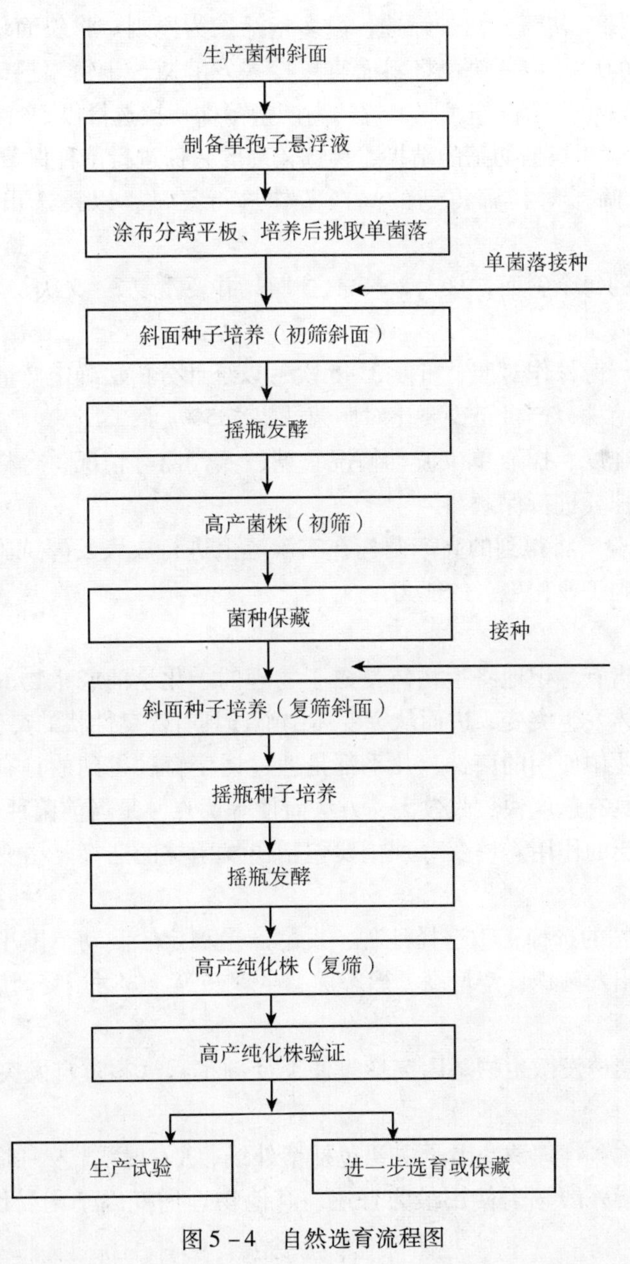

图5-4　自然选育流程图

自然选育的主要步骤：

（1）单孢子悬浮液的制备　用无菌生理盐水或缓冲液将斜面上长成熟的孢子洗下，倒入装有玻璃珠的锥形瓶中，充分振摇15～20分钟，制成单孢子悬浮液。悬浮液采用血球计数法，或稀释后采用平板菌落计数法进行活菌计数，根据计数结果再定量稀释，使悬浮液的单孢子数控制在50～200个单细胞/ml。

（2）稀释及单菌落培养　取适量单孢子悬浮液涂布在平板上，分离量以10～50个菌落/平皿为宜，培养后长出单菌落。

（3）单菌落传斜面　用接种环挑取培养后的各型单菌落，接入斜面培养基中并将斜面恒温培养，每个单菌落传一只斜面，挑取的数量一般不少于100个。

（4）摇瓶初筛　初筛：初步筛选，以多量筛选为原则。将斜面培养成熟后用接种铲铲取适当大小的培养物一块，将斜面直接接入发酵瓶，于恒温摇床培养，发酵结束后，测定产量，以生产菌株作对照，挑选高产量菌株，挑选量以5%～20%为宜。

（5）菌种保藏　根据初筛的结果，挑选较高的菌株进行菌种保藏。

（6）摇瓶复筛　对初筛得到的高产菌株进行复试，以挑选出稳定高产菌株为原则。

对初筛获得的每个斜面，接入2～3只摇瓶，并要重复3～5次。采用母瓶、发酵瓶两级发酵，测定产量。

①实验以生产菌株作对照，重复3～5次，以统计分析法确定产量水平。

②挑选高产菌株，产量至少要比对照菌株提高5%。

③检测菌落纯度、摇瓶单位波动情况，糖、氮代谢等情况，合格后上罐试验，复筛得到的高产菌株要进行保藏。

（7）放大试验　将得到的高产菌株在实验罐上进行放大发酵试验，并不断改进发酵条件，直至达到工业化生产的能力。

2. 诱变育种

诱变育种是指有意识地将生物体暴露于物理的、化学的或生物的一种或多种诱变因子，促使生物体发生突变，进而从突变体中筛选具有优良性状的突变株的过程。

当前发酵工业中使用的菌株，几乎都是通过诱变育种得到的具有优良性状的高产菌株。诱变育种具有速度快、收效大、方法简便等优点，是当前菌种选育的主要方法，在生产中得到广泛的作用。诱变育种主要包括出发菌株的选择、诱变处理和筛选突变株3个部分。

（1）出发菌株的选择　①选择纯种：发酵产量稳定、波动范围小的菌株。②选择具有优良性状的出发菌株：产量高、形态优、生理好等。③对诱变剂敏感。

（2）诱变处理

诱变剂：凡能诱发微生物基因突变，使突变频率远远超过自发突变频率的物理因子或化学物质。

①物理诱变剂：物理诱变因子主要包括紫外线、X－射线、γ－射线、快中子、超声波等，其中以紫外线辐射使用最为普遍，其他物理诱变因子则受设备条件的限制，难以普及。

例：紫外线的诱变育种操作步骤

(1) 出发菌株的培养　霉菌或放线菌菌种接到孢子培养基上，培养孢子成熟，细菌培养到对数生长期。

(2) 孢子悬液或菌悬液的制备　用生理盐水洗下斜面孢子，放入一已灭菌的、装有玻璃珠的三角瓶内用手摇动15分钟，以打散菌体（如果是细菌将细菌培养液以3000r/min离心5分钟，倾去上清液，将菌体打散加入无菌生理盐水再离心洗涤。将菌悬液放入一已灭菌的，装有玻璃珠的三角瓶内用手摇动15分钟，以打散菌体)。将菌液倒入有定性滤纸的漏斗内过滤，单细胞滤液装入试管内，菌悬液合适浓度：细菌为10^8个/ml左右，霉菌孢子和酵母细胞为10^6 ~ 10^7个/ml，放线菌细胞为10^7 ~ 10^8个/ml，作为待处理菌悬液。

(3) 紫外线照射：取5ml制备的菌液加到直径9cm培养皿内，放入一无菌磁力搅拌子，然后置磁力搅拌器上、15W紫外灯下30cm处。在正式照射前，应先开紫外线20分钟，让紫外灯预热，然后开启皿盖正式在搅拌下照射一定时间（一般情况下10 ~ 50秒)。操作均应在红灯下进行，或用黑纸包住，避免白炽光，防止光复活作用。

(4) 照射后培养：取照射完的菌悬液加入到液体培养基中，在适宜温度下暗培养1 ~2小时。取未照射的制备菌液和照射菌液各0.5ml进行稀释分离，计数活菌细胞数。

(5) 稀释涂平皿：将经过培养后的菌悬液进行梯度稀释，取适量稀释度的菌液涂布平皿，以未照射的制备菌液作对照，经过培养后，挑选单菌落进行筛选。

②化学诱变剂：化学诱变剂是一些能和DNA起作用，改变其结构，并引起遗传变异的化学物质。其稳定性与温度、光照、pH、化合物的半衰期以及与溶剂是否起反应等因素有关。化学诱变剂据其与DNA作用方式不同有3类：第一类烷化剂如氮芥(NM)、乙烯亚胺（EI)、硫酸二乙酯（EMS)、亚硝基胍（NIG）等；第二类碱基类似物如5 - 溴尿嘧啶（5 - BU)、5 - 氟尿嘧啶（5 - FU）等；第三类移码诱变剂如吖啶黄、吖啶橙等。

③生物诱变剂：噬菌体可作为诱变剂应用于抗噬菌体菌种的选育，其作用原理可能与传递遗传信息，诱变抗性突变有关。

确定诱变剂后，诱变剂剂量的选择也是育种工作的一个关键问题。凡既能增加变异幅度，又能促使变异向正变范围移动的剂量就是合适剂量。

对一般微生物而言，诱变率往往随诱变剂剂量的增高而增高，但达到一定程度后，再提高剂量，反而会使诱变率下降。目前的处理剂量已从以前采用的死亡率90% ~ 99.9%降低到70% ~80%，甚至更低的剂量，特别是对于经过一再诱变的高产菌株。

剂量似乎也不宜过低，因为在使用高剂量诱变时，除个别核被诱发变异外，还可以使其他的核破坏致死，最终能形成较纯的变异菌落；另外，高剂量可能引起遗传物质的巨大损伤，产生回复突变少，促使变异后菌株的稳定。

(3) 突变株的筛选

①随机筛选：随机筛选指菌种经诱变处理后，凭经验随机选择一定数量的菌落，其中包括未发生突变的野生型菌株和发生突变后的正向及负向突变株，再进行摇瓶筛选。随机筛选方法包括摇瓶筛选法、琼脂块筛选法和筛选自动化和筛选工具的微型化等。

②半理性化筛选：根据推理性设计，人们得到了多种类型的突变株，诸如去代谢

物调节突变株、抗生素酶缺失突变株、形态突变株、耐前体及结构类似物突变株、膜渗透性突变株等，并得到了满意的结果。

3. 现代菌种选育技术

（1）杂交育种　将两个基因型不同的菌株经吻合或接合使遗传物质进行交换和重新组合，从中分离和筛选具有新性状的菌株。

（2）原生质体融合　是指微生物在酶的作用下，脱去细胞壁，剩下由原生质膜包围着的原生质部分。原生质体融合育种的特点如下。

①杂交频率较高：细胞壁去除后在高渗条件下形成类似于球形的原生质体。

②受接合型或致育型的限制较小：二亲株中任何一株都可能起受体或供体的作用，因此有利于不同种属间微生物的杂交。

③遗传物质传递更为完整：原生质体融合是 二亲株的细胞质和细胞核进行类似的合二为一的过程。

④存在着两株以上亲株同时参与融合形成融合子的可能性。

⑤有可能采用产量性状较高的菌株作融合亲株。

⑥提高菌株产量的潜力较大。

⑦有助于建立工业微生物转化体系。

（3）基因工程技术　基因工程又叫做基因拼接技术或 DNA 重组技术，是在生物体外，通过对 DNA 分子进行人工“剪切”和“拼接”，对生物的基因进行改造和重新组合，然后导入受体细胞内进行无性繁殖，使重组基因在受体细胞内表达，产生出人类所需要的基因产物。

二、菌种的保藏

1. 菌种保藏的目的

选育出来的优良菌种，要保持其生产性能的稳定，不污染杂菌，不死亡，这就是菌种保藏的主要目的。

2. 菌种保藏的原理

菌种保藏主要根据菌种的生理、生化特性，人工创造条件使菌体的代谢活动处于休眠状态。

一般利用菌种的休眠体，如孢子、芽孢等，创造最有利于休眠状态的环境条件，理想的菌种保藏方法应具备的条件：

（1）经长期保藏后菌种存活健在。

（2）保证高产突变株不改变表型和基因型，特别是不改变初级代谢产物和次级代谢产物生产的高产能力。

（3）菌种保藏的基本措施是低温、干燥、隔绝空气或氧气，缺乏营养物质等。以降低菌种的代谢活动，减少菌种变异，达到长期保存的目的。

3. 常用的菌种保藏法

（1）斜面低温保藏法　斜面低温保藏法是最早使用的而且现今仍然普遍采用的方法，适用对象为各类微生物。

操作流程：将菌种接入于所要求斜面培养基上，置最适温度和湿度下培养，培养后将长好的菌体或孢子，置于4℃左右，湿度小于70%的冰箱中保藏，定期重新移植培养保藏。保存期间因注意冰箱温度，不能波动太大，切忌在0℃以下保存，否则培养基会结冰脱水，造成菌种衰退或死亡。保存时间为1~3个月。斜面低温保藏法优点是简单易行，不要求特殊的设备；缺点是保存时间短，且传代多，菌种容易产生变异。

（2）液体石蜡封存保藏法　在长好菌苔的斜面试管中，加入灭过菌的液体石蜡，可防止培养基水分蒸发，隔绝培养物与氧的接触，从而降低微生物代谢活动，推迟细胞退化，延长了保存时间。适用于不能利用石蜡油作碳源的微生物的保藏，如霉菌、酵母菌、放线菌，少数细菌，但不能保存以石蜡为碳源的菌种如毛霉、根霉等。在斜面菌种加入已灭菌的液体石蜡，用量高出斜面1cm，试管直立，置4℃冰箱低温保藏。

操作流程：选用优质纯净无色中性的液体石蜡，经121℃蒸汽灭菌30分钟，然后在150~170℃烘箱中干燥1~2小时，使水汽蒸发，石蜡油变清。再按照无菌操作将灭菌的石蜡油注入长好菌苔的斜面试管中，液面高出斜面1cm。试管直立，置4℃冰箱低温保存，保存时间为1年。液体石蜡封存保藏法优点是比较简便；缺点是石蜡油管的转接和搬运都不方便，菌种生产能力容易下降。

（3）沙土管保藏法　沙土管保藏法用人工方法模拟自然环境使菌种得以栖息，干燥、低温是保藏的关键，适用于产孢子的放线菌、霉菌，产芽孢的细菌。

操作流程：沙土是沙和土的混合物，沙和土的比例一般为3∶2或1∶1，将黄土和泥土分别洗净，过筛，按比例混合后，装入小试管中，装料高度约为1cm左右，经间歇灭菌3次以上，灭菌后烘干，并做无菌检查后备用。将要保存的菌种斜面孢子刮下，直接与沙土混合，或用无菌水洗下孢子制成悬浮液再与砂土混合。混合后的沙土管放在盛有五氧化二磷或无水氯化钙的干燥器中，用真空泵抽气干燥，真空干燥约4~6小时后，干燥后的沙土管放在干燥器内置4℃冰箱低温保存，保存期在1年以上。沙土管保藏法优点是简单易行，不需特殊仪器，保存时间长，不易变异；缺点是存活率低、工作量大。

（4）冷冻干燥保藏法　在较低的温度下（-15℃以下），迅速将细胞冻结以保持细胞结构的完整，然后在真空下使水分升华。为防止冻结和水分不断升华对细胞的损害，采用保护剂来制备细胞悬液。目前国内保护剂常用脱脂乳和蔗糖，国外尚有运用动物血清等。一般保存时间为5~10年，最多可达15年。冷冻干燥保藏法优点是适用对象广、存活率高，变异率低，保存时间长，是目前保存菌种的一种比较好的方法。

（5）液氮超低温保藏法　微生物在-130℃以下，所有的新陈代谢活动暂时停止而生命延续，微生物菌种得以长期保存。可通过加入保护剂来降低细胞内溶液的冰点，减少冰晶对细胞的伤害。适用对象为各类微生物、藻类、原生动物、支原体、高等动、植物细胞。液氮超低温保藏法是目前最可靠的一种长期保存菌种的方法。

（6）甘油冷冻保藏法　将对数期菌体悬浮于新鲜培养基中，加入10%~15%消毒甘油、混匀速冻，冻存于-70~-80℃，可保存3~5年。

4. 菌种保藏的主要事项

（1）菌种在保藏前所处的状态　主要保藏微生物休眠体——孢子或芽孢采用以稍低于生长最适温度培养至孢子成熟的菌种进行保存，效果最好。

（2）菌种保藏所用的基质　斜面低温所用的培养基，碳源比例应少些，营养成分贫乏；砂土管保藏应将砂土充分洗净；保护剂在灭菌时注意温度、时间。

（3）操作过程对细胞结构的损害　冷冻、真空干燥：添加保护剂，减少对细胞结构的破坏、死亡和变异衰退。

三、孢子制备

生产菌种的制备一般包括两个过程，即在固体培养基上生产大量孢子的孢子制备过程和在液体培养基中生产大量菌丝的种子制备过程。

对于产孢子能力强的及孢子发芽、生长繁殖快的菌种可以采用固体培养基培养孢子，孢子可直接作为种子罐的种子，这样操作简便，不易污染杂菌。对于产孢子能力不强或孢子发芽慢的菌种，可以用液体培养法。

菌种进入种子罐有两种方法：

（1）孢子进罐法　将斜面孢子制成孢子悬浮液直接接入种子罐。此方法优点是可减少批与批之间的差异，操作简便、工艺过程简单、便于控制孢子质量，成为发酵生产的一个方向。

（2）摇瓶菌丝进罐法　适用于某些生长发育缓慢的放线菌，此方法优点是可以缩短种子在种子罐内的培养时间。

四、种子制备

实验室制备的孢子或液体种子移种至种子罐扩大培养，种子罐的培养基虽因不同菌种而异，但其原则为采用易被菌利用的成分如葡萄糖、玉米浆、磷酸盐等，如果是需氧菌，同时还需供给足够的无菌空气，并不断搅拌，使菌（丝）体在培养液中均匀分布，获得相同的培养条件。

1. 种子罐的作用

主要是使孢子发芽，生长繁殖成菌（丝）体，接入发酵罐能迅速生长，达到一定的菌体量，以利于产物的合成。

某些孢子和菌丝繁殖速度缓慢的菌种，需将孢子经摇瓶培养成菌丝再进入种子罐。摇瓶种子可采用母瓶、子瓶两级培养。摇瓶种子优点是可以缩短种子在种子罐内的培养时间。

2. 种子罐级数的确定

种子罐级数是指制备种子需逐级扩大培养的次数，取决于：①菌种生长特性、孢子发芽及菌体繁殖速度。②所采用发酵罐的容积。③发酵罐的接种量。

3. 确定种子罐级数需注意的问题

（1）种子级数越少越好，可简化工艺和控制，减少染菌机会。

（2）种子级数太少，接种量小，发酵时间延长，降低发酵罐的生产率，增加染菌机会。

（3）虽然种子罐级数随产物的品种及生产规模而定。但也与所选用工艺条件有关。如改变种子罐的培养条件，加速了孢子发芽及菌体的繁殖，也可相应地减少种子罐的级数。

五、影响生产菌种的因素及其控制

生产菌种是影响生产水平的重要因素。生产菌种质量的优劣，主要取决于菌种本身的遗传特性和培养条件两个方面。就是既要有优良的菌种，又要有良好的培养条件才能获得高质量的种子。生产菌种质量受很多因素的影响，主要包括以下几方面。

1. 培养基

生产过程中经常出现种子质量不稳定的现象，常常是原材料质量不稳定造成的。例如在金霉素、庆大霉素生产中，配制产孢子斜面培养基用的麸皮，因小麦产地、品种、加工方法及用量的不同对孢子质量的影响也不同。蛋白胨加工原料不同如鱼胨或骨胨对孢子影响也不同。

水质的影响：地区不同、季节变化和水源污染，均可造成水质波动，影响种子质量。

菌种在固体培养基上可呈现多种不同代谢类型的菌落，氮源品种越多，出现的菌落类型也越多，不利于生产的稳定。

培养基质量的波动，起主要作用的是其中无机离子含量不同，如微量元素 Mg^{2+}、Cu^{2+}、Ba^{2+}能刺激孢子的形成。磷含量太多或太少也会影响孢子的质量。

解决措施如下。

（1）培养基所用原料要经过发酵试验合格才可使用。

（2）严格控制灭菌后培养基的质量。

（3）斜面培养基使用前，需在适当温度下放置一定时间。

（4）供生产用的孢子培养基要用比较单一的氮源，作为选种或分离用的培养基则采用较复杂的有机氮源。

2. 培养条件

（1）温度　温度对多数微生物的斜面孢子质量有显著的影响。一般来说，提高培养温度，可使菌体代谢活动加快，缩短培养时间，但是温度过高会导致菌丝过早自溶；温度过低会导致菌种生长发育缓慢。不同的菌体要求的最适温度不同，需经实践考察确定。例如龟裂链霉素斜面培养基最适温度为36.5～37℃，如果高于37℃，则孢子成熟早，易老化，接入发酵罐后出现菌丝对糖氮利用缓慢，氨基氮回升提前，菌丝过早自溶，发酵产量降低等现象。一般各生产单位都严格控制孢子子斜面的培养温度。

（2）湿度　制备斜面孢子培养基的湿度对孢子的数量和质量有较大的影响。例如土霉素生产菌种龟裂链霉菌，孢子制备时发现：在北方气候干燥地区孢子斜面长得较快，在含有少量水分的试管斜面培养基下部孢子长得较好，而斜面上部由于水分迅速蒸发呈干疤状，孢子稀少。实验表明，在一定条件下培养斜面孢子时，在北方相对湿度控制在40%～45%，而在南方相对湿度控制在35%～42%，所得孢子质量较好。一般来说，真菌对湿度要求偏高，而放线菌对湿度要求偏低。在培养箱培养时，如果相对湿度偏低，可放入盛水的平皿，提高培养箱内的相对湿度。

（3）培养时间和冷藏时间　一般来说，衰老的孢子不如年轻的孢子，因为衰老的孢子已在逐步进入发芽阶段，核物质趋于分化状态。过于衰老的孢子会导致生产能力的下降。斜面冷藏对孢子质量的影响与孢子成熟程度有关。如土霉素生产菌种孢子斜面培养4天左右即于4℃冰箱保存，发现冷藏7～8天菌体细胞开始自溶。而培养5天以后冷藏，20天未发现自溶。因此孢子培养的时间应该控制在孢子量多、孢子成熟、发酵产量正常的阶段终止培养。冷藏时间对孢子的生产能力也有影响，总的原则是冷藏时间宜短不宜长。曾有报道，在链霉素生产中，斜面孢子在6℃冷藏2个月后的发酵单位比冷藏1个月降低18%，冷藏3个月后降低35%。

（4）接种量　接种量是指移种的种子液体积与接种后培养液体积之比。接种量的大小由发酵罐中菌体的生长繁殖速度决定的。接种量大小影响到培养基中孢子的数量，进而影响菌体的生理状况。制备孢子时的接种量要适中，接种量过大或过小均对孢子质量产生影响。

接种量过小则斜面上长出的菌落稀疏，接种量过大则斜面上菌落密集一片。一般传代用的斜面孢子要求菌落分布较稀，适用于挑选单个菌落进行传代培养。接种摇瓶或进罐的斜面孢子要求菌落密度适中或稍密，孢子数量达到要求。

六、菌种制备的相关知识

1. 菌种鉴别

根据形态特征、培养特征、生理生化特征、细胞壁化学成分判断生产菌株的种属，明确菌株的各方面特征。

2. 菌种选育

（1）应详细说明其诱变和筛选的手段。

（2）诱变剂单因子（UV、UV－LiCl、^{60}Co、亚硝基胍等）诱变处理。

（3）应说明该菌株如何进行标记，并提供传代5代以上的记录以确保菌种在生产中不会发生回复突变。

任务四　备料、配料

微生物的生长、繁殖需要不断地从外界吸收营养物质，以获得能量并合成新的物质。工业培养基是提供微生物生长繁殖和生物合成各种代谢产物所需要的，按照一定比例配制的多种营养物质的混合物。培养基组成对菌体生长繁殖、产物的生物合成、产品的分离精制乃至产品的质量和产量都有重要影响。

一、发酵培养基的基本要求

（1）培养基能够满足产物最经济的合成。

（2）发酵后所形成的副产物尽可能的少。

（3）培养基的原料应因地制宜，价格低廉；且性能稳定，资源丰富，便于采购运输，适合大规模储藏，能保证生产上的供应。

（4）所选用的培养基应能满足总体工艺的要求，如不应该影响通气、提取、纯化及废物处理等。

二、发酵培养基的成分

1. 碳源

碳源是培养基的主要营养成分之一，是构成微生物细胞和代谢产物中碳素来源的营养物质，并为微生物的生长繁殖和代谢活动提供能源。常用的碳源有糖类、脂肪、有机酸、醇类和碳氢化合物等。

2. 氮源

（1）氮源是培养基的主要营养成分之一，是构成微生物细胞和代谢产物中的氮素来源的营养物质。常用的氮源可分为有机氮源和无机氮源两大类。实验室中常用蛋白胨、牛肉膏、酵母膏等作为有机氮源，工业生产上常用硫酸铵、尿素、氨水、豆饼粉、花生饼粉等原料作氮源。

（2）无机氮源　常用的无机氮源有铵盐（如氯化铵、硫酸铵、硝酸铵、磷酸铵）、硝酸盐（如硝酸钠、硝酸钾）和氨水等。

无机氮源易被菌体吸收利用，微生物对它们的吸收快，所以也称之谓迅速利用的氮源。无机氮源的迅速利用常会引起 pH 的变化，培养液中就留下了酸性或碱性物质，这种经微生物生理作用（代谢）后能形成酸性物质的无机氮源叫生理酸性物质，如硫酸铵，若菌体代谢后能产生碱性物质的则此种无机氮源称为生理碱性物质，如硝酸钠。正确使用生理酸碱性物质，对稳定和调节发酵过程的 pH 有积极作用。

（3）有机氮源　常用的有机氮源有花生饼粉、豆饼粉、棉籽饼粉、玉米浆、玉米蛋白粉、蛋白胨、酵母粉、鱼粉、蚕蛹粉、尿素、废菌丝体和酒糟等。它们在微生物分泌的蛋白酶作用下，水解成氨基酸，被菌体进一步分解代谢，最终用于合成菌体的细胞物质和含氮的目的产物。天然原料中的有机氮源由于产地不同，加工方法不同，其质量不稳定，常引起发酵水平波动，因此，在选择有机氮源时注意品种、产地、加工方法、贮藏条件对产量的影响，注意它们与菌体生长和代谢产物生物合成的相关性。

3. 无机盐及微量元素

无机盐类是微生物生命活动所不可缺少的物质。主要元素有磷、硫、镁、钾、钙、铁、铜、锌、锰、钼和钴等。各种不同的产生菌以及同一种产生菌在不同的生长阶段对这些物质的需求是不相同的，低浓度时往往呈现刺激作用，高浓度却表现出抑制作用。最适浓度要依据菌种的生理特性和发酵工艺条件来确定。

4. 水

对于发酵制药企业来说，恒定的水源是至关重要的，因为在不同水源中存在的各种因素对微生物发酵代谢影响甚大。水源质量的主要考虑参数包括 pH、溶解氧、可溶性固体、污染程度以及矿物质组成和含量。

5. 生长调节物质

（1）生长因子　从广义上讲，凡是微生物生长不可缺少的微量的有机物质，如氨基酸、嘌呤、嘧啶、维生素等均称生长因子。如以糖质原料为碳源的谷氨酸生产菌均为生物素缺陷型，以生物素为生长因子，生长因子对发酵的调控起到重要的作用 。有机氮源是这些生长因子的重要来源，多数有机氮源含有较多的 B 族维生素和微量元素及一些微生物生长不可缺少的生长因子。

（2）前体　前体指某些化合物加入到发酵培养基中，能直接被微生物在生物合成过程中合成到产物分子中去，而其自身的结构并没有多大变化，但是产物的产量却因加入前体而有较大的提高。例如苯乙酸作为青霉菌代谢、合成青霉素的前体物质，在青霉素生物发酵过程中是必不可少的，生产中的苯乙酸钾需用强碱氢氧化钾与苯乙酸中合成盐，而后应用于生产。苯乙酸钾在配置过程中，危险性高、劳动强度大，且成本偏高。用苯乙酸钠在青霉素发酵过程中替代苯乙酸钾，在不影响发酵单位的情况下，可以降低发酵成本，减轻劳动强度，并在实践中取得了良好的效果。

（3）产物促进剂　产物促进剂是指那些非细胞生长所必需的营养物，又非前体，但加入后却能提高产量的添加剂。有些促进剂本身是酶的诱导物；有些促进剂是表面活性剂，可改善细胞的透性，改善细胞与氧的接触从而促进酶的分泌与生产。例如由国家重点高新技术企业安琪酵母股份有限公司出品的发酵促进剂能有效帮助提高酵母活性、加快酵母耗糖能力、促进发酵进程、降低发酵残糖、提高原料出酒率，更能满足酒精企业节粮降耗、降低综合生产成本和运行费用的需求。

三、培养基的种类

按照工业发酵中的用途可分为孢子（斜面）培养基、种子培养基、发酵培养基和补料培养基。

1. 孢子（斜面）培养基

这是供微生物细胞生长繁殖用的，包括细菌，酵母等的斜面培养基以及霉菌、放线菌孢子培养基或麸曲培养基等。这类培养基主要作用是供给细胞生长繁殖所需的各类营养物质。

2. 种子培养基

种子培养基是供孢子发芽和大量繁殖菌丝体用的培养基。一般是指种子罐的培养基和摇瓶种子的培养基。其作用是扩大培养，增加细胞数量，培养出强壮、健康、活性高的细胞。

3. 发酵培养基

发酵培养基是发酵生产中最主要的培养基，它不仅耗用大量的原材料，而且也是决定发酵生产成功与否的重要因素。工业生产对发酵培养基的营养要求是：

（1）营养成分要适当丰富和完全，既有利于菌体生长繁殖又不导致菌体过量繁殖，而抑制了目的的产物的合成。

（2）培养基 pH 稳定地维持在目的产物合成的最适 pH 范围。

（3）根据目的产物生物合成的特点，添加特定的元素、前体、诱导物和促进剂等对产物合成有利的物质。

（4）控制原料的质量，避免原料波动对生产造成的影响。

4. 补料培养基

在补料分批发酵过程中，间歇或连续补加的、含有一种或多种培养基成分的新鲜料液。补料培养基可以是单一成分，也可以按一定比例配制成复合补料培养基。

四、备料、领料、配料

1. 备料

工业发酵中用于配制培养基的原材料品种较多，有化学成分单一的无机盐，有成分复杂、质量不太稳定的天然化合物。由于它们的来源广，加工方法不同，制备出来的培养基质量是不稳定的。因此，在备料时，要检查培养基的各种原材料产地来源，加工方法以及每批质量检测报告等。特别是要确定有机氮源如玉米浆、蛋白胨等所使用的原材料和加工方法。在改换原材料品种时，必须先行小试，甚至中试，不符合质量标准或生产工艺要求的原材料不能随意用于生产。

原材料的颗粒度也影响培养基灭菌质量，颗粒度太大，会产生培养基灭菌不完全的现象。因此，在备料过程中应检查原材料的颗粒度符合要求。

2. 领料

领料单（表5-1）是由领用材料的部门或者人员（简称领料人）根据所需领用材料的数量填写的单据。其内容有领用日期、材料名称、单位、数量、金额等。为明确材料领用的责任，领料单除了要有领用人的签名外，还需要主管人员的签名，保管人的签名等。

领料人凭借领料单到仓库中领取所需材料时，由库存管理人员确认并出具出货单方可领取材料。

表5-1　领料单　　编号：　　年　月　日

产品型号		生产数量			生产日期	
产品名称		入库数量			生产批号	
原料名称	规格	数量	实用量	单价	金额	备注
工艺要求						
损耗数量		包装类型			制单人	

付料：　领料：　配料：　复核：

注：一式三联。一联生产部存根，一联交原料库，一联交生产班组。

领料人职责：

（1）根据发酵生产的各种培养基配方，计算培养基的实用量。

（2）把实用量填入领料单，要求把所需的各种原材料按指定的地方放好。

（3）各罐的零头料，由指定人员称好，配齐，相应放入各罐原材料堆里。

（4）各罐料零头配齐后，自行一一检查，核对原材料的批号、种类、数量，并做好记录。

3. 配料

配料操作：

（1）配料前要确认配料罐已清洁，先放入一定量的饮用水，开启配料罐电机搅拌，按照顺序将原材料一一加入配料罐中，搅拌30分钟，搅拌均匀。

（2）打开物料第一阀（即过滤器前的阀门），同时检查关闭另一罐的第一阀（指两罐同用一个过滤器）。

（3）打开过滤器的水阀门，同时开启下水道阀门，待过滤器注满水后，使空气由下水道排出，见有水流出时关闭下水道阀门即可打料。

（4）开输送泵电钮。

（5）待罐内培养基的液面下降快要接近单向阀时，即打开水阀门冲洗罐内培养基直至干净后，待压力表上升（一般0.3MPa）以上即关闭物料管第二道阀门，打开下水道阀门把罐内剩余的水打入下水道，打完后停输送泵。

配料过程应避免一些人为因素，如投错料、计算错误等改变培养基的配方导致培养基质量下降，影响生产（表5-2，表5-3）。

表5-2 配料岗位——称量标准操作规程

题目	称量标准操作规程		编码	页码
制定		审 核		批 准	
制定日期		审核日期		批准日期	
颁发部门		颁发数量		生效日期	
分发单位	生产部　发酵制药岗位群				

目的：建立称量标准操作规程，规范称量操作。

适用范围：适用于车间称量操作人员。

责任者：操作者、QA质监员、车间工艺员。

操作法：

（1）认真检查磅秤等所使用的工具是否清洁，并将磅秤调节平衡。

（2）根据生产指令单，接受原辅料，接受时要认真检查品名、规格、批号、数量等是否与生产指令单相符。

（3）根据生产指令及领料单，称取所需物料。

①称量人核对原辅料是否相符，确认无误后，准确称取物料。

②复核人核对称量后的原辅料的品名、数量，确认无误后记录、签名。

（4）操作程序

①电子台秤安全操作程序：接通电源后，按“置零”键，稳定、指示灯亮且置零；按“去皮”键将显示皮重扣除，去皮标志亮；根据要求进行称重。

②按《磅秤的安全操作规程》进行称量：调至零点；将称量物轻轻放在台秤台面上，称量读数。

③及时填写岗位原始记录。

表5-3 配料岗位——配料标准操作规程

题目	配料标准操作规程		编码	页码	
制定		审 核		批 准	
制定日期		审核日期		批准日期	
颁发部门		颁发数量		生效日期	
分发单位	生产部　发酵制药岗位群				

目的：建立配料标准操作规程，规范配料操作。

适用范围：适用于车间配料操作人员。

责任者：操作者、QA质监员、车间工艺员。

操作法：

（1）称量配料岗位操作程序与方法 ①直接使用原料或中间产品，需清洁或除去外包装。②称量人认真核对物料名称、规格、批号、数量等，确认无误后按规定的方法和生产配料单的定额称量，记录并签名。③称量必须复核，核对称量后物料的名称、重量，确认无误后记录、签名。④需要进行计算后称量的物料，计算结果先经复核无误后再称量。⑤配好批次的原辅料装于洁净容器中，并附上标志，注明品名、批号、规格、数量、称量人、日期等。⑥剩余物料包装好后，贴上标志，放入脱包暂存室。⑦每配制完成一种产品的原辅料必须彻底清场，清洁卫生后经检查合格后方可进行另一种产品的称量配制。

（2）根据各种物料配料量，按“称料的先后原则”依次称量。每称量一种物料均需另一人复核，（品名、数量）无误后，再称下一种物料。

（3）称量好的物料用洁净容器盛装，填写好盛装单，交接下一工序。

（4）一个品种称量后按清场要求进行清场。

（5）及时填写原始记录。

五、备料、配料的相关知识

1. 起始原料、试剂和有机溶剂要有标准并强调规范性

起始原料的控制符合 GMP 的要求，从源头控制产品的质量。

（1）对于合成产品

①物料的清单：列出原料药生产工艺中使用的材料（如原材料、起始材料、溶剂、试剂、催化剂）名称，说明各自的使用工序。确认关键物料。

②物料的检测方法：阐明这些物料的质量控制信息。

③关键物料供应商 COA：质量标准和检验报告书。

（2）以动、植物或其组织器官为原材料 提供原材料科属种、产地、采集季节、采集物保存条件等，并提供其质量要求。

（3）生物合成的抗生素 提供菌种科属种和培养基的组成。

2. 起始原料的选择原则

（1）质量稳定、可控，应有来源、标准和供货商的检验报告，必要时应根据合成工艺的要求建立内控标准。

（2）对特殊的专用中间体，更是强调要提供相关的工艺路线和内控质量标准。

（3）对起始原料在制备过程中可能引入的杂质应有一定的了解，特别是对由起始原料引入的杂质、异构体，应进行相关的研究并提供质量控制方法；对具有手性中心的起始原料，应制定作为杂质的对映体异构体或非对映异构体的限度。

任务五 灭菌与除菌

一、灭菌方法

1. 加热灭菌

（1）高温蒸汽湿热灭菌法 每一种微生物都有一定的最适生长温度范围。当微生物处于最低温度以下时，代谢作用几乎停止而处于休眠状态。当温度超过最高限度时，微生物细胞中的原生质胶体和酶起了不可逆的凝固变性，使微生物在很短时间内死亡，加热灭菌即是根据微生物这一特性而进行的。

高温蒸汽湿热灭菌是指直接用蒸汽冷凝时释放大量潜热，并具有强大的穿透力，使微生物细胞中的原生质胶体和酶蛋白质变性凝固，核酸分子的氢键破坏，酶失去活性，于是微生物因代谢发生障碍而在短时间内死亡。目前发酵生产最有效，最常用的方法就是高温蒸汽湿热灭菌。

（2）干热灭菌　指在干燥高温条件下，微生物细胞内的各种与温度有关的化学反应迅速增加，细胞内蛋白质和核酸等物质变性，使微生物的致死率迅速增高而达到灭菌的目的。

干热灭菌适用于需要保持干燥并且能够耐高温的器械、容器的灭菌。常采用的条件是160℃，灭菌1~2小时。

2. 辐射灭菌

利用射线的辐照来杀灭有害细菌和昆虫的一项技术。用于灭菌的射线包括紫外线、X-射线、γ-射线等。辐射灭菌和其他杀菌方法相比有许多优点。它可在常温下进行，基本不改变样品的温度，适用于不能作高温处理的物品的消毒；它穿透性强，杀菌均匀彻底且迅速。几十至几千戈瑞的吸收剂量（单位质量的物质所吸收的平均辐射能量称吸收剂量，其单位戈瑞为1kg物质吸收1J能量，用Gy表示，即1Gy=J/kg）可将多种细菌和病毒（如大肠杆菌、鼠伤寒沙门菌、黑曲霉素、牛痘病毒等）杀死90%，它可处理密封包装的物品，操作简便，可连续作业，适于大规模加工。它一般不产生不利的变化，无残留毒物，安全卫生。因此已被广泛应用于各个领域。

3. 化学灭菌法

化学物质容易与微生物细胞内成分发生化学反应，如使蛋白质变性、酶类失活、破坏细胞膜的通透性而杀灭微生物。适用于厂房、无菌室等器具，甲醛最为常用。由于化学物质加入培养基之后很难去除，所以化学物质不适用培养基的灭菌。

4. 介质过滤灭菌

对培养液中某些不耐热的成分可采用过滤除菌法，发酵过程中所用的大量无菌空气也是采用过滤除菌法。

二、培养基与发酵设备的灭菌方法

工业生产上通常采用的蒸汽灭菌法，包括实罐灭菌（实消）、空罐灭菌（空消）、连续灭菌（连消）及附属设备灭菌。

1. 实罐灭菌

也称实消或分批灭菌（图5-5），将配制好的培养基输送入发酵罐内，经过间接蒸汽预热，然后直接通入饱和蒸汽加热，使培养基和设备一起灭菌，达到要求的温度和压力后维持一定时间，实消的温度一般为121℃，再冷却至发酵要求的温度，全过程包括升温、保温、降温三个过程。对培养基中固体物质含量较多时较适宜实罐灭菌。

（1）实罐灭菌过程

①首先清洗输料管路，用泵将配制好的培养基送到发酵罐内。

②进料过程中开启搅拌以防料液沉淀，然后通入蒸汽开始灭菌。

③一般先开各排气阀，将蒸汽引入夹套和蛇管进行预热，待罐温升到80～90℃，逐渐关小排气阀。

④将蒸汽从进气口、排料口、取样口、冲视镜管等直接通入罐内升温、升压。

⑤罐温121℃，罐压1.0×10^5Pa，保温30分钟，灭菌过程要间断或连续开动搅拌，以利泡沫破裂。

⑥保温结束后关闭排气阀、进气阀，关闭夹套阀，开启冷却水阀，待罐内压力低于过滤器压力时开启空气阀通入空气。

(2) 培养基实罐灭菌过程中应注意的问题

①灭菌前罐内均需要高压水清洗，清除堆积物。

②灭菌时要保证各路进气通畅及罐内培养基翻腾激烈，要控制好温度和压力。

③灭菌过程中要保持压力稳定，要严防泡沫升至罐顶或逃液，排气要通畅。

④实罐灭菌时必须避免“死角”，即蒸汽到达不了或达不到灭菌温度的地方，以免灭菌不彻底而使系统染菌。

⑤投料过程中，避免麸皮和豆饼粉等固形物在罐壁上残留的问题。

图5-5 外源蒸汽实罐原位消毒灭菌

⑥灭菌结束后应立即引入无菌空气保压，避免产生负压并抽吸外界空气。在引入无菌空气前，罐内压力必须低于分过滤器压力，否则培养基将倒流入过滤器内。

⑦在蒸汽与培养基直接接触时，有一部分蒸汽要冷凝成水，从而使培养基稀释，因而在配制培养基时应预先扣除这部分冷凝水，一般情况下要预先扣除冷凝水10%。

2. 空罐灭菌

空罐灭菌也称空消，是指将饱和蒸汽通入未加培养基的发酵罐（种子罐）内，进行罐体的湿热灭菌过程。空消的罐压、罐温可稍高于实消温度，保温时间也可延长。

3. 连续灭菌

连续灭菌也称连消，是指将培养基在发酵罐外，通过专用消毒设备，连续不断的加热，维持保温和冷却，然后进入发酵罐（种子罐）的灭菌过程。

连续灭菌的时间短、温度较高，培养基受到的破坏较少，故质量较好。连续灭菌时蒸汽负荷均衡一致，但不足之处是所需设备较多，操作较麻烦，染菌的机会也相应增加。

(1) 连续灭菌操作步骤

①配料罐：也称为配料预热罐，其主要作用是将料液预热到60～75℃，避免连续灭菌时由于料液与蒸汽温度相差过大产生水汽撞击而影响灭菌质量。

②连消塔：也称加热器，连续灭菌是在连消塔中完成的。连消塔的主要作用是使高温蒸汽与料液迅速接触混合，并使料液温度很快提高到灭菌温度（126～132℃），输入速度<0.1m/min，在连消塔内停留时间为20～30秒。

③维持罐：维持罐的作用就是使料液在灭菌温度下保持5～7分钟，以达到灭菌的

目的。罐压一般维持 4×10^5Pa。维持罐培养基由进料口连续进入维持罐底部，液面不断上升，离开维持罐流入冷却器。

④喷淋冷却器：用冷水在排管外从上向下喷淋，使管内料液逐渐冷却，料液在管内由下向上逆向流动，一般冷却到 40～50℃，输送到预先空消的罐内。

（2）连消灭菌过程中应注意的问题

①配料罐在使用前及使用后均用水清洗，热天还需要定期用甲醛消毒，同时葡萄糖和氮源分开消毒。

②连续灭菌设备（包括连消塔、维持罐、冷却管和管路）应定期清理检修，料液进入连消塔前必须先预热，尤其要注意避免培养基堵塞连消塔，否则很容易染菌。

③黏稠培养基的连续灭菌，必须降低料液输送速度及防止冷却时堵塞冷却管。在条件许可时，应尽量使用液化培养基或稀薄培养基。

4. 发酵附属设备及管路的灭菌

发酵附属设备有总空气过滤器、管道、计量罐、补料罐等。一般总空气过滤器、补料罐灭菌时灭菌温度为121℃，灭菌时罐压为 1.0×10^5Pa，灭菌时间为30分钟；油罐（消沫剂罐）灭菌时罐压为 $1.5\times10^5\sim1.8\times10^5$Pa，灭菌时间为1小时。管道灭菌时罐压不应低于 3.4×10^5Pa，灭菌时间为1小时，新安装的管道或长期未使用的管道灭菌时间可适当延长到1.5小时。灭菌后以无菌空气保压，自然冷却30分钟即可交付使用。

三、灭菌与除菌的相关知识

1. 染菌

（1）概念

①灭菌：用物理或化学方法杀死或除去环境中所有微生物，包括营养细胞、细菌芽孢和孢子。

②消毒：用物理或化学方法杀死物料、容器、器皿内外的病源微生物。一般只能杀死营养细胞而不能杀死细菌芽孢。

③除菌：是指用过滤方法除去空气或液体中所有的微生物及其孢子。

④染菌：是指在发酵系统内除了需要培养的微生物以外，还有其他微生物存活，这种现象称为染菌。

（2）染菌的危害　发酵过程污染杂菌，会严重的影响生产，是发酵工业的致命伤。造成大量原材料的浪费，在经济上造成巨大损失。扰乱生产秩序，破坏生产计划。遇到连续染菌，特别在找不到染菌原因往往会影响人们的情绪和生产积极性。影响产品外观及内在质量。防止杂菌污染是任何发酵工厂的一项重要工作内容。尤其是无菌程度要求高的液体深层发酵，污染防止工作的重要性更为突出。

（3）染菌的检查判断

①无菌检查：目前生产上常用的检查方法有：无菌试验、发酵液直接镜检和发酵液的生化分析。其中无菌试验是判断发酵染菌的主要依据。

②染菌判断：以无菌试验中的酚红肉汤培养基和双碟培养的反应为主，以镜检为辅。每个无菌样品的无菌试验，至少用2只酚红肉汤和1只双碟同时取样培养。如果连续3个时间的酚红肉汤无菌样品发生颜色变化或产生浑浊，或双碟上连续3个时间

样品染菌，即判为染菌。有时酚红肉汤反应不明显，要结合镜检确认连续3次样品有相同类型的异常菌存在，也可判断为染菌。

一般来讲，无菌试验的肉汤或培养平板应保存并观察至本批（罐）放罐后12小时，确认为无菌后才能弃去。无菌试验期间应每6小时观察一次无菌试验样品，以便能及早发现染菌。

2. 染菌处理

（1）种子罐染菌　种子罐染菌后，罐内种子不能再接入发酵罐内。为了保证发酵罐按正常作业计划运转，可从备用种子中，选择生长正常无染菌的种子移入发酵罐中。如无备用种子，则可选择一个适当培养龄的发酵罐内的培养物作为种子，移入新鲜培养基中，即生产上称为“倒种”。

（2）发酵前期染菌　发酵前期最易染菌，且危害最大，可通入蒸汽灭菌后放掉；如果危害性不大，营养成分含量较高，重新灭菌、重新接种、运转；如果杂菌危害性不大，营养成分消耗较多，放掉部分培养液，补入部分新培养基后进行灭菌、重新接种、运转；如果杂菌量少且生长慢，继续运转，但要时刻注意杂菌数量和代谢的变化。也可以用降低培养温度，调整补料量，用酸碱调pH，缩短培养周期等措施予以补救。

（3）发酵中期染菌　发酵中期染菌会严重干扰产生菌的代谢。杂菌大量产酸，培养液pH下降；糖、氮消耗快，发酵液发黏，菌丝自溶，产物分泌减少或停止，有时甚至会使已产生的产物分解。有时也会使发酵液发臭，产生大量泡沫。发酵中期染菌可加入适量的杀菌剂或抗生素，抑制杂菌的生长。也可以降低培养温度、降低通风量、停止搅拌或控制补料量。如果采用上述两种措施仍不见效，就要考虑提前放罐；如果没有提取价值的发酵液，废弃前应加热至120℃以上，保持30分钟后弃掉。

染菌罐放罐后，发酵罐体用甲醛等化学物质灭菌，再用蒸汽灭菌（包括各种附属设备）；再次投料前，要彻底清洗罐体、附件，同时进行严密程度检查，以防渗漏。

（4）噬菌体污染　噬菌体的感染力很强，传播蔓延迅速，也较防治，故危害极大。污染噬菌体后，可使发酵产量大幅度下降，严重的造成断种，被迫停产。噬菌体污染防治方法措施包括严禁活菌体排放，切断噬菌体的根源，做好环境卫生，消灭噬菌体与杂菌，严防噬菌体与杂菌进入种子罐或发酵罐内，抑制罐内噬菌体的生长。

任务六　发酵过程控制技术

微生物发酵的生产水平不仅取决于生产菌种本身的性能，而且要赋以合适的环境条件才能使它的生产能力充分表达出来。

为此我们必须通过各种研究方法了解有关生产菌种对环境条件的要求，如培养基、培养温度、pH、氧的需求等，并深入地了解生产菌在合成产物过程中的代谢调控机制以及可能的代谢途径，为设计合理的生产工艺提供理论基础。

同时，为了掌握菌种在发酵过程中的代谢变化规律，可以通过各种监测手段如取样测定随时间变化的菌体浓度，糖、氮消耗及产物浓度以及采用传感器测定发酵罐中的培养温度pH、溶解氧等参数的情况，并予以有效地控制，使生产菌种处于产物合成的优化环境之中。

同样的菌种，同样的培养基在不同工厂，不同批次会得到不同的结果，可见发酵过程的影响因素是复杂的，比如设备的差别、水的差别、培养基灭菌的差别，菌种保藏时间的长短，发酵过程的细微差别都会引起微生物代谢的不同。了解和掌握分析发酵过程的一般方法对于控制代谢是十分必要的。

一、发酵过程的工艺参数控制

1. 物理参数

（1）温度（℃） 指发酵整个过程或不同阶段发酵液所维持的温度。温度对发酵的影响主要表现在：①影响发酵中的酶反应速度。②影响菌体生长速度，产物合成速度。③影响氧在培养液中的溶解度，传递速率。

（2）压力（Pa） 发酵过程中发酵罐维持的压力。发酵过程中维持罐内一定的压力，主要有两方面的作用：①罐内维持正压，可防止外界空气中杂菌的侵入，保证纯种培养。②罐压的高低与氧，CO_2 在培养液中的溶解度有关，间接影响菌体代谢。目前发酵生产上通常罐压一般维持在 0.02～0.05MPa。

（3）搅拌转速（r/min） 是指搅拌器在发酵罐中转动速度，以每分钟的转数表示。主要作用是提高氧传递速率，物料混合。搅拌转速大小与发酵液的均匀性和氧在发酵液中的传递速率有关。发酵罐容积越大，所需的最大搅拌转速越小。

（4）搅拌功率（kW） 指搅拌器搅拌时所消耗的功率，常指每立方米发酵液所消耗的功率（kW/m^3）。搅拌功率的大小与溶氧传递系数 KLa 有关。

（5）空气流量［L/（L·min）］ 指每分钟每单位体积发酵液通入空气的体积。它是需氧发酵中重要的控制参数之一。它的大小与氧的传递和其他控制参数有关。一般控制在 0.8～1.5L/（L·min）之间。主要作用是供氧，排出废气，提高溶氧传递系数 Kla。

（6）黏度（Pa·s） 黏度大小可作为细胞生长或细胞形态的标志之一，反应发酵罐中菌丝分裂过程情况。在发酵过程中通常用表观粘度表示。黏度的大小可改变氧传递的阻力，又可表示相对菌体浓度。

（7）浊度（%） 浊度能及时反映单细胞生长状况的参数。

2. 化学参数

（1）pH（酸碱度） 发酵过程中各种产酸，产碱生化反应的综合结果，与菌体生长和产物合成有重要的关系。pH 的高低与菌体生长和产物合成有着重要的关系，是发酵工艺控制的重要参数之一。

（2）基质浓度（g/100ml，mg/100ml） 指发酵液中糖、氮、磷与重要营养物质的浓度。基质浓度的变化对产生菌的生长和产物的合成有重要影响，也是提高代谢产物产量的重要控制手段。

（3）溶解氧（DO）浓度（mmol/L，mg/L，饱和度%） 氧是微生物体内一系列细胞色素氧化酶催化产能反应的最终电子受体，也是合成某些产物的基质。利用 DO 浓度的变化，可以了解微生物对氧利用的规律，反映发酵代谢正常与否的情况。溶解氧是一个重要的控制参数。

（4）产物浓度（μg/ml）是发酵产物产量高低、代谢正常与否的重要参数。作用是决定发酵周期长短的根据。

（5）尾气 O_2 浓度和 CO_2 浓度 从尾气中 O_2 和 CO_2 浓度的含量可以算出产生菌的

摄氧率、呼吸商和发酵罐的供氧能力，从而了解产生菌的呼吸代谢规律。

3. 生物参数

（1）菌（丝）体浓度　菌体浓度简称菌浓，是指单位体积培养液中菌体的含量，它反映了菌体的生理特性，是种子质量和发酵过程控制的重要参数指标。

（2）菌丝形态　丝状菌发酵过程中菌丝形态的改变是生化代谢变化的反映。一般都以菌丝形态作为衡量种子质量、区分发酵阶段、控制发酵过程的代谢变化和决定发酵周期依据之一。

二、发酵过程的重要影响参数与控制

1. 温度的影响与控制

微生物生长、维持及产物的生物合成都是在一系列酶催化下进行的，温度是保证酶活性的重要条件。不同的微生物菌种的最适生长温度和产物形成的最适温度都是不同的。在最适温度下，微生物生长迅速；超过最高温度微生物即受到抑制或死亡；在最低温度范围内微生物尚能生长，但生长速度非常缓慢。在最低和最高温度之间，微生物的生长速率随温度升高而增加，超过最适温度后，随温度升高，生长速率下降，最后停止生长，引起死亡。

最适发酵温度随菌种、培养基成分、培养条件和菌体生长阶段而改变，理论上，在整个发酵过程中不应只选一个培养温度，而应根据培养的不同阶段调整温度，以达到最佳效果。例如青霉素菌丝生长的最适温度为27℃，而分泌青霉素的最适温度为20℃，因此生产上采用变温控制法，使之适合不同发酵阶段的需要。如采用从26℃逐渐降温至22℃的发酵温度，可延缓菌丝衰老，增加培养液中的溶氧度，延长发酵周期，有利于发酵后期的单位效价增长。

培养温度不仅影响产物的浓度，而且会改变微生物合成的方向。例如四环素产生菌金色链霉菌同时产生金霉素和四环素，当温度低于30℃时，这种菌合成金霉素能力较强；温度提高，合成四环素的比例也提高，温度达到35℃时，金霉素的合成几乎停止，只产生四环素。

2. pH 的影响与控制

发酵培养基的 pH 对微生物生长具有非常明显的影响，也是影响发酵过程中各种酶活的重要因素。微生物生长都有最适 pH 范围及其变化的上、下限，超出此上、下限，菌体将无法忍受而自溶。pH 对产物的合成也有明显的影响。

在发酵过程中，pH 的控制主要包括：①调节好基础配方的酸碱度，如基础配方中若含有玉米浆，pH 呈酸性，必须调节 pH，若要控制消后 pH 在 6.0，消前 pH 往往要调到 6.5 ~6.8。②在基础配方中加入维持 pH 的物质，如碳酸钙，或具有缓冲能力的试剂，如磷酸缓冲液等。③通过补料调节 pH，在发酵过程中根据糖氮消耗需要进行补料，在补料与调节 pH 没有矛盾时采用补料调节 pH。④当补料与调节 pH 发生矛盾时，加酸碱调节 pH。

3. 溶氧的影响和控制

溶氧是需氧微生物生长所必需的。在发酵过程中有多方面的限制因素，而溶氧往往是最易成为控制因素。发酵液中溶解氧浓度的高低对菌体生长，产物的合成以及产物的性质都会产生不同的影响。溶氧低，导致能量供应不足，由无氧代谢供应能量，能量利用率低下，且碳源不完全氧化产生有机酸，这些物质的积累将抑制菌体的生长代谢；溶氧偏高，培养基过度氧化，细胞成分由于氧化而分解，不利于菌体生长。

在发酵过程中引起溶氧异常下降可能原因：①污染好气性杂菌，大量的溶氧被消耗掉，使溶氧在较短时间内下降到零附近，如果杂菌本身耗氧能力不强，溶氧变化就可能不明显。②菌体代谢发生异常现象，需氧要求增加，使溶氧下降。③某些设备或工艺控制发生故障或变化，也能引起溶氧下降，如搅拌功率消耗变小或搅拌速度变慢，影响供氧能力，使溶氧降低。又如消沫油因自动加油器失灵或人为加量过多，也会引起溶氧迅速下降。

在发酵过程中引起溶氧异常上升可能原因：在供氧条件没有发生变化的情况下，耗氧量的显著减少导致溶氧异常升高。如菌体代谢出现异常，耗氧能力下降，使溶氧上升。特别是污染烈性噬菌体，影响最为明显，产生菌尚未裂解前，呼吸已受到抑制，溶氧就明显上升，菌体破裂后完全失去呼吸能力，溶氧就直线上升。

因此，从发酵液中溶解氧的浓度的变化，可了解微生物代谢是否正常，工艺控制是否合理，设备供氧能力是否充足等问题，以帮助查找不正常的原因和控制好发酵生产。

4. 二氧化碳的影响与控制

二氧化碳是呼吸和分解代谢的终产物，几乎所有发酵均产生大量的二氧化碳。溶解在发酵液中的二氧化碳对氨基酸、抗生素等发酵有抑制或刺激作用。在工业发酵过程中，为了排除二氧化碳的影响，需综合考虑二氧化碳在发酵液中的溶解度、温度和通气状态。如遇到泡沫上升引起逃液时，有时采用减少通气量和提高罐压的措施来抑制逃液，但这将增加二氧化碳的溶解度，对菌体的生长有害。

5. 泡沫的影响与控制

在发酵过程中因通气搅拌与发酵产生二氧化碳以及发酵液中糖、蛋白质和代谢物等稳定泡沫的物质存在，使发酵液含有一定数量的泡沫，这属于正常现象。但是过多的泡沫会带来许多不利因素，主要表现在：①降低发酵罐装料系数。②增加了菌群的非均一性。③影响菌体的生长。④造成大量“逃液”，增加了染菌的机会，产物流失。⑤消泡剂加入会影响发酵产量或给后提取工序带来困难。

泡沫的控制方法可分为机械消泡和化学消泡剂消泡两大类。

（1）机械消泡　机械消泡借助机械搅拌起到破碎气泡消除泡沫的作用。机械消泡的优点在于不需要引进外源物质如消泡剂，从而减少染菌机会，并节省原材料，且不会增加下游提取工艺的负担。但其效果往往不如消泡剂迅速、可靠，需要一定的设备和消耗一定的动力，其最大的缺点是不能从根本上消除泡沫的形成。

（2）化学消泡剂消泡　化学消泡剂消泡是工业发酵过程中常用的消除泡沫的方式。发酵常用的消泡剂分为天然油脂类、聚醚类、高级醇类和硅树脂类。常用的天然油脂类有豆油、玉米油、棉籽油、菜籽油、猪油等，除作为消泡剂外，这些物质还可作为碳源。其消泡能力不强。应用较多的是聚醚类，主要成分为聚氧丙烯甘油（简称 GP 型）和聚氧乙烯氧丙烯甘油（简称 GPE 型），又称泡敌，GP 型亲水性差，在发泡介质的溶解度小，消泡能力相当于豆油的 60～80 倍；GPE 型亲水性好，在发泡介质中易铺展，消泡能力强，作用快，通常用量为 0.03%～0.035%，消泡能力比植物油大 10 倍以上。消沫剂的使用应结合生产实际加以选择。

三、发酵过程控制的相关知识

1. 微生物发酵的三种主要操作方式

（1）分批发酵　培养液一次性投入发酵罐，发酵罐和培养基经过灭菌后，接入种子液，在最佳条件下开始发酵，当完成菌体生长和产物合成积累后，进行放罐的发酵过程。分批发酵优点：①发酵周期短，生产过程、产品质量易掌握，不易发生杂菌的污染。②当运转条件发生变化或需要生产新产品时，易改变处理对策。③对原料组成要求较粗放。

（2）补料分批发酵　在分批发酵的基础上，开始时投入一定量地基础培养基，到发酵过程适合时期，开始连续补加碳源和（或）氮源和（或）其他必需基质，但不取出培养液，直至发酵液体积达到发酵罐最大操作容积，产率最大化后，停止补料，将发酵液一次全部放出。

补料分批发酵优点：①解除高浓度底物的抑制、产物的反馈抑制和分解代谢物的阻遏作用，也防止后期养分不足而限制菌体的生长。②可有效地控制菌体的浓度和黏度，延长发酵周期，提高溶解氧水平和产物的发酵产量。③便于自动控制，为自动控制和最优控制提供实验基础，还可以利用计算机控制合理的补料速率，稳定最佳生产工艺。

（3）连续发酵　以一定的速度向发酵罐内添加新鲜培养基，同时以相同速度取出发酵液（培养液和菌体），从而使发酵液体积和菌体浓度等维持恒定的发酵过程。培养基连续稳定加入，产物连续稳定离开，反应体积不变，发酵罐内物系组成不变。但污染杂菌概率和菌种退化的可能性增加，故目前在实际生产中应用的还较少。

2. 发酵终点确定

确定合适的微生物发酵终点，对提高产物的生产能力和经济效益是很重要的。生产不能只单纯追求高生产力，而不顾及产品的成本，必须把两者结合起来，既要高产量，又要低成本。确定发酵放罐时间主要遵从以下原则：①有利于提高经济效益，在取得一定经济效益的前提下，尽可能地延长发酵时间。以能最大限度地降低成本和最大限度地取得最大生产能力的发酵时间为最适发酵时间。②有利于提高产品的质量，发酵时间长短对提取工艺和产品质量有很大的影响。要充分考虑对后续工艺的影响，保证提取过程正常进行。③特殊因素，在异常情况下，如染菌、代谢异常，应及时采取措施（改变温度或补充营养），可适当提前或拖后放罐时间。

任务七　粗品分离与精制技术

发酵产物的分离与精制，是实现发酵的最终目标即获得高品质的发酵产品。发酵产物一般要经过一系列单元操作，才能把目标产物从发酵液中提取分离出来，精制成为合格的产品。发酵产物的提取分离步骤一般都比较多，但通常首先要进行固液分离，将微生物细胞和发酵液分开，然后根据发酵产物的存在部位确定后续分离步骤。若目标产物存在于发酵液中，则后续分离纯化工作针对发酵液进行；若目标产物存在于微生物细胞内，则后续分离纯化工作将针对收集的微生物细胞进行，因而提高细胞破碎率就成为发酵产物提取分离不可忽视的重要环节。

一般说来，发酵产物的分离与精制可分为4个阶段：①发酵液的预处理和固液分离，目的是除去发酵液中的菌体细胞和不溶性固体杂质。②初步纯化（提取），目的是除去与产物性质差异较大的杂质，为后道精制工序创造有利条件。③高度纯化（精制），去除与产物的物理化学性质比较接近的杂质。④成品加工，成品形式由产品的最终用途决定。

发酵液分离纯化的一般工艺流程见图5-6。

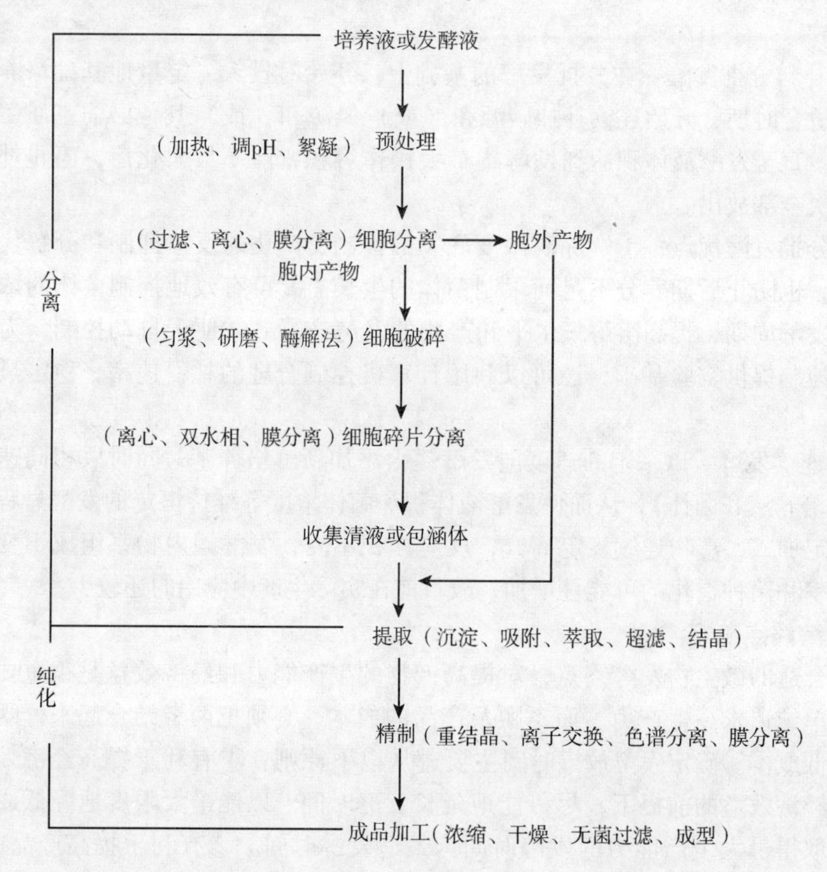

图5-6 发酵液分离纯化的一般工艺流程

一、发酵液的预处理和固-液分离技术

微生物发酵结束后的培养物中含有大量的菌体细胞或细胞碎片，残余的固体培养基以及代谢产物，这些发酵培养物很难直接采用离心或过滤操作实现固液分离。如果进行适当的预处理，通过改变其流体特性、降低滤饼比阻或离心沉降特性以及使发酵液相对纯化措施来提高固液分离效率和后续分离效率及收率。

1. 发酵液预处理和固液分离的目的

分离菌体和其他悬浮颗粒（细胞碎片、核酸和蛋白质的沉淀物）；除去部分可溶性杂质和改变滤液性质，以利于提取和精制的顺利进行。

2. 发酵液的预处理

采用理化方法设法增大悬浮液中固体粒子的大小或降低黏度，以利于过滤。去除会影响后续提取的高价无机离子。

(1) 高价无机离子的去除方法　①去除钙离子，可用草酸，草酸溶解度较小，故用量大时，可用其可溶性盐，如草酸钠。反应生成的草酸钙还能促使蛋白质凝固，提高滤液质量。但草酸价格较贵，应注意回收。②去除镁离子，可用三聚磷酸钠，它和镁离子形成可溶性络合。用磷酸盐处理，也能大大降低钙离子和镁离子的浓度。③去除铁离子，可加入黄血盐，使形成普鲁士蓝沉淀。

(2) 杂蛋白质的去除方法　①热变性：加热是最常用的使蛋白质变性的方法，但热处理通常会对原发酵液质量有一定的影响，特别是会导致色素增加，破坏目标产物，因此只适合于对热较稳定的发酵产物的提取。②沉淀法：在酸性溶液中，蛋白质能与一些阴离子如三氯乙酸盐、水杨酸盐等形成沉淀；在碱性溶液中，蛋白质能与一些阳离子如 Ag^{+}、Cu^{2+} 等形成沉淀。③大幅度改变 pH。

(3) 凝聚和絮凝　凝聚是在中性盐作用下，由于胶体粒子之间双电子层排斥电位的降低，而使胶体体系不稳定的现象。发酵液中的菌体细胞或蛋白质等胶体粒子的表面，一般都带有电荷，带电的原因很多，主要是吸附溶液中的离子和自身基团的电离。

絮凝是指在某些高分子絮凝剂存在下，基于架桥作用，使胶粒形成粗大的絮凝团的过程，是一种以物理的集合为主的过程。

凝聚和絮凝能有效改变细胞及溶解大分子物质的分散状态，使其聚结成较大的颗粒，提高过滤速率，有效除去杂蛋白和固体杂质，提高滤液质量。凝聚与絮凝方法操作简便易行，能耗低，所用设备及药品成本低廉，与超滤等其他方法相比较，有独特的优势，符合国内实际情况，是工业上常用的发酵液预处理方法。

絮凝技术预处理发酵液的优点不仅在于过滤速度的提高，还在于能有效地去除杂蛋白质和固体杂质，如菌体、细胞和细胞碎片等，提高了滤液质量。

影响絮凝的因素有絮凝剂的用量、分子量和类型、溶液的 pH、搅拌速度和时间等。

3. 发酵液的过滤

过滤是指在压力（或真空）的情况下将悬浮液通过过滤介质以达到固液分离的目的。在过滤操作中，要求滤速快，滤液澄清并且有高的收率。大多数生物发酵液的除菌过滤仍采用板框、真空转鼓、离心机、硅藻土机等传统分离设备。

(1) 影响过滤速度的因素

①菌种：真菌的菌丝比较粗大，如青霉菌的菌丝直径可达 10μm，发酵液容易过滤，不需特殊处理。其滤渣呈紧密饼状物，很容易从滤布上刮下来，故可采用鼓式真空过滤机过滤。

放线菌发酵液菌丝细而分支，交织成网络状。如链霉素发酵液菌丝仅 0.5 ~ 1.0μm 左右，还含有很多多糖类物质，黏性强，过滤较困难，一般需经预处理，以凝固蛋白质等胶体。

细菌发酵液的菌体更细小，因此，过滤十分困难，如不用絮凝等方法预处理发酵液，往往难以采用常规过滤的设备来完成过滤操作。

②发酵条件：主要包括培养基的组成、未用完培养基的数量、消沫油和发酵周期等。

（2）改善过滤性能的方法　发酵工业中用于改善发酵液过滤性能的方法通常有：等电点、蛋白质变性、吸附、凝聚和絮凝、加入助滤剂、直接在发酵液中形成填充－凝固剂、酶解作用等。

（3）固－液分离设备的选择　不同性状的发酵液应选择不同的固－液分离设备。常用于发酵液的分离设备有：板框压滤机、鼓式真空过滤机、离心沉降分离机。

①板框压滤机：板框压滤机的过滤面积大，过滤推动力（压力差）能较大幅度地进行调整，并能耐受较高的压力差，故对不同过滤特性的发酵液适应性强，同时还具有结构简单，价格低，动力消耗少等优点，因此，目前国内广泛被采用。自动板框过滤机是一种较新型的压滤设备，它使板框的拆装，滤渣的脱落卸出和滤布的清洗等操作都能自动进行，大大缩短了非生产的辅助时间和减轻了劳动强度。对于菌体较细小，粘度较大的发酵液，可加入助滤剂或采用絮凝等方法预处理后进行压滤。

板框压滤机缺点：不能连续操作，设备笨重，劳动强度大；卫生条件差；非生产的辅助时间长，阻碍了过滤效率的提高。

②鼓式真空过滤机：鼓式真空过滤功能连续操作，并能实现自动化控制，但是压差较小，主要适用于霉菌发酵液的过滤。而对菌体较细或黏稠的发酵液不太适用。一种较好的解决办法是过滤前在转鼓面上预铺一层助滤剂，操作时，用一把缓慢向鼓面移动的刮刀将滤饼连同极薄的一层助滤剂一起刮去，这样使过滤面积不断更新，以维持正常的过滤速度。放线菌发酵液可采用这种方式过滤。

鼓式真空过滤机优点：能连续操作，能实现自动化控制。缺点：压差较小，主要适用于霉菌发酵液的过滤。

③离心分离：离心分离的优点是分离速度快，效率高，操作时卫生条件好，适合于大规模的分离过程。缺点是投资费用高，能耗较大。

4. 微生物细胞的破碎

细胞破碎技术是指利用外力破坏细胞壁和细胞膜，使细胞内目标物释放出来的技术。微生物的代谢产物有的分泌到细胞或组织之外，例如细菌产生的碱性蛋白酶，霉菌产生的糖化酶等，称为胞外产物。还有许多是存在于细胞内，例如青霉素酰化酶，碱性磷酸脂酶等，称为胞内产物。

对于胞外产物只需直接将发酵液预处理及过滤，获得澄清的滤液，作为进一步纯化的出发原液，对于胞内产物，则需首先收集菌体进行细胞破碎，使代谢产物转入液相中，然后，再进行细胞碎片的分离。

（1）微生物细胞的破碎技术　常见的细胞破碎方法有：机械方法（高效珠磨法、高压匀浆破碎法、超声破碎）和非机械方法（酶解法、渗透压冲击、冻结和融化、干燥法、化学法）。

①高效珠磨法：高效珠磨法是常用的一种方法，珠磨机是该法所用的设备，它将细胞悬浮液与玻璃小珠、石英砂或氧化铝一起快速搅拌或研磨，使达到细胞的某种程度破碎。

②高压匀浆破碎法：采用高压匀浆器是大规模破碎细胞的常用方法，利用高压迫

使细胞悬浮液通过针形阀，由于突然减压和高速冲击撞击环造成细胞破裂。

③超声破碎：细胞的破碎是由于超声波的空化作用，从而产生一个极为强烈的冲击波压力，由它引起的黏滞性漩涡在介质中的悬浮细胞上造成了剪切应力，促使细胞内液体发生流动，从而使细胞破碎。

④酶解法：利用酶反应，分解破坏细胞壁上特殊的键，从而达到破壁的目的。

⑤渗透压冲击：是较温和的一种破碎方法，将细胞放在高渗透压的介质中（如一定浓度的甘油或蔗糖溶液），当达到平衡后，介质被突然稀释，或者将细胞转入水或缓冲液中，由于渗透压的突然变化，水迅速进入细胞内，引起细胞壁的破裂。渗透压冲击的方法仅对细胞壁较脆弱的菌，或者细胞壁预先用酶处理，或合成受抑制而强度减弱时才是合适的。

⑥冻结和融化法：将细胞放在低温下突然冷冻和室温下融化，反复多次而达到破壁作用。

⑦干燥法：可采用空气干燥，真空干燥，喷雾干燥和冷冻干燥等。空气干燥主要适用于酵母菌；真空干燥适用于细菌的干燥。冷冻干燥适用于较不稳定的生化物质。

⑧化学法：用酸碱及表面活性剂处理，可以使蛋白质水解，细胞溶解或使某些组分从细胞内渗漏出来。

（2）破碎方法的选择　选择合适的破碎方法需要考虑下列因素：①细胞的数量。②所需要的产物对破碎条件（温度、化学试剂、酶等）的敏感性。③要达到的破碎程度及破碎所必要的速度。④尽可能采用最温和的方法。⑤具有大规模应用潜力的生化产品应选择适合于放大的破碎技术。

5. 沉淀法

沉淀法是最传统的分离技术之一，沉淀是物理环境的变化引起溶质的溶解度降低，生成固体凝聚物的过程。由于其浓缩作用常大于纯化作用，因而沉淀法通常作为初步分离的一种方法，用于从去除了菌体或细胞碎片的发酵液中沉淀出生物物质，然后再利用色层分离等方法进一步提高其纯度。

沉淀法由于成本低、收率高（不会使蛋白质等大分子失活）、浓缩倍数高和操作简单等优点，是下游加工过程中应用广泛的值得注意的方法。常用的沉淀法有：盐析法、有机溶剂沉淀法和等电点沉淀法等。

（1）盐析法　盐析法就是在蛋白质溶液中加入中性盐使其沉淀析出的过程。盐析法的优点是成本低，不需要什么特别昂贵的设备，操作简单、安全，对许多生物活性物质具有稳定作用。缺点是沉淀物中含有大量的盐析剂。盐析的影响因素如下。

①离子强度和类型：在低离子强度下，许多蛋白质比在纯水中的溶解度大大增加，但当溶液中离子强度不断增加时，各离子之间及离子与溶质分子之间相互竞争水分子，结果导致溶质的溶解度渐渐减少，产生盐析现象。

②pH：一般地说，蛋白质所带净电荷越多，它的溶解度越大；如果所带的电荷减少至接近于零时溶解度最少，我们称此时的pH为该蛋白质的等电点（pI）。

③温度：温度是影响溶解度的重要因素，对于许多无机盐和小分子的有机化合物，温度升高，溶解度也相应增大。但对于蛋白质、酶等生物大分子在高离子强度溶液中，温度的升高，它们的溶解度有时不但不升高，反而减少。

在一般情况下，蛋白质的盐析温度要求不严格，可以在室温下进行，只有某些对温度比较敏感的酶，要求在低温0～4℃下操作，以避免活力的丧失。

（2）有机溶剂沉淀法　有机溶剂的沉淀作用主要是降低水溶液的介电常数，溶液的介电常数减少就意味着溶质分子异性电荷库仑引力的增加从而使溶解度减少。有机溶剂沉淀法优点是分辨能力比盐析法高，即一种蛋白质或其他溶质只有在一个比较窄的有机溶剂浓度范围内沉淀。沉淀不用脱盐，过滤比较容易。在生化制备中应用比盐析法广泛。缺点是容易引起蛋白质变性失活，操作常需在低温下进行，且有机溶剂易燃、易爆、安全要求较高。

（3）等电点沉淀法　对于两性物质，等电点时，净电荷为零，分子间排斥电位降低，因此吸收力增大，能相互聚集起来，发生沉淀。等电点沉淀法的优点是很多蛋白质的等电点都在偏酸性范围内，而无机酸通常价较廉，并且某些酸，如磷酸、盐酸和硫酸的应用能为蛋白质类食品所允许。同时，常可直接进行其他纯化操作，无须将残余的酸除去。缺点是酸化时，易使蛋白质失活，这是由于蛋白质对低pH比较敏感。

6. 吸附法

吸附法是利用吸附剂与杂质、色素物质、有毒物质、产品之间分子引力的差异，从而起到分离的作用。在发酵工业的下游加工过程中，吸附法应用于发酵产品的除杂、脱色、有毒物质和抗生素的提纯精制。

吸附法的优点是可不用或少用有机溶剂，操作简便、安全、设备简单，生产过程中pH变化小，适用于稳定性较差的生化物质。缺点是吸附法选择性差、收率不高；无机吸附剂性能不稳定，不能连续操作，劳动强度大；碳粉等吸附剂影响环境卫生。

由于凝胶类吸附剂、大网格聚合物吸附剂的应用，克服了以上缺点，近年吸附法又得到重视。

影响吸附过程的因素：

（1）吸附剂的性质　吸附剂的理化性质对吸附的影响很大，吸附剂的性质与其原料、合成方法和再生条件有关。一般要求吸附容量大、吸附速度快和机械强度好。

（2）吸附物的性质　能使表面张力降低的物质，易为表面吸附；溶质从较易溶解的溶剂中吸附时，吸附量较少。极性吸附剂易吸附极性物质，非极性吸附剂易吸附非极性物质；对于同系列物质，吸附量的变化是有规则的。

（3）溶液pH的影响　pH影响某些化合物的离解度。

（4）温度的影响　吸附热越大，则温度对吸附的影响越大。

（5）其他组分的影响　当从含有两种以上组分的溶液中吸附时，根据溶质的性质可以互相促进，干扰或互不干扰。一般说来，对混合物的吸附较纯物质的吸附为差。

7. 离子交换法

离子交换作用是指一个溶液中的某一种离子与一个固体中的另一种具有相同电荷的离子互相调换位置，即溶液中的离子跑到固体上去，把固体上的离子替换下来。这里溶液称流动相，而固体称固定相。

离子交换剂的分类：①阳离子交换剂：可分为强酸型、中酸型和弱酸型。②阴离子交换剂：可分为强碱性、中碱性和弱碱性。③两性离子交换剂。④选择性离子交换剂。⑤吸附树脂。⑥电子交换树脂。

影响离子交换速度的因素：①树脂颗粒的大小。②树脂的交联度。③溶液中离子浓度。④温度。⑤离子的大小。⑥离子价。⑦树脂强弱。

二、膜分离技术

膜分离技术是指利用具有一定选择性透过特性的过滤介质，将不同大小、不同形状和不同特性的物质颗粒或分子进行分离的技术。

1. 分类

根据膜材质和方法的差异，可将膜分离方法分为以下种类：①透析。②超滤。③反渗透。④微滤。⑤电渗析。⑥液膜技术。⑦气体渗透。⑧渗透蒸发。

2. 影响超滤速度的各种因素

（1）压力　当压力较低时，通量较小，膜面上尚未形成浓差极化层，此时通量随压差成正比增大。当压力逐渐增大时，膜面上开始形成浓差极化层，通量随压差而增大的速度开始减慢。当压力继续增大时，浓差极化层浓度达到凝胶层浓度时，通量不随压差而改变。因为当压力继续增大时，虽暂时可使通量增加，但凝胶层厚度也随之增大，即阻力增大，而使通量回复至原值。

（2）发酵液浓度、温度、流速　通量与料液流速成正比；通量与操作温度成正比；通量与固体浓度成反比。

（3）膜的污染　膜在使用中，尽管操作条件保持不变，但通量仍逐渐降低的现象称为污染。污染的原因一般认为是膜与料液中某一溶质的相互作用，或吸附在膜上的溶质和其他溶质的相互作用而引起的。

膜污染与浓差极化的区别：浓差极化是可逆的，即变更操作条件可以使浓差极化消除，而污染则必须通过清洗的办法，才能消除。经清洗后如纯水达到或接近原来水平，则认为污染已消除。

三、萃取技术

溶剂萃取法是20世纪40年代兴起的一项化工分离技术，它是用一种溶剂将产物自另一种溶剂（如水）中提取出来，达到浓缩和提纯的目的。溶剂萃取法比化学沉淀法分离程度高，比离子交换法选择性好、传质快，比蒸馏法能耗低且生产能力大、周期短，便于连续操作，容易实现自动化等。

萃取是利用物质在两种成相的溶剂中溶解度的不同，使所需的目的物质从一种溶剂中转移到另一种溶剂中，从而达到分离纯化的目的。溶剂萃取法是以分配定律为基础的。在萃取中，被提取的溶液称为料液，其中欲提取的物质称为溶质。

1. 双（两）水相萃取

双水相系统是指某些高聚物之间或高聚物与无机盐之间在水中以适当的浓度溶解会形成互不相溶的两水相或多水相系统。通过溶质在相间的分配系数的差异而进行萃取的方法即为双水相萃取。

（1）双水相萃取的优点：①易于放大。②双水相系统之间的传质过程和平衡过程快速，因此能耗较小，可以实现快速分离。③易于进行连续化操作。④相分离过程温和，生化分子如酶不易受到破坏。⑤选择性高、收率高。⑥操作条件温和。

（2）双水相萃取的影响因素　生物物质在双水相中的分配系数主要由电化学位、疏水作用、生物亲和力、粒子大小和蛋白质的构象效应所决定，这些因素可以分为环境因素和结构因素两个方面。

环境因素包括成相高聚物的种类与浓度、高聚物的亲和基团、盐的种类和浓度、成相采用的重力以及温度等；结构因素主要是亲水性的大小和电荷的影响。

2. 反相胶束（胶团）

蛋白质进入反胶团溶液是一协同过程。在有机溶剂相和水相两宏观相界面间的表面活性剂层，同邻近的蛋白质分子发生静电吸引而变形，接着两界面形成含有蛋白质的反胶团，然后扩散到有机相中，从而实现了蛋白质的萃取。改变水相条件（如 pH、离子种类或离子强度），又可使蛋白质从有机相中返回到水相中，实现反萃取过程。

（1）反相胶团萃取的优点：①成本低。②选择性高。③操作方便。④放大容易。⑤萃取剂（反胶团相）可循环利用。⑥蛋白质不易变性等优点。

（2）影响萃取的因素　影响萃取的因素：①表面活性剂。②水相的 pH。③离子强度。④温度。⑤蛋白质的分子量和浓度等。

3. 超临界流体萃取

超临界萃取是使用超临界流体作为溶剂的萃取方法。

（1）超临界流体萃取的特点　同通常的液体萃取相比，在萃取速率和分离范围方面，超临界流体萃取更为理想。超临界流体萃取是通过温度和压力的调节来控制溶质的蒸汽压和亲和性而实现分离的，这样就能从天然物质中选择性地分离出用其他办法难以提取的有效成分或脱除有害成分。

（2）超临界流体萃取的典型流程　超临界流体萃取是利用萃取剂密度的变化而导致其对待分离组分的溶解能力的变化，从而实现分离的过程。因此，超临界流体萃取过程分萃取和分离两个阶段。超临界流体萃取的流程可分为：等温变压法、等压变温法和吸附法。

①等温变压法：等温变压法流程通过压力的变化引起超临界流体密度的变化，使得组分从超临界流体中析出分离。萃取剂经压缩达到最大溶解能力的状态点（即超临界状态）后加入到萃取器中与物料接触进行萃取。当萃取了溶质的超临界流体通过膨胀阀进入分离槽后，压力下降，超临界流体的密度也下降，对其中溶质的溶解度跟着下降。溶质于是析出并在槽底部收集取出。

②等压变温法：等压变温法流程中，超临界流体的压力保持一定，而利用温度的变化，引起超临界流体对溶质溶解度的变化，从而实现溶质与超临界流体分离的过程，降温升压后的萃取剂，处于超临界状态，被送入到萃取槽中与物料接触进行萃取。然后，萃取了溶质的超临界流体经加热器升温后在分离槽析出溶质。作为萃取剂的气体经冷却器等降温升压后送回萃取槽循环使用。

③吸附法：此种流程是将萃取了溶质的超临界流体，再通过一种吸附分离器，这种吸附分离器中装有只吸附溶质而不吸附萃取剂的吸附剂，当萃取了溶质的超临界流体通过这种吸附分离器后，溶质便与萃取剂即超临界流体分离，萃取剂经压缩后循环使用。

4. 液膜分离技术

液膜分离技术是萃取（膜）技术的重要分支，它是通过两液相间形成界面－液相膜，将两种不同但又能混溶的溶液隔开，经选择性渗透，使物质分离提纯。该技术具有膜薄、比表面积大、分离效率高、速度快、过程简单、成本低和用途广等优点。

影响液膜萃取的操作参数有：①pH。②流速。③共存杂质。④反萃相。⑤操作温度。⑥萃取操作时间。

四、色谱分离技术

色谱分离又称色层分离，它是一种物理分离方法，利用多组分混合物中各组分物理化学性质（如吸附力、分子极性、分子形状和大小、分子亲和力等）的差别，使各组分能以不同程度分布在两相中。其中一相是固定的，称为固定相；另一相则流过此固定相，称为流动相。

1. 色谱分离技术特点

色谱分离技术特点：①分离效率高。②应用范围广。③选择性强。④在线检测灵敏度高。⑤分离快速、易于实现过程控制和自动化操作。

2. 色谱分离技术分类

（1）吸附色谱　吸附色谱是利用固定相介质表面的活性基团对不同溶质分子发生吸附作用的强弱不同而进行分离的方法。

（2）离子交换色谱技术　离子交换色谱技术是以离子交换剂为固定相，液体为流动相的系统中进行的荷电物质分离技术。

离子交换色谱的操作流程如下。

①离子交换剂的处理：离子交换剂使用之前，需加过量的水悬浮除去细颗粒，再改用酸碱浸泡，以便除去杂质并使其带上需要的反离子。酸碱处理的次序决定了离子交换剂携带反离子的类型。在每次用酸（或碱）处理后，均应先用水洗涤至中性，再用碱（或酸）处理。最后用水洗涤至中性，经缓冲液平衡后即可使用。

②离子交换剂的再生：再生可以通过上述的酸、碱反复处理完成，但有时也可以通过转型处理完成。经长期使用的树脂含有很多杂质，欲将其除掉，则应先用沸水处理，然后用酸、碱处理。

③分离物质的交换：使用离子交换剂的方法有两种：一种是柱色谱法，也叫动态法，即将离子交换剂装入色谱柱内，让溶液连续通过。另一种是分批法，也叫静态法，即使离子交换剂置入盛溶液的容器内不断缓慢搅拌。

④物质的洗脱与收集：在离子交换色谱过程中，常用梯度溶液进行洗脱，而溶液的梯度则是由盐溶度或酸碱度的变化形成的。制备梯度溶液的装置是由两个彼此相通的圆筒容器和一个搅拌器组成的。

（3）凝胶色谱技术　凝胶色谱是利用生物大分子的分子量差异进行的色谱分离的方法。凝胶色谱介质主要是以葡聚糖、琼脂糖、聚丙烯酰胺等为原料，通过特殊工艺合成的色谱介质。

凝胶色谱技术的操作流程如下。

①凝胶色谱介质的处理与处理：根据分子量分离范围选择相应型号的凝胶介质，确定是组别分离还是组分分离。在凝胶溶胀与处理过程中，不能进行剧烈的搅拌，严禁使用电磁搅拌器，因为这样会使凝胶颗粒破碎而产生碎片，以至影响色谱的流速。

②色谱柱和流动相的选择：色谱柱的选择，主要考虑被分离组分分子量的差异，选用相应的柱长与柱内径之比的色谱柱。

③凝胶介质的后处理：色谱柱在使用一段时间后必须做适当的处理，除去凝胶表面的污染物。凝胶柱内的色谱介质一般浸泡在溶液中，容易长菌。防止微生物生长最常用的方法是在凝胶溶液中加入一定的抑菌剂，如0.02%叠氮钠、0.01%～0.02%三氯丁醇或0.005%～0.01%乙基汞硫代水杨酸钠等。

（4）亲和色谱技术　亲和色谱是建立在目的蛋白质与固定化配基之间特异性可逆相互作用基础上的吸附色谱。根据蛋白质与配基的不同，可将亲和色谱分为：生物亲和色谱、金属离子亲和色谱、免疫亲和色谱以及拟生物亲和色谱等。

五、结晶技术

结晶是使溶质呈晶态从溶液中析出的过程。结晶过程具有高度选择性，只有同类分子或离子才能结晶成晶体，因此析出的晶体纯度非常高。为了进行结晶，必须先使溶液达到过饱和后，过量的溶质才会以固体态结晶出来。结晶是一个同时有质量和热量传递的过程。

1. 影响结晶生成的因素

（1）过饱和率　过饱和率直接影响晶核的形成速率和晶体生长速率，同时也影响晶核的大小。

（2）黏度　黏度大，溶质分子扩散速率慢，妨碍溶质在晶体表面的定向排列，晶体生长速率与溶液的黏度成反比。

（3）温度　温度的高低也直接影响成核速率和晶体生长速率。温度升高，可使成核速率和晶体生长速率增快。经验表明，温度对晶体生长速率的影响较成核速率的影响更为明显。

（4）搅拌　搅拌能促进成核和促进扩散，提高晶核长大速率，搅拌可使晶体与母液均匀接触，使晶体长得更大并均匀生长。但当搅拌强度达到一定程度后，再提高搅拌强度效果就不显著，相反，还会使晶体破碎。

（5）冷却速率　冷却速率能直接影响晶核的生成和晶体的大小。迅速冷却和剧烈搅拌，能达到的过饱和率较高，有利于大量晶核的生成，而得出的晶体较细小，而且常导致生成针状结构。

（6）pH和等电点　pH和等电点对结晶生成的影响较大。结晶溶液的pH，一般选择在被结晶溶质的等电点附近可有利于晶体的析出。

（7）晶种　晶种可以是同种物质或相同晶型的物质。加入晶种，能控制晶体的形状、大小和均匀度，为此要求晶种要有一定的形状、大小而且比较均匀。

2. 结晶设备

结晶具有成本较低、设备较简单、操作方便等优点。结晶常用方法是热饱和溶液冷却，添加晶种结晶，将部分溶剂蒸发结晶，添加有机溶剂结晶，盐析结晶和等电点结晶等。结晶常用设备可分为间歇式与连续式结晶设备两类。

六、粗品分离与精制的相关知识

提取精制的中间体质量标准及检测方法见表5-4。

表5-4　提取精制的中间体质量标准及检测方法

名称	控制项目	检测方法
滤液	澄清透明，无任何沉淀 pH 6.8~7.0 效价1800U/ml左右	目测 pH计 生测
解析液	澄清，色泽较浅 活性部分pH接近中性 酸性部分小于10% 混合样单位大于10000U/ml	目测 pH试纸 生测
脱色液	澄清透明，基本无色，无活性炭微粒，pH 5.0	目测 pH计
浓缩液	无杂质及异物效价3.5万~5万U/ml	目测 生测
结晶液	澄清透明，无毛、点、异物，无菌	目测 菌落培养
滤后粗品溶解液	澄清透明，无毛、点、异物，无菌	目测 菌落培养

任务八　干燥包装

一、干燥技术

干燥是发酵产品提取和精制过程中最后的操作单元。干燥的主要目的是除去发酵产品中的水分，使发酵产品能够长期保存而不变质，同时减少发酵产品的体积和质量，便于包装和运输。

干燥是将潮湿的固体、半固体或浓缩液中的水分（或溶剂）蒸发除去的过程。干燥过程的实质是在不沸腾的状态下用加热汽化方法驱除湿材料中所含液体（水分）的过程。

1. 对流加热干燥法

对流加热干燥法是空气通过加热器后变为热空气，将热量带给干燥器并传给物料的干燥方法。这种方法利用对流传热方式向湿物料供热，使物料中的水分汽化，形成的水汽同时被空气带走，故空气是载热体又是载湿体。常用的对流加热干燥法又分为气流干燥、沸腾干燥和喷雾干燥等。

（1）气流干燥　利用热的空气与粉状或颗粒状的湿物料接触，使水分迅速汽化而获得干燥物料的方法。

（2）沸腾干燥　利用热的空气流使孔板上的粉粒状物料呈流化沸腾状态，使水分迅速汽化达到干燥的目的。

（3）喷雾干燥　利用不同的喷雾器，将悬浮液或黏滞的液体喷成雾状，使其在干燥室中与热空气接触，由于物料呈微粒状，表面积大，蒸发面积大，微粒中水分急速蒸发，在几秒或几十秒内获得干燥，干燥后的粉末状固体则沉降于干燥室底部，由卸料器排出而成为产品。

2. 接触加热干燥法

接触加热干燥法是用某种加热面与物料直接接触，将热量传给物料，使其中水分汽化。

3. 冷冻升华干燥法

冷冻升华干燥法是将物料冷冻至冰点以下，使水分结冰，然后在较高的真空条件下，使冰直接升华为水蒸气而除去。整个过程分为三个阶段：冷冻阶段、升华阶段、剩余水分的蒸发阶段。

二、包装

包装是待包装产品变成成品所需的所有操作步骤，包括分装、贴签等。但无菌生产工艺中产品的无菌灌装以及最终灭菌产品的灌装等不视为包装。

1. 包装材料

药品包装所用的材料，包括与药品直接接触的包装材料和容器、印刷包装材料，但不包括发运用的外包装材料。

2. 包装操作

（1）包装开始前应当进行检查，确保工作场所、包装生产线、印刷机及其他设备已处于清洁或待用状态，无上批遗留的产品、文件或与本批产品包装无关的物料。检查结果应当有记录。

（2）包装操作前，还应当检查所领用的包装材料正确无误，核对待包装产品和所用包装材料的名称、规格、数量、质量状态，且与工艺规程相符。

（3）每一包装操作场所或包装生产线，应当有标识标明包装中的产品名称、规格、批号和批量的生产状态。

（4）有数条包装线同时进行包装时，应当采取隔离或其他有效防止污染、交叉污染或混淆的措施。

（5）待用分装容器在分装前应当保持清洁，避免容器中有玻璃碎屑、金属颗粒等污染物。

（6）产品分装、封口后应当及时贴签。未能及时贴签时，应当按照相关的操作规程操作，避免发生混淆或贴错标签等差错。

（7）单独打印或包装过程中在线打印的信息（如产品批号或有效期）均应当进行检查，确保其正确无误，并予以记录。如手工打印，应当增加检查频次。

（8）包装材料上印刷或模压的内容应当清晰，不易褪色和擦除。

（9）包装结束时，已打印批号的剩余包装材料应当由专人负责全部计数销毁，并有记录。如将未打印批号的印刷包装材料退库，应当按照操作规程执行。

任务九　生产质量控制及工艺验证技术

发酵工程制药产品是临床中最常用的药品之一，在治疗感染性疾病方面发挥着及其重要的作用，其质量的优劣直接关系着该类药品在临床上使用的安全和有效。由于发酵过程复杂、不易控制，容易引入一些特殊的杂质；同时发酵生产的药物结构较复杂，有的不够稳定，药物中可能存在降解产物或聚合物，不仅降低疗效，还可能引起过敏等毒性反应，因此该类药物的质量控制尤为重要。其质量控制按照国家药典、部颁标准或企业标准进行依法检验，基本由四方面组成：性状描述、鉴别试验、一般项目检查、含量鉴定。

一、生产质量控制

1. 性状

性状是对药物的物理外观的一种描述，是药物表观质量的一个重要指征，外观发生变化时，往往意味着产品内在质量已有所改变。

2. 鉴别试验

鉴别是指用规定的试验方法辨识药品与名称的一致性，即辨识药品的真伪，是药品质量控制的一个重要环节。鉴别的目的是验证某一药物或其制剂确系其本身而并非是其他代替物。鉴别常分为两部分：一为药物本身的鉴别；二为药物成盐后的酸根或金属离子的鉴别。药物本身的鉴别要求使用专属性强、灵敏度高的方法，目前最常用的鉴别方法是红外光谱法、色谱法（薄层色谱或高效液相色谱）。药物成盐后的酸根或金属离子的鉴别较为简单，如硫酸庆大霉素鉴别其硫酸盐反应，青霉素钾鉴别其钾盐反应即可。

3. 一般项目检查

（1）熔点　熔点是多数固体药物需要测定的重要物理常数，也是判断药物纯度的重要依据。纯物质由固态变为液态是在某一温度完成的，若产生了熔距（熔程），表明该物质纯度不够。

（2）比旋度　比旋度是检查药物纯度的一个重要指标，特别对于各个组分比旋度不同的多个组分药物尤为重要。

（3）酸碱度　规定的酸碱度范围应满足两方面的要求：①适合临床使用的要求。②使该药物处于最稳定状态。

（4）溶液的澄清度与颜色　药物溶解后的澄清度与颜色是产品质量优劣的一个综合指标，既表示了生产过程的 GMP 执行情况，同时也反映了该品种处方组成和生产工艺的合理性和先进程度。

（5）干燥失重或水分　药物含水量的规定应根据其化学本质和稳定性而定。

（6）炽灼残渣及重金属　炽灼残渣主要考察药物先经炭化，然后加硫酸灰化后残留的无机杂质。重金属是检查能与硫化氢或硫化钠作用生成有色硫化物的重金属。

（7）异常毒性　是指用指定的溶剂配成规定剂量的药液经口服、静脉注射或腹腔注射于实验动物（一般用小白鼠），通常在 48 小时内观察其因非药物本身引起的毒性反应以死亡或存活作为观察终点。如实验动物发生死亡，则反映该制品中含有的异常毒性物质超过了正常水平，不能供药用。

（8）热原　热原是指由微生物产生的能引起恒温动物体温异常升高的致热物质。它包括细菌性热原、内源性高分子热原、内源性低分子热原及化学热原等。

（9）降压物质　采用猫颈动脉血压法检查制品中是否有降低血压的物质。本试验为限度试验，以一定剂量的组胺做血压下降程度的对照标准，从而估计某供试品是否符合规定。

（10）无菌试验　无菌试验是检查制品中是否染有活菌，药物能抑制或杀死对其敏感的微生物，但并不一定能将所有的微生物杀死，这些污染的微生物在药物存在时不能生长繁殖，而当除去药物后，在适当的条件下又可重新生长。

因此要严格控制生产工艺过程的无菌与无菌操作，消除一切染菌的隐患，才能保证制品无菌。

（11）杂质

①非毒性杂质：药物中的非毒性杂质是指那些在生产过程中产生的或分解后形成的，难以完全去除但基本上无毒的杂质。

②毒性杂质：指在生产过程中带入或产生的对人体有害的生理活性物质，因此各国药典都严格加以控制。

（12）溶出度　溶出度是指药物从片剂等固体制剂在规定溶剂中溶出的速度和程度。溶出度是片剂质量控制的一个重要指标，对难溶性的药物一般都应做溶出度的检查。

4. 含量鉴定

（1）生物检定法　生物检定法是根据抗生素对细菌作用的强度来测定其效价，生物检定法的特点是：方法合理，灵敏度高，所需样品的量少，应用范围广。包括两种方法：①管碟法。②比浊法。

（2）理化测定法　理化测定法包括容量法、紫外－可见分光光度法、高效液相色谱法等。此类方法准确、快速、专属性强，但测定结果只能代表药物的含量，不一定能代表效价。所以，一般适用于结构单一、纯度较高的抗生素，主要用于化学合成或半合成法制备的抗生素的含量测定。

二、发酵生产工艺验证

工艺验证也可称过程验证，指与加工产品有关的工艺过程的验证。

1. 要求

所有药品的生产和包装均应当按照批准的工艺规程和操作规程进行操作并有相关记录，以确保药品达到规定的质量标准，并符合药品生产许可和注册批准的要求。

工艺验证应当证明一个生产工艺按照规定的工艺参数能够持续生产出符合预定用途和注册要求的产品。

2. 内容

（1）采用新的生产处方或生产工艺前，应当验证其常规生产的适用性。生产工艺在使用规定的原辅料和设备条件下，应当能够始终生产出符合预定用途和注册要求的产品。

（2）当影响产品质量的主要因素，如原辅料、与药品直接接触的包装材料、生产设备、生产环境（或厂房）、生产工艺、检验方法等发生变更时，应当进行确认或验证。必要时，还应当经药品监督管理部门批准。

（3）清洁方法应当经过验证，证实其清洁的效果，以有效防止污染和交叉污染。清洁验证应当综合考虑设备使用情况、所使用的清洁剂和消毒剂、取样方法和位置以及相应的取样回收率、残留物的性质和限度、残留物检验方法的灵敏度等因素。

（4）应当根据确认或验证的对象制定确认或验证方案，并经审核、批准。确认或验证方案应当明确职责。

（5）确认或验证应当按照预先确定和批准的方案实施，并有记录。确认或验证工作完成后，应当写出报告，并经审核、批准。确认或验证的结果和结论（包括评价和建议）应当有记录并存档。

（6）应当根据验证的结果确认工艺规程和操作规程。

三、工艺验证的相关知识

工艺验证计划建议包括以下的内容：①样品的规模和批次。②对工艺的描述。③验证时需监测的关键工艺过程或者关键工艺参数。④关键工艺过程或者关键工艺参数控制时可接受的标准。⑤验证过程中的取样计划。⑥终产品质量标准。⑦其他需要进行的试验。⑧记录和评价结果的具体方法。⑨时间表。

实训四　硫酸庆大霉素生产模拟实训

一、实训步骤

1. 庆大霉素生产工艺（图5－7，图5－8）

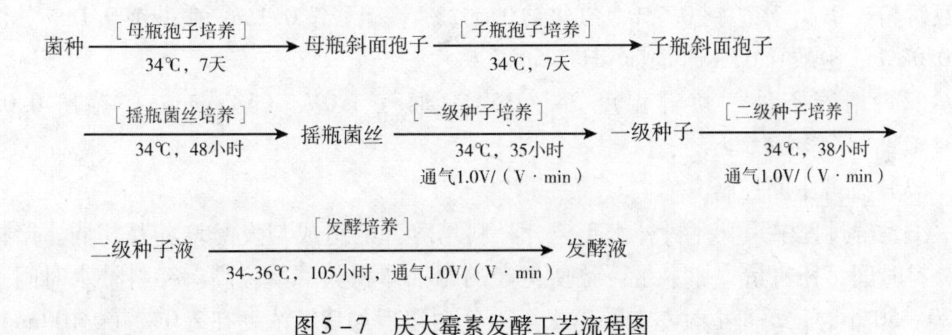

图5－7　庆大霉素发酵工艺流程图

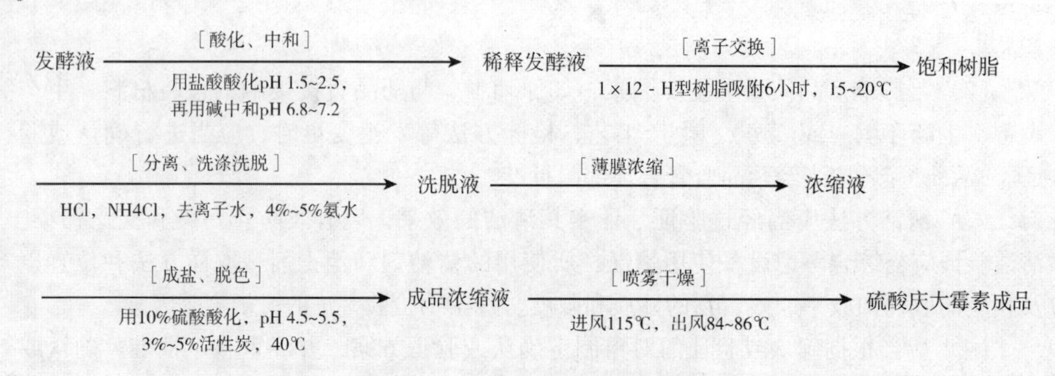

图5-8 庆大霉素提取工艺流程图

2. 生产孢子的制备

庆大霉素（Gentamicin）常用菌种为绛红色小单孢菌（micromonmspora purpurea）。将砂土管保藏的孢子接种到斜面培养基上培养。

（1）斜面及平板分离培养基　麸皮1.5%，琼脂2.0%，碳酸钙0.05%，天门冬酰胺0.01%，磷酸二氢钾0.03%，硫酸镁0.05%，氯化钠0.05%，硝酸钾0.2%，玉米淀粉1.0%，消前pH 6.3~6.5。

（2）斜面及平板培养条件　培养温度34℃，相对湿度45%~65%，培养7天。

3. 种子培养

（1）一级种子培养基　葡萄糖0.2%，玉米淀粉1.2%，玉米粉2.0%，蛋白胨0.3%，黄豆饼粉1.2%，碳酸钙0.7%，氯化钴0.002%，硝酸钾0.1%，消前pH 7.5~7.6。

（2）二级种子培养基　葡萄糖0.3%，玉米淀粉2.0%，玉米粉0.5%，蛋白胨0.4%，黄豆饼粉2.0%，碳酸钙0.7%，氯化钴0.001%，硫酸铵0.1%，硝酸钾0.1%，淀粉酶0.01%，泡敌0.02%，消前pH 7.5~7.6。

（3）种子培养条件　培养温度34℃，通气1.0V/（V·min），罐压0.04~0.05MPa，培养35~38小时。

4. 发酵生产

（1）发酵培养基　葡萄糖0.5%，玉米淀粉5.0%，玉米粉1.0%，蛋白胨0.6%，黄豆饼粉3.0%，碳酸钙0.7%，氯化钴0.001%，硫酸铵0.1%，硝酸钾0.15%，淀粉酶0.02%，泡敌0.03%，消前pH 7.5~7.6。

（2）培养条件　培养温度34~36℃，通气1.0V/（V·min），罐压0.03~0.04MPa，培养4~6天。

（3）发酵中间控制

①发酵过程中采取补料补水工艺，补料培养基的组成与发酵培养基相同。严格控制补料时间、补料量、加水量，致使生产的罐批体积大、单位高。补料补水时间一般在20~50小时，每8小时左右补一次。50小时以后如残糖浓度在2.0%（g/100ml）以上可少量补水，补水量视具体情况而定。

②发酵过程中，一般每6小时取样一次，测定发酵液的pH、菌丝浓度、残糖、残氮、庆大霉素效价等指标，同时取样作无菌检查，发现染菌及异常情况要及时处理。

③发酵过程中，当 pH 下降至 7.0 以下时直接用碱溶液进行调节，也可考虑通入氨水进行调节。庆大霉素菌种生长的最适 pH 一般为 6.8 ~ 7.3，产物合成的最适 pH 一般为 7.0 ~ 7.5。

5. 发酵液预处理

发酵结束后，大多数庆大霉素是与菌丝结合的，需用盐酸或硫酸酸化至 pH 1.5 ~ 2.5，使庆大霉素完全释放出来，然后用氢氧化钠中和至 pH 6.8 ~ 7.2，加水稀释，即可采用树脂提取。

6. 吸附和洗脱

庆大霉素生产上采用阳离子交换树脂，静态吸附，动态洗脱。向中和、稀释后的发酵液中投入 1 × 12 - H 型树脂或强酸 732 树脂，15 ~ 20℃搅拌 6 小时。采用震荡筛或转动筛将饱和树脂和发酵液分离，饱和树脂用 0.1% 氢氧化铵与 0.05mol/L 氯化铵的混合液洗涤，然后再用去离子水洗至无 Cl^-，最后用 4% ~ 5% 氨水洗脱。

7. 浓缩和干燥

洗脱液经 201 × 4 树脂脱色、薄膜浓缩去氨，得到 15 万 ~ 25 万 U/ml 的庆大霉素浓缩液。该浓缩液用 10% 硫酸调 pH 4.5 ~ 5.5 成盐，用 3% ~ 5% 活性炭脱色，经喷雾干燥后制得硫酸庆大霉素成品。

二、实训提示

1. 产品介绍

庆大霉素是一种氨基糖苷类抗生素，主要用于治疗细菌感染，尤其是革兰阴性菌引起的感染。特别是对绿脓杆菌和金黄色葡萄球菌有良好的抗菌效能，临床肌内（静脉）注射后吸收迅速、完全，故被广泛应用于消炎退热；同时，发现口服给药在体内难以吸收，在肠道中保持较高浓度，确保其杀菌效果，又被临床用于胃肠道和呼吸道感染。后又发现能促进饲料的利用率，在禽畜体内不留残毒或低残毒，于是又被广泛用于畜牧业，生产“绿色食品”。

2. 性质

常用其硫酸盐，为白色或类白色结晶性粉末；无臭；有引湿性，在水中易溶，在乙醇、乙醚、丙酮或氯仿中不溶。

3. 实训过程注意事项

（1）庆大霉素产生菌的液体深层发酵过程分为生长期、生产期和衰亡期 3 个阶段。各期不仅代谢特征不同，细胞形态结构也发生明显变化。生长期绛红色小单孢菌菌丝充分伸展、分支状，美蓝染色深，菌体粗壮，表面布满颗粒。进入生产期，菌丝形成中等长度，并有中短分支状，美蓝染色较生长期浅，菌体粗壮，但表面微小颗粒很少。在衰亡期，菌体原生质染色浅，菌体断裂，破碎，界面模糊。因此发酵过程中细胞的形态结构可作为指导发酵生产的一个指标。

（2）在发酵生产中，钴对庆大霉素生物合成有刺激作用，同时影响组分比例。生产中使用氯化钴，其含量控制在 10μg/ml 左右比较适宜。

（3）庆大霉素生产菌种是耗氧量较大的小单孢菌，如果通气量不足，发酵液中的溶解氧浓度降低，就要影响庆大霉素和 C 族组分的含量。

（4）实训时严格按照各种设备的操作规程进行操作。

（5）生产孢子的制备、种子制备培养、发酵生产过程中操作应严格遵守无菌操作，并在不同阶段进行定时取样镜检观测、中间体测定以及控制。

（6）发酵过程涉及蒸汽加热，注意保护防止烫伤；设备操作要注意安全。

（7）提取过程会接触到大量的溶媒、硫酸等刺激性化学物质，操作时要注意穿戴好劳保防护用品，注意通风，要注意防火防暴，以免产生火灾或爆炸。

4. 实训场地

菌种室、发酵车间、分离纯化车间、检测室。

5. 主要设备及仪器

微机控制发酵系统及其配套设备、恒温培养箱、恒温摇床、无菌接种室、天平、磅秤、磁力搅拌器、高速离心机、喷雾干燥机等。

三、实训原始记录

1. 培养基配制原始记录（表5－5）

表5－5　培养基配料原始记录

<table>
<tr><td colspan="2">培养基类型</td><td></td><td>总量（L）</td><td></td><td>罐号</td><td></td><td>配料日期</td><td></td></tr>
<tr><td>序号</td><td colspan="2">原料名称</td><td colspan="2">原料批号</td><td>配比（%）</td><td>用料量（kg）</td><td>称料量（kg）</td><td>备注</td></tr>
<tr><td>1</td><td colspan="2"></td><td colspan="2"></td><td></td><td></td><td></td><td></td></tr>
<tr><td>2</td><td colspan="2"></td><td colspan="2"></td><td></td><td></td><td></td><td></td></tr>
<tr><td>3</td><td colspan="2"></td><td colspan="2"></td><td></td><td></td><td></td><td></td></tr>
<tr><td>4</td><td colspan="2"></td><td colspan="2"></td><td></td><td></td><td></td><td></td></tr>
<tr><td>5</td><td colspan="2"></td><td colspan="2"></td><td></td><td></td><td></td><td></td></tr>
<tr><td>6</td><td colspan="2"></td><td colspan="2"></td><td></td><td></td><td></td><td></td></tr>
<tr><td>7</td><td colspan="2"></td><td colspan="2"></td><td></td><td></td><td></td><td></td></tr>
<tr><td>8</td><td colspan="2"></td><td colspan="2"></td><td></td><td></td><td></td><td></td></tr>
<tr><td></td><td colspan="4">配料人：</td><td colspan="2">复核人：</td><td colspan="2">日期：</td></tr>
</table>

2. 培养基灭菌原始记录（表5－6）

表5－6　培养基灭菌原始记录

<table>
<tr><td rowspan="2">灭菌情况</td><td colspan="2">时间</td><td rowspan="2">温度（℃）</td><td rowspan="2">压力（MPa）</td></tr>
<tr><td>开始</td><td>结束</td></tr>
<tr><td>保温</td><td></td><td></td><td></td><td></td></tr>
<tr><td>配料体积</td><td colspan="2">（L）</td><td>消后体积</td><td>（L）</td></tr>
<tr><td>操作者</td><td colspan="2"></td><td>复核者</td><td></td></tr>
<tr><td>日期</td><td colspan="2"></td><td>日期</td><td></td></tr>
</table>

3. 种子质量检测原始记录（表5-7，表5-8）

表5-7　种子质量检测原始记录（存根）

种子批号		培养温度		培养时间	
检测项目	镜检			pH	备注
检测结果	镜检图 文字说明				

检测员：________　检测负责人：________　检测时间：________

表5-8　种子质量检测原始记录

种子编号		培养温度		培养时间	
检测项目	镜检			pH	备注
检测结果	镜检图 文字说明				

检测员：________　检测负责人：________　检测时间：________

4. 发酵罐接种通知单（表5-9，表5-10）

表5-9　发酵罐接种通知单（存根）

种子批号			培养温度		培养时间	
种子检测项目	镜检					
	pH			备注		
	结果：经检测，该种子质量已合格，可用于接种，现通知接种工序接种					
发酵罐批号				接种时间		
种子检测员：				种子检测负责人：	日期：	
接种人员：				接种负责人：	日期：	

表5-10　发酵罐接种通知单

种子批号			培养温度		培养时间	
种子检测项目	镜检					
	pH			备注		
	结果：经检测，该种子质量已合格，可用于接种，现通知接种工序接种					
发酵罐批号				接种时间		
种子检测员：				种子检测负责人：	日期：	
接种人员：				接种负责人：	日期：	

5. 发酵液分析检测报告单（表5－11）

表5－11 庆大霉素发酵液分析检测报告单（存根）

发酵罐批号：________ 发酵时间：________ 检测员：________

检测项目	检测结果	备注
镜检		
无菌试验		
菌浓度（%）		
还原糖含量（g/100ml）		
氨基氮含量（g/100ml）		
发酵液效价（U/ml）		

检测负责人： 检测时间：

6. 发酵过程参数变化原始记录（表5－12）

表5－12 庆大霉素发酵过程参数变化原始记录

发酵罐批号：________ 发酵起始时间：________

项目＼结果＼时间	h	h	h	h	h	h	h	h	h
无菌试验									
菌体形态									
菌浓度（%）									
温度（℃）									
pH									
DO（%）									
搅拌转速（r/min）									
通气量（L/min）									
还原糖浓度（g/100ml）									
氨基氮浓度（g/100ml）									
效价（U/ml）									
发酵控制人签名									

四、实训考核（表5－13）

表5－13 实训考核

考核点	考核要求	考核结果		
		优秀	及格	不及格
培养基的配制	准确按照培养基配方配制			
培养基的灭菌	温度、时间、压力控制适当			

续表

考核点	考核要求	考核结果		
		优秀	及格	不及格
接种	严格无菌操作			
发酵罐操作	操作正确			
发酵罐过程控制	温度、pH、溶氧、泡沫、补料、补氨水等的参数控制和操作正确			
染菌及异常情况处理	及时发现并作出处理			
树脂交换法提取庆大霉素	pH、饱和度、时间和浓缩比例等的参数控制和操作正确			
喷雾干燥法制备硫酸庆大霉素	温度、时间、压力等的参数控制和操作正确			

五、实训报告

专业＿＿＿＿＿ 班级＿＿＿＿＿ 学号＿＿＿＿＿ 姓名＿＿＿＿＿ 成绩＿＿＿＿＿

1. 项目名称＿＿＿＿＿＿＿＿＿＿＿＿＿＿＿＿＿＿＿＿

2. 实训目的＿＿＿＿＿＿＿＿＿＿＿＿＿＿＿＿＿＿＿＿

＿＿＿＿＿＿＿＿＿＿＿＿＿＿＿＿＿＿＿＿＿＿＿＿

＿＿＿＿＿＿＿＿＿＿＿＿＿＿＿＿＿＿＿＿＿＿＿＿

3. 实训仪器设备

4. 实训操作流程

5. 实训结果及分析

6. 实训评价

目标检测

（一）单项选择题

1. 通用式通气搅拌发酵罐在相同的搅拌功率下，破碎气泡的能力最大的搅拌桨为

A. 弯叶　B. 平直叶　C. 箭叶　D. 都一样

2. 菌种保存技术中，采用斜面低温保藏法一般可保存的时间为

A. 1 ~3 个月　B. 6 个月　C. 1 年　D. 5 ~10 年

3. 下列物质，哪一种不是培养基的有机氮源

A. 花生饼粉　B. 玉米浆　C. 蛋白胨　D. 氨基酸

4. 下列哪一项不能作为判断放罐的指标

A. 产物浓度　B. 溶解氧浓度　C. 温度　D. 菌丝形态

5. 超声波法破碎细胞的主要原理是
   A. 研磨作用　B. 脱水　C. 空化作用　D. 机械碰撞
6. 盐析法与有机溶剂沉淀法比较，其优点是
   A. 分辨率高　B. 杂质易除　C. 沉淀易分离　D. 变性作用小

（二）多项选择题

1. 常用的灭菌方法有
   A. 蒸汽湿热灭菌　B. 化学灭菌　C. 辐射灭菌
   D. 干热灭菌　E. 介质过滤灭菌
2. 在发酵过程中引起溶氧异常下降可能原因
   A. 污染好气性杂菌
   B. 污染烈性噬菌体
   C. 菌体代谢发生异常现象
   D. 搅拌功率消耗变小或搅拌速度变慢
   E. 消沫油因自动加油器失灵或人为加量过多
3. 培养基的成分包括
   A. 无机盐　B. 氮源　C. 碳源
   D. 生长调节物质　E. 微量元素
4. 下列哪些方法可以减少泡沫形成
   A. 调整培养基结构　B. 增加有机氮源　C. 提前放罐
   D. 加消沫剂　E. 改变搅拌速度
5. 适用于破碎细胞的非机械法有
   A. 超声破碎法　B. 渗透压冲击法　C. 冻结和融化法
   D. 高压匀浆破碎法　E. 干燥法
6. 影响絮凝效果的因素有
   A. 搅拌速度　B. 溶液的 pH　C. 絮凝剂的用量
   D. 搅拌时间　E. 絮凝剂的分子量

（三）简答题

1. 培养基分批（实罐）灭菌过程中应注意哪些问题？
2. 发酵过程中的主要参数如何控制？
3. 简述自然选育的主要步骤有哪些？
4. 发酵过程发生染菌应如何处理？
5. 简述发酵液分离纯化的一般工艺流程？

项目六 细胞工程制药技术

◎**知识目标**

1. 掌握细胞融合的基本原理与方法。
2. 掌握动物、植物细胞融合和培养方法。
3. 掌握单克隆抗体基本性质、制备原理和方法。

◎**技能目标**

1. 正确认识细胞工程制药生产岗位环境、工作形象、岗位职责及相关法律法规。
2. 能够对动物细胞进行培养和融合。
3. 能够对植物细胞进行培养和融合。
4. 使用细胞工程制药技术完成多克隆抗体的制备。
5. 使用细胞工程制药技术进行西洋参细胞的培养生产人参皂苷。

细胞工程药物是指直接将动植物细胞在离体条件下进行培养、增殖，并从培养液中提取的对人类有用的产品或是应用细胞生物学、分子生物学等理论和技术，进行设计、操作，从遗传学水平改变细胞的特性，达到改良和产生药物的目的以及使细胞增加或重新获得产生某种特定药物的能力，再在离体条件下大量培养繁殖，获得细胞有用的代谢产物。

细胞工程制药技术是细胞培养工的核心操作技能，涵盖以下能力培养及训练：

（1）细胞培养用培养基的制备的操作能力。

（2）生产细胞的获得的能力。

（3）细胞大规模培养的操作能力。

（4）产品的分离、提取和纯化的能力。

（5）细胞工程药物生产的质量控制能力。

目标是培养贯通细胞工程制药领域上、下游理论与技术、具有创新意识和工程化能力的高素质技能型人才。

任务一　动物细胞培养制药

细胞工程制药是以细胞为单位，利用细胞的全能性，在细胞或细胞器水平上，按人的意志，应用细胞生物学、分子生物学等理论和技术，使细胞的某些遗传特性发生改变，达到改良或产生新品种的目的，获得有用基因产物或加速细胞及生物体繁殖的综合技术，以及使细胞增加或重新获得产生某种特定产物的能力，从而在离体条件下进行大量培养、增殖，并提取出对人类有用的产品。它主要由上游工程（包括细胞培养、细胞遗传操作和细胞保藏）和下游工程（将已转化的细胞应用到生产实践中用以生产生物产品的过程）两部分组成。细胞工程主要包括细胞融合技术、细胞器，特别是细胞核移植技术、染色体改造技术、转基因动植物技术和细胞大量培养技术与产物分离纯化技术等方面。细胞工程按照细胞的来源不同，分为动物细胞工程和植物细胞工程。由动植物细胞工程可以生产具有重要医用价值的生物制品如各类疫苗、干扰素、激素、酶、生长因子、病毒杀虫剂、单克隆抗体等。

动物细胞培养就是从动物机体中取出相关的组织，在无菌条件下使用消化酶如胰蛋白酶或胶原蛋白酶将它分散成单个细胞，然后制成细胞悬浮液，放在适宜的培养基中，让这些细胞生长和增殖。细胞培养不同于组织培养和器官培养，细胞培养的对象是单个细胞，组织培养的对象是组织块（$0.5\sim1mm^3$），而器官培养的对象则是器官的一部分或整个器官。

一、生产用动物细胞的获得

1. 原代细胞

直接取自动物组织、器官，经粉碎、消化得到的细胞悬液。需要大量动物（鸡胚细胞、原代兔肾或鼠肾细胞、血液淋巴细胞）。

原代培养又称初代培养，是指从体内取出组织接种培养一直到第一次传代的阶段，一般持续1~4周。此处，“代”并不是细胞的“代”数，而是指细胞培养的次数，原代培养即第一次培养。

原代培养的主要步骤：①从健康动物体内，无菌条件下取出适量的组织，剪切成小薄片。②加入适量浓度的胰蛋白酶或胶原纤维素酶与EDTA等进行消化作用使细胞分散。③将分散的细胞进行洗涤并纯化后，以$2\times10^6\sim7\times10^6$细胞/ml的浓度加在培养基中，37℃下进行原代培养，并适时进行传代培养。根据培养材料的不同，原代培养又可分为组织培养块和单层培养两种方法。

（1）组织块培养　将动物组织切成直径$1\sim2mm^3$小块进行培养的方法。有些动物组织如人的皮肤细胞，由于分散成细胞十分困难，因此常常采用组织块培养法。具体操作是将采用血浆凝固、胶原固着或直接固着于培养器壁的组织块分别置于培养瓶中，加培养液后置37℃的培养箱，通入含5% CO_2空气培养，即可在组织块周围长出新的细胞单层，培养过程中可进行旋转或振荡培养。

（2）单层细胞培养　将动物组织块中粘连在一起的细胞用酶法或物理分散法分散成单个细胞，制成细胞悬浮液，经计数、稀释后，接种于无菌培养液中，37℃，5% CO_2空气下进行原代培养，细胞开始形成单层。正常组织初代单层细胞不能进行无限期繁殖。分散细胞常用的蛋白酶有胰蛋白酶及胶原酶等，胰蛋白应用最多。

2. 传代细胞

通过筛选、克隆从原代培养细胞中获得的具有某种特征的有限细胞株；如有限增殖、2n、贴壁、接触抑制等特征的细胞株。

随着原代细胞的生长繁殖，需将培养瓶中的细胞用胰蛋白酶消化下来，制成细胞悬液，再转接分装到2个或2个以上的瓶中培养，称为传代培养。

组织细胞经原代培养后，细胞分裂增殖，培养物逐渐增多长满培养空间，继而相互接触，发生接触性抑制，生长速度减慢甚至停止，这时需将培养瓶中的细胞用胰酶消化下来，制成细胞悬浮液，转接到2个或2个以上的培养瓶中进行传代培养（图6－1）。正常细胞分裂是有限的，一般人的正常细胞传代50～60次就会衰老死亡，这称为有限细胞系，但其中个别细胞可自发地或人为地转化而成有无限生命力的细胞系成为连续细胞系或已确立的细胞系。肿瘤细胞是自发形成的连续细胞系，它们不受最高分裂次数的限制，可以无休止的繁殖传代下去，因此，肿瘤细胞又称为“永生细胞”，这种细胞不具有接触抑制性和组织分化能力。转化细胞具有无限的生命力，倍增时间短，对培养条件和生长因子要求较低，更适合于大规模培养。

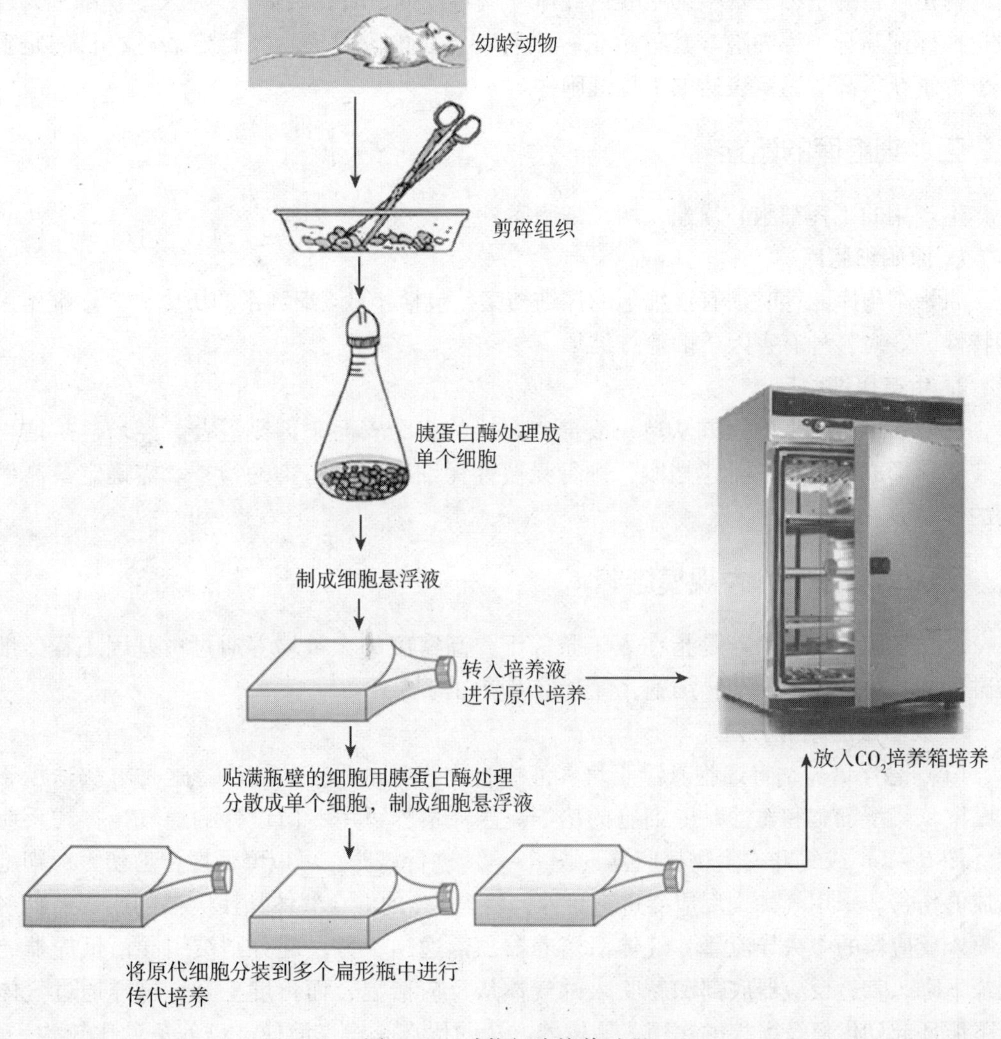

图6－1　动物细胞培养过程

3. 转化细胞系

通过某个转化过程形成的，常由于染色体断裂变成异倍体，失去正常细胞特点，而获得无限增殖能力。转化过程可以是自发的（啮齿动物细胞多发）和人工的（病毒感染后转化），或直接从动物肿瘤组织中建立的细胞系。通过某个转化过程形成，常由于染色体断裂成为异倍体，如CHO（中国仓鼠卵巢细胞）。

转化细胞具有无限生命力，一般倍增时间短、对培养条件和生长因子要求较低，更适合大规模培养的需要。

4. 融合细胞系

细胞融合：两个或两个细胞合并成一个细胞的过程，主要为杂交瘤细胞。

细胞自发融合的频率很低，需要采用人工的方式进行细胞融合，方法有3种：生物方法（病毒）、化学方法（PEG）、物理方法（电融合）。目前，常用的为PEG和电融合。

5. 重组工程细胞系

构建含目的基因的真核细胞表达载体（病毒载体、质粒载体），导入动物细胞，通过选择标记筛选工程细胞。其重组工程细胞特点是能瞬时表达及稳定表达，目的是生产上为了获得高效稳定表达的工程细胞株。

二、细胞库的建立

生产用的工程细胞必须建立两个细胞库。

1. 原始细胞库

原始细胞库贮存时须有该细胞的详细档案，包括：①该细胞系的历史。②该细胞系的特性。③对各种有害因子的检查结果。

2. 生产用细胞库

从原始细胞库来的，或从单一安瓿来，或从多个安瓿来即刻混合，经培养扩增再分装储存形成细胞库。需建档案，进行无菌性无细胞交叉污染的检查。需确定最高使用的传代数。

三、动物细胞的大规模培养

动物细胞大规模培养是指在人工条件下，高密度的大量培养通过由基因工程、细胞融合或转化所构建的动物细胞，生产重组蛋白药物。

1. 动物细胞培养方法

（1）悬浮培养　将细胞悬浮于培养液中自由生长的繁殖的方法，这种方法适用于非贴壁依赖型细胞和兼性贴壁细胞的培养。悬浮培养可用专门设计的通气搅拌式反应器（图6-2）或气升式生物反应器（图6-3）进行培养，可以降低搅拌剪切力对细胞造成的伤害。采用气升式反应器进行培养，将含5%的混合气体从反应器的底部经喷射管喷入反应器的中央导流管，气体沿培养器顶部逸出，另一部分则被引导沿反应器的内缘下降，直达反应器底部和新吹入的气体从反应器混合而再度上升。这样通过气体上下循环起到供氧及搅拌的作用。该培养方法的优点是操作简便，培养条件比较均一，传质和传氧较好，容易扩大培养规模，在培养设计时可以借鉴微生物发酵的经验。缺点是由于细胞体积较小，较难采用灌流培养。应用这类培养系统可以培养杂交瘤细胞生产单克隆抗体。

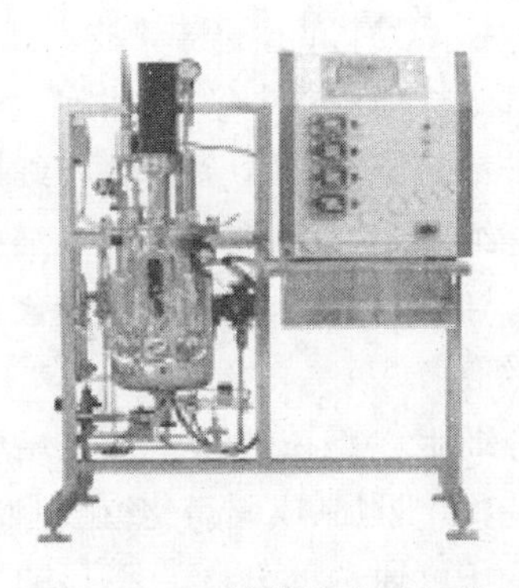

图6-2　机械搅拌式反应器

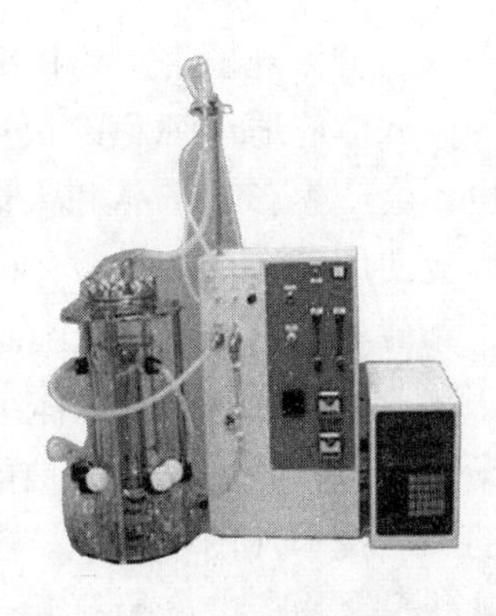

图6-3　动物细胞培养气升式反应器

（2）贴壁培养　细胞贴附在一定的固相表面进行的培养。大多数动物细胞在离体培养条件下都需要附着在带有适量的正电荷的固体或半固体表面上才能正常生长，并最终附着表面扩展成单层。动物细胞大规模贴壁培养常用的方法是转瓶（滚瓶）培养。转瓶培养的核心是采用可以摇动或转动的圆筒培养容器，能使细胞交替接触培养液和空气（图6-4，图6-5）。转瓶培养一般用于小量培养到大规模培养的过渡阶段。早期通过该方法培养鸡胚和肾细胞大规模生产疫苗，现在也采用滚瓶培养技术培养基因工程细胞生产EPO等基因工程产品，其培养规模可以达到数十升。该方法的优点是由于生产用动物细胞绝大多数贴壁细胞，适用范围广，较容易采用灌流培养方式使细胞达到高密度。缺点是操作麻烦，传代或放大时需要用蛋白酶将其从瓶壁上消化下来，需要合适的贴附材料和足够的面积，培养条件不易均一，传质和传氧较差。

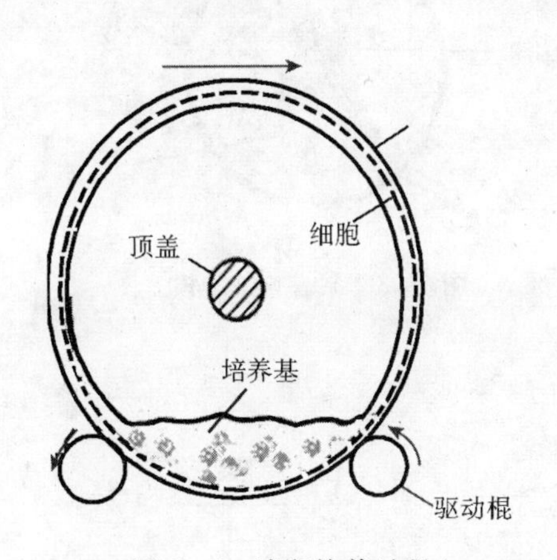

图6-4　滚瓶培养过程

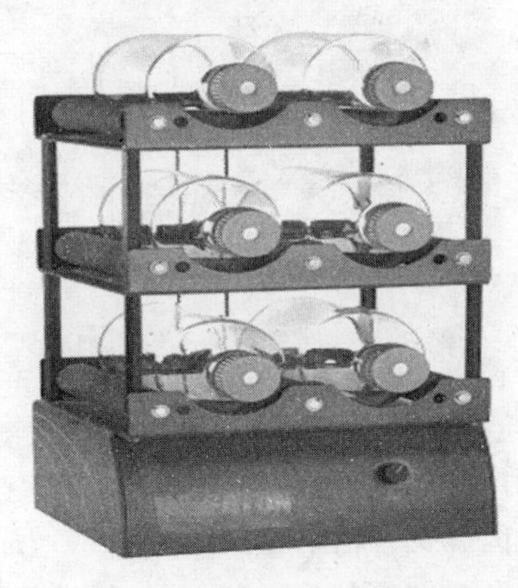

图6-5　动物细胞滚瓶培养

（3）贴壁-悬浮培养

①微载体培养：微载体是直径60～250μm，能适用于贴壁生长的微珠，一般是由天然葡聚糖和各种合成的聚合物组成。将对细胞无害的微载体加入到培养容器的培养液中，通过搅拌可使贴壁依赖性和兼性贴壁性细胞吸附于颗粒表面长成单层（图6-6），在培养液中进行悬浮培养。许多淋巴组织细胞和异倍体肿瘤细胞都是通过贴壁依赖性细胞。因此，大规模培养动物细胞都要使用微载体或微珠。微载体培养动

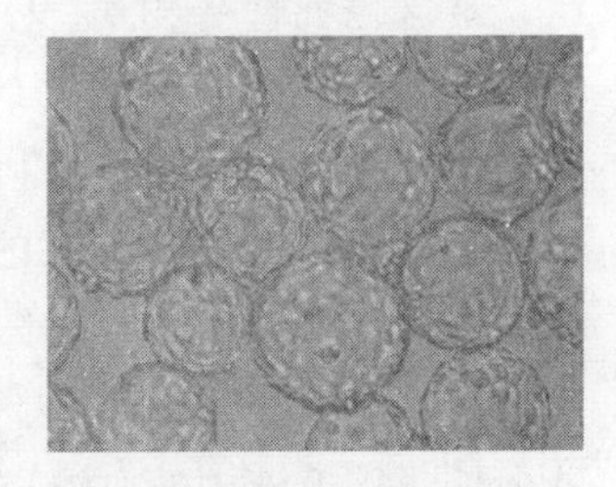

图6-6　动物细胞贴附在微载体上生长

物细胞是一种适合大规模生产动物细胞生物制品的一种非常有价值的培养技术。

理想的微载体应适于细胞的快速附着、扩展和繁殖；微载体材料对细胞生长无毒性，而且也不会产生影响产品和人体健康的有害因子；可以高压灭菌，允许细胞易于脱落；可反复使用等特点。微载体培养细胞的优点是细胞附着表面积增大；细胞生长环境均匀，条件易控制；取样及细胞计数简单；细胞与培养液易于分离；适合大规模培养；适于培养原代细胞、二倍体细胞以及基因重组细胞。

②微囊化培养：微囊化培养是借鉴固定化技术将细胞包裹在微囊中，在培养液中悬浮培养的一项技术（图6－7）。首先采用海藻酸钠包埋细胞制成固定化凝胶颗粒，再用长链氨基酸聚合物、多聚赖氨酸包被形成坚韧、多孔可通透的外膜。膜孔的大小可根据需要而改变，然后液化胶化小珠，使其成胶的物质从多孔膜流出，活细胞或生物活性物质留在多孔外膜内，置入气升式培养系统中进行增殖。微囊内的活细胞由于半透性微囊外膜，可以防止污染和物理损伤。营养物质和氧可通过膜孔进入囊内，囊内细胞代谢的小分子产物，可排出囊外，而分泌的大分子产物如 IgG，则不能透过膜孔，积聚在囊内（图6－8）。固定后体系的形态和功能酷似活性细胞，所以称之为“人工细胞”。

微囊培养的优点是包埋在微囊内的细胞可避免剪切力的损害；可以获得较高的细胞密度；控制微囊膜孔径后，可使产品浓缩在微囊内，有利于下游产物的分离提取；适用于生物反应器的大规模培养。

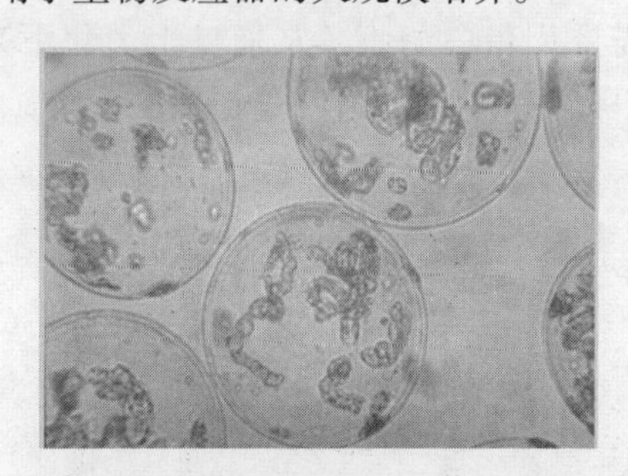

图6－7　微囊化神经组织细胞

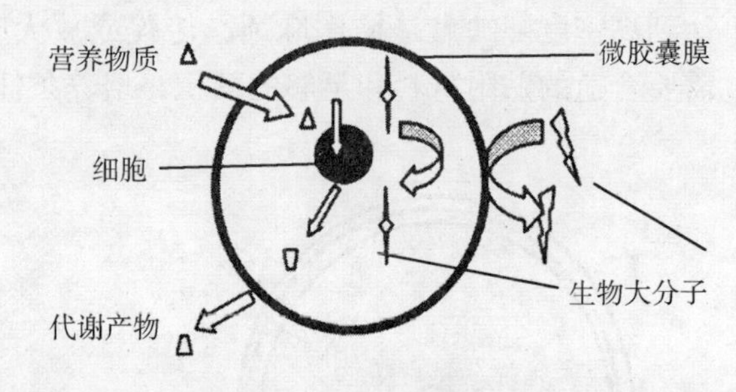

图6－8　微囊化细胞模式图

③中空纤维培养　中空纤维反应器由于剪切力小而广泛应用于动物细胞培养。中空纤维束是由聚砜或丙烯聚合物制成，管径为200μm。管壁是极薄的超滤膜，厚约50～75μm，电子显微镜下呈海绵状，富含毛细管（图6－9）。中空纤维反应器培养动物细胞的基本原理见图6－10。培养筒内是由数千根中空纤维束封存于特制的圆筒内组成。圆筒内有两个空间：每根纤维束的管内为“内室”，可灌流无血清培养液供细胞生长；管与管之间的间隙为“外室”，接种的细胞就贴附于“外室”的管壁上，并吸取从“内室”渗透出来的营养液生长。培养液中的血清输入到“外室”，由于血清和细胞分泌产物（如单克隆抗体）的分子量大无法穿透到“内室”去，只能留在“外室”，并且不断浓缩。当需要收集

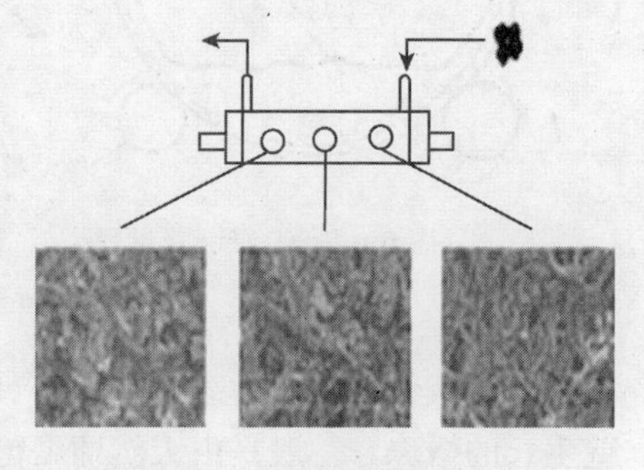

图6－9　中空纤维膜

这些产物时，只需要把管与管之间的“外室”总出口打开，产物就能流出来。细胞生长过程中产生的代谢废物，都是小分子物质，可以透过管壁渗进“内室”，最后从“内室”总口流出。一般细胞接种1～3周后，就可以完全充满管壁的空隙。细胞的厚度可达10层之多，细胞停止增殖后，仍可以维持其高水平代谢和分泌功能，长达几个星期，甚至是几个月。中空纤维培养的优点是培养器体积小，细胞密度高；产物浓度高，纯度高；自动化程度高，细胞生长周期长。缺点是不能重复使用，不能耐高压蒸汽灭菌，需用环乙烷或其他消毒剂灭菌，难以取样检测，价格昂贵。

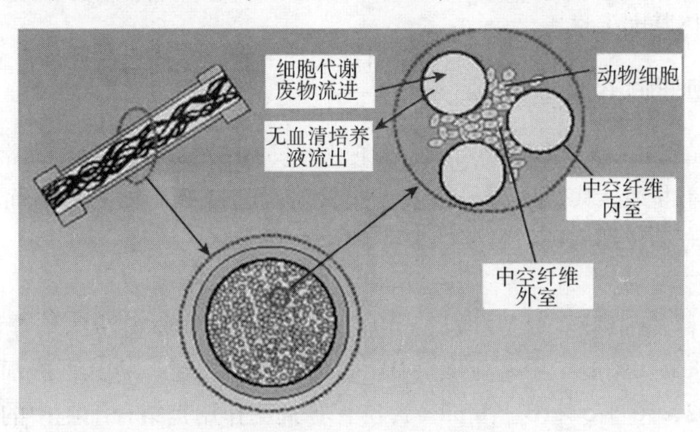

图6－10　中空纤维培养系统培养动物细胞原理图

2. 动物细胞培养操作方式

动物细胞培养的操作方式和微生物发酵相同，通常也可分别分批式操作、补料－分批（或流加）式操作、半连续式操作、连续式操作和灌流式操作。而补料－分批（或流加）式操作、连续式操作在动物细胞培养时应用很少。

（1）分批式操作　分批式操作通常采用机械搅拌式反应器。动物细胞培养分批式操作有两种方式：一种是将细胞和培养基一次性加入反应器进行培养，随细胞不断生长、产物不断积累形成，最后将培养基、细胞和细胞产物一并取出，培养结束。如在气升式反应器或搅拌式反应器中培养杂交瘤细胞生产单克隆抗体可采用分批式的操作方式。另一种是先将细胞和培养基加入反应器，待细胞生长到一定密度后，向反应器内加入诱导剂或病毒，经过一段时间作用，将反应物取出，生产Namalwa细胞干扰素和疫苗可采用该操作方式。

分批式操作的特点是操作简单，培养周期短，染菌和细胞突变的风险小；培养时细胞处在一个相对固定的营养环境，能直观反应细胞的生长代谢过程；培养过程工艺简单，对设备和控制要求低，容易放大。

（2）半连续操作　通常采用机械搅拌式生物反应器，悬浮培养的形式进行操作。在当细胞和培养物一起加入反应器后，细胞增长和产物形成过程中，每间隔一段时间，从反应器取出部分培养物，再用新的培养液补足原有体积，使反应器中总体积保持不变。该操作方式的优点是操作简便，生产效率高，可长期进行生产，反复收获产品，而且可使细胞密度和产品产量一直保持较高的水平。

（3）灌流式操作　将细胞和培养基一起加入反应器后，在细胞增长和产物形成过程中，不断地将部分培养基取出，同时又连续不断地灌注新的培养基。它与半连续培养操作的不同之处在于取出部分培养基的时，绝大部分细胞均保留在反应器内，而半连续培养在取出培养物的同时也取出了部分细胞。灌流培养常使用的反应器有机械搅拌式反应器和固定床或流化床反应器。它的优点是：细胞可处在较稳定的良好环境中，营养条件较好，有害代谢废物低；可极大地提高细胞密度和产品产量；产品在罐内停留时间短，可及时回收并在低温下保留，提高了产品质量；反应速率易控制，目标产品回收率高。连续灌流培养可用于动物细胞培养生产分泌型重组治疗性药物和嵌合抗体及人源化抗体基因工程。

四、动物细胞的冷冻保存

动物细胞在20～30℃常温或4℃低温条件下只能进行短期保存，通常只有1个月左右，因此需要不断地传代，这样既浪费人力又容易造成细胞变异；然而采用超低温冷冻方法则可以对动物细胞进行长期的保存。

1. 冷冻保存

（1）预保留的细胞经消化分散后，用冷冻保护液［10%血清的培养液中加10%的甘油或者7.5%～10%的二甲基亚砜（DMSO）细胞保护剂］将其预冷却，同时将细胞悬浮液稀释成2×10^6～5×10^6个/ml。冷冻保护剂的作用是结合细胞中的水分子，降温时减少细胞中冰晶分子的形成，以免对细胞造成伤害。长期保存细胞，采用二甲亚砜毒性小，保护作用要好于甘油。

（2）按1ml/安瓿的量分装细胞悬液，在火焰下将安瓿封口。倘若剂量过大，保护剂对细胞渗透作用不匀，冷冻效果不好。

（3）将封口的安瓿放入慢冻机，按每分钟下降1℃的速度，缓慢冷冻，降至-25℃。加保护剂的细胞悬液经缓慢冷冻，结冰产生于细胞外对细胞没有损伤。如果要长期保存，可以使用液氮罐，冷冻时需戴手套操作，以免冻伤。

（4）冻结好的安瓿放入CO_2低温冰柜或液氮罐中。温度达-150～-190℃。此时细胞的全部理化活动几乎处在停止状态。

2. 冷冻细胞复苏

将冰冻的细胞悬液安瓿取出后立即放入37℃水浴中，使其快速融化。在加保护剂的条件下，慢冻快融是保存复苏细胞的关键。融化的细胞可进一步培养。

五、大规模动物细胞培养生产组织纤溶酶原激活剂

1. 概述

组织型纤溶酶原激活剂（tissue type plasminogen Activator，t-PA）主要是由血管内皮细胞合成的单链多肽，分子量约为68 000。t-PA能激活纤溶酶原形成纤溶酶，是体内纤溶系统的生理性激动剂，在人体纤溶和凝血的平衡调节中发挥着关键性的作用，是一种新型的血栓溶解剂。t-PA在组织和体液中含量甚微，分子量很大，从天然组织提取或人工合成药用t-PA均有很大难度。这里介绍采用滚瓶大规模培养CHO细胞分泌生产t-PA。

2. 工艺过程

（1）组织纤溶酶原激活剂（t-PA）工程细胞的大规模培养　从液氮中取出CHO

工程细胞复苏。取5L玻璃转瓶，按每平方米表面积2.5L的比例加入Eagle细胞培养液。将CHO工程细胞按常规方法消化分散、洗涤、计数、稀释成细胞悬液。将细胞悬浮液接种到转瓶之中，接种浓度为3×10^3个/ml。置于CO_2培养箱中，37℃下培养、通入含5% CO_2的无菌空气。等到长成致密单层之后，弃去培养液，用pH 7.4的0.1mol/L磷酸缓冲液洗涤细胞单层2~3次。换入无血清Eagle培养液继续培养。每隔3~4天收获一次培养液，用于制备t-PA。同时向转瓶中加入新鲜培养液继续培养，如此反复，可获得大量t-PA。

（2）组织纤溶酶原激活剂（t-PA）分离纯化　收集到的培养液中，加入蛋白酶抑制剂（aprotinin）至5万单位/ml。加吐温-80至0.01%，过滤，除去沉淀，滤液稀释3倍。稀释液上柱，以5ml/min的流速进入IgG-Sepharoes4B亲和柱（直径4cm×长度40cm）。用含0.01%的吐温-80、2.5万单位/ml的蛋白酶抑制剂（aprotinin）以及0.25mol/L的KSCN的pH 7.4的0.1mol/L的磷酸缓冲液以同样的流速洗涤亲和柱，以除去杂蛋白。最后用3mol/L的KSCN溶液洗脱亲和柱，以每管10~15ml的体积进行分区收集。合并t-PA的洗脱峰，装入透析袋内，埋入到PEG2000中浓缩至原体积的1/10~1/5，得t-PA粗提物。

（3）组织纤溶酶原激活剂（t-PA）精制　t-PA粗提物进Sephadex-G-150柱（直径2cm×长度100cm）用含0.01%的吐温-80的1mol/L的NH_4HCO_3溶液以23ml/min的流速进行洗脱。以每管10~15ml的体积进行分区收集合并t-PA的洗脱峰，于冻干机中进行冻干，得t-PA精品。

六、动物细胞的相关知识

1. 动物细胞的形态

动物细胞属于真核细胞，细胞结构比原核细胞复杂得多，而且各种细胞都有明确的分工。细胞为了适应其功能的需要，形态也发生了相应的变化。如肌肉细胞呈纺锤形，可起到收缩和伸展作用；神经细胞具有很长的分支，很多的纤维，可以接受和传递刺激。而上皮细胞由于覆盖在表面，常常相互挤压成不规则的正方形。动物细胞体积很小，肉眼一般看不到，需借助于显微镜才能看到。动物细胞的直径多在10~100μm之间。最大的细胞是鸟类的卵，如鸵鸟的卵黄直径可达到5cm。

2. 动物细胞的结构

动物细胞虽然十分微小，形状也千差万别，但是它们的结构却基本相同。在显微镜下可以看到动物细胞的基本结构由三部分组成（图6-11）。

（1）细胞膜　细胞膜是包围在细胞外面的一层很薄的膜，具有保护细胞内部结构和控制物质进出细胞的作用。

（2）细胞质　细胞质是细胞膜和细胞核之间的透明的黏稠的物质，称为细胞质。细胞质中有很多重要的细胞器，许多物质的合成与分解变化都在这些细胞器中进行，它是细胞生命活动的重要场所。

（3）细胞核　细胞内部有一个近似圆球状的结构是细胞核。细胞核内含有遗传物质。

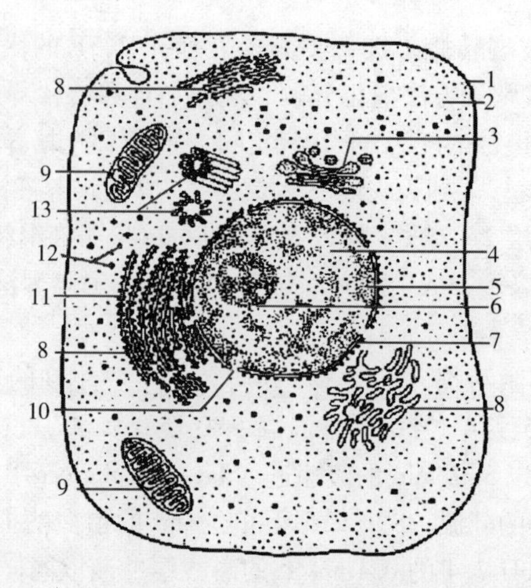

图 6－11　动物细胞结构图

1. 细胞膜；2. 细胞质；3. 高尔基体；4. 核液；5. 染色质；6. 核仁；7. 核膜；8. 内质网；
9. 线粒体；10. 核孔；11. 肉质网上的核糖体；12. 游离的核糖体；13. 中心体

3. 动物细胞的分类

根据体外培养时动物细胞对生长基质的依赖性，可将动物细胞又分为贴壁依赖性和非贴壁依赖性细胞以及兼性贴壁性细胞。

（1）贴壁依赖性细胞　这类细胞生长时需要附着于支持物表面，细胞依靠自身分泌的或培养基中提供的贴附因子才能在该表面上生长、增殖，动物细胞贴壁生长过程见图 6－12。大多数动物细胞均以这种培养方式生长，包括非淋巴组织细胞和许多异倍体细胞。当细胞在该表面生长后，细胞分化变得不显著，失去了它们在动物体内的原有特征，而一般形成两种形态，即纤维样细胞型或上皮样细胞型。

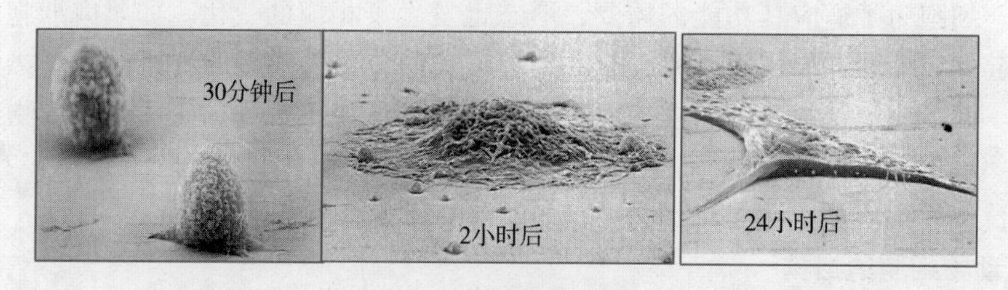

图 6－12　动物细胞贴壁过程

（2）非贴壁依赖性细胞　这类细胞生长不依赖支持物表面，可在培养液中称悬浮生长，如来源于血液的淋巴细胞、杂交瘤细胞、肿瘤细胞、转化细胞系和用以生产抗生素的 Namalwa 细胞等。

（3）兼性贴壁性细胞　这类细胞不严格依赖于支持物，既可贴附于支持物表面生长，但在一定条件下，也可在培养基中呈悬浮状态良好的生长，我们把这类细胞称为兼性细胞，如小鼠 L929 细胞等。

4. 动物细胞的培养特性

除单细胞原生动物外，动物细胞培养过程具有以下特性：动物细胞较大，无细胞壁，机械强度相对较低，适应环境能力差；细胞生长缓慢，容易受到微生物污染，培养时需抗生素；动物细胞在培养过程中，细胞通常具有群体效应、锚地依赖性、接触抑制性及功能全能型；培养过程中，对氧的需求量少，并且不耐受强力通风和搅拌；培养过程中产物分布于细胞内外，反应过程成本较高，但产品价格昂贵；原代培养细胞一般繁殖50代即退化死亡。

5. 动物细胞的培养条件

（1）培养温度　哺乳动物细胞的生长温度为35～37℃，偏离这一温度就会影响细胞正常的生长与代谢，甚至造成细胞死亡。当温度达到41℃以上时，细胞将严重受损，但温度在25～35℃时，细胞的生长速度虽然缓慢，但能生长，即使4℃条件下细胞也能存活数日。如果在细胞培养物中加入二甲亚砜（DMSO）或甘油，密封保存于-80℃或液态氮中则可长期保存。

（2）pH　pH高低对细胞各种酶的活性、细胞壁的通透性以及许多蛋白的功能都有重要影响。细胞培养时最适pH为7.2～7.4之间，当pH低于6或高于7.6时，细胞的生长就会受到影响，甚至导致死亡。细胞生长越旺盛，代谢越活跃，培养液中的pH改变越迅速。因此，培养基中要加入各种缓冲系统，以维持培养基的pH稳定。最常用的缓冲系统有Na_2HPO_4/NaH_2PO_4缓冲系统，Tricine-Glycine缓冲系统等。培养基中要加入酚红作为酸碱变化指示剂。

（3）气体　动物细胞在体内生长的环境是含有的CO_2，在培养中要使用培养箱。动物细胞生长缓慢，常用空气、氧、二氧化碳和氮的混合气体进行供氧和调节pH。

（4）渗透压　动物细胞缺乏细胞壁，外界环境渗透压的高低变化会对细胞存活产生很大的影响。在培养哺乳动物细胞时，培养液的渗透压一般控制在260～320mOsm/kg之间。不同细胞对渗透压的耐受性不同，如原代细胞比传代细胞敏感。人血浆渗透压290mOsm/kg，鼠细胞渗透压320mOsm/kg左右。一般采用增减NaCl的方法。每增加或减少1mg/ml的NaCl，可使培养基的渗透压增加或减少32mOsm/kg。

（5）营养　动物细胞的培养基一般可分为三类：天然培养基、合成培养基和无血清培养基。

①天然培养基：直接采用取自动物体液或从组织中提取的成分作培养液，主要有血清、组织提取物和胚胎浸出液等。血清是天然培养基中最有效和最常用的培养基成分。它含有许多维持细胞生长繁殖和保持细胞生物学性状不可缺少的未知成分，还具有促进细胞贴壁以及中和有毒物质保护细胞的功能。水解乳蛋白、胶原是另外两种较好的天然培养基成分。前者是乳白蛋白的水解产物，后者是从动物真皮中提取，具有改善细胞表面特性和促使其附着生长的作用。由于该类材料成分复杂、组分不稳定，来源有限，不适合大量培养和生产的需要。

②合成培养基：合成培养是根据天然培养基的成分，人工设计模拟合成的，具有一定化学组成的培养基。合成培养基的化学成分主要为氨基酸、碳水化合物（糖类）、蛋白质、核酸类物质、维生素、辅酶、激素、生长因子、微量元素及缓冲剂等。与天然培养基相比，有些天然的未知成分尚无法用已知的化学成分替代，因此，细胞培养中使用的基础培养基还必须加入一定量的天然培养基成分，如10%～20%

小牛血清，以克服合成培养基的不足。合成培养基的优点是成分明确、组分稳定、可大量供应。

③无血清培养基：无血清培养基是不加动物血清，在已知细胞所需营养物质和贴壁因子的基础上，在基础培养基中加入激素和生长因子、结合蛋白、贴附和伸展因子以及其他有利于细胞生长的因子和元素。培养时采用渐适法使本来在含小牛血清培养基中才能生长的细胞逐渐适应无血清培养基。无血清培养基的优点是减少了由血清带来的病毒、真菌和支原体等微生物的污染的危险；避免了血清中蛋白对某些生物测定的干扰，便于试验结果分析；细胞产品容易提纯。

（6）培养环境无毒、无菌　动物细胞生长时间长，培养液的营养又十分丰富，各种因素如环境中的微生物、培养基、培养器皿和操作者自身均可引起污染。培养基污染后，pH 迅速改变，细胞外型模糊，甚至出现细胞集落。因此，防止污染是动物细胞培养的首要条件。细胞培养中，器材的清洗一般要经浸泡、刷洗、泡酸和清洗 4 步。用过的器材要尽快地泡在 3% 的磷酸三钠溶液内过夜，然后用水、蒸馏水、无离子水冲洗。操作过程中所有的培养液和器皿等要按操作过程严格灭菌。培养液中通常还需要加入适量的抗生素，如青霉素和链霉素双抗液可以抑制可能存在的细菌和霉菌的生长。

生物制药中的细胞培养工

生物技术制药中与生物药品和生物制品（蛋白质、疫苗）等生产相关的大规模哺乳动物细胞的培养工作；植物组织培养、无性繁殖和品种选育工作；药用植物细胞培养工作。

动物细胞培养、单克隆抗体制备以及植物组织细胞培养从事的工作包括：

（1）负责按 GMP 要求操作完成原代细胞的分离、培养、传代、冻存和复苏，能够提供足量的细胞培养液，并负责细胞质量管理。

（2）负责按照 GMP 要求进行动物细胞培养反应器的安装、运行及取样等相关操作。

（3）负责细胞培养反应器运行过程中的数据监控以及异常情况的处理。

（4）负责在岗期间相关生产记录的填写。

（5）负责 GMP 车间内仪器的正常维护与保养，保证洁净区的环境达到规定的要求。

（6）负责动物细胞免疫、效价测定、细胞融合、单抗筛选、腹水制备、抗体配对鉴定、抗体应用、试剂盒开发等工作。

（7）负责组培室中种苗接种、移植和炼苗以及优质种苗的产业化生产工作。

（8）负责植物组织培养工作中的洗瓶、配置培养基、高压灭菌、接种和移栽等工作。

（9）负责植物愈伤组织诱导、植物细胞库的建立和维护以及植物细胞培养中的中试和放大工作。

任务二 动物细胞融合技术

一、动物细胞融合相关概念

1. 动物细胞融合技术

动物细胞融合技术也称动物体细胞杂交技术。用自然或人工方法，使两个或几个不同的动物细胞合并为一个双核或多核细胞的过程。

2. 细胞杂交

不同基因型的细胞之间的融合就是细胞杂交。

3. 杂交细胞

融合后形成的具有原来两个或多个细胞遗传信息的单核细胞称为杂交细胞。

二、动物单个细胞的获得

动物虽然没有细胞壁，但细胞间的连接方式多样而复杂，在进行有效的细胞融合之前，必须获得单个分散的细胞。

1. 组织的获得

采用各种适宜的方法处死动物，取出组织块放入小烧杯中，用剪刀将组织块剪碎成 $1mm^3$ 大小，用吸管吸取 Hanks 溶液冲下剪刀上的碎块，补加 3～5ml 的 Hanks 溶液，用吸管轻轻吸打，低速离心，弃去上清液，留下组织块。

2. 组织消化

通过生物化学的方法将剪碎的组织块分散成细胞团或单细胞。根据不同的组织对象采用不同的酶消化液，如最常用的有胰蛋白酶和胶原酶等。其他的酶如链霉蛋白酶、粘蛋白酶、蜗牛酶等也可用于动物细胞的消化。EDTA 最适合消化传代细胞，常与胰蛋白酶使用。

三、动物细胞融合

1. 生物法

病毒是最早被采用的促融剂。用作融合剂的病毒必须事先用紫外线灭活，使病毒的感染活性丧失而保留病毒的融合活性。最常用的是灭活的仙台病毒（HVJ）灭活的仙台病毒诱导融合的过程见图 6－13。两个原生质体或细胞在病毒黏结作用下彼此靠近；通过病毒与原生质体或细胞膜的作用而使两个细胞膜间互相渗透，胞质互相渗透；两个原生质体的细胞核互相融合，融为一体；进入正常的细胞分裂途径，分裂成两种染色体的杂种子细胞。病毒诱导融合优点是融合频率较高，病毒容易培养。缺点是病毒不稳定，保存过程中活性会降低。而且病毒引进细胞后，可能对细胞活动产生影响。目前，已经很少使用。

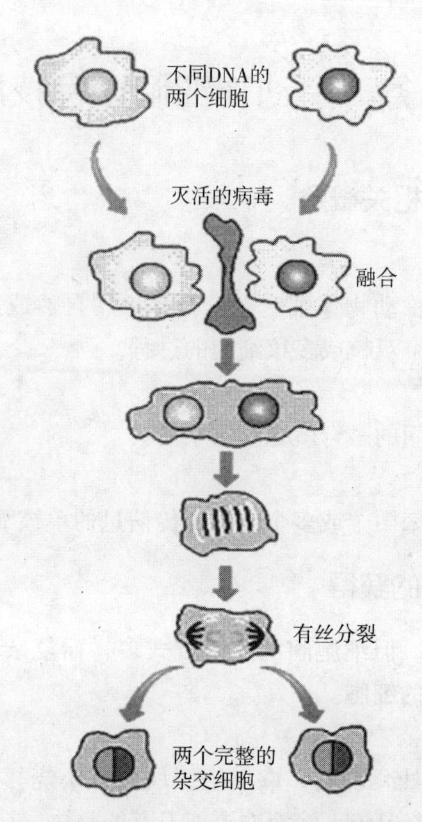

图 6-13 用灭活的病毒诱导动物细胞融合过程示意图

2. 化学法

聚乙二醇（PEG）是一种多聚化合物，常用于融合的相对分子量为 1000~6000 的 PEG。聚乙二醇促融的机制可能是其脱水作用导致细胞凝集，并使细胞膜结构发生变化，也可能是由于它能改变膜表面电荷和膜电位，而使膜蛋白颗粒聚集以及脂层分子重排所致。聚乙二醇诱导融合是目前使用的最多的细胞融合方法。优点是成本低，无须特殊设备；融合子产生的异核率较高；融合过程不受物种限制。缺点是过程繁琐，PEG 可能对细胞有毒害。

3. 物理法

（1）电融合诱导法　将两种细胞的混合液至于 10~100 V/cm 低压交流电场中，极化成偶极子并通过偶极子作用使细胞聚集成串珠状，然后施加高压电脉冲，以使细胞融合（图 6-14）。一般击穿电压 0.5~10kV/cm，作用时间 30~50 秒。电融合技术诱导细胞融合频率高、对细胞无毒害、操作简便，诱导过程可控性强，可以免去细胞融合后的洗涤工作。但需要购置专用的细胞电融合装置（细胞电融合仪）。

（2）激光诱导法　细胞之间相互接触是实现细胞融合的前提，除了采用病毒、化学剂和电的方法使细胞接触，还可以利用激光诱导细胞融合。光镊所形成的光学势阱，会把细胞拉向光束中心，钳住细胞，从而实现对生物粒子远距离非接触式捕获。激光诱导需采用微操作方法，设备非常昂贵，但总体效率并不高。

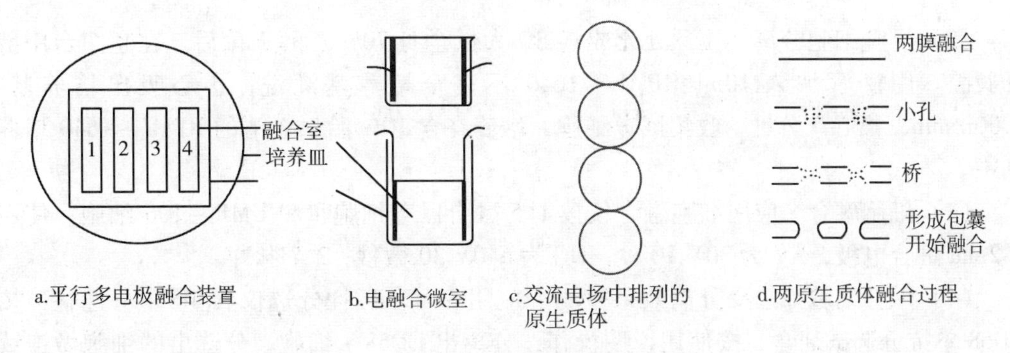

图 6-14 动物细胞的电融和基本操作

四、杂种细胞筛选

1. 抗药性选择筛选

利用生物细胞对药物敏感性的差异筛选杂种细胞的方法称为抗药性筛选系统。由于不同细胞的生理生化特性不同，同一种药物对不同细胞的作用差异很大，即使不同药物对同一种细胞的作用部位、作用效果也不一样。如果某一种亲本细胞的生长容易受到 A 药物的抑制，而对 B 药物不敏感；另一种亲本细胞的生长对 A 不敏感，却受到 B 的抑制，则将这种亲本细胞融合的混合物放于含有 A、B 两种药物的培养基上进行培养，其结果是这两种亲本细胞都不能生长而死亡，只有两者的融合子可以存活并生长。这样经过反复的分离、移植和继代培养，最终可以选出理想的特定杂种细胞。

2. 营养互补选择筛选

有些细胞在一些营养物如氨基酸、碳水化合物、嘌呤、嘧啶或者维生素的合成能力上出现缺陷，而难以在缺少这种营养成分的培养基中存活，这类变异的细胞便称为营养缺陷型细胞。将两种不同营养缺陷型的细胞作为亲本进行融合，所形成的原养型融合细胞可以在缺少两种营养成分的培养基上生长，而亲本细胞则不能生长。如一种亲本细胞为色氨酸缺陷型，另一种细胞为苏氨酸缺陷型，在选择培养基中不加色氨酸和酸酸，则只有融合的杂种细胞才能生长。

3. HAT 筛选系统

具体内容见任务三单克隆抗体技术。

五、电融合法制备骨肉瘤融合细胞疫苗

1. 概述

复发和肺转移是威胁骨肉瘤患者生命的主要矛盾，但由于尚未发现明确的骨肉瘤特异性抗原，因此将经过修饰的骨肉瘤细胞作为肿瘤疫苗是应用于骨肉瘤的治疗有效途径之一。下面介绍采用电融合技术制备骨肉瘤与抗原提呈细胞（主要是巨噬细胞）的融合细胞，并对其相关的免疫学特性加以分析，为其作为肿瘤疫苗应用于骨肉瘤患者的治疗提供理论指导。

2. 融合过程

（1）细胞培养　肿瘤细胞和融合细胞均培养在含 10% 胎牛血清 RPMI－1640 的培养基中，0.25% 的胰蛋白酶消化传代。

（2）巨噬细胞分离　拉颈处死成年 SD 大鼠全身 70% 乙醇灭菌后，在超净台中剪开腹腔。用滴管加入 10ml RPMI－1640 不完全培养基灌洗，小心吸出培养基。1000r/min，离心 5 分钟，收集巨噬细胞，培养在含 10% 胎牛血清的 RPMI－1640 培养基中。

（3）细胞融合　应用细胞融合仪按 1∶5 融合巨噬细胞和和 UMR－106 细胞。使用 3.2mm 融合电极，AV 为 30V 10 秒；DC 为 640V 30 微秒；2 个脉冲。

（4）融合细胞筛选及分离效果检测　应用 MACS 磁性分选仪和 MS＋分选柱，按 CD68 单抗分选试剂盒，按使用说明操作，分离出 CD68＋细胞。分选出的细胞做连续传代排除未融合的巨噬细胞，获得相对较纯的融合细胞（MUFs）。通过电穿孔仪融合的细胞，用磁性分选仪加以纯化，结果表明磁性分选对阳性细胞的回收效率为 84.2%，纯化后阳性细胞的纯度为 95.6%。

（5）结果　电融合与磁性分选技术相结合可获得 95% 的融合细胞纯度。流式细胞仪测定表明，融合细胞可表达较高的 MHC－Ⅰ、Ⅱ类抗原。其软琼脂克隆形成能力明显降低，而诱导 CTL 细胞杀伤的能力则显著提高。

六、动物细胞融合的相关知识

1. 动物细胞融合的机制

细胞融和分为异核体形成与杂种细胞形成两个阶段。异核体形成后有两种去路，或在短期培养后死亡，或存活下来。存活的异核体经历有丝分裂，双亲染色体混杂，可产生两个称为合核体的单核杂种细胞。融合基本过程见图 6－15。细胞在诱导剂或在正弦电场的作用下凝集，彼此靠近；两个相邻细胞的之间的质膜相互融和，随后两个亲本细胞质膜上的受体等质膜成分也在融和后的质膜上重新分布；细胞质发生融和；细胞核融和，形成单核融和细胞。

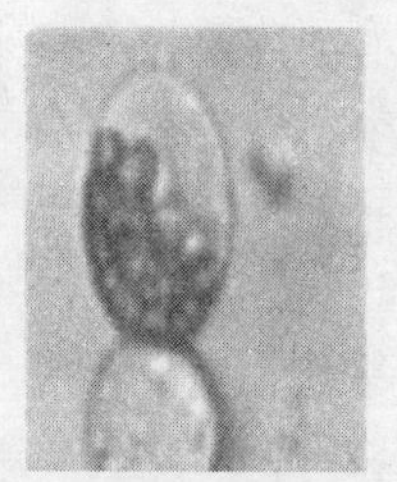
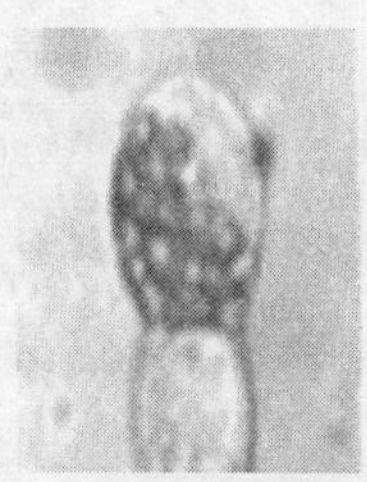

图 6－15　动物细胞融合过程

2. 影响细胞融合因素

影响动物细胞融合的因素很多，除了促融剂以外，还有细胞性质、温度、pH 以及离子种类和离子强度等。

（1）细胞性质和种类　亲本细胞的表面性质对细胞融合率的影响非常大。亲本细胞表面有绒毛不规则的容易融合，而表面光滑者不易融合。

细胞种类不同，融合效果也不同，如腹水癌及株化细胞较易融合，而淋巴细胞或血球细胞几乎不融合。

（2）温度和运动状态　细胞融合时都需要适宜的温度条件，否则，细胞融合率就下降或者不发生融合。如仙台病毒诱导欧利希腹水癌细胞融合时，37℃易于融合，而融合效率与病毒量成正比。但34℃下振摇则融合率下降，37℃不振摇几乎不融合。

（3）pH和氧　细胞融合时对pH要求比较严格。一般在7.4～7.8范围内，耗氧量也比较大，过高过低及缺氧细胞都不能融合。因此，细胞在融合过程中一定要保证合适pH，并且有充足的氧量供应。但有些细胞在无氧条件下也能发生融合。

（4）离子种类和离子强度　很多细胞融合时要求必须有Ca^{2+}存在，否则不发生融合，甚至细胞性质也会发生变化。细胞融和时一般最适离子强度为0.1mol/L。实验表明，Sr^{2+}、Ba^{2+}、Mn^{2+}、Mg^{2+}等可以替代Ca^{2+}，其浓度要求比Ca^{2+}大得多。

3. 杂种细胞筛选的原理

筛选的目的是为了获得遗传性状比亲本细胞更加优良的杂种细胞。两种亲本细胞融合后会形成5种类型的细胞：即异型融合细胞（双核和多核）、两种同型融合细胞（双核和多核）以及未发生融合的两种亲本细胞。筛选的原理是在培养过程中用选择性培养基杀死后面4种类型的细胞。如图所示6－16，同型多核融合的细胞CD因不能合成DNA，失去繁殖能力而死亡。异型多核细胞F虽能合成DNA，但细胞核不能进行再次分裂，失去繁殖能力而死亡。最后只剩下异型双核细胞，它既能合成DNA，还能经核融合形成杂种细胞，具有生长和增殖能力。因此，要根据筛选系统选择合适的亲本细胞或根据细胞的生理生化特性选择合适的筛选系统。

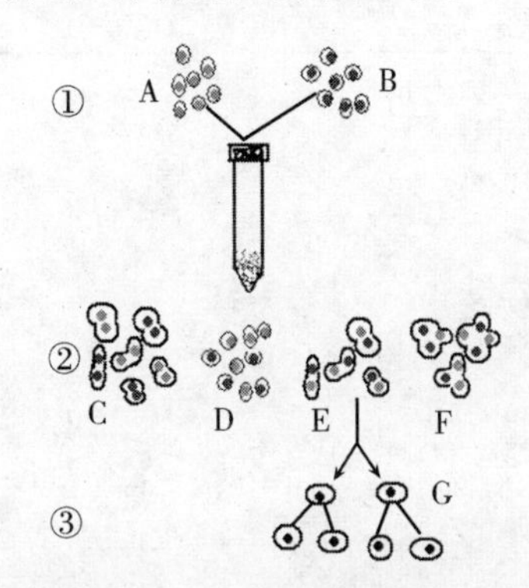

图6－16　杂种细胞筛选示意图

①PEG诱导细胞融合；②融合后形成5类细胞；③在选择行培养基中筛选杂种细胞

A、B两种类型的酶缺陷型亲本细胞；C两种同型融合细胞；D未融合的两种细胞；

E异型双核细胞；F异型多核细胞；G杂种细胞

任务三　单克隆抗体技术

一、单克隆抗体制备相关概念

1. 克隆

由最初一个细胞元件繁殖而形成的纯的细胞基团，称一个克隆。

2. 单克隆

由一个细胞经无性繁殖而形成的遗传性状完全相同的细胞群。

3. 单克隆抗体（mnnoclonal antibody，McAb）

把能分泌某种特异抗体的一个 B 淋巴细胞分离出来，通过纯种培养所产生的抗体只有一种。这种由单一克隆的 B 淋巴细胞杂交瘤产生的，识别抗原分子上某一特定抗原的决定簇的抗体，称为单克隆抗体。

4. 单克隆抗体技术（mnnoclonal antibody technique）

用细胞融合技术将免疫的 B 淋巴细胞和骨髓瘤细胞融合成杂交瘤细胞，通过筛选，经单个细胞无性繁殖（克隆化）后使每个克隆能持续地产生只作用于某一个抗原决定簇的抗体技术。单克隆抗体的制备包括动物细胞的选择与免疫、细胞融合、杂交瘤细胞的选择、检测抗体、杂交瘤细胞的克隆化和冻存以及单克隆抗体的大量生产等（图 6－17）。

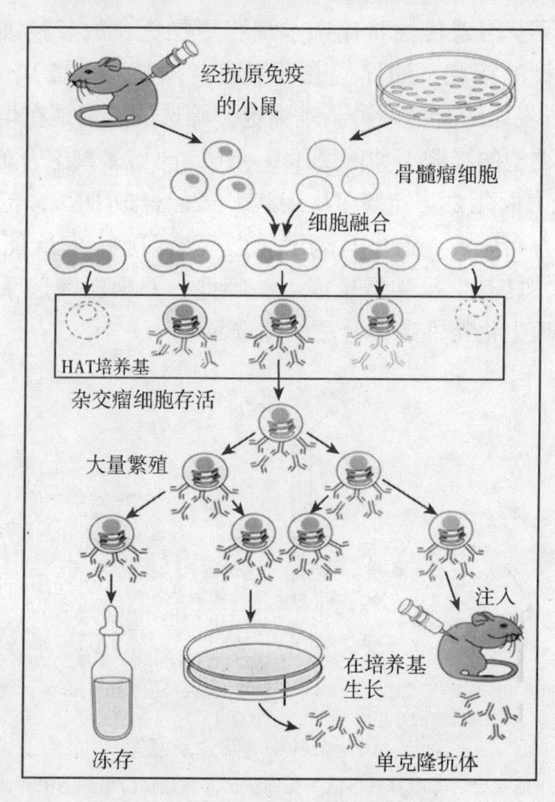

图 6－17　单克隆抗体制备过程图

二、细胞融合前的准备

1. 动物细胞的选择与免疫

一般选用纯种 6～8 周龄 BALB/C 雌性小白鼠作为免疫动物。免疫的目的是让 B 淋巴细胞在抗原的刺激下分化、增殖，使这些 B 淋巴细胞与骨髓瘤细胞融合后形成能分泌特异性抗体的杂交瘤。

免疫方法采用体内免疫和体外免疫：①体内免疫法适用于免疫原性强、抗原量较多时应用。颗粒性抗原（如细菌、细胞抗原）的免疫性强，可不加佐剂，直接注入腹腔细胞进行初次免疫，间隔 1～3 周，再追加免疫 1～2 次。可溶性抗原则按每只小鼠 10～100μg 抗原与福氏完全佐剂等量混合后注入腹腔，进行初次免疫，间隔 2～4 周，再用不加佐剂的原抗原追加免疫1～2次。一般在采集脾细胞前3日由静脉注射最后一次抗原。②体外免疫是在不能采用体内免疫法的情况下，如制备人源性单克隆抗体，或者抗原免疫原性极弱且能引起免疫抑制时使用。其基本方法是用4～8周龄BALB/C小鼠的脾脏制成单细胞悬浮液，再加入适当抗原，使其浓度达到0.5～5μg/ml，在5% CO_2、37℃下培养4～5天，再分离脾细胞，进行细胞融合。体外免疫的优点是所需的抗原极少，一般只需要几微克，免疫期短，仅4～5天，干扰因素少。缺点是融合后产生的杂交瘤细胞株不够稳定。

2. 骨髓瘤细胞的获得与培养

骨髓瘤细胞系应和免疫动物属于同一品系，这样杂交融合率高，便于接种杂交瘤细胞在同一品系小鼠腹腔内产生大量的McAb。

骨髓瘤细胞的培养可利用一般的动物细胞培养液。小牛血清的浓度一般在10%～20%，细胞的最大密度不得超过10^6个/ml，一般扩大培养以1∶10稀释传代，每3～5天传代一次。细胞的倍增时间为16～20小时。

一般在准备融合前两周就应开始复苏骨髓瘤细胞。保证骨髓瘤细胞处于对数生长期和良好的细胞形态，活细胞计数高于95%也是决定细胞融合的关键。

三、细胞融合和杂交瘤细胞选择

1. 细胞融合流程（图6－18）

（1）取对数生长的骨髓瘤细胞，离心，弃上清液，用不完全培养液混悬细胞后计数，取所需的细胞数，用不完全培养液洗涤2次。同时制备免疫脾细胞悬液，用不完全培养液洗涤2次。

（2）将骨髓瘤细胞和脾细胞按1∶10或1∶5的比例混合在一起，在50ml塑料离心管内用不完全培养液洗涤1次，离心，弃上清，用滴管吸净残留液体。

（3）30秒内加入预热的一定浓度、一定分子量的PEG，边加边搅拌，在室温在融合。加预热的不完全培养液，终止PEG作用。

（4）离心，弃上清，用20%小牛血清等轻轻混悬。将融合后细胞悬液加入96孔板，100μl/孔，37℃、5% CO_2 培养箱培养。

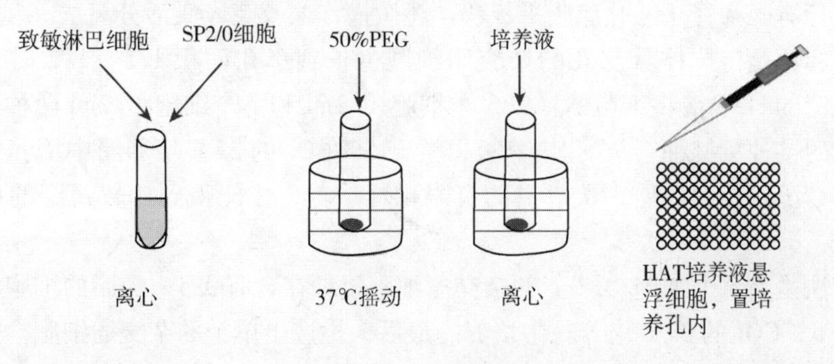

图6－18　细胞融合流程

2. HAT选择杂交瘤

在融合细胞管内加入含有20%胎牛血清，稀释至2×10^5个细胞/0.1ml的细胞浓度，在96孔板上进行培养（0.1ml/孔）。次日检查有无污染，若正常，换液（毛细管吸出半量培养液，每孔补充200μl HAT培养液），以后隔日一换。2周后改用HT培养液换液，换3~5次后改用D-5培养液培养。杂交融合的细胞在培养液中一般5~6天后有新的细胞克隆出现，未融合的脾细胞和骨髓瘤细胞5~7天后便逐渐死亡。

四、抗体的检测

筛选杂交瘤细胞通过选择性培养而获得杂交细胞中，仅少数能分泌针对免疫原的特异性抗体。检测抗体的方法应根据抗原的性质、抗体的类型不同，选择不同的筛选方法。一般以快速、简便、特异、敏感的方法为原则。常用方法有：

1. 放射免疫测定（radioimmunoassay，RIA）

可用于可溶性抗原、细胞McAb的检测。

2. 酶联免疫吸附试验（enzyme-linked immunosorbant，ELISA）

可用于可溶性抗原（蛋白质）、细胞和病毒等McAb的检测。

3. 免疫荧光试验（immunofluorescence assay，IFA）

适合细胞表面抗原的McAb的检测。

4. 其他

如间接血凝试验、细胞毒性试验、旋转黏附双层吸附试验等。

五、杂交瘤的克隆化

杂交瘤克隆化一般是指将抗体阳性孔进行克隆化。因为经过HAT筛选后的杂交瘤克隆不能保证一个孔内只有一个克隆。在实际工作中，可能会有数个甚至更多的克隆，可能包括抗体分泌细胞、抗体非分泌细胞，所需要的抗体（特异性抗体）分泌细胞和其他无关抗体的分泌细胞。要想将这些细胞彼此分开就需要克隆化。克隆化的原则是，对于检测抗体阳性的杂交克隆尽早进行克隆化，否则抗体分泌的细胞会被抗体非分泌的细胞所抑制，因为抗体非分泌细胞的生长速度比抗体分泌的细胞生长速度快，两者竞争的结果会使抗体分泌的细胞丢失。即使克隆化过的杂交瘤细胞也需要定期的再克隆，以防止杂交瘤细胞的突变或染色体丢失，从而丧失产生抗体的能力。克隆化的方法很多，包括有限稀释法、软琼脂平板法、显微操作法及荧光激活分离法等。

有限稀释法是待抗体分泌孔的杂交瘤细胞生长到小孔面积1/3~1/2时，用含有20%胎牛血清的HAT液将细胞稀释成5个细胞/0.2ml和1个细胞/0.2ml两种浊度，按每孔0.2ml的接种量接种于96孔培养板，置于5% CO_2的37℃培养箱中培养，然后检测抗体分泌情况。一般需做3次以上的有限稀释培养，才能得到比较稳定的单克隆抗体细胞株。

软琼脂法是将5个细胞/0.2ml的杂交瘤细胞接种在含有0.5%琼脂的细胞培养液平皿内，置于5% CO_2的37℃培养箱中培养。最后，挑选出单个的杂交瘤细胞。

六、杂交瘤细胞的冻存与复苏

1. 杂交瘤细胞的冻存

常用的冻存保护剂二甲亚砜（DMSO）。冻存液最好预冷，操作动作轻柔、迅速。

冻存时从室温可立即降至0℃后放入 -70℃超低温冰箱，次日转入液氮中。

2. 细胞复苏方法

将玻璃安瓿自液氮中小心取出，放37℃水浴中，在1分钟内使冻存的细胞解冻，将细胞用完全培养液洗涤2次，然后移入头天已制备好的饲养层细胞的培养瓶内，置37℃、5% CO_2 孵箱中培养，当细胞形成集落时，检测抗体活性。

七、单克隆抗体的大量生产

单克隆抗体的生产分为体外法和体内法。前者是采用转瓶或生物反应器对杂交瘤细胞进行大规模培养并表达相应的单抗；后者则是通过动物体内培养杂交瘤细胞生产单抗。

1. 体外培养法

体外使用旋转培养管大量培养杂交瘤细胞，从上清清液中获取单克隆抗体。但此方法产量低，一般培养液内抗体含量为10～60μg/ml，如果大量生产，费用较高。

2. 动物体内诱生法

（1）实体瘤法　对数生长期的杂交瘤细胞按 $1 \sim 3 \times 10^7$ 个/ml 接种于小鼠背部皮下，每处注射0.2ml，共2～4点。待肿瘤达到一定大小后（一般10～20天）则可采血，从血清中获得单克隆抗体的含量可达到1～10mg/ml。但采血量有限。

（2）腹水的制备　常规是先腹腔注射0.5ml Pristane（降植烷）或液体石蜡于BALB/C鼠，1～2周后腹腔注射 1×10^6 个杂交瘤细胞，接种细胞7～10天后可产生腹水。密切观察动物的健康状况与腹水征象，待腹水尽可能多，而小鼠濒临死亡之前，处死小鼠，用滴管将腹水吸入试管中，一般一只小鼠可获得1～10ml腹水。也可用注射器反复抽水，可反复收集数次。腹水中的单克隆抗体含量可达5～20mg/ml，这是目前最常用的方法。还可将腹水中细胞冻才能起来，复苏后转种小鼠腹腔则产生腹水快、量多。

八、单克隆抗体的鉴定

对制备的McAb进行系统的鉴定是十分必要的。应对其做如下方面的鉴定：

1. 特异性鉴定

除用免疫（抗原）进行抗体的检测外，还应用于其抗原成分相关的其他抗原进行交叉试验，方法可用ELISA、IFA法。

（1）制备抗黑色素瘤细胞的McAb，除用黑色素瘤细胞反应外，还应用其他脏器的肿瘤细胞和正常细胞进行交叉法反应，以便挑选肿瘤特异性或肿瘤相关抗原的单克隆抗体。

（2）制备抗重组的细胞因子的单克隆抗体，应首先考虑是否与表达菌株的蛋白有交叉反应，其次是与其他细胞因子间有无交叉反应。

2. McAb 的 Ig 类与亚类的鉴定

一般在用酶标或荧光素标记的第二抗体进行筛选时，已经基本上确定了抗体的Ig类型。如果用的是酶标或荧光素标记的兔抗鼠IgG或IgM类，则检测出来抗体一般是IgG类或IgM类。至于亚类则需要用标准抗亚类血清系统作双阔或夹心ELISA来确定

McAb 的亚类。

（1）McAb 中和活性鉴定　用动物的活细胞的保护实验来确定 McAb 的生物学活性。例如如果确定抗病毒的 McAb 的中和活性，则可用抗体和病毒同时接种于易感染动物或敏感的细胞，来观察动物或细胞是否得到抗体的保护。

（2）McAb 识别抗原表位的鉴定　用竞争结合试验、测相加指数的方法，测定 McAb 所识别的抗原位点，来确定 McAb 的识别的表位是否相同。

（3）McAb 亲和力鉴定　用 ELISA 或 RIA 竞争结合试验来确定 McAb 与相应抗原结合的亲和力。

九、杂交瘤技术制备人肺鳞癌单克隆抗体及其特性鉴定

1. 概述

肺癌是当今人类最常见的恶性肿瘤之一，近年来发病率和死亡率在国内外均呈明显上升趋势，临床上约有 86% 的肺癌患者在确诊时已属晚期。鳞癌是肺癌中最常见的一种类型，约占原发性肺癌的 50%，目前尚无有效的早期诊断手段，其治疗效果也有待进一步提高。分子靶向治疗是目前肿瘤生物治疗的最新发展方向，目前应用最多的是单克隆抗体类分子靶向治疗药物。肿瘤细胞表面存在肿瘤抗原或肿瘤相关抗原，可针对其进行靶向治疗，从而有望弥补肺癌难以早期诊断和治疗效果欠佳的不足。下面介绍以云南个旧市锡矿矿工肺鳞癌细胞株 YTLMC－90 为抗原免疫 BALB/c 小鼠，分离其脾细胞，与小鼠骨髓瘤 Sp2/0 细胞经诱导融合，制备分泌抗人肺癌 McAb 的杂交瘤细胞。

2. 工艺过程

（1）抗原的制备　在预先加入肝素溶液（125U/ml）3ml 的离心管中加 20ml 人全血，混匀加入等体积 RPMI 1640 溶液后，用直管沿管壁缓缓加入到 20ml 淋巴细胞分层液（泛影葡胺－旋糖酐液）中，提取淋巴细胞，计数并取 1×10^7 个细胞洗涤后重悬于 1ml RPMI 1640 液中，每隔 14 天 BALB/c 小鼠腹腔注射，3 次免疫结束后第 14 天摘除眼球取血，室温下静置 1 小时，2000 r/min，离心 10 分钟，吸取血清与 YTLMC－90 细胞混合孵育 1 小时后洗涤作为抗原。

（2）小鼠免疫和阳性血清的采集　每只 BALB/c 小鼠首次足垫皮下注射完全福氏佐剂 0.1ml，并以 1×10^7 个细胞经腹腔注射，之后每间隔 14 天腹腔注射 1 次，3 次后部分小鼠间隔 14 天，摘眼球取血，室温下静置 1 小时，2000r/min，离心 10 分钟，吸取的血清为阳性血清，分装后 －20℃ 冻存备用；部分小鼠间隔 30 天，5×10^6 个细胞加强免疫，3 天后进行细胞融合。

（3）细胞融合　取 BALB/c 小鼠脾脏，多点刺破，并挤压，使淋巴细胞从中逸出，收集洗涤；同时洗涤处于对数生长期的 Sp2/0 细胞；两者混合，吸取 1.2ml 的500ml/L 聚乙二醇，1 分钟内慢慢加到混合细胞管中，继续搅动 1 分钟后静置 3 分钟，用不完全 RPMI1640 培养液终止作用。融合后的杂交瘤细胞加入已接种饲养细胞的 24 孔板，用含 HAT 180ml/L 的超级新生牛血清的 RPMI 1640 培养液选择性培养，融合第 4 天换用 180ml/L 完全 RPMI 1640 培养液。第 10 天换成 180ml/L 完全 RPMI 1640 培养液，继续培养。

（4）阳性血清采集及间接法初筛阳性克隆　当融合细胞胀满孔底2/3时，进行阳性克隆初筛。取已基本长满瓶底的YTMLC－90细胞，制成单细胞悬液，除去A1、B1孔，平均接种于96孔板的每孔，37℃，50ml/L CO_2孵箱培养过夜。第二天用2.5g/L戊二醛100μl/孔室温下10分钟固定细胞，再加BSA200μl/孔，4℃过夜；复孔加样，每孔100μl，A1B1、A2B2、A4B4加PBS，余孔加辣根过氧化物酶（HRP）标记的山羊抗小鼠IgG抗体，37℃培养箱放置30分钟，加底物液，显色15分钟后加终止液。如果颜色呈橙红色，表明此孔对应的上清液中，含有目的抗体，其对应的细胞为阳性细胞。

（5）阳性杂交瘤细胞的克隆和亚克隆　采用有限稀释法对阳性细胞中A值高者，进行克隆化和亚克隆化培养，直至每个克隆生长孔上清液检测均为阳性。其中5孔阳性率高的杂交瘤细胞经过4次亚克隆，ELISA筛选。5株杂交瘤细胞命名为E2、F9、E11、D5和C6。

（6）免疫球蛋白同种型鉴定　用clonotyping system HRP test ELISA试剂盒，采用双抗体夹心法检测。用mouse monnclonal isotyping test试剂盒，采用试纸条法进一步确定抗体同种型。试纸条法鉴定5株杂交瘤细胞所产生的抗体均为IgG1亚型，k亚型。

（7）杂交瘤细胞染色体计数　取对数生长期的杂交瘤细胞，加入终浓度为0.1μg/ml的秋水仙素，于37℃继续培养50分钟，收集细胞，1000r/min，离心10分钟，弃上清液加入预温的KCl溶液0.35g/L，37℃恒温水浴箱中静置10分钟，800r/min，离心10分钟，弃上清液后加入固定液体（甲醇：冰醋酸＝3∶1），室温放置20分钟，离心去上清液，留下0.5～1ml上清液吹散沉淀细胞，将细胞悬浮液加到冰水中预冷的玻片上，自然干燥，于显微镜下选择分散良好、无重叠和完整中期分裂相进行染色体计数。其中C6染色体数目为89～100，约为脾细胞（40条）和骨髓瘤亲代细胞Sp2/0（62～68条）染色体之和。C6上清效价为1∶1004，腹水效价为1∶104。

（8）杂交瘤上清和腹水滴度测定　收集体外培养杂交瘤上清，采用梯度稀释间接ELISA法测定其滴度。BALA/C小鼠，腹腔注射液体石蜡，24小时后注射杂交瘤细胞，7～10天后，腹水尽可能多。观察小鼠健康情况，待小鼠腹部肿胀、消瘦、呼吸急促、活动减少等体征时，处死动物，收集腹水，采用梯度稀释间接ELISA法测定其滴度。

（9）Western blot法鉴定抗体的特异性　去正常组织和癌组织超声裂解后，BCA法蛋白定量，取50μg蛋白，变性，上样，经100g/LSDS－PAGE凝胶电泳后，电转移到PVDF膜上，封闭后加入杂交瘤细胞上清液，4℃过夜，加入辣根过氧化物酶标记的山羊抗属Ig（1∶1000稀释）室温1小时，洗涤后加ECL超敏发光液，X线曝光，显影。结果C6 McAb与低分化的肺腺癌结合、肺鳞癌组织特异性结合，与肺黏液腺癌也有结合，而与其他的癌组织和正常组织不结合。

十、单克隆抗体的相关知识

1. 杂交瘤技术原理

抗体是指能与相应的抗原产生特异性结合的具有免疫功能的球蛋白，是由B淋巴细胞在机体免疫系统受到刺激后而合成分泌的。正常机体免疫系统的B淋巴细胞在抗原的刺激下，都能够被活化、增殖和分化为浆细胞，从而具有针对这种抗原分泌特异性抗体的能力。由于B淋巴细胞的量和这种能力是有限的，不可能持续分化增殖下去，所以产生免疫球蛋白的能力也是极其微小的。如果将这种B淋巴细胞与非分泌型的骨髓瘤细胞融合形成杂交瘤细胞，再进一步克隆化，这种克隆化的杂交瘤细胞就可以既具有瘤的无限生长能力，又具有产生特异性抗体的B淋巴细胞的能力，将这种克隆化的杂交瘤细胞进行培养或注入小鼠体内既可以获得大量的高效价、单一的特异性抗体，即单克隆抗体。

2. HAT选择方法筛选杂交瘤细胞原理

HAT是一种含有一定浓度次黄嘌呤（H）、氨基喋呤（A）、胸腺嘧啶（T）的选择性培养基，所含的三种成分与DNA的合成有关。正常动物细胞DNA的合成途径有两种：一是全合成途径，可被A阻断，另一种是补救途径。补救途径需要胸腺嘧啶核苷激酶（TK酶）和次黄嘌呤鸟嘌呤磷酸核糖转移酶（HGRT酶）的参与。杂交瘤技术中骨髓瘤细胞带上次黄嘌呤鸟嘌呤磷酸核糖转移酶缺陷型（$HGPRT^-$）或胸腺嘧啶核苷激酶缺陷型（TK^-）遗传标记，另一细胞是体外不能分裂繁殖的淋巴细胞。$HGPRT^-$细胞的嘧啶可通过上述两条途径合成，而嘌呤只能由全合成途径产生；TK^-细胞的嘌呤可通过上述两条途径合成，而嘧啶只能由全合成途径产生，因此可利用HAT选择系统选出融合的杂交瘤细胞。

3. 单克隆抗体的特性

与常规的抗体比，单克隆抗体具有以下优点：①McAb为高纯度的单一抗体，在氨基酸序列以及特异性方向均为一致，监测灵敏度高。②可以通过杂交瘤细胞的大规模生产。③杂交瘤细胞可以用液氮深冻法进行长期保存。④可以在分子水平上解析存在于病毒表面的抗原或受体。⑤可以用不纯的抗原制备纯的McAb。但McAb存在以下缺点：①McAb特异性太强，有时不能检出为生物突变株。②有时不能产生与抗原交联的功能。③易受pH、温度及盐浓度的影响，或亲和力较低、半衰期短。④McAb制备程序复杂、工作量大。常规抗体解决的问题，无需制备McAb。

4. 单克隆抗体的应用

（1）医学检测与诊断　单克隆抗体具有纯度高、特异性强等特点，用于诊断疾病具有敏感性高、特异性强、检测结果重复性好，在血清学检验中已大部分取代了常规的多克隆抗体广泛应用于免疫学诊断。目前已成功生产了抗激素、抗病毒、抗细菌、抗寄生虫、抗肿瘤相关抗原等单克隆抗体，可用于体内激素或药物等微量物质的测定、传染病和肿瘤的诊断。

（2）临床治疗和预防　单克隆抗体还可以用于治疗疾病，如各种癌症、风湿性关节炎、糖尿病。此外，单克隆抗体还可与各种毒素、放射性元素或药物进行化学偶联制成靶向药物用于肿瘤的治疗，提高药物的疗效，减轻药物的副作用。

（3）生物活性物质的分离与纯化　单克隆抗体能与其相应的抗原特异性结合的特性，能够从复杂系统中识别出单个成分。因此，只要得到针对某一成分的单克隆抗体，利用它作为配体，固定在层析柱上，通过亲合层析，即可从复杂的混合物中分离、纯化这一特定成分。如将目的蛋白的单克隆抗体交联到溴化氰火化的色谱介质（如sepharose）上，这成亲和色谱吸附剂，从发酵液、血清、组织或细胞匀浆中特异性吸附所需纯化的蛋白质，然后将目的蛋白洗脱下来。

任务四　植物组织培养技术

一、植物组织培养相关概念

1. 植物的组织培养技术

在无菌条件下，将离体的植物器官（如根尖、茎尖、叶、花、未成熟的果实、种子等）、组织（如花药组织、胚乳、皮层等）、细胞（体细胞、生殖细胞等）、胚胎（如成熟和未成熟的胚）、原生质体等培养在人工配置的培养基上，给予适当的培养条件，诱发产生愈伤组织、潜伏芽，或者长成新的完整植株的一种实验技术。植物组织培养根据外植体的不同，可分为植株培养、器官培养（如植物的根、茎、叶、花药、子房、胚珠、胚等）、组织培养（含愈伤组织）等。

2. 愈伤组织

植物受伤后的伤口处或在植物组织培养中外植体切口处不断增殖产生的一团不定型的薄壁组织。愈伤组织通常没有固定的形状，可使伤口愈合，使表面的细胞呈木栓化而起着保护作用。当植物扦插时，愈伤组织可以形成不定根；当植物嫁接时，愈伤组织可使接穗和木愈合；当植物组织培养中，愈伤组织可以形成不定芽。

3. 外植体

在植物组织培养过程中，从植物体上被分离下来的，接种在培养基上，供培养的器官、组织、细胞和原生质体等称为外植体。

4. 初代培养

初代培养指在组织培养过程中，最初建立的外植体无菌培养阶段。由于首批外植体来源复杂，携带较多细菌，要对培养条件进行适应，因此，初代培养一般比较困难。

5. 继代培养

在组织培养过程中，当外植体被接种一段时间后，将已经形成愈伤组织或已经分化根、茎、叶、花等的培养物重新切割，转接到其他培养基上以进一步扩大培养的过程称为继代培养。

6. 植株再生

植株再生指通过组织培养技术将植物的细胞、组织、器官培养成完整植株的过程。

7. 试管苗

在无菌条件下的人工培养基上，对植物细胞、组织或器官进行培养所获得的再生植株。

二、器官发生与植株再生培养

以烟草植物为例，介绍植物组织培养过程（图 6－19）。

1. 培养材料的采集

组织培养所用的材料非常广泛，可采取根、茎、叶、花、芽和种子的子叶，有时也利用花粉粒和花药，其中根尖不易灭菌，一般很少采用。

在快速繁殖中，最常用的培养材料是茎尖，通常切块在 0.5cm 左右，如果为培养无病毒苗而采用的培养材料通常仅取茎尖的分生组织部分，其长度在0.1mm以下。对于木本花卉来说，阔叶树可在一二年生的枝条上采集，针叶树种多采种子内的子叶或胚轴，草本植物多采集茎尖。

2. 培养材料的消毒

（1）先将材料用流水冲洗干净，最后一遍用蒸馏水冲洗，再用无菌纱布或吸水纸将材料上的水分吸干，并用消毒刀片切成小块。

（2）在无菌环境中将材料放入70%酒精中浸泡30～60秒。

（3）再将材料移入漂白粉的饱和液或0.01%升汞水中消毒10分钟。

（4）取出后用无菌水冲洗3～4次。

3. 制备外植体

将已消毒的材料，用无菌刀、剪、镊等，在无菌的环境下，剥去芽的鳞片、嫩枝的外皮和种皮胚乳等，叶片则不需剥皮。然后切成0.2～0.5cm厚的小片，这就是外植体。在操作中严禁用手触动材料。

4. 接种和培养

（1）接种　在无菌环境下，将切好的外植体立即接在培养基上，每瓶接种4～10个。

（2）封口　接种后，瓶、管用无菌药棉或盖封口，培养皿用无菌胶带封口。培养大多应保持在25℃左右，但要因花卉种类及材料部位的不同而区别对待。

（3）增殖　外植体的增殖是组培的关键阶段，在新梢等形成后为了扩大繁殖系数，需要继代培养。把材料分株或切段转入增殖培养基中，增殖培养基一般在分化培养基上加以改良，以利于增殖率的提高。增殖1个月左右后，可视情况进行再增殖。

（4）根的诱导　继代培养形成的不定芽和侧芽等一般没有根，必须转到生根培养基上进行生根培养。1个月后即可获得健壮根系。

（5）组培苗的练苗移栽　试管苗从无菌到光、温、湿稳定的环境进入自然环境，必须进行炼苗。一般移植前，先将培养容器打开，于室内自然光照下放3天，然后取出小苗，用自来水把根系上的营养基冲洗干净，再栽入已准备好的基质中，基质使用前最好消毒。移栽前要适当遮荫，加强水分管理，保持较高的空气湿度（相对湿度98%左右），但基质不宜过湿，以防烂苗。

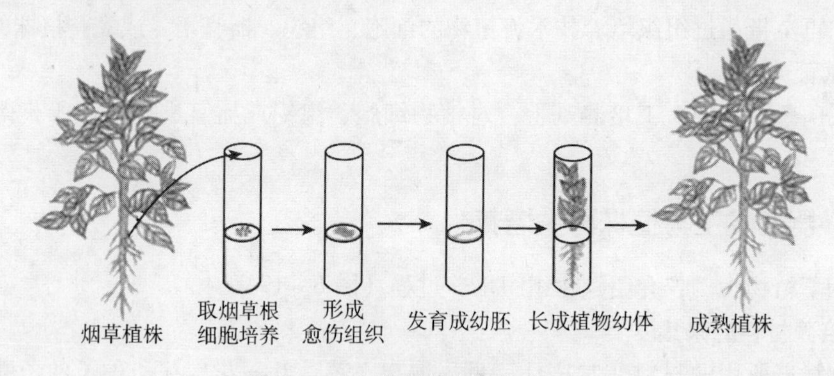

图6－19　烟草植物组织培养过程

三、愈伤组织培养

1. 愈伤组织形成

由外植体或单个细胞形成愈伤组织一般要经过三个步骤。①启动期（诱导期）：主要指细胞或原生质体准备分裂的时期，需要采用合适的诱导剂，如NAA（萘乙酸）、2，4－D（2，4－二氯苯氧乙酸）等或细胞分裂素。②分裂期：即开始分裂并不增生子细胞的过程。如果是外植体，其外层细胞开始分裂，并使细胞脱分化。如果经常更换培养液，愈伤组织就可以无限制的进行分裂而维持不分化的状态。③分化期：细胞内部开始发生一系列形态和生理上的变化，分化出形态和功能不同的细胞。此时，表层细胞分裂减慢，内部的局部细胞也开始分裂。

2. 愈伤组织的生长

不断更换新鲜培养基可以保持愈伤组织长期生长旺盛。

3. 愈伤组织的分化和形态的发生

当外界条件满足时，愈伤组织可以在分化成为芽和根的分生组织并由其发育成完整植株。该过程主要受外植体自身条件（如遗产性状、来源部位、年龄等）、培养基（如是固体还是液体、生长素、激动素、其他营养等）和培养条件（如温度、光质与光照强度、光周期、通气量）等因素影响。

四、花粉培养

在无菌条件取出花粉或从花粉中取出花粉粒（小孢子），置于人工培养基上进行培养，形成花粉胚或花粉愈伤组织，最后长成花粉植株。由于植株含有的染色体数目只相当于体细胞的一半，故又称为单倍体植株。单倍体植株经染色加倍就成为纯合的双倍体植株。花粉培养目前已经成为植物细胞育种的一种重要手段，并已取得重要成果。

五、原生质体培养

植株的幼胚、根、茎、叶等组织都能进行培养。首先用纤维素酶或果胶酶除去植物体细胞的细胞壁，去壁的细胞称为原生质体。原生质体在良好的培养基上可以生长与分裂，并通过愈伤组织诱导分化出茎、叶，再长出根而形成植株（图6－20）。

原生质体培养一方面能够提高变异频率，另一方面可以为应用细胞工程技术进行遗传重组提供有用的材料，细胞融合和基因转移都需在原生质体上进行。

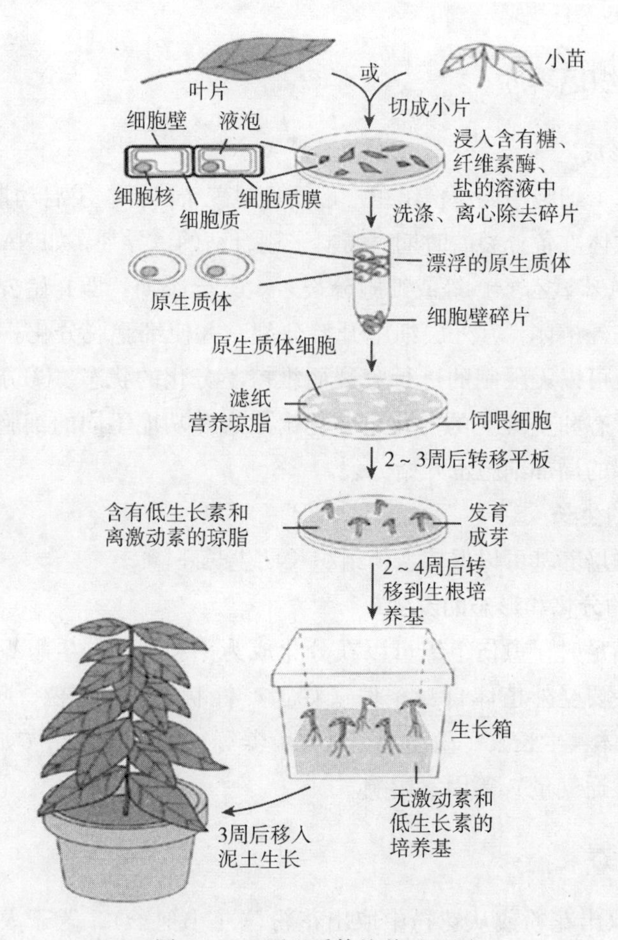

图6-20 原生质体培养过程图

六、器官培养

将植株的各种器官从母体上分离出来，放在无菌的人工环境中让其进一步发育，最终长成幼苗的过程。植物器官主要包括：不定根、毛状根、芽、体细胞胚等。器官培养在实际生产中有着重要的应用价值。如可以快速建立试管苗，实现名、优、特等珍贵品种的快速繁殖；利用茎尖培养可以得到脱毒的植株；还可以将植物器官进行诱变处理，得到突变株，进行突变育种等。

七、毛状根培养

毛状根是指发根农杆菌感染双子叶植物后，其Ri质粒的T-DNA片断整合进植物细胞核基因组中诱导产生的一种特殊表现型。毛状根可以在无激素培养基中迅速增殖，且生产次生代谢产物。毛状根培养是20世纪80年代发展起来基因工程和细胞工程相结合的一项技术。与植物细胞培养相比，毛状根培养具有生长速度快、激素自养、分化程度较高以及遗传性状相对稳定等优点。由于近1/3传统药材的药用部位是根，所以这一培养系统在传统药材生产中具有更重要的意义。

八、濒危药用植物天山雪莲的根段组织培养与植株再生

1. 概述

天山雪莲系菊科多年生草本植物，为新疆特有物种。由于出色的抗炎、抗肿瘤及抗疲劳活性，几个世纪以来天山雪莲一直是传统的名贵中药材。天山雪莲分布于高山雪线附近，生存环境恶劣。由于20世纪人们的过度采掘以及极低的种群自我更新能力，致使天山雪莲种群规模锐减，数量急剧下降而成为国家二级濒物种。利用现代生物技术手段建立天山雪莲的高效再生体系，不仅能够实现天山雪莲的快速繁殖，而且还有助于发展天山雪莲的人工种植业，以减轻对野生资源的采掘压力。

2. 工艺过程

（1）材料和培养基

①种子：天山雪莲健康饱满种子。

②培养基：愈伤组织诱导培养基：MS＋（0.1mg/L 2，4－D）＋（2mg/L NAA）；分化培养基：MS＋（0.4mg/L 6－BA）＋（0.05mg/L NAA）；生根培养基：1/2MS＋（0.3mg/L NAA）。以上MS培养基在配置时蔗糖的浓度控制为3%（W/V），pH为5.8，琼脂浓度为0.8%（W/V），并在121℃下灭菌20分钟。

（2）繁殖方法

①无菌苗制备：用75%的酒精进行种子表面消毒30秒，经灭菌的蒸馏水漂洗后将种子置于0.1g/L HgC1溶液中浸泡7分钟。然后用灭菌的蒸馏水充分漂洗，用灭菌的滤纸吸去种子表面过多的水分后，将种子接入1/2 MS培养基中，在25℃和16h/d的冷光源光照条件下培养45天获得无菌苗，光照强度为40μmol/m^2·s。

②愈伤组织培养：无菌苗高度达到4cm时，将其根切成长度约为0.5cm的小段，接种于愈伤组织诱导培养基中。培养间的温度控制在25℃±1℃，16小时光照/8小时黑暗，用白色冷光源荧光灯照明，光照强度为40μmol/m^2·s。28天后统计愈伤组织的颜色、质地和诱导出愈率。愈伤组织形成标志着接种的外植体的生长状态已脱离分化状态，开始重新恢复分生能力。愈伤组织形成1周后，就可将愈伤组织转管进行继代培养或分化培养。

③继代培养：将愈伤组织在无菌条件下从试管取出，用镊子和解剖刀剔除附着在愈伤组织块上的培养基，并用无菌水反复冲洗数次，直至愈伤块上无残留培养基为止。用解剖刀将愈伤块切成数个小块，再接种到装有愈伤组织诱导培养基的三角瓶中，在与诱导愈伤组织相同的条件下，继续培养，几天后，三角瓶中的小愈伤块即可逐渐长大，这一过程称为继代培养。通过愈伤组织的继代培养，原来接种一个天山雪莲茎尖组织可繁殖出大量的材料用于分化培养。

④分化培养：将愈伤组织在无菌条件下从试管或三角瓶中取出，用无菌水洗净，切成小接种块，转接在装有分化培养基的三角瓶，分化培养的环境条件同愈伤组织培养。培养63天后，愈伤组织分化出芽，并继续长出小叶片，此时可统计再生苗的诱导分化频率和增殖倍数。将这些小幼苗在无菌条件下取出，进行生根培养或重新诱导分化。

⑤生根培养：将颜色深绿、生长健康的再生苗无菌条件下取出，转接到生根培养

基中诱导生根，培养条件同分化培养。培养40天后统计生根率，记录诱导生根条数并测量根长。

⑥炼苗：从培养基中取出生了根的再生苗，将根部用水漂洗干净（注意：一定洗干净，否则会烂根）。将洗净的幼苗排好，用水喷湿，在25℃ ±1℃，湿度为60% ~ 80%的条件下炼苗24小时，也可视情况调整时间。

⑦移栽：移栽到盛有混合土（蛭石∶腐殖土 =1∶3）的口径为16cm的花盆中，每盆栽1株，置于温室中培养。移栽苗上扣一个透明的塑料杯以提高杯内的相对湿度，使相对湿度维持在90%左右，3周后开始逐渐揭开杯口，以适应温室内的生长环境（昼/夜温度为25.6℃/16.8℃，苗盆处的光照强度为326μmol/（m^2·s），49天后统计幼苗存活率。

九、植物组织培养的相关知识

1. 植物细胞的形态及大小

植物细胞是构成植物体的基本单位，其形态和大小取决于细胞的遗传性、所承担的生理功能和对环境的适应性。如种子植物的根、茎顶端的分生组织细胞排列紧密，彼此挤压而成多面体性；游离细胞和生长在疏松组织中的细胞呈球形、卵圆形或椭圆形；具有支持作用的细胞常呈类圆形或者纺锤形；具有疏导作用的细胞则呈长筒形和梭形。

一般来说，植物细胞都是很小的，其细胞一般直径在10 ~ 100μm之间，大多需要借助光学显微镜才能看到。少数植物细胞比较大，如番茄果肉、西瓜瓤的细胞，由于储存了大量的水分和营养，直径可达1mm，肉眼可以分辨出来。

2. 植物细胞的结构和功能

植物真核细胞是由细胞壁和原生质体两部分构成，原生质体包括细胞质、细胞核和液泡（图6 - 21）。

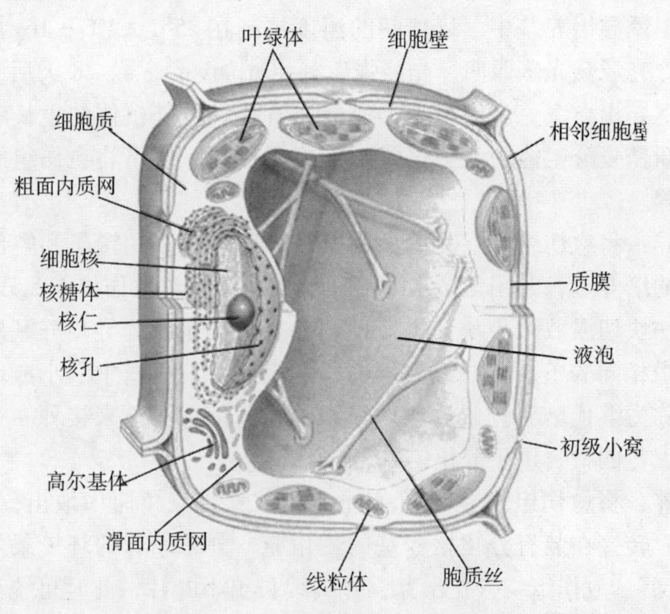

图6 - 21 植物细胞结构模型

（1）细胞壁　细胞壁是包围在植物细胞原生质体外面的一个坚韧的外壳。它是植物细胞特有的结构，与液泡、质体一起构成了植物细胞与动物细胞相区别的三大结构特征之一。它是原生质体生命活动中所形成的多种壁物质加在质膜外围而形成的。细胞壁具有保护原生质体，维持细胞形状，对器官起一定的支持作用，参与植物体吸收、分泌、蒸腾及细胞间运输等功能，对调节细胞的生长和细胞间的识别等重要生理活动也起一定作用。

（2）原生质体

①细胞膜：细胞膜与细胞壁紧密相连，包在细胞质外的一层薄膜，由磷脂双分子层和镶嵌在其上的蛋白质构成。细胞膜是一种半透膜，具有保护细胞、对各种离子和分子选择性透过、吞噬、信息传递、信号识别等功能。

②细胞质：细胞质是质膜以内细胞核以外的原生质，由半透明的胞基质和分布于其中的多种细胞器和细胞骨架系统组成。基质是细胞质中除细胞器以外的半透明的原生质胶体、可进行胞质运动（旋转或循环运动），是代谢的重要场所。细胞器是悬浮于胞基质之中、具有一定形态结构和功能的亚细胞结构单位。植物细胞中的细胞器有叶绿体、线粒体、内质网、高尔基体等。其中叶绿体是植物特有的器官，是进行光合作用的场所。

③细胞核：细胞核是真核细胞的重要组成部分，细胞内的遗传物质 DNA，几乎全部存在于核内，有核膜、核质和核仁三部分组成。它控制着蛋白质的合成，控制着细胞的生长和发育，是细胞的控制中心。

④液泡：液泡是具有单层膜的细胞器，分为液泡膜和细胞液。液泡是植物细胞区别于动物细胞的又一个重要特征。液泡具有调节细胞渗透压与膨压；参与细胞内物质的积累与移动；参与大分子物质的降解等功能。

3. 植物的细胞的生理特性

（1）植物细胞的全能型　细胞的全能性是指植物体的每一个生活的细胞，在适当的条件下，具有由单个细胞经分裂、生长和分化形成为一完整植株的全部遗传潜力，即植物的每个细胞都包含着该物种的全部遗传信息，从而具备发育成完整植株的遗传能力。因为每一个细胞都来自于受精卵，所以带有和受精卵相同的遗传信息。在一个完整植物上某一部分的体细胞之所以只表现出一定的形态、结构，这是因为它所处的位置受到周围具体器官和组织所在环境的约束，其遗传信息不能完全表达。但整个植株中细胞保持着潜在的全能性，细胞一旦脱离母体，全能性就表现出来了，生长发育成一个完成的植株。

（2）植物细胞的脱分化和再分化　已分化的组织失去原有的形态和功能，又恢复到无分化的状态，产生无组织的细胞团或愈伤组织状态，这个过程称为脱分化。如在组织培养过程中，将已经分化的茎、叶、花等外植体进行培养，令其形成愈伤组织，回到没有分化的状态即脱分化。在植物组织培养中，对处于脱分化状态的愈伤组织进行培养，可诱导其形成新的植物体。这种由脱分化状态的细胞再度分化形成另一个或几种类型细胞、组织器官，并最终再完成完整植株的过程。

4. 植物细胞中的成分

植物细胞中的药用成分包括两大类：细胞后含物和生理活性物质。

（1）细胞后含物　细胞的储藏物或废弃物，包括生物碱，如麻黄碱、阿托品、咖啡、奎宁、小檗碱等；糖苷类，如黄酮苷、洋地黄苷、蒽醌苷、紫草宁；挥发油，如薄荷油、丁香油和有机酸，如苹果酸、枸橼酸、水杨酸、酒石酸等。

（2）生理活性物质　生理活性物质包括酶类、维生素、植物激素、抗生素和植物杀菌素等。

任务五　植物细胞培养技术

一、植物细胞培养相关概念

1. 初生代谢物

植物体初生代谢物包括糖和淀粉、脂肪和脂肪酸、氨基酸和蛋白质、核苷和核苷酸等。这些初生代谢物不仅可满足植物本身生命活动需要，而且可以作为工业生产的原料。

2. 次生代谢物

植物体次生代谢产物包括许多种类的小分子化合物，它们由初生代谢的中间体经过一些独特的代谢途径衍生出来的。次生代谢物包括酚类、黄酮类、香豆素、木质素、生物碱、有机酸、糖苷、皂苷、多炔类和毒素等，每一大类包括的化合物就有数百种乃至数千种。

二、培养基的制备

植物细胞培养基组成成分复杂，各组分的性质和含量各不相同。为了减少每次配制培养基时称取试剂的麻烦，同时也为减少微量试剂在称量时造成的误差，通常将培养基中的各组分配成大量元素的母液、微量元素母液、铁盐母液、维生素母液（各种维生素和氨基酸的混合液）以及植物激素母液（各种植物激素的单独配制）等几大类，先配制成10倍或100倍浓度的储备液，并分装成适当的体积冷却备用。在需要时取出一定体积的储备液，通过稀释、溶解，按比例混合稀释就可以达到所需的培养基。经稀释的培养基应在0℃以下冰箱中保存。对于像2，4－D、IAA和NAA这样难溶于水的试剂，配溶液时可先溶于2～5ml酒精中，然后慢慢加入蒸馏水，稍微加热，稀释至所需的体积，再调节pH。培养基配制过程中可用0.5mol/L NaOH或0.2mol/L NaOH调节pH。固体培养基加入琼脂0.6%～1.0%。培养基制备时使用的无机盐、碳源、维生素和生长激素应该采用高纯度级的药品，水要用蒸馏水或者高纯度的去离子水。

培养基配制时必须进行灭菌处理，120℃蒸汽灭菌15～20分钟对于一些热敏性的化合物，应该用过滤法灭菌，如维生素、植物生长激素等应该用过滤法灭菌，然后无菌操作加入到已灭菌的培养基中。

三、植物细胞的获得

从外植体获得植物细胞的途径主要有三个：外植体直接分离法、原生质体再生法和愈伤组织分离法。

1. 外植体直接分离法

采用机械切割、组织破碎的方法可以直接从植物外植体中分离得到植物细胞。

2. 原生质体再生法

采用酶法可在较短的时间获得大量的原生质体，最常用的是采用纤维素酶和果胶酶的混合酶处理外植体或愈伤组织，分离得到植物原生质体，然后在再生培养基中培养，使原生质体的细胞壁再生而获得植物细胞。

3. 愈伤组织培养

通过愈伤组织培养获得植物细胞的方法最普遍。愈伤组织培养就是将诱导获得的愈伤组织接种到新鲜的固体培养基上进行培养，从而获得更多的植物细胞的过程。产生愈伤组织方法为：把无菌的外植体接种于含有植物生长调节因子的培养基上，引起细胞分裂和生长，从而产生愈伤组织。从外植体获得的愈伤组织往往数量很少，不能满足大规模细胞培养的需要。为了获得更多的细胞团，需要把它转移到新鲜的培养基中进行继代培养。

愈伤组织培养的基本过程：

（1）愈伤组织培养基的制备　愈伤组织所用的培养基一般含有0.7%～0.8%的固体培养基。营养组成与普通植物培养及类似。

（2）愈伤组织的选择　愈伤组织继代培养时，应该注意选取适当的愈伤组织。愈伤组织要结构疏松、颜色较浅以及生长速度快。通常愈伤组织诱导10～15天进行继代培养，并在继代培养的10～15天进行新一轮的继代培养。

（3）接种　接种就是将愈伤组织转移到新鲜的培养基中进行培养的过程。首先选择好的愈伤组织在无菌条件下用刀或镊子分割成小块，用无菌水冲洗愈伤组织小块，去除上面附着的培养基。然后在无菌条件下将处理好的愈伤组织小块转移至含新鲜固体培养基的容器内。

（4）培养　将上述培养器置于培养箱内，在一定的条件下培养一段时间，要适时地进行下一轮培养。

通过上述三种方法获得的植物细胞需要在生长培养基中经过扩大培养以获得足够数量的细胞，然后采用适合细胞生长繁殖的最适条件的培养基或培养条件进行细胞扩大培养。

四、植物单细胞的培养

1. 平板培养法

将一定量的细胞接种到或混合到装有一薄层固体培养基的培养皿内进行培养，使细胞生长繁殖，从而获得细胞系的培养方法（图6－22）。具体过程是将愈伤组织培养获得的种质经机械破碎或酶（常用纤维素酶或果胶酶）消化分散、洗涤、离心除酶，细胞浓缩物经过计数和稀释，接种到加热熔化后刚冷却至35℃左右的固体培养基中充分混合均匀，倒入

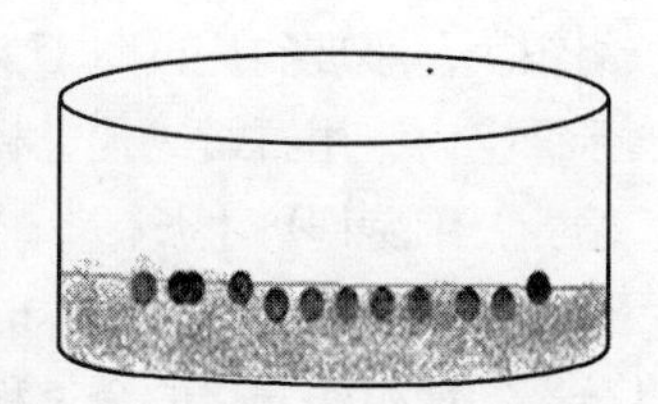

图6－22　平板培养法

培养皿中石蜡封存，在含有25℃含5% CO_2 的培养箱中进行培养，细胞即可生长成团。

平板培养具有操作简便、容易观察和便于挑选等特点，并且效果比较好，现在应用较为广泛。

2. 看护培养法

看护培养法是指用一块活跃生长的愈伤组织来看护单个细胞，使其持续分裂和增殖的一种培养方法（图6-23）。具体操作过程是先将生长活跃的愈伤组织块植入事先配制好的适于愈伤组织继代培养的固体培养基的中间部位，再在愈伤组织块上方放置一块约1cm^2 的无菌滤纸，滤纸下方紧贴培养基和愈伤组织块，然后取一小滴经过稀释的单细胞悬浮液接种于滤纸片上方。将培养基置于培养箱中进行培养，在一定的温度和光照下培养若干天，细胞在滤纸上进行持续的分裂和增殖，形成细胞团。最后将在滤纸上有细胞形成的细胞团转移到新鲜的固体培养基中进行继代培养，即可获得由单细胞形成的细胞系。

看护培养的优点是培养效果比较好，方法简便易行。缺点是不能在显微镜下直接观察细胞生长的过程。

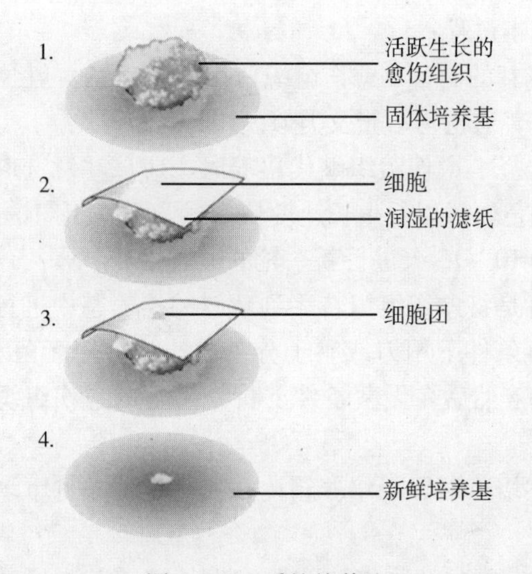

图6-23　看护培养法

3. 微室培养法

微室培养是将接种有单细胞的少量培养基置于凹玻片或玻璃杯与盖玻片组成的微室内进行培养使细胞生长繁殖的方法（图6-24）。微室培养具体操作是在一个小盖玻片上加一滴琼脂培养基，于其四周接种单细胞，中间置一块与单细胞来源相同的愈伤组织块，小玻璃片再贴于大盖玻片上反扣于凹玻片的凹槽中，培养基正对凹槽中央悬于凹空内，用石蜡或凡士林将盖玻片密封、固定，再26~28℃下置于 CO_2 培养箱进行培养，细胞即可生长。

微室培养优点是培养时所用的培养基的量较小，能通过显微镜直接观察单个细胞分裂、增殖和分化的全过程，有利于对细胞特性和单个细胞生长发育的全过程进行跟踪研究。

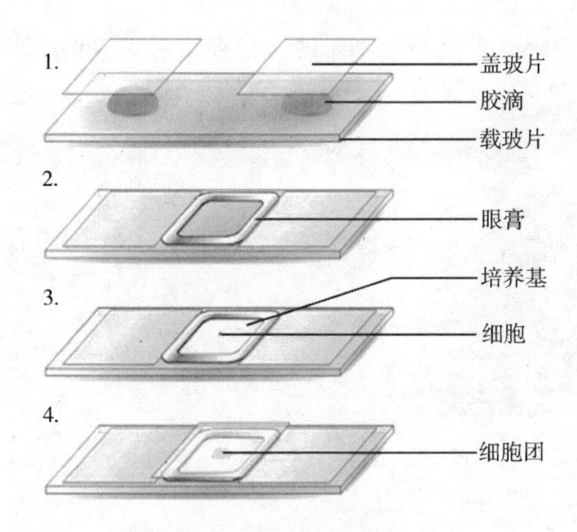

图 6－24　植物细胞微室培养法

4. 条件培养法

条件培养法就是将单细胞接种于条件培养基中进行培养，使单细胞生长繁殖，进而获得单细胞形成的细胞系。具体操作过程如下。

①配制植物细胞培养上清液或静止细胞悬浮液：将群体细胞或者细胞团接种于液体培养基中进行悬浮培养，在一定的条件下培养一段时间，在无菌条件下将培养液进行离心分离，得到植物细胞培养上清液和细胞沉淀。在将细胞沉淀在60℃下处理30分钟得到没有生长繁殖能力的细胞，即静止细胞。将静止细胞悬浮于一定量的无菌水中，可以得到静止细胞悬浮液。

②配制条件培养基：将植物细胞培养上清液或静止细胞悬浮液与50℃左右的含有1.5%琼脂的培养基混合均匀，分装于无菌培养器中，水平放置冷却即可得到。

③接种：将单细胞直接接种于条件培养基的表面，经过培养，但细胞直接在培养基的表面生长繁殖，形成细胞团。或者在配制条件培养基时，取得一定量的单细胞悬浮液一起加入，混匀而成，经过培养，单细胞在条件培养基中生长繁殖，形成细胞团。

④培养：将已经接种的条件培养基置于培养箱中在适宜的条件下进行培养，可获得单细胞形成的细胞系。

⑤继代培养：选取生长良好的细胞团，转移到新鲜的固体培养基中，在适宜的条件下进行继代培养，获得由单细胞形成的细胞系。

条件培养法是在看护培养和平板培养的基础上发展起来的，兼有看护培养和平板培养的优点，在植物细胞培养中经常使用。

5. 悬浮培养法

将单细胞接种到液体培养基进行振荡培养的方法（图6－25，图6－26）。基本操作过程是将植物的愈伤组织、外植体芽尖、根尖或叶肉组织，经破碎、过滤得到单细胞悬浮液，再将单细胞滤液作为接种材料接种于摇瓶中振荡培养。接种细胞需要达到一定的浓度才能生长，这个浓度通常为每毫升含有25 000～50 000个细胞。如果接种浓度过低，细胞就不能生长。光照可以促进培养细胞生长。悬浮培养的优点能大量提供比较均匀的细胞；细胞营养吸收、环境条件好，细胞增殖快；适合大规模培养，生产有价值的活性代谢产物。目前植物细胞的大规模培养多采用悬浮培养法。

图 6-25　植物细胞摇瓶悬浮培养

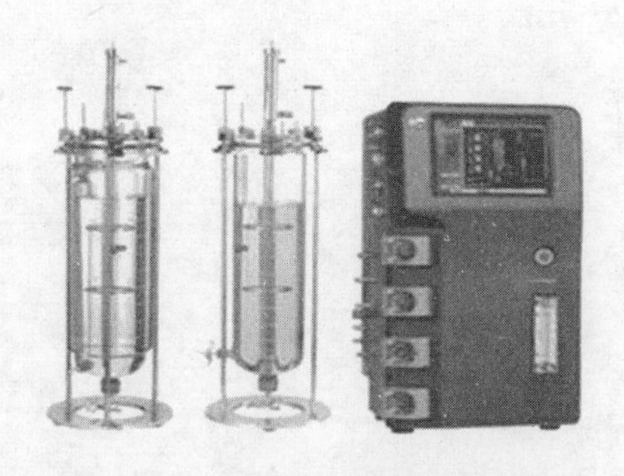

图 6-26　植物细胞大规模反应器培养

五、悬浮细胞培养的同步化方法

为了批量生产植物的菌苗，有时需要对植物细胞进行同步培养。同步培养方法分为两大类，即选择同步法和诱导同步法。

1. 选择同步法

利用细胞在细胞周期不同时期有不同特性（大小、黏着性），用物理方法（如蔗糖密度梯度离心和洗涤分离等）将存在细胞周期一定时期的细胞与群体其他细胞分开培养。

2. 诱导同步法

使用抑制剂改变生长条件或营养条件，将细胞阻断在细胞周期的一定时期，然后恢复正常营养条件，使细胞同步生长。

六、细胞的保存

培养的细胞，特别是经筛选得到的细胞株要很好的保存一般有以下几种细胞保存方法。

1. 继代培养保存法

悬浮培养的细胞通过每隔 1～2 周换液进行一次继代培养。高等植物、海藻等细胞培养一般采用这种方法。

2. 低温保存法

一般选择 5～10℃的温度下培养，每隔 10 天左右更换一次培养液。

3. 冰冻保存

（1）低温保存 -20℃左右温度保存细胞。如紫菜叶状体阴干后可以在此温度范围内保存 1～2 年。

（2）超低温保存液氮保存 通常高等植物采用液氮保存优良细胞系。

七、植物细胞的生物反应器的大规模培养

植物大规模培养是指采用传统发酵工程技术，优化培养工艺，对植物细胞进行高密度大量培养以获得大量有益植物细胞或其初级和次级代谢产物，用作目的产物的提取分离。

1. 机械搅拌生物反应器培养

机械搅拌式生物反应器采用机械搅拌来混匀培养液（图6－27）。机械搅拌式生物反应器培养优点是有较大的操作范围，混合程度高，适应性广，在大规模生产中广泛使用。缺点是搅拌罐中产生的剪切力大，容易损伤细胞，直接影响细胞的生长和次级产物生成。对于有些对剪切力敏感的细胞，传统的机械搅拌罐不适用。为此，对搅拌罐进行了改进，包括改变搅拌形式、叶轮结构与类型、空气分布器等，力求减少产生的剪切力，同时满足供氧与混合的要求。

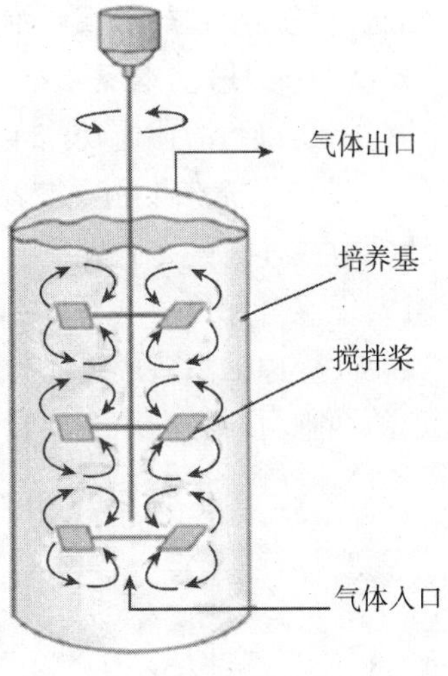

图6－27　机械搅拌式反应器

2. 气升式反应器培养

培养时将气体从反应器底部注入，利用气体上升带动培养液进行循环，达到供氧和混合的目的。气升式反应器可以分为内循环式反应器（图6－28）和外循环式反应器（图6－29）。优点结构较简单，不存在染菌死角，容易实现长期无菌培养；氧传递效率高，混合效果好；剪切力低，对细胞的损伤小，较适用于植物细胞培养。缺点是操作弹性小，低气速时或培养后期细胞高密度培养时混合效果较差。提高通气量又会产生大量泡沫，也易于驱除培养液中的二氧化碳和乙烯，对细胞生长有阻碍作用。过高的溶氧对植物细胞合成次级代谢产物不利。

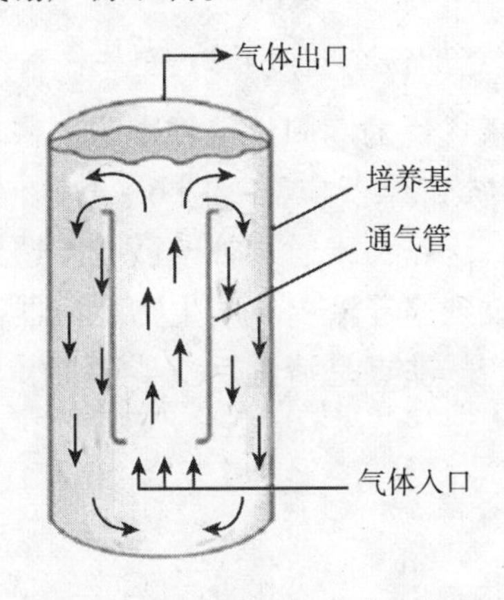

图6－28　内循环气升式反应器

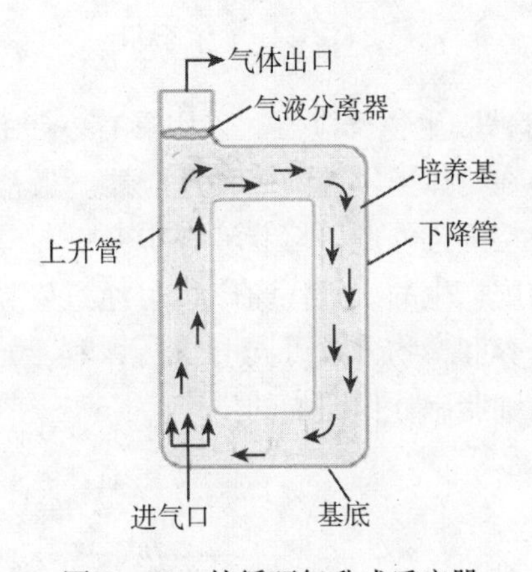

图6－29　外循环气升式反应器

3. 鼓泡式反应器培养

鼓泡式反应器没有搅拌装置，通过位于反应器底部的喷嘴及多孔板而实现气体分散的，气泡上升过程中实现气体传递和物质交换（图6－30）。本反应器的优点是没有机械搅拌装置，反应器结构简单，产生的剪切力小；整个系统密闭，不易染菌。缺点是反应器混合效果不好。

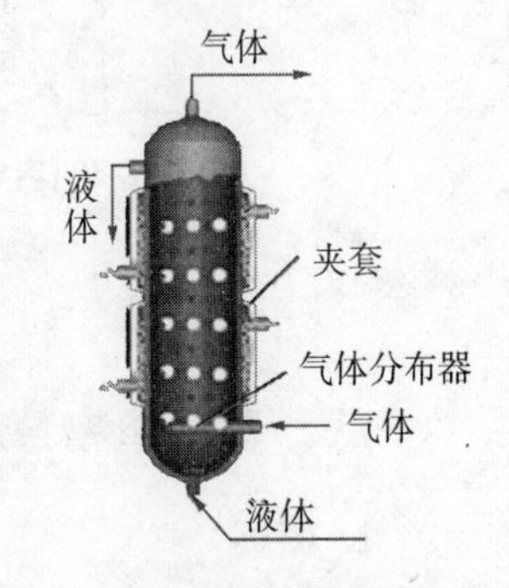

图6－30　鼓泡式反应器

4. 固定化细胞生物反应器培养

（1）流化床生物反应器培养　在流化床生物反应器中，将细胞包裹在胶粒、金属或泡沫颗粒中，通过通入无菌空气使固定化细胞悬浮于反应器中（图6－31）。本反应器培养的优点是细胞包埋的颗粒小，传质效率高，培养液混合均匀。缺点是流体流动产生的剪切力或碰撞会破坏固定化细胞。

（2）填充床生物反应器培养　在填充床反应器中，将细胞固定在胶粒、金属或泡沫颗粒或连续的多孔网中，也可以位于支撑物表面，细胞固定不动，通过流动的培养液实现混合和传质（图6－32）。优点是单位体积容量大，缺点在于混合效率低、细胞颗粒大等原因易造成传质效率低；固定床颗粒或支持物碎片会阻塞液体流动；用于固定的细胞材料在高压下容易变形，导致固定床的阻塞。

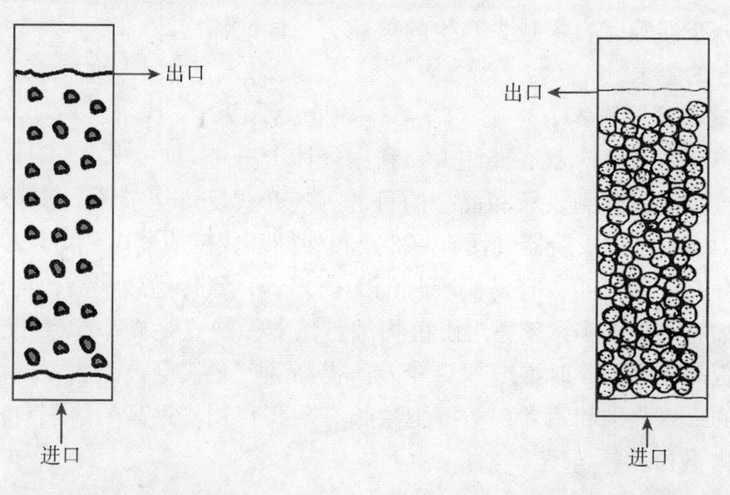

图6－31　流化床生物反应器　　图6－32　填充床生物反应器

（3）膜生物反应器　采用具有一定孔径和选择透性的膜固定植物细胞，将培养液和细胞在物体上隔离的一种反应器。最常用的是中空纤维反应器（图6－33）。细胞固定在中空纤维外壁，培养液在中空纤维管内流动，营养物质通过管壁微孔渗透到细胞中，细胞产生的次级代谢产物也通过管壁微孔释放到培养液中。膜生物反应器优点是细胞培养和产物分离可同时进行，利于连续化生产。缺点是清洗反应器困难，只适合于植物细胞胞外代谢物的生产。

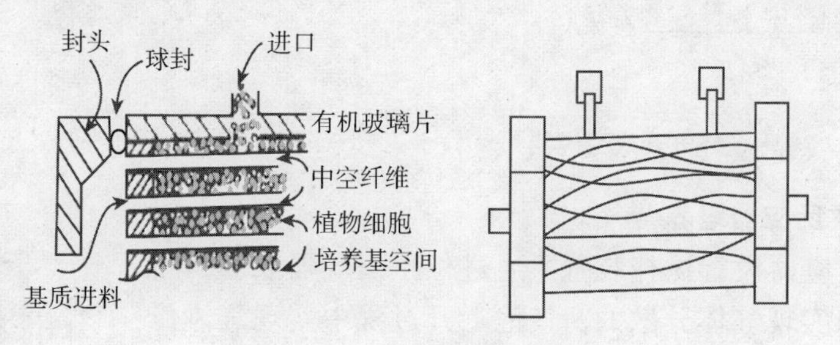

图6－33　中空纤维反应器

八、药用植物草麻黄细胞的大规模培养

1. 概述

麻黄在植物分类学上属于裸子植物门、麻黄科、麻黄属的干燥草质茎。麻黄作为

一种传统中药材，至今已有四千多年的应用历史，其性温、味辛、微苦，具发汗解表、宣肺平喘、利水消肿的功效。麻黄主产于河北、山西、内蒙、陕西、甘肃、新疆等地。长期以来，我国一直是天然麻黄素的主要出口国，对麻黄碱的提取一直沿用野生资源为原料，导致野生资源滥采滥挖严重，土地沙化日趋严重，生态环境受到严破坏。此外，近年来，一些地方和地区受高额利润的驱动，大量收购天然麻黄素，也致使天然麻黄资源受到严重破坏。应用细胞悬浮培养技术，提取麻黄次生代谢产物，进行工厂化生产，可缓解当前麻黄资源匮乏的困境，也是一种解决资源危机的理想途径。

2. 工艺过程

（1）材料和培养基

①材料：麻黄种子。

②培养基：愈伤组织诱导培养基 MS + 2mg/L 2，4 - D + 1mg/L 6 - BA；愈伤组织继代培养基为 MS + 1.5mg/L 2，4 - D + 1.5mg/L 6 - BA；愈伤组织悬浮培养基 MS + 2.0mg/L 2，4 - D + 1.5mg/L 6 - BA + 300mg/L 水解乳蛋白（CH）。固体培养基为 0.8% 的琼脂粉（液体培养基不加），蔗糖 30mg/L，pH 为 5.8 ~6.0。

（2）草麻黄种子的预处理　挑取饱满的草麻黄种子，剥去种子的外壳，用浓度为 70% 酒精中浸泡 10 分钟和浓度为 0.1% 氯化汞消毒 8 分钟，而后用无菌水冲洗干净，无菌滤纸吸干，接种到不含任何激素的 MS 培养基上萌发，以期获得无菌苗。

（3）愈伤组织诱导　待无菌幼苗长到 5cm 左右时，把草麻黄无菌苗子叶切成 0.5cm 的外植体，分别接种于愈伤组织诱导培养基中培养。培养条件为光照 12h/d，温度 25℃左右。

（4）愈伤组织继代培养　将诱导出的愈伤组织接种到愈伤组织继代培养基上，进行继代培养。培养条件同愈伤组织诱导。

（5）种子细胞培养　继代培养生长 24 天后将松脆型愈伤组织 2 ~ 3g（干重约 0.1g），用镊子将愈伤组织分散开，置于 40ml 装有悬浮培养基的 240ml 三角瓶中进行一级种子制备。培养温度 26℃，光照 12h/d，摇床转速 120r/min。培养 25 天后。将一级种源接种于盛有悬浮培养基的 500ml 三角瓶中，接种量以新鲜培养基的 1/8 ~ 1/6 为宜，进行液体悬浮细胞二级种子制备。

（6）10L 搅拌式反应器的细胞大规模培养　接种前将反应器经管路蒸气灭菌（121℃，30 分钟），反应器罐体蒸气空消（121℃，30 分钟）。加入细胞悬浮培养基原位蒸气灭菌（121℃，30 分钟）。按培养体积 10% ~15% 的接种量接入二级种子细胞，通气量 0.15L/（L · min），搅拌速度 65r/min，温度（25℃ ±1）℃暗培养，培养周期 25 天。

（7）细胞收获　离心或过滤收集细胞，真空干燥或冻干。

九、植物细胞培养的相关知识

1. 植物细胞的培养特性

植物细胞的培养特性主要有：①细胞个体较大，与微生物细胞相比，植物细胞要大得多。②植物细胞有纤维细胞壁，细胞抗剪切力差。③细胞生长速度慢，操作周期长，容易被微生物污染，培养时需添加抗生素。④细胞培养过程中易聚集成团，较难进行悬浮培养。⑤培养时需供氧，但培养液的黏度较大，不能耐受强力通风搅拌。⑥植物细胞具有群体效应及解除抑制性。⑦细胞培养产物滞留于细胞中，产量低。⑧植物细胞具有结构和功能全能型，即培养的细胞可以分化为完整的植株。

2. 影响细胞生长和次生代谢产物合成的因素

（1）温度　细胞生长速率和次生代谢产物合成和培养温度紧密相关。植物细胞一般在20℃就能生长，但要获得最大生长速率，其最佳的培养温度应是26～28℃。少数细胞系也能在32～33℃生长。有些细胞次级代谢产物合成的最适温度与细胞生长温度不同，而且生产最适温度往往低于生长最适温度。

（2）pH　在细胞悬浮培养生长周期里，会开始下滑到5.0以下，然后慢慢回升至6.0以上。如果对培养基的进行控制，将有利于次生代谢产物的合成。若培养基中有酪蛋白水解物或酵母提取液等有机物，可使培养液pH变化更稳定些。

（3）营养成分　营养成分对植物细胞的培养和次生代谢产物的生成具有很大影响。培养基中营养既应保证植物生物量的增长，又要让每个细胞都能合成和积累次级代谢产物。普通培养基通常都能保证细胞生长，对于积累代谢产物的需求，要针对培养目的，对培养基进行优化，保证最大限度积累代谢产物。通常增加氮、磷和钾的含量会使细胞的生长加快，增加培养基中的蔗糖含量可以增加细胞培养物的次生代谢产物。

（4）光　光照时间的长短、光的强度对次生代谢产物的合成都具有一定的作用。一般来说愈伤组织和细胞生长不需要光照，但是光对细胞代谢产物的合成有很重要的影响。如欧芹细胞在黑暗条件下可以生长，但只有在光照条件下，尤其是紫外线照射下，才能形成类黄酮化合物。有些植物次级代谢产物的生物合成却受到光的抑制，如紫草细胞培养中，蓝光或白光能完全抑制右旋紫草宁的合成。

（5）搅拌和通气　植物细胞在培养过程中需要通入无菌空气，应适当控制搅拌程度和通气量。不同的细胞系，对氧的需求量是不相同的。植物细胞虽然有较硬的细胞壁，但是细胞壁很脆，对搅拌的剪切力很敏感，在摇瓶培养时，摇床振荡范围在100～150r/min。各种植物细胞耐剪切的能力不尽相同，细胞越老遭受的破坏也越大。

（6）前体　在植物细胞的培养过程中，如在培养物中加入外源前体将会使目的产物产量增加。如在紫草细胞培养基中加入*L*－苯丙氨酸可使右旋紫草素产量增加3倍。同样一种前体，在细胞的不同时期加入，对细胞生长和次生代谢物合成的作用也不相同，有时还起到抑制作用。如在洋紫苏细胞培养时，一开始加入色胺，对细胞生长和生物碱的合成都有抑制作用，但在培养两三周后加入色胺却能刺激细胞生长和生物碱的合成。

（7）生长调节剂　植物生长调节剂不仅会影响到细胞的生长和分化，而且也会影响到次生代谢产物的合成。生长调节剂对次级代谢的影响随着代谢产物的种类的不同而有很大的变化，对生长调节剂的应用需要非常慎重。

3. 培养基的组成和分类

植物细胞培养基主要由无机营养成分、有机营养成分和植物生长激素，有时还有诱导子组成。

（1）无机营养成分　无机营养成分包括大量元素和微量元素两大类。大量元素是指适用浓度大于30mg/L时的无机元素，包括N、S、P、K、Mg、Ca、Cl和Na。微量元素是指浓度低于30mg/L的无机元素，如Fe、B、Mn、I、Mo以及极微量的Cu和Zn。某些情况下还可以加入Ni、Co或Al。微量元素中，铁的用量较大，它对叶绿素的合成起重要作用，由于在较高pH下，$FeCl_3$极易形成$Fe(OH)_3$沉淀，难以被吸收，所以多用乙二胺四乙酸二钠盐与硫酸亚铁形成的螯合物，并且单独配制。无机盐对植物细胞和组织生长都是不可缺少的，它们参与调节细胞内pH、氧化还原电位、渗透压，并参与多种酶的辅酶和激活因子的合成。

(2) 有机营养成分

①碳源：碳源是能够提供给细胞碳元素化合物的营养物质，对细胞生长和次级代谢产物的合成具有重要影响。常用的碳源主要是蔗糖，使用浓度在2%～5%。果糖、葡萄糖、麦芽糖、山梨糖、甘露糖及可溶性淀粉等也常用于植物组织培养。此外，某些天然提取物对愈伤组织的诱导和培养也有重要意思，如椰子乳（椰子的液体胚乳），常用浓度为10%；也可使用0.5%的酵母提取物或5%～10%的番茄汁等。

②有机氮源：氮源是能够为细胞提供氮元素的营养物质。氮元素是细胞中蛋白质、核酸重要的组成元素，也是次级代谢产物的组成元素。常用的有机氮源有蛋白质水解产物（包括酪蛋白水解物）、谷氨酰胺或氨基酸混合物。

③维生素：培养基中通常要加入B族维生素和肌醇。维生素B_1能促进植株的根的生长，几乎所有的植物都需要。肌醇能使培养物快速生长，利于胚状体和芽的形成。维生素C和半胱氨酸可作为氧化剂，防止培养物褐变。

(3) 植物激素　大多数植物细胞培养基中都含有天然的或合成的植物生长激素。植物激素对离体培养中的细胞的分裂、愈伤组织诱导和器官分化及刺激代谢产物的合成有重要作用。

植物激素可分为三类：生长素、分裂素和赤霉素。生长素能促进细胞分裂，促使根的形成。最有效和最常用的有吲哚乙酸（IAA）、2、4-二氯苯氧乙酸（2，4-D），萘乙酸（NAA）和吲哚丁酸（IBA）。分裂素通常是腺嘌呤衍生物，使用最多是6-苄基嘌呤（BA）和玉米素。分裂素和生长素通常一起使用，来促使细胞分裂、生长，使用量在0.1～10mg/L之间，可根据不同细胞株而异。组织培养中使用的赤霉素只有一种，即赤霉酸（GA_3）。低浓度的GA_3能促进矮生小植株茎节伸长，还能刺激培养基中形成的不定胚正常发育成小植株。

(4) 诱导子　诱导子是能引起植物过敏反应物质。非生物诱导子是可触发次级代谢产物的合成的非细胞天然成分，如水杨酸、茉莉酸、茉莉酸甲酯、稀土元素及重金属盐类。生物诱导子是指微生物诱导子，如真菌孢子、菌丝体匀浆、真菌细胞壁成分和真菌培养物滤液。

常用培养基配方及其特点如下。

①常用培养基配方：植物组织培养是否成功，在很大程度上取决于对培养基的选择。植物组织培养几种常用培养基的配方见表6-1。培养基中的激素种类和数量，随着不同培养阶段和不同材料而有变化，因此各配方中均不列入。

表6-1　植物组织培养常用培养基成分　　（单位：mg/L）

培养基成分	MS	B5	N6	SH	NN	White
$(NH_4)_2SO_4$	—	134	463	—	—	—
NH_4NO_3	1650	—	—	—	720	—
KNO_3	1900	2500	2830	2500	950	80
$Ca(NO_3)_2 \cdot 4H_2O$	—	—	—	—	—	200
$CaCl_2 \cdot 2H_2O$	440	150	166	200	166	—
$MgSO_4 \cdot 7H_2O$	370	250	185	400	185	720
KH_2PO_4	170	—	400	—	68	—
$NaH_2PO_4 \cdot H_2O$	—	150	—	—	—	17
$NH_4H_2PO_4$	—	—	—	300	—	—
Na_2SO_4	—	—	—	—	—	200
Na_2-EDTA	37.3	37.3	37.3	15	37.3	—
Fe-EDTA						
$Fe_2(SO_4)_3$	—	—	—	—	—	2.5
$FeSO_4 \cdot 7H_2O$	27.8	27.8	27.8	20	27.8	—
$MnSO_4 \cdot H_2O$	—	—	—	10	—	—
$MnSO_4 \cdot 4H_2O$	22.3	10	4.4	—	25	5.0
$ZnSO_4 \cdot 7H_2O$	8.6	2.0	3.8	1.0	10	3.0
H_3BO_3	6.2	3.0	1.6	5.0	10	1.5
KI	0.83	0.75	0.8	1.0	—	0.75
$Na_2MoO_4 \cdot 2H_2O$	0.25	0.25	—	0.1	0.25	—
MoO_3	—	—	—	—	—	0.001
$CuSO_4 \cdot 5H_2O$	0.025	0.25	—	0.2	0.025	—
$CoCl_2 \cdot 6H_2O$	0.025	0.025	—	0.1	—	—
盐酸硫胺素（VB_1）	0.1	10	1.0	5.0	0.5	0.1
烟酸	0.5	1.0	0.5	5.0	5.0	0.3
盐酸吡哆醇（VB_6）	0.5	1.0	0.5	5.0	0.5	0.1
肌醇	100	100	—	1 000	100	—
叶酸	—	—	—	—	0.5	—
生物素（VH）	—	—	—	—	0.05	—
甘氨酸	2.0	—	2.0	—	2.0	3.0
蔗糖	30 000	20 000	50 000	30 000	20 000	20 000
琼脂（g）	10	10	10	—	8	10
pH	5.8	5.5	5.8	5.8	5.5	5.6

②几种常用培养基的特点：MS培养基为高盐成分培养基，其中硝酸盐、铵盐、钾盐含量均较高，微量元素种类齐全，养分均衡，在组织培养中应用最广。MS固体培养基可用来诱导愈伤组织，或用于胚、茎段、茎尖、花药及悬浮细胞的培养。这种培养

基中的无机养分的数量和比例比较合适，能满足植物细胞在营养上和生理上的需要。通常无须再添加氨基酸、酪蛋白水解物、酵母提取物及椰子汁等有机附加成分。与其他培养基的基本成分相比，MS 培养基中的硝酸盐、钾和铵的含量高，这是它的明显特点。B5 培养基的主要特点是含有较低的铵，这是因为铵可能对不少培养物的生长有抑制作用。B5 还含较高的盐酸硫胺素，适合培养葡萄、豆科植物及十字花科植物；N6 培养基特别适合于禾谷类植物的花药和花粉培养。SH 培养基矿物盐含量较高，而 NN 培养基中大量元素约为 MS 培养基的一半，维生素种类增加，适于花药培养。White 培养基也是低盐培养基，多用于生根培养。

任务六　植物细胞融合技术

一、植物细胞融合相关概念

1. 植物原生质体

去除纤维素外壁，且具有生命活动的裸体植物细胞称为植物原生质体。

2. 植物细胞融合

植物细胞融合又称细胞杂交、原生质体融合或体细胞杂交，是指将不同种、属、甚至是科间的原生质体通过人工方法诱导融合，然后进行离体培养，使其再生杂种植株的技术。植物细胞融合过程见图 6－34。

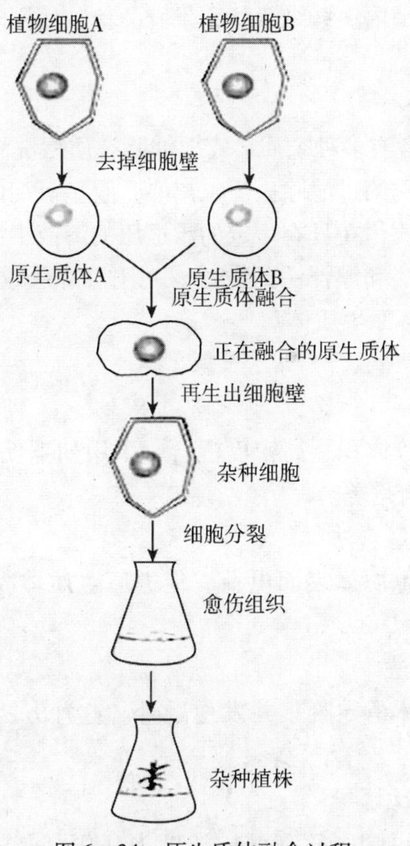

图 6－34　原生质体融合过程

二、植物原生质体制备

1. 材料的来源和预处理

根据培养要求和培养条件选择适当的植物材料制备原生质体。叶片、愈伤组织、悬浮培养的细胞、根尖、茎尖和胚组织都是常用的原材料。制备原生质体的材料需经预处理。预处理方法如下：

（1）预培养　去除下表皮的叶片在诱导愈伤组织的培养基上培养1周，再用酶消化脱壁。这种方法得到的原生质体分裂频率高。

（2）光处理　利用日光或灯光对叶片进行一定时间的照射，使叶片萎蔫，便于去除表皮进行原生质体分离。

（3）暗处理　将恒温生长一个半月左右的植物材料在黑暗中放置30小时以后，用叶片制备原生质体。

（4）低温处理　将种子在4℃条件下过夜后进行播种。

2. 原生质体制备

分离原生质体常用酶消化法，将植物材料在25℃用纤维素酶和果胶酶一次性处理1天，或者将植物材料先用果胶酶降解胞间胶层得到单细胞，再用纤维素脱壁，释放出原生质体。去壁酶液通常加入稳定剂，如甘露醇、山梨醇、蔗糖、葡萄糖硫酸脂、$CaCl_2$ 以及 K_2HPO_4，用以维持原生质体的稳定性。纤维素和果胶酶单独使用时，酶液的pH调节在5.4～5.6范围内。纤维素酶和果胶酶单独使用时，前者使用时pH调节至5.4，后者为5.8为宜。

3. 原生质体的纯化

酶消化后的原生质体含有多种杂质，需要滤除杂质后洗涤纯化。

（1）过滤-离心法　网筛过滤除去后，离心，收集沉淀的原生质体。

（2）漂浮法　将原生质体在具有一定的渗透压的溶液中漂浮，然后用吸管收集。

（3）混合法　即沉降法和漂浮法的方法。先用沉降法收集原生质体，再用漂浮法悬浮洗涤，再用沉降法收集原生质体。

三、原生质体融合

将双亲的原生质体以等体积、高密度混合，采用如下促融方法进行融合，融合后加入培养液在密闭容器进行培养。

1. 硝酸钠（$NaNO_3$）融合法

用硝酸钠诱导中和原生质体表面电荷，促进原生质体凝集。该方法诱导频率低，目前使用很少。

2. 聚乙二醇（PEG）法

用聚乙二醇将原生质体诱导凝集并发生融合。这种方法对各种原生质质体有效，可重复性好，且毒性低。

3. 高［Ca^{2+}］和高pH诱导

将植物的原生质体在pH 10.5，$CaCl_2$ 浓度为0.05mol/L的培养基中，诱导融合。

该方法优点是杂种产量高，但过高的 pH 可能对细胞有毒。

4. 电融合方法

先用交流电使相邻的原生质体紧密接触，再采用直流电短时间冲击，破坏原生质体的质膜，使原生质体融合。这种方法得到的融合物大多是由 2 个或 3 个原生质体融合而成。电融合的优点是融合效率高。缺点是融合的条件因材料的不同而发生改变，并且设备昂贵。

四、杂种细胞的选择

植物原生质体混合物经培养再生出细胞壁，通过细胞分裂会产生亲本细胞、同源融合体以及杂种细胞组成的混合群体。

1. 利用物理特性筛选法

利用亲本原生质体的大小、颜色、漂浮程度以及电泳迁移率的差异筛选杂种细胞，将融合细胞从混合群体中挑选出来进行单独培养。具体做法是利用天然颜色标记分离杂种细胞、利用荧光素标记分离杂种细胞、利用荧光激活细胞分选仪自动分离杂种细胞。

2. 利用生长特性筛选法

利用亲本双方对培养基成分要求和反应的差异，区别杂种细胞和亲本细胞。如两亲本原生质体必须在培养基中添加外源激素才能生长，两原生质体融合后杂种细胞可以产生内源激素。因此在培养基中不添加激素，亲本细胞死亡，杂种细胞生长，从而筛选出杂种细胞。

3. 利用突变细胞系的互补进行筛选法

有些亲本细胞由于生理或遗传上的缺陷，不能在特定的培养基上生长，只有发生互补作用的杂种细胞才能生长因而可以筛选杂种细胞。常用的方法有遗传互补筛选法、抗性互补筛选法、叶绿体缺失互补筛选法和代谢互补筛选法等。

五、愈伤组织形成器官分化

双亲原生质体经融和处理后产生的杂合细胞一般要经含有渗透压稳定剂的原生质体培养基（液体或固体），再生出细胞壁后转移到合适的培养基中。待长出愈伤组织后按常规方法诱导其发芽、生根、成苗。

六、杂种植物鉴定

1. 采用细胞和分子生物学方法鉴别杂合体

细胞融合后长出的愈伤组织或植株，可进行染色体核型分析、染色体显带分析、同工酶分析以及更精细的核酸分子杂交、限制性内切酶片断长度多态性（RFLP）和随机扩增多态性分析，以确定其是否结合了双亲本的遗传物质。

2. 根据融合后处理后长出的植株的形态特征进行鉴别

当再生植株长到 3～4 片真叶时，开始进行形态鉴定。仔细观察植株的叶片形态，叶片颜色和植株形态，通过与供受体植株形态比较，从形态上鉴定杂种植物。

七、播娘蒿与甘蓝型油菜的原生质体融合与植株再生

1. 概述

播娘蒿（Descurainia sophia）为十字花科（CruciFeFae）播娘蒿属野生植物。它适应性强、抗逆性好，种子含油量高，是重要的特用油料植物，特别是种子中富含38%以上的亚麻酸，被视为生产亚麻酸的理想植物。但播娘蒿种子和植株中含有硫苷，且种子小，产量低，为开发利用播娘蒿带来了障碍。播娘蒿和甘蓝型油菜原生质体的融合，可合成新种质、实现油菜优良性状向播娘蒿的转移，改良驯化播娘蒿，使之成为富含高亚麻酸、高产的功能油料植物。

2. 工艺过程

（1）材料　当年采收的播娘蒿种子和双低甘蓝型油菜；融合液为聚乙二醇（PEG，MW8000）附加0.3mol/L葡萄糖、50mmol/L的$CaC1_2 \cdot 2H_20$，pH 10.5；原生质体培养基为改良B5培养基。

（2）播娘蒿和甘蓝型油菜无菌苗的获得　分别将播娘蒿和甘蓝型油菜的种子用70%酒精表面消毒2~3分钟，然后0.1% HgCl溶液浸泡消毒15分钟，无菌水冲洗3~5次，接种到MS培养基上，置于组培室发芽。待播娘蒿长出真叶后，取播娘蒿无菌苗的叶片提取原生质体。待甘蓝型油菜长出子叶后取其子叶提取原生质体。

（3）原生质体的制备与培养

①播娘蒿原生质体的分离与纯化：取预先经4℃处理2~3天的播娘蒿无菌苗叶片，切碎后加入CPW-13M溶液，质壁分离1小时。然后转入酶解液中于室温黑暗条件下，摇床上轻摇（30r/min）酶解；酶解后用45μm孔尼龙网过滤酶解分离原生质体。将滤液移至10ml离心管中，500r/min离心5分钟；吸除上清液，加入CPW-IOM溶液，离心清洗5分钟，弃上清，重复2次。最后用原生质体培养基（PJ1）离心清洗1次即可获得纯净的播娘蒿原生质体。

②甘蓝型油菜原生质体的分离和纯化：操作步骤与播娘蒿相同，所不同的是，质壁分离时间为45分钟，清洗原生质体为CPW-9M。

③原生质体融合及清洗：将纯净的1.0×10^6个/ml，油菜原生质体和1.0×10^6个/ml播娘蒿原生质体，按1∶1的比例在离心管中混匀（各约0.5ml），然后加入融合液（约0.5ml），静置融合。融合后，加入50mmol/L $CaCl_2 \cdot 2H_2O$的清洗液，离心清洗PEG；离心后，吸上清液，然后用PJ1离心清洗1次，离心。速度、离心时间同上。

④原生质体培养：用原生质体培养基PJ1悬浮融合后的原生质体，根据油菜籽叶原生质体内含物较多、颜色较深，播娘蒿叶片原生质体内含物较少、颜色较浅，能从形态上明显区别融合原生质体。用显微操作仪挑取完全融合的原生质体200个，悬浮在20ml原生质体培养基中，进行液体浅层培养。前3周暗培养，每隔5~7天添加1次稀释培养基（PJ2），约加0.5ml。3周后将培养物置于漫射光下进行培养。

⑤愈伤组织分化和植株再生：当出现肉眼可见的愈伤组织时，将其转移至扩增培养基（PJ3），弱散射光下培养，以利愈伤组织迅速长大。待愈伤组织长至约5mm时，将其转移到分化培养基，光照下培养。当分化出小苗后，将小苗连同愈伤组织一起转至MS基本培养基中生长。待再生苗长至2~3cm时，切下小苗移入生根培养基中生根。

⑥移栽：待再生植株长出约 10～15 条次生根时移栽。先打开封口膜，在培养室敞口 3～5 天，然后取出再生植株，用水洗去根部附着的培养基，移栽到小花盆中，经2～3 周的锻炼后，移至大田。杂种植株全部表现为生长缓慢、植株矮小。其叶型与甘蓝型油菜相近，但叶缘裂痕较深似播娘蒿。花蕾呈播娘蒿花蕾，颜色为紫色，为播娘蒿花蕾的 2 倍。平均每角果结实 2～4 粒，种子有的圆滑，有的干瘪，大小也不整齐。

八、植物细胞融合的相关知识

1. 影响原生质体融合的因素

（1）原生质体的相对密度　采用 PEG 促融时，4%～5% 的原生质体悬浮液能得到最高的异核率。电场诱导融合时，原生质体密度大于 10^5 个/ml 会融合成团，密度小于 10^4 个/ml 融合率过低，最适密度为（2～8）$\times 10^4$ 个/ml。

（2）PEG 的含量和种类　PEG 的含量及其分子量低的情况下，融合率低；PEG 含量及其分子量过高时，融合率也低。最适的 PEG 含量及其分子量因物种不同差异很大。

（3）Ca^{2+} 浓度　PEG 法中需要使用高浓度的 Ca^{2+}，Ca^{2+} 的作用是促进原生质体间的黏合，从而提高原生质体的融合率。电融合时 Ca^{2+} 还能维持一定电导率，保护细胞。

（4）pH　PEG 法诱导融合时 pH 的高低对融合率影响很大。pH 低时原生质体聚集程度较低，当上升到 7.8 以上时，原生质体聚集程度大大提高。而在 7.8～9.5 之间没有明显差异，达到 10.5 时最佳。

（5）作用时间　PEG 诱导融合的关键是作用时间，尤其是 Ca^{2+} 和 pH 溶液处理时间长短。作用时间过长使原生质体严重损坏，融合率低；作用时间过短，则原生质体不发生融合。

另外，电融合时交变电场的电流的强弱、处理时间长短及电脉冲大小也会影响融合率

2. 植物细胞融合方式

（1）自体融合　自体是指发生在同一个亲本原生质体之间的融合。这种融合得到的是同核体，每个同核体中包含多个（2～40 个）来自于同一亲本的细胞核。有同核体再生的植株，性状与来源的亲本相同。

（2）异体融合　由不同种的双亲原生质体之间发生融合，其结果是得到异核体。异核体融合一般需要特殊的诱导剂来克服不同原生质体间的排斥作用。根据异核体融合形成异核体的方式不同，异核体融合分为四种。

①谐和的细胞杂种：具有双亲全套染色体组的异源两倍体。

②部分谐和的细胞杂种：双亲的染色体经逐步排斥，便发生少量染色体的重组，然后进入同步分裂，最后形成带有部分重组染色体的植株。

③异胞质体细胞杂种：亲本的染色体全部被排斥，但胞质是双亲的。

④嵌合细胞杂种：不同种的双亲原生质体，发生了膜融合和胞质融合，尚未发生核融合。双亲的细胞核各自发生核分裂，接着形成细胞壁，最终形成嵌合体植物。

实训五 西洋参细胞培养生产天然药物人参皂苷实训

一、实训材料准备

1. 植物材料

四年生西洋参根。

2. 实验室

准备室、接种室、培养室等。

3. 仪器设备

高压灭菌锅（器）、光照培养箱、振荡培养箱、天平、酸度计、超净工作台等。

4. 器械及用具

镊子、手术刀、接种针、记号笔等。

5. 玻璃器皿

三角瓶、培养瓶、培养皿、量筒、容量瓶等。

6. 试剂和材料

1mol/L 盐酸、1mol/L NaOH、琼脂、乙醇、蔗糖、水解乳蛋白（LH）、2，4－二氯苯氧乙酸（2，4－D）、萘乙酸（NAA）、激动素（KT）、吲哚丁酸（IBA）、6－苄基嘌呤（6－BA），其他试剂见表 MS 培养基母液的配制。

二、西洋参组织培养培养基的制备

1. 母液的配制（表 6－2）

表 6－2 MS 培养基母液配制

母液		成分	规定量	浓缩倍数	称取量（mg）	母液体积（ml）	配制 1L 培养基吸取量（ml）
编号	种类						
1	大量元素	KNO_3	1900	10	19000	1000	100
		NH_4NO_3	1650	10	16500		
		$MgSO_4 \cdot 7H_2O$	370	10	3700		
		KH_2PO_4	170	10	1700		
		$CaCl_2 \cdot 2H_2O$	440	10	4400		
2	微量元素	$MnSO_4 \cdot 4H_2O$	22.3	100	2230	1000	10
		$ZnSO_4 \cdot 7H_2O$	8.6	100	860		
		H_3BO_3	6.2	100	620		
		KI	0.83	100	83		
		$Na_2MoO_4 \cdot 7H_2O$	0.25	100	25		
		$CuSO_4 \cdot 5H_2O_4$	0.025	100	2.5		
		$CoCl_2 \cdot 6H_2O$	0.025	100	2.5		

续表

母液		成分	规定量	浓缩倍数	称取量（mg）	母液体积（ml）	配制1L培养基吸取量（ml）
编号	种类						
3	铁盐	Na_2-EDTA	37.3	100	3730	1000	10
		$FeSO_4 \cdot 4H_2O$	27.8	100	2780		
4	有机物	甘氨酸	2.0	100	100	500	10
		盐酸吡哆醇	0.5	100	25		
		盐酸硫铵素	0.1	100	5		
		烟酸	0.5	100	25		
5		肌酸	100	100	5000	500	10

（1）大量元素母液的制备　大量元素按照使用时高10倍的数值称取，分别将各种化合物称量后，除$CaCl_2 \cdot 2H_2O$单独配制外，其余化合物混合在500ml烧杯中加适量蒸馏水溶解，用玻璃棒搅拌促溶，倒入1000ml容量瓶中用蒸馏水定容至刻度，置小口瓶中保存，贴上标签注明化合物名称（或编号），浓缩倍数，配制日期和配制者姓。$CaCl_2 \cdot 2H_2O$配制同上置于另一小口瓶中。

（2）微量元素母液的配制　按要求浓缩100倍的数值称取，分别将各种化合物称量除铁盐（$FeSO_4 \cdot 7H_2O$和$Na_2-EDTA \cdot 2H_2O$）作为一组单独配制外，其余化合物可混合置于烧杯内加少量蒸馏水溶解后，定容在1000ml容量瓶中，置小口瓶中保存，贴上标签。

（3）铁盐配制　将$FeSO_4 \cdot 7H_2O$和$Na_2-EDTA \cdot 2H_2O$分别溶于450ml蒸馏水中，加热，不断搅拌，溶解后，两液混合，调pH至5.5加水定容至1000ml，置于小口瓶中，贴上标签。

（4）有机物母液配制　按母液要求浓缩50倍，除蔗糖按3%单独临时称量外，其余分别称量后，溶解，定容在500ml容量瓶中，置于小口瓶中保存，贴上标签。

（5）母液的贮存　母液最好在2～4℃的冰箱中贮存，特别是有机类物质，贮存时间不宜过长，无机盐母液最好在1个月内用完，如发现有霉菌和沉淀产生，就不能再使用。

（6）生长调节剂母液配制　为了操作方便，节约时间，生长调节剂也可如同配制母液一样，先配成原液，这样配制培养基时只要稍加计算，按需要量取即可。

称取50mg生长调节物质，溶解后，在100ml的容量瓶中定容，配制的母液每毫升则含有生长调节物质0.5mg，配制后一般要求在低温（0～4℃）保存，配制培养基时如每升（1000ml）需添加的生长调节剂物质为0.5mg时，则取1ml母液即可。

（7）注意事项

①制备母液和营养培养基时，所用蒸馏水或无离子水必须符合标准要求，化学药品必须是高纯度的（分析纯）。

②称量药物采用高灵敏度的天平，每种药品专用一药匙。

③配制大量元素母液时，为了避免产生沉淀，各种化学物质必须充分溶解后才能混合，同时混合时要注意先后顺序，把钙离子（Ca^{2+}）、锰离子（Mn^{2+}）、钡离子

（Ba^{2+}）和硫酸根（SO_4^{2-}）、磷酸根（PO_4^{3-}）错开，以免形成硫酸钙、磷酸钙等沉淀，并且各种成分要慢慢混合，边混合边搅拌。

④有些激素配制母液时不溶于水，需经加热或用少量稀酸、稀碱及95%酒精溶解后再加水定容。常用激素类的溶解方法如下：

萘乙酸（NAA）、吲哚乙酸（IAA）、赤霉素（GA_3）、2，4－D等生长素和玉米素（ZT）可先用少量95%酒精溶解，然后加水，如溶解不完全再加热。

激动素（KT）和6－苄基嘌呤（BA）可溶于少量1mol/L的盐酸中。

叶酸需用少量稀氨水溶解。

2. 西洋参组织培养基制备

（1）培养基配方

①愈伤组织诱导培养基1：MS基本培养基＋2mg/L 2，4－D＋700mg/L LH＋3%蔗糖，琼脂浓度0.7%。

②愈伤组织诱导培养基2：MS基本培养基＋2mg/L 2，4－D＋1mg/LKT＋700mg/L LH ＋3%蔗糖，琼脂浓度0.7%。

③愈伤组织继代培养基：MS基本培养基＋1mg/L 2，4－D ＋0.1mg/L KT＋0.5mg/L NAA＋0.5mg/L IBA＋700mg/L LH＋3%蔗糖，琼脂浓度0.7%。

④悬浮细胞液体培养基：同愈伤组织继代培养基不加琼脂。

（2）不同激素浓度的西洋参组织培养培养基的制备

①根据培养基的组成成分及用量，吸取各种母液，称取蔗糖、水解乳蛋白（LH）和各种激素，加水至所需体积，待各组分全部溶解后，用1mol/L的NaOH或HCl调酸碱度至pH 6.0。固体培养基需加入琼脂粉（一般6.5～8g/L），加热使琼脂完全熔化，蒸馏水补齐溶液体积，分装的三角瓶用封口膜封好，标明培养基名称。

②高压灭菌（121℃，0.1MPa，15～20分钟）。不耐高温的培养基成分，需过滤灭菌。

三、西洋参愈伤组织的诱导和增殖

1. 愈伤组织诱导和继代培养

（1）准备工作　接种前，用75%酒精棉球或20g/L新洁尔灭擦拭超净工作台台面，将培养基及接种用具放入超净工作台台面适当位置，打开超净工作台紫外灯，照射20～30分钟后关闭，然后打开风机，约10分钟后，再开日光灯可进行无菌操作。

（2）外植体表面消毒　取新鲜西洋参根，清水洗净后用70%的酒精消毒5分钟，0.1%的HgCl浸泡10分钟，无菌水洗涤5次。将材料移入平皿中，根据参根的长度分为上中下三段，每一段分别切成5～8mm^2小段。使用镊子和解剖刀时，应先在酒精灯火焰上灼烧片刻，冷却后，再使用。

以上操作都要求在酒精灯火焰旁进行。注意外植体切割时，动作要快，否则会造成失水而影响生长。为防止操作时失水也可在培养皿中滴几滴无菌水，然后将无菌苗置于其中进行切割。操作人员必需严格按无菌操作规则完成这些步骤，否则会造成外植体污染。

（3）接种　将切好的西洋参根段接种至愈伤组织诱导培养基中，每瓶接种4～5块，快速封口，贴上标签，注明姓名、接种日期、培养基名称和培养材料名称。整理、清洁超净工作台台面。

（4）培养　置生化培养箱中培养，培养温度24℃±1℃，暗培养，培养28～30天。大约15～20天后，培养的外植体就可以胀大，形成愈伤组织。培养过程中观察西洋参根外植体的生长变化和污染情况，根据外植体愈伤组织的诱导情况，统计外植体的污染率以及愈伤组织的诱导率。

将诱导的愈伤组织生长旺盛、生长量大的外植体切成小块，移入新鲜的培养基，促进外植体的进一步愈伤化，并促进愈伤组织增殖。

2. 愈伤组织继代培养

挑选以西洋参根段为外植体诱导出的颜色为淡黄色或嫩白色、生长速度快、质地疏松、分散性好的愈伤组织转移到愈伤组织继代培养基上，进行西洋参愈伤组织增殖培养。每个250ml三角瓶盛有50ml固体培养基。培养条件同西洋参愈伤组织诱导培养。

四、西洋参细胞扩大培养与种子细胞筛选

1. 一级种子培养

西洋参愈伤组织多次筛选、继代后，选择生长速度快、质地松散、嫩白色透明状的西洋参愈伤组织无性系转移到液体培养基中进行悬浮培养。悬浮培养采用恒温摇床，转速90～110r/min，100ml三角瓶中装20ml培养液，培养温度24℃±1℃，暗培养。

2. 二级种子培养

选取外观上筛选细胞分散度好，较均匀，淡黄色半透明的悬浮细胞转接到液体培养基中进行悬浮扩大培养。培养条件：250ml三角瓶中装40ml培养液；接种量1.6g/瓶；悬浮培养采用恒温摇床，转速90～110r/min，培养温度24℃±1℃，暗培养28～30天。

3. 种子筛选

（1）外观上筛选　挑选细胞分散度好、较均匀、淡黄色半透明的悬浮细胞，

（2）测定西洋参悬浮细胞生长量　以西洋参鲜重和干重作为生长指标，具体方法是将培养液用200目滤网过滤，直接称重（鲜重）；过滤后收集细胞，冷冻干燥，再称重（干重）。

（3）测定人参皂苷的提取和含量测定

①人参皂苷的提取：样品冷冻干燥后，研磨成粉末状，精确称取1g粉末，用滤纸包好，置沙氏提取器中，加甲醇回流24小时，乙醚脱脂，正丁醇萃取，减压回收正丁醇，残留物用去离子水溶解，冷冻干燥。

②紫外分光光度法测定人参皂苷含量。

对照品溶液的配制：准确称取西洋参总皂苷20mg，置10ml容量瓶，加甲醇至刻度，摇匀即可。

测定波长的确定：总皂苷对照品甲醇溶液加入到10ml比色管中，挥尽溶剂，依次加入5%香草醛－冰醋酸高氯酸显色后，在波长800～400nm范围扫描，找出最大吸收

峰出对应的波长作为测定波长（550nm）。

标准曲线制作：精密吸取对照品溶液20μl、40μl、60μl、80μl和100μl，分别置于10ml比色管中，置水浴中挥干溶剂，精密加入5%香草醛－冰醋酸溶液0.2ml和高氯酸0.8ml，摇匀。置60℃水浴，取出立即用流动水冷却2分钟，再精密加入冰醋酸5ml，摇匀。以相应试剂为空白，在550nm处测定吸光度。以吸光度为纵坐标，西洋参总皂苷浓度为横坐标，绘制标准曲线，计算回归方程。

样品测定：样品经减压回收正丁醇后，所获得残留物用甲醇溶解，定容到100ml。其余步骤按照上述方法进行操作，比色法测定吸光值，根据标准曲线测定样品中皂苷的含量。

③选取细胞生长率、生长量以及人参皂苷的产量高的细胞，作为种子细胞进行继代培养。

五、5L气升反应器西洋参细胞的规模化培养

1. 种子细胞

挑选处于对数生长期二级种子液作为反应器培养的种子细胞。

2. 培养过程

（1）在5L玻璃气升式反应器中，加入西洋参细胞液体悬浮培养基，采用原位高压蒸汽灭菌法灭菌。当反应器中培养基温度冷却至室温后，火焰接种法接种1/10的西洋参细胞种子。通气量为0.05 vvm，培养温度为24℃±1℃。同时对发酵液的pH、DO进行控制。

（2）每隔5天定期取样，测西洋参细胞的鲜重和干重，绘制西洋参细胞鲜重和干重生长曲线。

（3）培养结束后，将培养液过滤，将细胞组织60℃下真空干燥，称重并测定总皂苷含量，过滤液废弃。

六、西洋参细胞的保存

1. 西洋参愈伤组织低温保存

取培养18天、生长旺盛的愈伤组织，置4℃冰箱中，分别放置3～6个月。定期将低温保存的西洋参愈伤组织转入培养箱，24℃±1℃，暗培养。2天后继代。

2. 西洋参悬浮细胞的低温保存

（1）方法一　收集西洋参悬浮细胞1～2g，接种到西洋参愈伤组织继代培养基上，24℃±1℃按培养到第18天，4℃冰箱保存。

（2）方法二　液氮冻存，取对数生长期西洋参悬浮细胞约1g（鲜重），转入到含10%DMSO＋8%葡萄糖的冷冻保护剂中，密封冻存管，4℃下静置30分钟。然后再做冷冻降温处理：0℃（30分钟），－20℃（2小时），－70℃（30分钟），最后投入液氮中保存。

3. 细胞复苏

从液氮中取出冻存管，立即投入到37～40℃温水中，待冻存管内的水刚融化，立

即加入正常的液体培养基进行冲洗，洗涤3次，每次停留5分钟，以确保冷冻保护剂完全除去。将细胞接入到固体培养基中进行再培养，5天后继代，继续培养。

七、考核方式

1. 单元化考核方式

将西洋参细胞培养生产人参皂苷的生产工艺过程分成5个考核单元，对每个单元分别进行考核，按照不同的权重汇入总成绩（表6-3）。

表6-3　总评成绩

模块 成绩	单元1 培养基的制备	单元2 愈伤组织的诱导和增殖	单元3 细胞扩大培养	单元4 细胞规模化生产	单元5 细胞保存和复苏	总成绩
所占比例	25%	20%	20%	30%	5%	100
成绩						

2. 考核内容及标准与职业资格鉴定衔接

实训过程中的知识点和技能点与考工考核要点相对应。因此，要对应每个实训单元制定出详细可行的评分标准，严格按照评分标准对学生的实训操作情况进行合理评价。

3. 参考产品质量打分

可以根据产品质量的好坏判定学生技能掌握情况，给出实训成绩。如培养合格的愈伤组织应该是浅黄色、新鲜湿润，疏松且生长旺盛，无污染。否则不符合生产要求。

八、西洋参的相关知识

1. 概述

西洋参与人参同属五加科，属多年生草本名贵中药材，原产于美国法国和加拿大等欧美国家。其性较温和，具有健胃、强身、镇定、降血糖和降血脂的功效，并具有一定的防癌和抗衰老作用。现代药理学表明人参皂苷是其主要药理成分，目前不能人工合成。无论野生还是栽培的西洋参，由于其自身的生理特性，一般需4~5年才能收获入药。且西洋参种质资源少，价格昂贵，国际市场每公斤种子价格约为1000美元。开展西洋参细胞培养技术研究，利用西洋参细胞悬浮培养的方法生产人参皂苷，可以节约土地，缩短培养时间，是西洋参资源解决的一条替代途径，具有十分门重要的意义和广阔的前景。

2. 影响西洋参愈伤组织诱导的因素

（1）外植体的来源　用于诱导西洋参愈伤组织的外植体，可以是不同参龄的根、根髓、茎段、叶片、叶柄、花药、花蕾、胚及胚培养幼苗的子叶和胚轴等，其中芽孢、种胚、叶柄和根都是较理想的外植体。除了外植体的取材部位，外植体的取材时期也会影响愈伤组织的诱导，5月下旬至6月上旬所取的外植体的愈伤组织诱导率可达95%以上，而6月下旬以后所取的外植体的愈伤组织的诱导率仅30%左右，而且愈伤组织生长缓慢。以西洋参根为外植体，外植体的脱分化是发生在导管和筛管部位，由内部向外隆起，膨大，最后胀破外皮褥出愈伤组织。

（2）培养基　用于西洋参愈伤组织诱导和继代培养的基本培养基有 MS、NB、B5 等几种，其中 MS 培养基效果最好。培养基中成分的改变会对细胞生长和皂苷合成产生显著的影响。将 MS 基本基质中 KNO_3、$CaCl_2$ 和 $MgSO_4$ 的浓度分别适当降低对西洋参培养物的生长有促进作用，降低 KNO_3 和 $CaCl_2$ 的浓度不利于皂苷合成，但适当降低 $MgSO_4$ 的浓度利于皂苷合成。在西洋参愈伤组织的生长过程中，水解乳蛋白必不可少，在不添加水解乳蛋白的培养基上愈伤组织 1 个月后会褐变死亡。培养基质中添加参叶提取物可起到与水解乳蛋白相同的效果。

（3）植物激素的种类和浓度　西洋参外植体脱分化所需的外源生长调节因子类型为生长素和细胞分裂素型，其中生长素起主导作用。常用的生长素有 NAA（萘乙酸）、IBA（3－吲哚丁酸）、IAA（3－吲哚乙酸）和 2，4－D（二氯苯氧乙酸），单独使用均可诱导外植体产生愈伤组织，但 IBA、NAA 和 IAA 单独使用时，诱导率都不高，而且脱分化时间较迟。2，4－D 的效果最好，浓度为 2～3mg/L 时诱导率可达 95.58%～100%。细胞分裂素（BA、KT）在有 2，4－D 存在的情况下，对外植体的脱分化有促进作用。

（4）培养条件　西洋参外植体脱分化的温度范围较宽，在 20～27℃范围内，脱分化率都达到 80%以上，其中最适温度为 25℃，此时愈伤组织均为淡黄色，质地松软。低温对愈伤组织的增长不利，4℃处理 15 天的西洋参愈伤组织可以正常生长，但存放 25 天以后的愈伤组织却全部褐变。暗培养利于外植体的脱分化和生长。培养基的初始 pH 灭菌前在 6.0～6.5 之间有利于西洋参芽孢外植体脱分化，高于 6.5 或低于 5.5 都不利脱分化。

3. 影响西洋参细胞悬浮培养生长和人参皂苷生产的培养条件

西洋参细胞悬浮培养必须在有激素的培养液中进行。常使用的培养基主要是 MS 及其改良型，激素以 NAA，2，4－D，6－BA 最为常用，均能使细胞正常生长，其中以 2，4－D 效果最好。悬浮培养的继代周期一般为 18～20 天，此时的细胞生长旺盛，状态好，细胞量大。pH 变化对西洋参细胞生长影响不大，pH 6.0 时，最有利于人参皂苷的合成。接种量为 25g/L 时，西洋参细胞的干重增殖倍数显著增加。培养温度为 25℃ ±1℃，此时的细胞生长状态最好，颜色浅嫩黄色；生长量较大，生长速度快，延迟期短；在 20℃ 和 28℃时，细胞生长缓慢，尤其是 28℃以上时细胞生长基本停止。西洋参悬浮培养一般采用暗培养。

向细胞培养基中添加诱导子及前体化合物是提高有效成分含量的常用方法。常用的诱导子有茉莉酸甲酯、LH（水解乳蛋白）、SA（水杨酸）和酵母提取物等。实验表明多种诱导子的联合应用可以更好地促进人参皂苷的积累。如把红花、人参、黑节草寡糖素添加到培养基中后，可使西洋参悬浮培养中人参皂苷含量显著提高。

目标检测

简答题

1. 什么是细胞工程制药？
2. 简述动物细胞原代和传代培养过程是什么？
3. 动物细胞大规模培养操作方式有哪些？各有什么优缺点？
4. 培养动物细胞培养基包括哪些？培养基的组成各有什么特点？
5. 动物细胞融合方法有哪些？影响动物细胞融合的因素是什么？
6. 如何筛选动物细胞融合后形成的杂种细胞？
7. 什么是单克隆抗体技术？单克隆抗体制备的过程是什么？
8. 单克隆抗体技术有哪些方面的应用？
9. 什么是植物组织培养技术？植物组织培养过程是什么？
10. 植物细胞中都含有哪些成分？
11. 植物细胞可以从哪些途径获得？常用植物单细胞培养方法有哪些？各有何特点。
12. 影响植物细胞生长和次级代谢产物合成的因素有哪些？
13. 植物细胞融合的过程是什么？
14. 植物细胞融合的方式是什么？

项目七 | 基因工程制药技术

◎**知识目标**

1. 掌握基因工程制药技术的基本原理和主要工艺。
2. 掌握基因工程菌的构建方法和主要步骤。
3. 了解基因工程菌的不稳定性及基因工程菌在发酵过程中的控制方法。

◎**技能目标**

1. 正确认识基因工程制药生产岗位环境、工作形象、岗位职责及相关法律法规。
2. 能够选使用合适方法正确完成基因工程菌的构建、表达产物鉴定。
3. 能够正确控制基因工程菌的发酵过程。
4. 能够使用基因工程制药方法完成干扰素的制备。

基因工程药物是以对疾病的分子水平为基础，传统生物制药方法难以获得，广泛应用于治疗癌症、肝炎、发育不良、糖尿病、囊纤维变性和一些遗传病，并在很多领域特别是疑难病症上起到了传统化学药物难以达到作用的生理活性多肽和蛋白质等药物，基因工程药物的研发与生产为临床使用提供有效的保障。

基因工程制药技术是基因工程产品工的核心操作技能，涵盖以下能力培养及训练：

（1）质粒的提取、检测与转化能力。

（2）利用微生物进行物质的生物转化能力。

（3）基因工程药物的提取、分离与纯化能力。

（4）基因工程药物生产的质量控制能力。

目标是培养贯通基因工程制药领域上、下游理论与技术，具有创新意识和工程化能力的高素质技能型人才。

任务一　药物目的基因的制备

基因工程药物经历了3个阶段：一是细菌基因工程，即把目的基因通过适当的改建并导入大肠杆菌中，再通过细菌等原核微生物表达的目的蛋白作为药物。二是细胞基因工程药物，这是把人或哺乳动物的基因直接导入哺乳动物的细胞中，生产有生物活性的产品。三是利用转基因动物生产低成本、高活性的药物。

基因工程药物制造的一般流程：①获得目的基因。②组建重组质粒。③构建基因工程菌。④培养工程菌。⑤产物分离纯化。⑥除菌过滤。⑦半成品检定。⑧包装。

上游阶段：首先获得目的基因，然后用限制性内切酶和连接酶将其插入适当的载体质粒或噬菌体中并转大肠杆菌或其他宿主菌（细胞），以便大量复制目的基因。选择基因表达系统主要考虑的是保证表达功能，其次要考虑的是表达量的多少和分离纯化的难易。其中基因工程药物制造的一般流程中的①、②、③步骤属于上游阶段，在实验室完成。

下游阶段：将实验室成果产业化、商品化，它主要包括工程菌大规模发酵最佳参数的确立，新型生物反应器的研制，高效分离介质及装置的开发，分离纯化的优化控制，高纯度药品的制备技术，生物传感器等一系列仪器仪表的设计和制造，电子计算机的优化控制等。上述基因工程药物制造的一般流程中的④、⑤、⑥、⑦、⑧等属于下游阶段，在生产车间完成。

一、目的基因制备的相关概念

1. 基因

基因是DNA分子上含有特定遗传信息的核酸序列的总称，是遗传物质的最小功能单位。

2. 目的基因

把需要研究的基因，即准备要分离、改造、扩增或表达的编码蛋白质的基因称为目的基因。目前被广泛提取使用的目的基因有：苏云金杆菌抗虫基因、植物抗病基因（抗病毒、抗细菌）、人胰岛素基因等。

3. 获取目的基因的意义

①目的基因编码某种蛋白质，建立高效表达系统，确定其表达调控机制和生物学功能。②研究某基因结构和功能的关系。③研究某基因与疾病的关系。

4. 基因库

基因库是特定生物体全基因组的集合（天然存在）。

5. 基因文库

从特定生物个体中分离的全部基因，这些基因以克隆的形式存在（人工构建）。根据构建方法的不同，基因文库分为：①基因组文库（含有全部基因）。②cDNA文库（含有全部蛋白质编码的结构基因）。

6. 基因组DNA文库的优点

相对于cDNA文库，基因组文库的优点：

（1）cDNA克隆只能反映mRNA的分子结构，没有包括基因组的间隔序列。

（2）cDNA文库中，不同克隆的分布状态总是反映着mRNA的分布状态，即：高丰度mRNA的cDNA克隆，所占比例较高，分离基因容易；低丰度mRNA的cDNA克隆，所占比例较低，分离基因困难。

（3）从cDNA克隆中，不能克隆到基因组DNA中的非转录区段序列，不能用于研究基因编码区外侧调控序列的结构与功能。

7. cDNA文库的主要优点

（1）cDNA文库以mRNA为材料，特别适用于某些RNA病毒等的基因组结构研究及有关基因的克隆分离。

（2）cDNA文库的筛选比较简单易行。

（3）每一个 cDNA 文库都含有一种 mRNA 序列，这样在目的基因的选择中出现假阳性的概率就会比较低，因此阳性杂交信号一般都是有意义的，由此选择出来的阳性克隆将会含有目的基因。

（4）cDNA 文库可用于在细菌中能进行表达的基因的克隆，直接应用于基因工程操作。

（5）cDNA 克隆还可用于真核细胞 mRNA 的结构和功能研究。

8. 目的基因制备方法的选择原则

①根据获得目的基因的目的选择方法。②根据目的基因本身特点选择方法。③根据实验室条件选择方法。

9. 目的基因的获取方法

①从细胞核中直接分离。②从基因文库（基因组 DNA 文库；cDNA 文库）中直接获取。③利用 PCR 技术扩增。④人工化学合成。

二、从细胞核中直接分离目的基因

简单的原核生物目的基因可从细胞核中直接分离得到，但真核基因，如人类的基因分布在 23 对染色体上，较难从直接法中得到。

1. “鸟枪法”（限制性核酸内切酶法）

直接分离基因最常用的方法是“鸟枪法”，又叫“散弹射击法”。这种方法有如用猎枪发射的散弹打鸟，无论哪一颗弹粒击中目标，都能把鸟打下来。鸟枪法的具体做法是：用限制酶（即限制性内切酶）将供体细胞中的 DNA 切成许多片段，将这些片段分别载入运载体（图 7－1，图 7－2）。

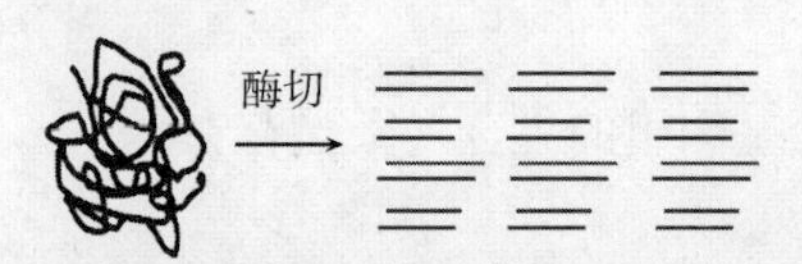

图 7－1　限制性核酸内切酶把基因组 DNA 切成不同大小的片断

优点：绕过直接分离的难关。由于带有黏性末端，产物可以直接与载体连接。

缺点：目的基因内部也可能有该酶的切点。目的基因也被切成碎片。需要简单的筛选方法。

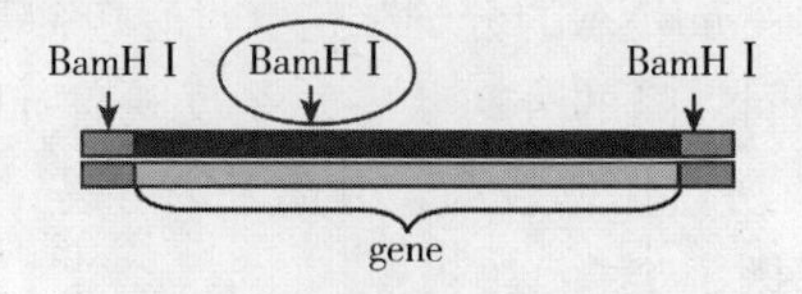

图 7－2　限制性核酸内切酶把目的基因切成碎片

然后通过运载体分别转入不同的受体细胞，让供体细胞所提供的 DNA（外源 DNA）的所有片段分别在受体细胞中大量复制（在遗传学中叫做扩增），从中找出含有目的基因的细胞，再用一定的方法把带有目的基因的 DNA 片段分离出来。如许多抗虫、抗病毒的基因都可以用上述方法获得。用“鸟枪法”获取目的基因的优点是操作简便，缺点是工作量大，具有一定的盲目性。

2. 随机片断法

（1）限制性内切酶局部消化法　控制内切酶的用量和消化时间，使基因组中的酶切位点只有一部分被随机切开。

限制性内切酶的选用原则如下。

①内切酶识别位点的碱基数：影响所切出的产物的长度和随机程度。

4bp 的内切酶：平均每 4^4（256）bp 一个切点，随机程度高。如 HaeⅢ、AluⅠ、Sau3A。

6bp 的内切酶：平均每 4^6（4096）bp 一个切点，如 BamHⅠ、HindⅢ、EcoRⅠ。

②内切酶黏性末端：能与常用克隆位点相连。

（2）机械切割法

①超声波：超声波强烈作用于 DNA，可使其断裂成约 300bp 的随机片断。

②高速搅拌：在 1500r/min 下搅拌 30 分钟，可产生约 8kb 的随机片断。

3. 物理化学法

不同基因片段的碱基组成差异较大，其物理性质，如浮力密度和解链温度等也明显不同。根据这些性质的差异可以分离特定基因 DNA 模板（图 7－3）。

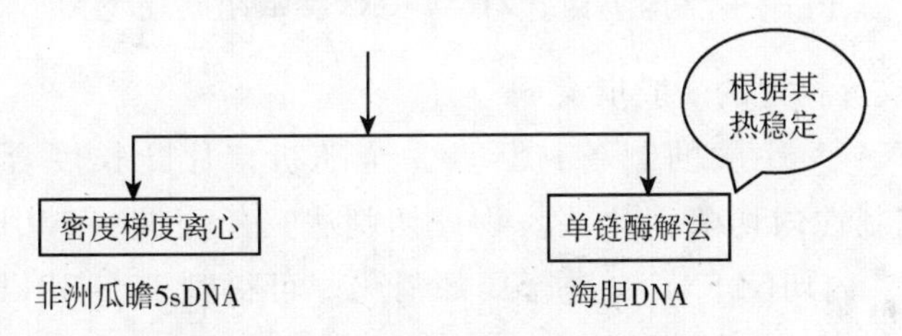

图 7－3　物理化学法制备不同基因片段

三、从基因文库中直接获取目的基因

1. 基因组文库的构建（图 7－4）

（1）基因组文库　将某种生物细胞的整个基因组 DNA 切割成大小合适的片断，并将所有这些片断都与适当的载体连接，引入相应的宿主细胞中保存和扩增。理论上讲，这些重组载体上带有了该生物体的全部基因，称为基因组文库。

（2）构建基因组文库的载体选用　载体能够容载的 DNA 片断大小直接影响到构建完整的基因文库所需要的重组子的数目。

①对载体的要求：载体容量越大，所要求的 DNA 片断数目越少，所需的重组子越少。

②目前常用的载体：λ 载体系列：　容量为 24kb

cosmid 载体：　容量为 50kb

YAC：　容量为 1Mb

BAC：　容量为 300kb

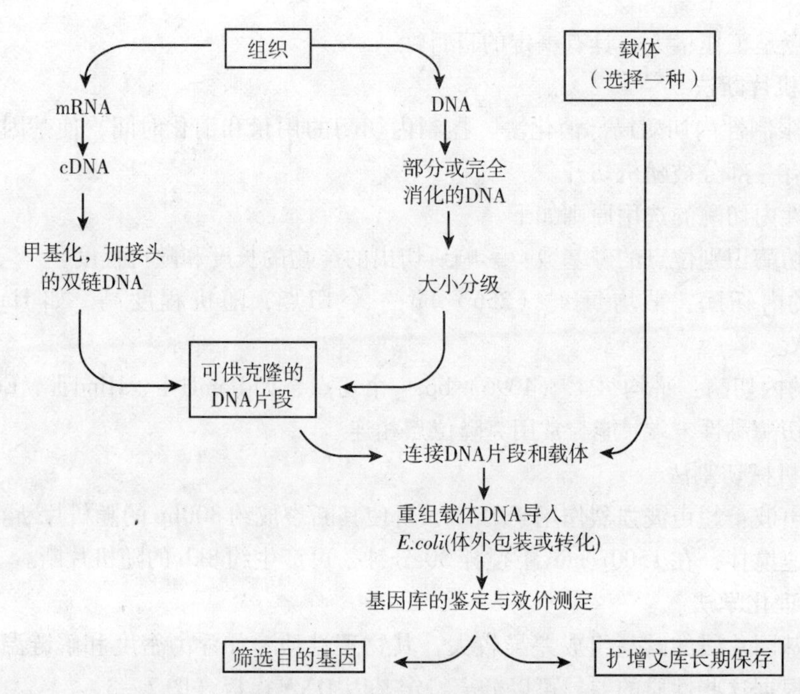

图7-4 构建基因组文库和 cDNA 文库的流程示意图

(3) 基因组文库构建的一般步骤

①染色体 DNA 大片段的制备：断点完全随机，片断长度合适于载体连接。不能用一般的限制性内切酶消化法。物理切割法：超声波（300bp）或机械搅拌（8kb）。酶切法：内切酶 Sau3A 进行局部消化。可得到 10～30kb 的随机片断。

②载体与基因组 DNA 大片段的连接：三种连接方法既直接连接、人工接头或同聚物加尾。黏性末端直接连接：载体与外源 DNA 大片段的两个末端都有相同的黏性末端（图7-5）。如 Sau3A 与 BamH Ⅰ的酶切末端。人工接头法：人工合成的限制性内切酶黏性末端片断。各种酶的接头可以向公司定做或购买。同聚物加尾：在齐平末端加入同聚物尾巴，从而形成黏性末端（图7-6）。

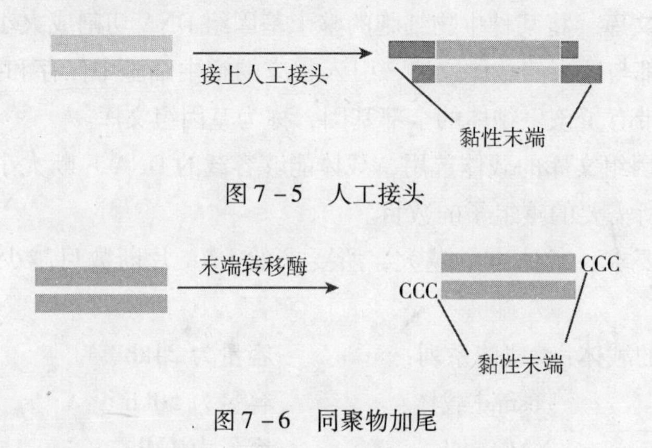

图7-5 人工接头

图7-6 同聚物加尾

(4) 基因组文库的容量和完备性（图7-7，图7-8）

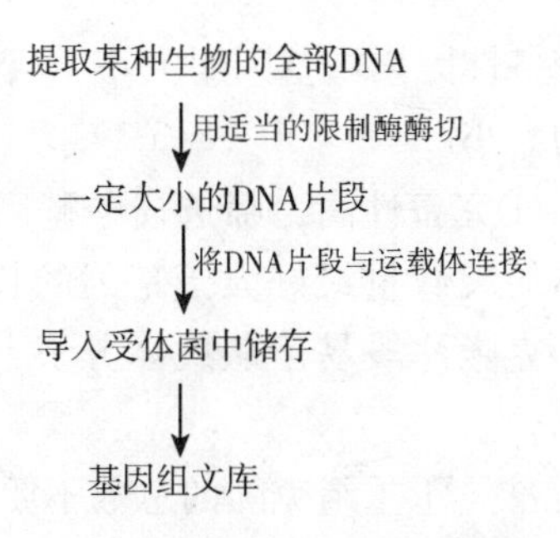

图 7－7　基因组文库构建步骤

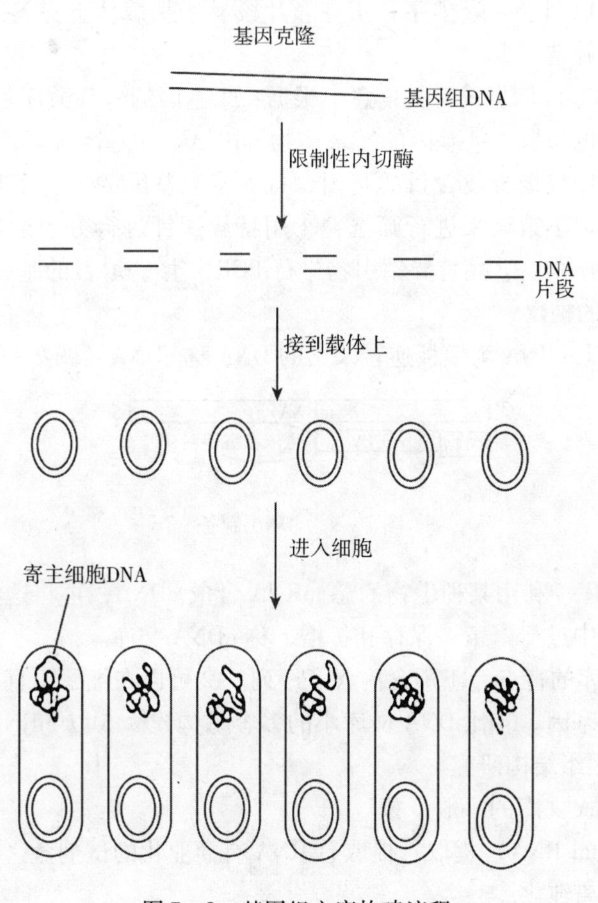

图 7－8　基因组文库构建流程

在已经构建的基因文库中任一基因存在的概率，完备性越高，文库容量越大。它与基因文库最低所含克隆数 N 之间的关系可用下式表示：

$$N = \ln(1-P)/\ln(1-f)$$

式中，P 为任一基因被克隆（存在于基因文库中）的概率；f 为克隆片段的平均大小/生物基因组的大小。

例：人的单倍体 DNA 总长为 2.9 × 109bp，基因文库中克隆片段的平均大小为 15kb，则构建一个完备性为 0.9 的基因文库至少需要 45 万个克隆；而当完备性提高到 0.9999 时，基因文库至少需要 180 万个克隆。

影响基因文库的容量和完备性因素：基因组大小、目的基因在基因组中的拷贝数、克隆载体的容量及目的基因的大小。

（5）理想基因文库条件　①完备性高，筛选任一基因的概率均应为99%。②重组克隆的总数不宜过大。③载体的装载量最好大于基因的长度。④克隆与克隆之间必须存在足够长度的重叠区域。⑤克隆片段易于从载体分子上完整卸下。⑥重组克隆能稳定保存、扩增、筛选。

（6）基因组文库的质量标准　①重组克隆的总数不要过大，以减少筛选工作压力。②载体转载量最好大于基因的长度，避免基因被分隔克隆。③克隆之间必须存在足够长度的重叠区域，以利于克隆排序。④克隆片段易于从载体上完整卸下。⑤重组克隆能稳定保存，扩增筛选。

（7）获取目的基因依据的有关信息　根据：①基因的核苷酸序列。②基因的功能。③基因在染色体上的位置。④基因的转录产物 mRNA。⑤基因翻译产物蛋白质等特性。在成千上万的克隆中仅极少数含目的基因，且大多数基因的产物不具有可选择的表型特征，因此可采用以下策略来进行筛选：①用特异探针进行分子杂交。②用免疫和生化方法来检测基因产物。③用特异性引物进行 PCR 扩增获取目的基因。

2. cDNA 文库的构建

（1）cDNA　以 mRNA 为模板逆转录出的 DNA 称 cDNA（图7-9）。

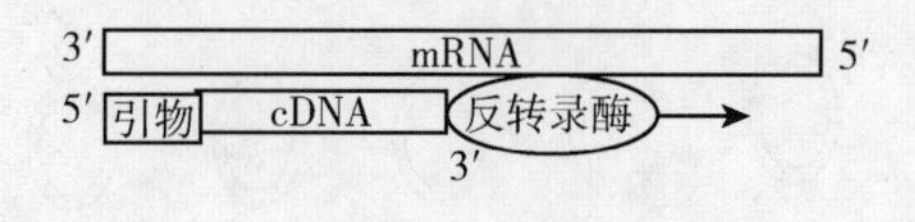

图7-9　cDNA 制备

（2）cDNA 文库　利用某种生物的总 mRNA 合成 cDNA，再将这些 cDNA 与载体连接，转入细菌细胞中进行繁殖、保存和扩增，称 cDNA 文库。

（3）cDNA 文库的特点　①不含内含子序列。②可以在细菌中直接表达。③包含了所有编码蛋白质的基因。④比 DNA 文库小的多容易构建。⑤以 mRNA 为材料，适用于某些 RNA 病毒基因组结构研究。

（4）构建 cDNA 文库的一般步骤

①总 RNA（total RNA）提取：提取总 RNA 有商业化的试剂盒（kit）。

②mRNA 的分离纯化

原理：利用 mRNA 都含有一段 polyA 尾巴，将 mRNA 从总 RNA（rRNA、tRNA 等）中分离纯化。mRNA 只占总 RNA 1%～2%。

mRNA 的分离纯化：分离 mRNA 用商业化的 Oligo dT 纤维柱。

③cDNA 的合成（图7-10）

cDNA 第一链合成：逆转录酶能以 RNA 为模板合成 DNA。用 Oligo dT（或随机引物）作引物，合成 cDNA 的第一链（图7-11）。

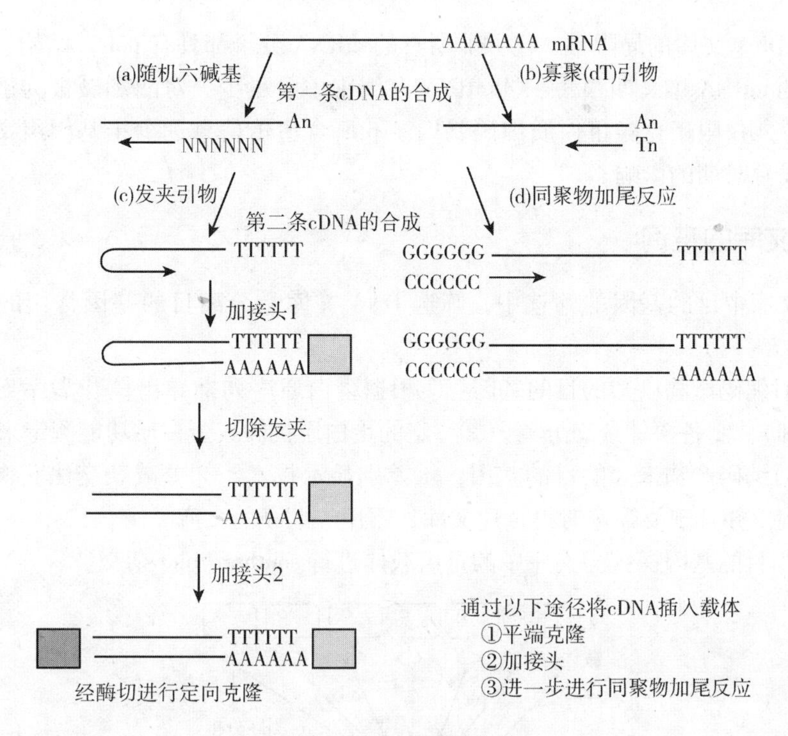

图 7－10 cDNA 的合成

降解 mRNA 模板：用碱处理或用 RNaseH 降解 mRNA－DNA 杂交分子中的 mRNA。

cDNA 第二链合成：剩下的 cDNA 单链的 3′末端一般形成一个弯回来的双链发卡结构（机制不明），可成为合成第二条 cDNA 链的引物。用 DNA 聚合酶合成第二链 DNA。

去掉发卡结构：用核酸酶 S1 可以切掉发卡结构（这会导致 cDNA 中有用的序列被切掉）。

④cDNA 与载体连接：双链平头的 cDNA 通常可以使用下列三种方法克隆入载体中：ⓐ平头末端直接与载体连接，但插入的片段无法回收。ⓑ平头两端分别接同聚物尾，最好是 AT 同聚物尾，这样重组分子可通过加热局部变性和 S1 核酸酶处理回收插入片段。ⓒ加装人工接头引入酶切口，以便插入片段回收。

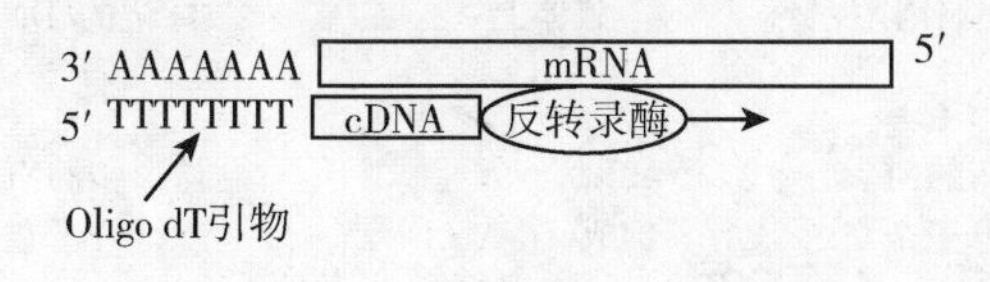

图 7－11 cDNA 第一链合成

（5）cDNA 文库的大小 一个 cDNA 文库要包含 99% 的 mRNA 时所需要的克隆数目。

$$N=\frac{\ln\ (1-p)}{\ln\ (1-f)}$$

P：文库包含了完整 mRNA 的概率（99%）；

f：某一 mRNA 丰度与细胞整个 mRNA 数的比值；

N：所需的重组载体数（克隆数）。

（6）cDNA 文库的局限性　①并非所有的 mRNA 分子都具有 polyA 结构。②细菌或原核生物的 mRNA 半衰期很短。③mRNA 在细胞中含量少，对酶和碱极为敏感，分离纯化困难。④仅限于克隆蛋白质编码基因。⑤所含遗传信息远少于基因组文库，受细胞来源或发育时期的影响。

四、文库的查询

基因文库中目的基因的筛选中，筛选 DNA 文库是分离目的基因常用的方法（图 7－12，图 7－13）。

（1）对编码产物已知的目的基因：①根据蛋白质序列推导出核苷酸序列（或其同源基因序列），制备探针杂交分离。②特定的蛋白质抗体或蛋白质功能测定来筛选。

（2）对编码产物未知的目的基因：①差别显示技术。②差减杂交法获探针，再分离目的基因。并且现要筛选时再重建文库，不用经贮藏的文库。

（3）用目的基因探针与文库中的重组载体进行 southern blot 杂交。

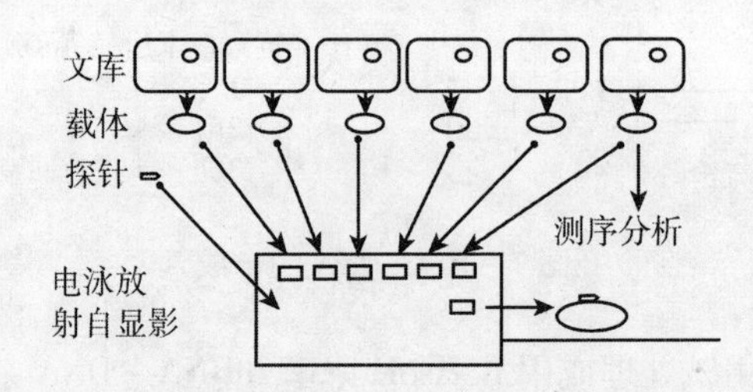

图 7－12　目的基因探针与文库中的重组载体杂交

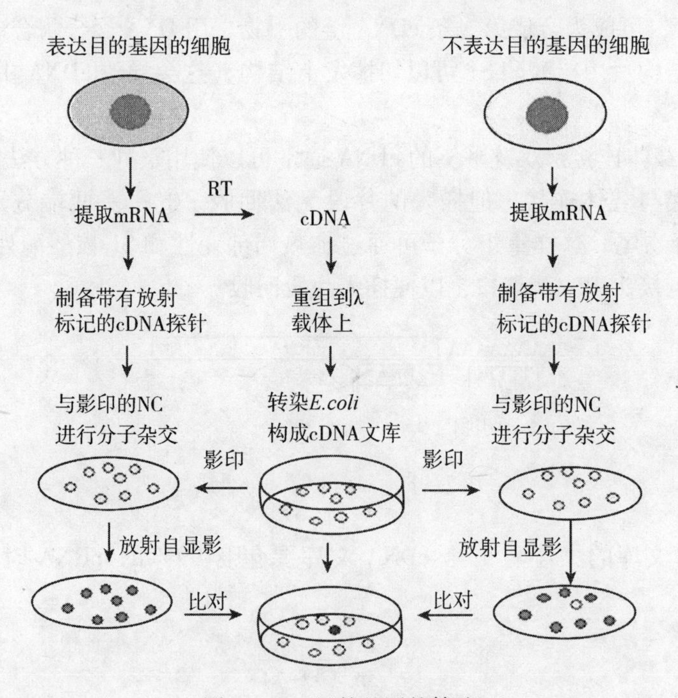

图 7－13　目的基因的筛选

五、PCR 扩增获得目的基因

如果知道目的基因的全序列或其两端的序列，通过合成一对与引物或两端的序列互补的引物，就可以十分有效的扩增出所需要的目的基因。

1. 直接从基因组中扩增

（1）提取基因组 DNA 作模板。

（2）根据目的基因序列设计引物。

（3）PCR 扩增（图 7－14）。

适合扩增原核生物基因；真核生物基因组含有内含子。

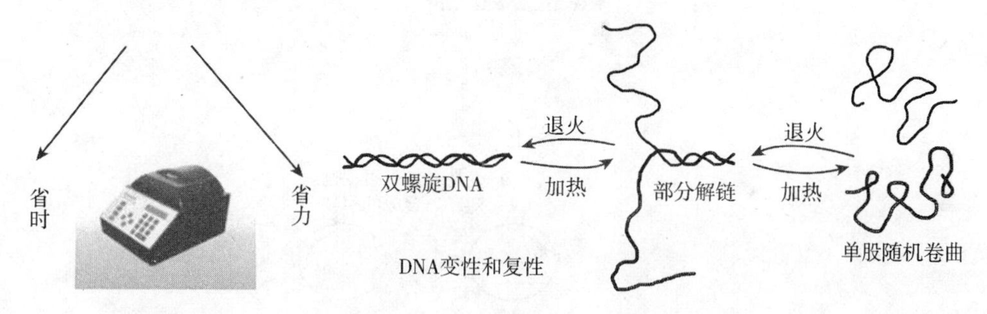

图 7－14　PCR 扩增原理

2. 从 mRNA 中扩增：反转录 PCR（ RT－PCR）

反转录 PCR（RT－PCR）又称为逆转录 PCR。其原理是：提取组织或细胞中的总 RNA，以其中的 mRNA 作为模板，采用 Oligo（dT）或随机引物利用逆转录酶反转录成 cDNA。再以 cDNA 为模板进行 PCR 扩增，而获得目的基因或检测基因表达。

（1）提取基因组总 RNA。

（2）反转录合成总 cDNA 作模板。

（3）根据目的基因序列设计引物；氨基酸序列设计特异引物：简并引物。

（4）PCR 扩增（图 7－15）。

适合扩增真核生物基因；原核生物不易得到 mRNA，也不含有 poly A 尾。

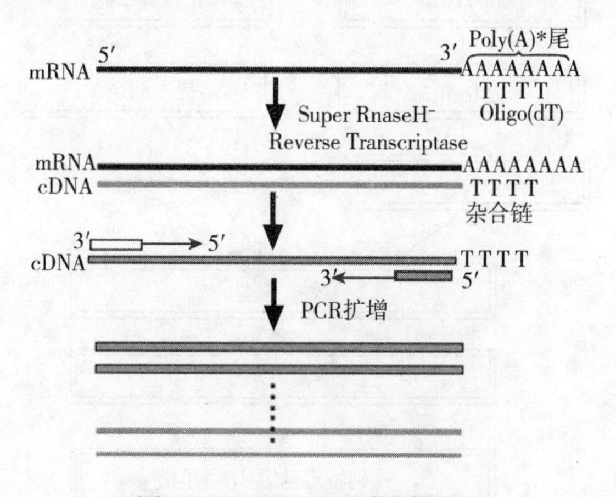

图 7－15　RT－PCR 扩增原理

3. 反向 PCR

根据已知DNA区的序列设计引物，以包含已知区和未知区的环化DNA分子为模板来扩增未知DNA区序列的PCR技术。利用反向PCR可对未知序列扩增后进行分析，探索邻接已知DNA片段的序列，并可将仅知部分序列的全长cDNA进行分子克隆，建立全长的DNA探针。适用于基因游走、转位因子和已知序列DNA旁侧病毒整合位点分析等研究（图7-16）。

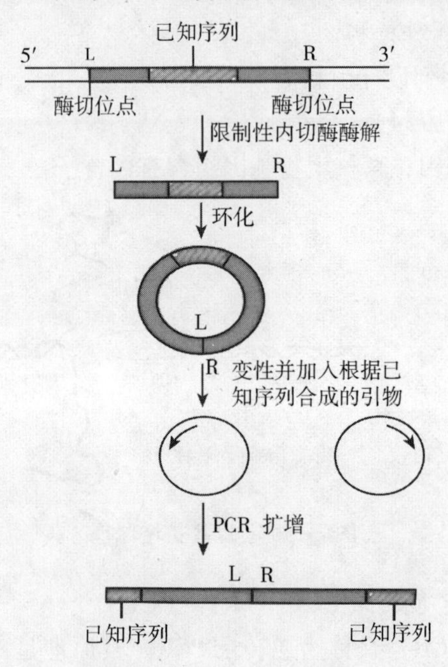

图7-16 反向PCR扩增原理

4. mRNA差示显示法获得目的基因

原理：一般15%基因表达，而且在不同状态表达的基因是不同的；差示显示能反映不同组织细胞或同一种细胞在不同功能状态下，基因表达的差异；用于研究细胞的发育、分化、细胞的分裂周期、细胞对药物和生长因子的诱导反应以及肿瘤等疾病的分子基础（图7-17，图7-18），例如肝癌与正常肝脏mRNA表达的不同。

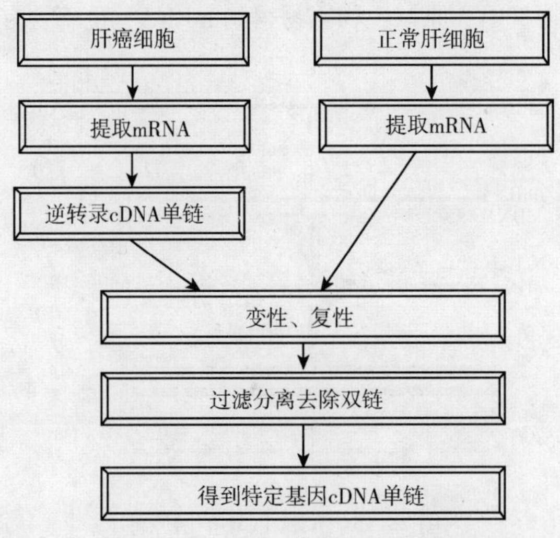

图7-17 mRNA差示显示法流程

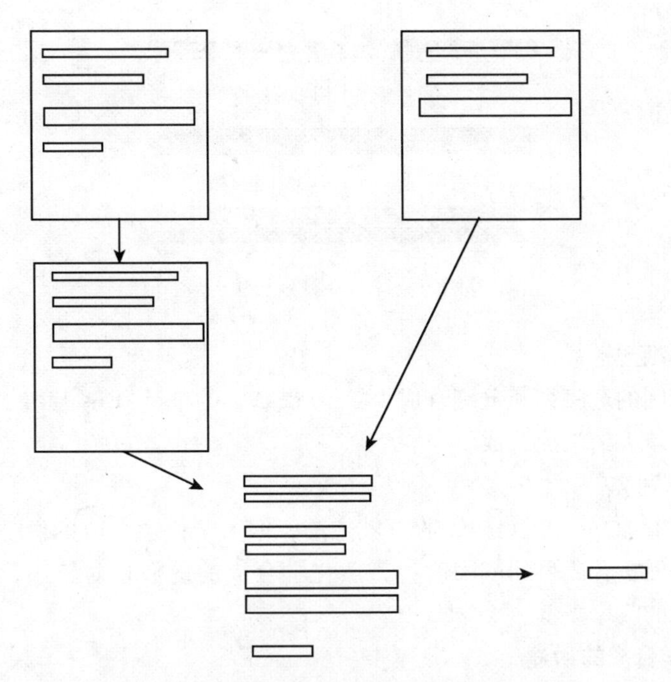

图 7-18　mRNA 差示显示电泳

方法：PCR 扩增（标记）→测序电泳→ 筛选差异。

优点：简便，灵敏度高，重复性好，多能性，快速。

六、人工化学合成

要求：已知目的基因的核苷酸序列或其产物的氨基酸序列，一般用小分子基因的合成；化学合成的 DNA 片断一般在 200bp 以内。可以利用 DNA 合成仪人工合成。

1. 小片段黏接法（图 7-19）

根据目的基因全序列，将目的基因分成若干 12~15 碱基长的小片断，两条互补链分别设计成交错覆盖的两套小片断。缺点是容易在退火时发生错配。

①互补配对：预先设计合成的片断之间都有互补区域，不同片断之间的互补区域能形成有断点的完整双链。②5′端磷酸化：用 T4 多核苷酸激酶使各个片段的 5′端带上磷酸（合成的 DNA 单链的 5′端是 -OH）。③连接酶连成完整双链。

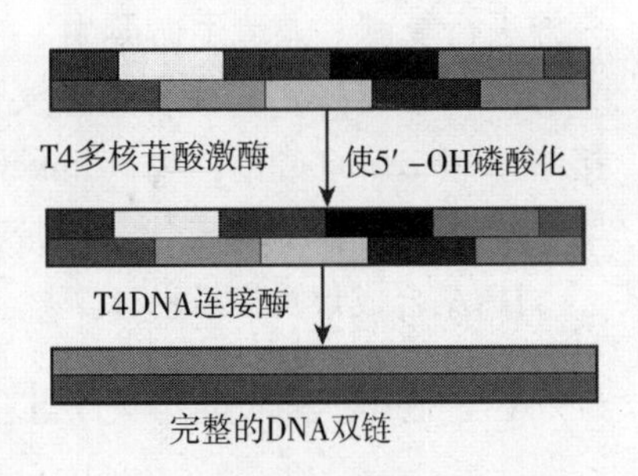

图 7-19　小片段黏接法

2. 补钉延长法（图 7-20）

将目的基因的一条链分成若干 40~50 碱基的片断，另一条设计成与之交错互补的 20 个碱基小片段。

预先设计的片断之间有局部互补区，可以相互作为另一个片断延长的引物，用 DNA 聚合酶延伸成完整的双链。

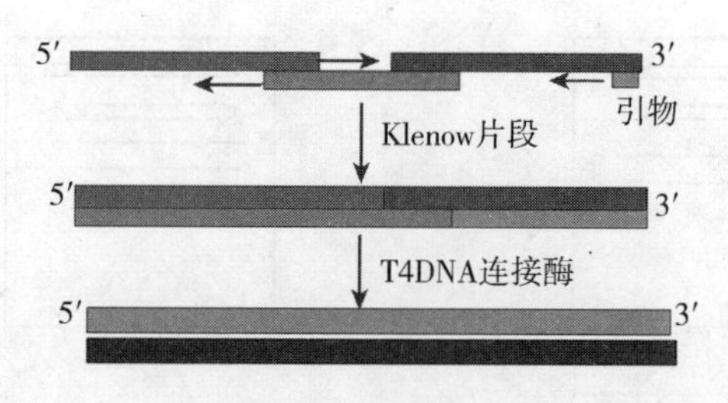

图7－20　补钉延长法

3. 大片段酶促法

根据目的基因的全序列，分别合成40～50碱基长的单链DNA片段，拼接模块数大幅度减少，适合较大的基因合成。

4. 三种方法利弊

化学合成DNA的单片段愈短，收率就愈高，但由于化学合成的份额较大，成本较高；在大片段酶促法合成目的基因时，虽然化学合成的份额相对较小，成本较低，但大片段化学合成的收率极低。

5. DNA化学合成的用途

（1）合成天然基因　生长激素释放抑制素基因、脑啡肽基因、胰岛素基因、干扰素等；有些基因比较短，化学合成费用较低。

（2）修饰改造基因，设计新型基因　如组织型纤溶酶原激活剂基因、尿激酶原基因等。

“人造儿”：2010，5.20，美国64岁科学家10年耗资4000万美元用电脑进行基因设计改造后，用化学方法合成基因后导入到支原体细菌，DNA像正常细菌的基因一样进行复制－人造生命诞生。

图7－21　DNA合成仪

（3）制备探针、引物、接头含有各种酶切位点人工接头（adaptor）或衔接物（linker）序列。

（4）定点突变合成　合成带有定点突变的基因片断。

DNA合成仪见图7－21。

七、目的基因提取方法比较（表7－1）

表7－1　三种目的基因提取方法的优缺点

方法	优点	缺点
基因文库法	操作简便广泛使用	工作量大，盲目，分离出来的有时并非一个基因
反转录法	专一性强	操作过程麻烦，mRNA很不稳定，要求的技术条件较高
化学合成法	专一性最强	仅限于合成核苷酸对较少的简单基因

知识链接

基因工程产品工

从事基因工程产品生产制造的人员。

狭义的基因工程仅指用体外重组 DNA 技术去获得新的重组基因；广义的基因工程则指按人们意愿设计，通过改造基因或基因组而改变生物的遗传特性。如用重组 DNA 技术，将外源基因转入大肠杆菌中表达，使大肠杆菌能够生产人所需要的产品；将外源基因转入动物，构建具有新遗传特性的转基因动物；用基因剔除手段，获得有遗传缺陷的动物等。

基因工程产品工从事的工作主要包括：①进行工程菌传代、转化、质粒提取。②使用大罐发酵培养、收集、破碎菌体。③使用纯化技术提取有效成分。④加适宜保护剂、吸附剂。

任务二　基因工程载体的选择

在基因工程中，需要将外源核酸片段导入到宿主细胞中去复制并表达，而外源核酸片段是很难独立进入到宿主细胞内的，这就需要载体。载体就是将外源核酸片段携带进入宿主细胞的工具，在基因工程中具有重要作用。基因工程中常用的载体有质粒载体、噬菌体载体等。这些载体具有不同的结构和性质，适用范围也有所差异。但是，作为在基因工程中使用的载体，通常都要具备以下几个条件：

（1）具有单独的复制子，能够进行自我复制。

（2）具有多个单一的限制性酶切位点（多克隆位点），以便插入目的基因。

（3）具有选择性标记，可以对携带有重组 DNA 的宿主细胞进行筛选和鉴别。

（4）载体分子量适宜，能够携带足够长度的目的基因，且能够有效的转化到宿主细胞中。

（5）载体能够稳定的存在于宿主细胞中。

一、基因工程载体的相关概念

1. 载体

载体是可以插入并携带外源核酸片段进入宿主细胞，且能够在宿主细胞进行自我复制的核酸分子。

2. 基因工程常用载体

基因工程载体主要有质粒载体、噬菌体载体和哺乳动物细胞病毒载体等，其中质粒载体是基因工程中使用得最为广泛的载体。

3. 质粒

微生物细胞内，独立存在于染色体外，能够进行自我复制的双链环状 DNA 分子。

4. 标记基因

质粒载体上携带的一段能够用于鉴别和筛选重组 DNA 的一段核苷酸序列。抗生素抗性基因是最为常见的标记基因。

5. 多克隆位点

质粒载体上携带的一段含有多个限制性内切酶识别位点的核苷酸序列，用于目的基因的插入。

6. 克隆载体

主要用于扩增和保存目的基因的质粒载体。

7. 表达载体

主要用于表达目的基因的质粒载体，是在克隆载体的基础上，增加启动子以及有利于目的基因表达、产物分泌、分离纯化等元件改造而来。

8. 噬菌体载体

将外源 DNA 携带进入宿主细胞进行扩增或表达的细菌病毒。λ 噬菌体和 M13 噬菌体是基因工程中常用的噬菌体载体。

9. 黏粒载体

黏粒载体又称科斯质粒、黏粒，是一种由细菌质粒和噬菌体 cos 黏性末端组成的特殊质粒载体。

二、载体的制备

1. 质粒载体的制备

质粒存在于微生物细胞内，从微生物细胞内提取质粒是制备质粒载体的主要方法。碱裂解法和试剂盒法是提取质粒 DNA 的常用方法。这两种方法都会使用到溶液Ⅰ、溶液Ⅱ和溶液Ⅲ，现将这三种溶液作一简单介绍。

溶液Ⅰ：50mmol/L 葡萄糖、25mmol/L Tris－HCl（pH 8.0）、10mmol/L EDTA（pH 8.0）。其中葡萄糖能够维持渗透压，防止 DNA 受机械力作用而被降解。Tris－HCl 用于调节 pH，溶菌酶的最适 pH 为 8.0。EDTA 可以螯合 Mg^{2+}、Ca^{2+} 等金属离子，从而抑制 DNase 对 DNA 的降解，同时 EDTA 也有利于溶菌酶对细胞壁进行降解。

溶液Ⅱ：0.2mol/L NaOH，1% SDS。需要注意的是溶液Ⅱ要现用现配。NaOH 可以提高溶液的 pH 至 12.6，碱性环境使染色体 DNA 和质粒 DNA 发生变性。而 SDS 作为一种离子型表面活性剂，能够溶解细胞膜上的脂质和蛋白质，解聚细胞中的核蛋白，并与蛋白质形成复合物使蛋白质变性而沉淀下来。

溶液Ⅲ：5mol/L 醋酸钾 60ml，11.5ml 冰醋酸，蒸馏水 28.5ml。溶液Ⅲ可将 pH 12.6 调整回至中性，使质粒 DNA 发生复性。溶液Ⅲ的高盐环境可以使变性的染色体 DNA 和 SDS 与蛋白质形成的复合物，更加完全的沉淀下来。

（1）碱裂解法　碱裂解法用于从细菌细胞内提取质粒。该方法用溶液Ⅰ悬浮菌体，加入溶菌酶有助于菌体裂解，溶液Ⅱ使细胞裂解，释放胞内核酸物质，同时碱性环境使染色体 DNA 和质粒 DNA 发生变性，溶液Ⅲ中和碱环境，染色体 DNA、蛋白质聚积成不溶性的沉淀，而质粒 DNA 复性并保持可溶状态。通过离心，去除不溶性的沉淀，上清溶液即含有质粒 DNA，使用苯酚、氯仿进一步抽提纯化质粒 DNA。

（2）试剂盒提取法　目前，大多数生物试剂公司都开发了用于快速提取质粒 DNA 的试剂盒，试剂盒中配备了用于提取质粒 DNA 的全套试剂和材料。使用试剂盒提供的溶液Ⅰ、溶液Ⅱ和溶液Ⅲ，按照碱裂解法制得含有质粒 DNA 的上清溶液。将此上清溶液通过微型离心纯化柱，在柱的中间部位有一种由硅材料制作的膜，该膜可以在高盐条件下吸附 DNA，被吸附的质粒 DNA 经漂洗后，可用水或低盐溶液将吸附的 DNA 从膜上洗脱下来。

2. 噬菌体载体的制备

噬菌体载体是通过噬菌体的增殖并从中提取噬菌体 DNA 而获得的。将噬菌体与宿主细胞共育，使噬菌体浸染宿主细胞并在宿主细胞内增殖，经过裂解生长可获得噬菌体颗粒，用蛋白酶 K 降解噬菌体蛋白质外壳，用苯酚、氯仿抽提噬菌体 DNA，可从噬菌体颗粒中提取噬菌体 DNA。目的基因与噬菌体 DNA 经限制性内切酶酶切后进行连接，使目的基因插入噬菌体 DNA 中特定区域，构成重组噬菌体 DNA。将重组噬菌体 DNA 与蛋白质外壳共育，完成噬菌体的包装，形成有感染能力的噬菌体颗粒。这样的噬菌体颗粒就可作为载体，在浸染宿主细胞后，可将重组噬菌体 DNA 注射到宿主细胞内。

三、基因工程载体的相关知识

1. 质粒载体

质粒主要发现于细菌、放线菌和真菌细胞中，通常是闭合环状的双链 DNA 分子，在微生物细胞内以超螺旋状态存在于染色体之外（图 7－22）。质粒大小随菌种和质粒种类不同而不同，从 1～200kb 以上不等。质粒可以进行自我复制和表达所携带的遗传信息，产生的表型有抗生素的抗性、产生毒素、降解复杂有机化合物等。但是，质粒的表达产物并不是宿主细胞生存所必需的，但是在一定环境下能够为宿主细胞的生存提供更好的条件，例如，有些大肠杆菌的质粒携带抗生素抗性基因，表达产物能够分解抗生素而使其失效，有助于大肠杆菌对抗环境中的抗生素而生存下来。

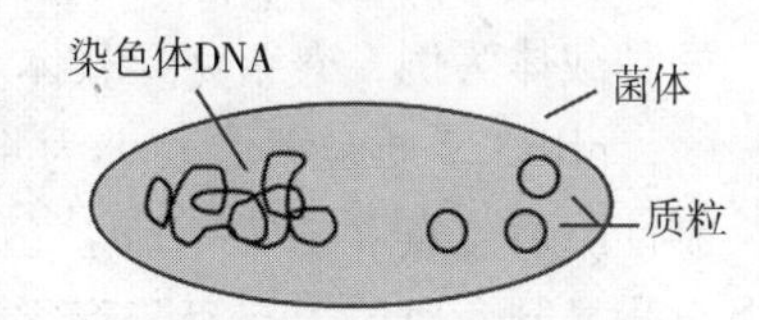

图 7－22　质粒在微生物细胞内的示意图

（1）质粒基本性质

①质粒的复制与拷贝数：质粒带有复制起始位点 ori，由此开始质粒的复制。根据质粒在细胞内的复制控制类型，质粒分为严紧型质粒和松弛型质粒两类。一种质粒在一个细胞中存在的数目称之为该质粒的拷贝数。严紧型质粒的复制与细胞内染色体的复制同步进行，受到细胞的严格调控，因此，该类型质粒的拷贝数只有 1 个至少数几个。松弛型质粒的复制不与染色体复制同步，可以在整个细胞周期中进行复制，因此，拷贝数较多，可达 10～200 个，甚至更多。氯霉素是蛋白质合成抑制剂，用氯霉素处理微生物细胞，可抑制细胞内蛋白质合成、染色体 DNA 的复制和严紧型质粒的复制，但不抑制松弛型质粒的复制，这样就可使松弛型质粒的拷贝数达到数千个。在基因工程中，质粒的拷贝数会影响目的蛋白的表达水平，为了获得更多的目的蛋白或质粒拷贝数，通常选用松弛型质粒作为基因工程的载体。

②质粒的转移性：在自然条件下，很多质粒可以通过接合作用从一个细胞中转移到另一个细胞中，这就是质粒的转移性。根据质粒的转移性可以将质粒分成接合型质粒和非接合型质粒两类，其中接合型质粒能够发生细胞间自我转移。在基因工程中，所使用的质粒载体通常带有抗药性基因，为了避免抗药性基因传播到自然界中，就要

避免质粒在不同宿主细胞间的自我转移，因此，大多数质粒载体都是非接合型质粒。

③质粒的不相容性：质粒的不相容性是指利用同一复制系统的不同质粒，再同一宿主细胞中不能稳定的共同存在。利用同一复制系统的不同质粒在同一细胞内进行复制并分配到子细胞的过程中会发生彼此竞争，在随机分配后，在一些细胞中一种质粒占据优势，在另一种细胞中另一种质粒占据优势，这样的优势在经过细胞数代繁殖后会越来越明显，最终导致在子细胞中，只含有一种质粒。在基因工程中，需要向宿主细胞内导入两种及两种以上的质粒载体时，应避免这些质粒载体具有相同的复制系统。

（2）质粒载体类型　基因工程中所用的质粒载体大多数都是由天然质粒经人工改造而来。通常用字母“p”代表质粒（plasmid），用英文缩写或数字来对质粒载体进行命名，如 pBR322、pUC18 等。根据质粒载体的用途，质粒载体可以分为克隆载体、表达载体、穿梭载体和整合载体。这些质粒载体因其用途不同，所以在结构和性质上也会有所差异，在质粒载体的选择上，应注意他们各自的特点和用途。

①克隆载体：主要用于在宿主细胞内扩增或保存目的基因的载体，但是这类载体不能表达目的基因。pBR322 和 pUC 系列载体都是基因工程中常用的克隆载体，现以这两种载体为例，介绍克隆载体。

pBR322 质粒载体大小为 4361bp，具有 BamH Ⅰ、Sal Ⅰ、Pst Ⅰ、EcoR Ⅰ 等单一限制性酶切位点（图 7－23）。复制启始区来自 pMB1，可使质粒在大肠杆菌细胞内进行自我复制。质粒带有氨苄青霉素抗性基因（Ap^r 或 Amp^r）和四环素抗性基因（Tc^r），利用四环素抗性基因内部的 BamH Ⅰ 位点插入外源 DNA 片段，可以通过插入失活进行阳性重组子的筛选。

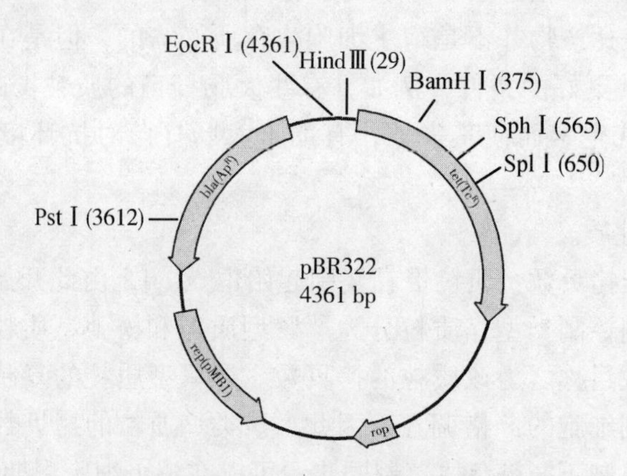

图 7－23　pBR322 质粒载体示意图

pUC 系列质粒载体包括 pUC18、pUC19、pUC118、pUC119 等。其中 pUC18、pUC19 结构简单紧凑，具有克隆载体的典型特征。这两个质粒的结构几乎是一样的，不同之处在于他们的多克隆位点的排列方向是相反的。它们都属于松弛型质粒，在细胞内的拷贝数可达 500～700 个。pUC18 和 pUC19 大小都为 2686bp，质粒复制起始区可使该质粒在大肠杆菌细胞内进行复制（图 7－24）。质粒从 369bp 至 455bp 为多克隆位点，含有多个单一的限制性内切酶位点，便于携带目的基因。该质粒载体还含有一个来自大肠杆菌乳糖操作子的 DNA 片段，该片段编码 LacZ 蛋白（β－半乳糖苷酶）氨基端 146 个氨基酸。巧妙的是，该质粒载的多克隆位点插入到了这个片段中，但不影响这个片段的功能。当有目的基因插入到多克隆位点，构成重组质粒时，就会导致这一片段失活，在特定受体细胞中，通过α-互补（详见任务五）作用使菌落表现出蓝色和白色，可以起到筛选阳性重组子的目的。除此之外，该质粒载体还含有氨苄青霉素抗性基因，亦可作为选择性标记。

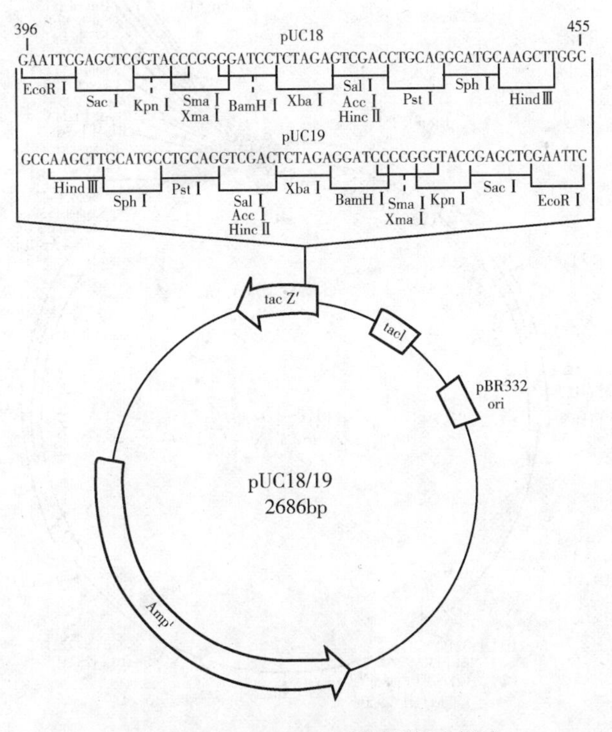

图7-24　pUC18/19质粒载体示意图

②表达载体：这类载体是在克隆载体的基础上，加入强启动子以及其他有利于目的基因表达的元件而构成的载体。利用基因工程菌进行工业化生产时，一般选择表达载体，以提高目的蛋白的表达水平。

Novagen公司开发的pET系列载体是基因工程中常用的表达载体，包括pET-22、pET-28、pET-30、pET-32等载体，该系列载体用于目的基因在大肠杆菌的高效表达。现以pET-22b（+）载体为例，介绍表达载体。

pET-22b（+）载体大小为5493bp。质粒中带有有T7启动子，这是来源于大肠杆菌T7噬菌体的强启动子，可以高效启动目的基因的转录（图7-25）。乳糖操作子操纵区序列可以调控目的基因的表达。在启动子下游是核糖体结合位点编码序列，保证目的基因转录生产的mRNA可以与核糖体结合，完成蛋白质的翻译。核糖体结合位点编码序列下游是pelB信号肽的编码序列，该编码序列可在目的基因表达产物（目的蛋白）的N端加上pelB信号肽，指引目的蛋白进入细胞周质空间，便于目的蛋白的后续提取。在pelB信号肽编码序列下游是多克隆位点，用于插入目的基因。在多克隆位点下游是组氨酸标签编码序列，该编码序列可在目的蛋白的C端加上6个组氨酸，这6个组氨酸一般不会对目的蛋白的生物活性造成影响，但却可以利用这6个组氨酸与镍柱的高度亲和性，进行目的蛋白的分离纯化。在组氨酸标签编码序列的下游是T7终止子，用于终止目的基因的转录。该质粒载体含有氨苄青霉素抗性基因作为选择标记基因。

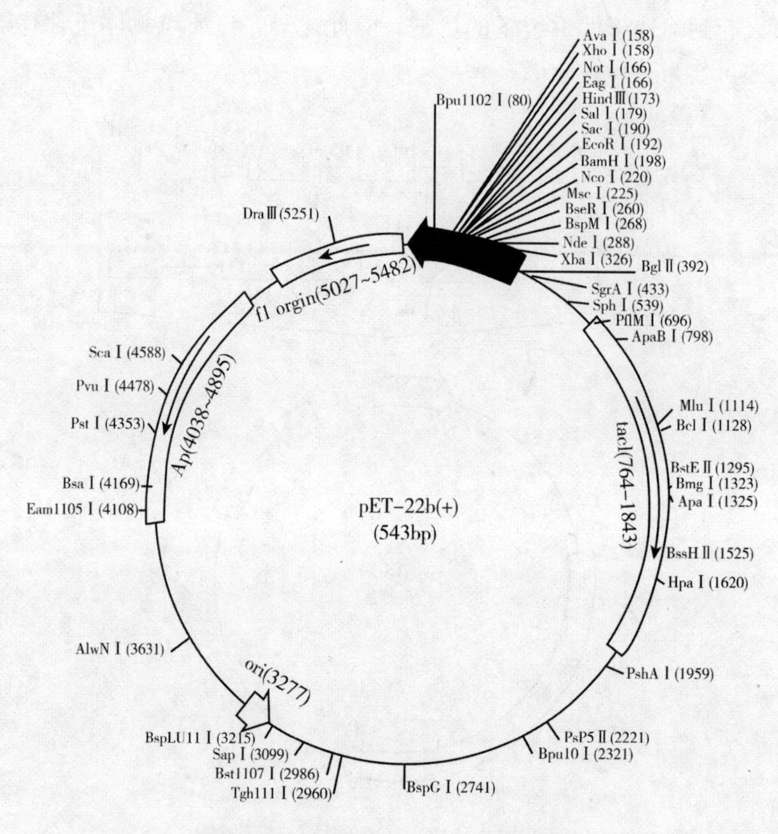

图 7－25　pET－22b（+）质粒图谱

③穿梭载体：穿梭载体是能够在两类不同的宿主细胞中进行复制和筛选的载体，这类载体主要是质粒载体。由于质粒的复制和选择标记基因的表达具有宿主专一性，所以穿梭载体含有两套复制起始位点和选择标记基因。目前所用的穿梭载体大多数都是以大肠杆菌质粒载体为基础，加入另一种宿主细胞质粒的复制单元、选择标记及其他元件构建而来。大肠杆菌/革兰阳性细菌穿梭载体是最为常见的一种穿梭载体，这种载体含有分别来自大肠杆菌和革兰阳性菌的复制起点与选择标记，可以将外源 DNA 片段转移到某些革兰阳性菌中。而大肠杆菌/酵母菌穿梭载体可以将外源 DNA 片段转移到真核的酵母菌中去进行复制和表达。

④整合载体：整合载体是能够将载体所携带的目的基因，或载体本身的全部序列插入到宿主细胞染色体中的载体。同源重组整合载体是最常用的整合载体，该载体以大肠杆菌克隆载体为基本骨架，加入了一段与染色体上待插入位点序列相同的序列片段，并且将多克隆位点和选择标记基因插入到这个片段中间。目的基因通过多克隆位点插入质粒后，便和这个片段序列构成同源臂。载体进入细胞后，同源臂与染色体待插入位点发生同源重组，使目的基因插入到染色体中。

2. 噬菌体载体

温和性噬菌体感染宿主细胞后，可将其 DNA 整合到宿主染色体 DNA 中，并随随宿主染色体的复制而复制，利用温和噬菌体的这一特性，可将其改造为基因工程载体。λ噬菌体和M13噬菌体是基因工程中常用的噬菌体载体。

（1）λ噬菌载体　λ噬菌体是目前研究得最为清楚的噬菌体（图7-26）。这是一种感染大肠杆菌的溶原性噬菌体。其DNA为双链线性分子，长度约为50kb。在DNA分子两端的5′末端各有12个碱基的单链互补黏性末端，当DNA进入宿主细胞后，通过黏性末端的互补作用形成双链环状DNA。这种由黏性末端结合形成的双链区段称为cos位点。大量研究发现，在λ-DNA中控制λ噬菌体进入溶原状态的调节基因和功能基因对于噬菌体的裂解生长是非必需的，这些基因所在区段约占λ-DNA的1/3，因此，这一区段的DNA可被外源目的基因替换。在此基础上，对野生型λ噬菌体进行改造，去掉DNA上多余的限制性酶切位点，在非必须区段引入酶切位点，以便外源目的基因的插入，同时引入选择标记，以便重组体的筛选。经过这些改造，目前已经构建出多种λ噬菌体载体，主要有插入型载体和置换型载体两类。

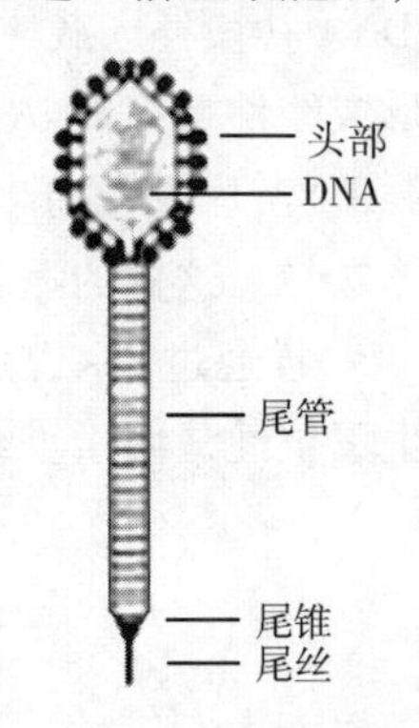

图7-26　λ噬菌示意图

λgt10载体是经典的插入型载体（图7-27）。其大小为43340bp，可插入0-6kb的外源片段，主要用于cDNA的克隆。该载体只保留了cⅠ基因内的一个EcoRⅠ酶切位点，而其他EcoRⅠ酶切位点都被去掉了，cⅠ基因内的这个唯一的EcoRⅠ酶切位点可供外源DNA的插入。当外源DNA插入后，就会造成cⅠ基因失活，噬菌体感染相应的宿主细胞后形成噬菌斑，而cⅠ基因功能正常时，感染宿主细胞后形成溶原菌，产生浑浊的噬菌斑，这样通过噬菌斑的形态就可方便的对重组体进行筛选。

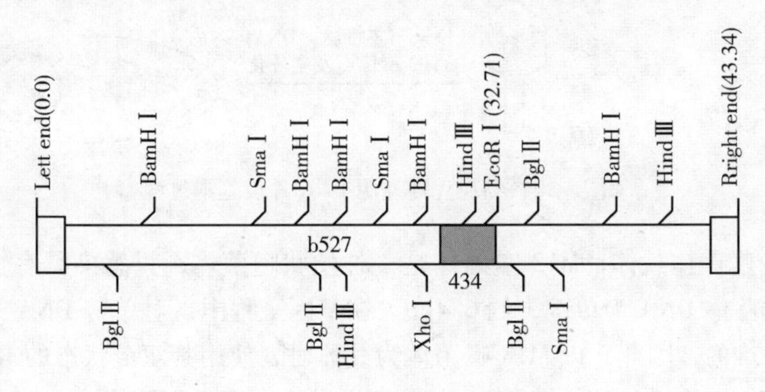

图7-27　λgt10载体结构示意图

置换型载体可以携带9~23kb的外源DNA片段，主要用于构建基因文库（图7-28）。置换型载体是去除了λ-DNA中大多数非必须片段，仅保留了参与蛋白质外壳包装的相关基因（左臂）和参与噬菌体裂解生长的相关基因（右臂），在这两个必须片段中间用一段填充片段替换了与溶原状态相关的调节基因和功能基因片段。这一填充片段可被外源DNA替换，经体外包装并感染宿主细胞后形成噬菌斑。

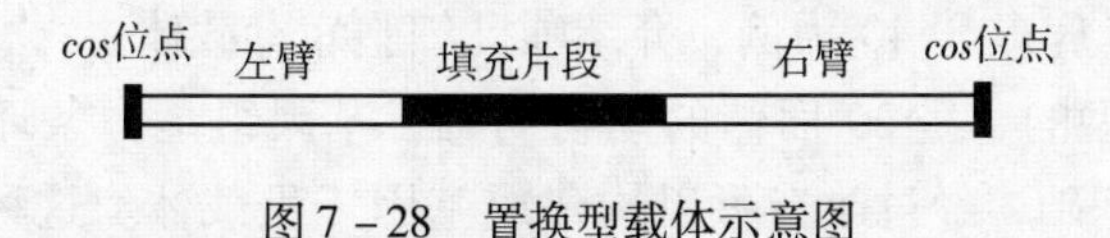

图7-28　置换型载体示意图

（2）黏粒载体　黏粒载体又称科斯质粒、粘粒，是一种由细菌质粒和噬菌体 cos 黏性末端组成的特殊质粒载体，具有 λ 噬菌体载体和质粒载体的双重性质（图7－29）。黏粒大小一般为5～7kb 左右，用于克隆大片段 DNA，克隆的最大 DNA 片段可达45kb。在黏粒载体中含有 cos 位点，cos 位点是将 λ－DNA 包装到蛋白质外壳中所必需的。当外源 DNA 片段插入载体时要与2个黏粒载体相连，外源 DNA 片段位于2个黏粒载体中间，形成线性重组 DNA。此线性重组 DNA 在体外进行包装时，位于2个 cos 位点之间的外源 DNA 片段、抗性标记基因、复制起始区等片段会被包装进蛋白质外壳，形成 λ 噬菌体颗粒。这样的噬菌体在感染宿主细胞时，进入到宿主细胞内的重组 DNA 会像 λ－DNA 一样通过 cos 位点环化成环状 DNA，并在细胞内进行复制，使宿主细胞获得相应抗生素抗性，便于重组 DNA 的筛选。

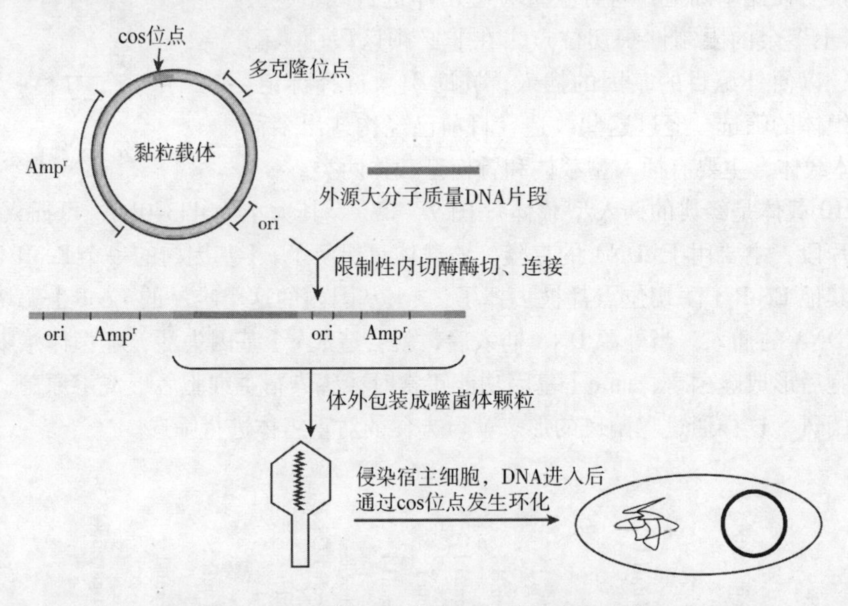

图7－29　黏粒克隆外源 DNA 片段基本过程

（3）M13 噬菌体载体　M13 噬菌体是一种丝状噬菌体，只感染具有性菌毛的大肠杆菌。M13 噬菌体 DNA 为单链，约6.4kb。在基因工程中，对单链 DNA 进行酶切和连接都是比较困难的，因此，以 M13 噬菌体为载体时，使用其双链状态的 RF DNA。M13 噬菌体感染宿主细胞后，其单链 DNA 以自身为模板在宿主细胞内合成互补链，形成环状双链 DNA，用于 DNA 的复制，这种环状双链 DNA 就是 RF DNA。RF DNA 可从宿主细胞中进行提取，提取的 RF DNA 会像质粒载体一样，能够插入外源 DNA 片段，并将其转化到宿主细胞内。

3. 哺乳动物细胞病毒载体

在基因工程中，有时需要将重组 DNA 转移到哺乳动物细胞内，这就需要哺乳动物细胞病毒作为载体。目前研究得较为清楚的病毒有猴肾病毒 SV40、牛乳头瘤病毒、人痘病毒等。现以猴肾病毒 SV40 为例，介绍哺乳细胞病毒载体。

SV40 是一种小型的、呈20面体的动物病毒，基因组是一条环状双链 DNA，全长5.2kb。以 SV40 为基础，经过改造可以构建成基因工程载体。这种载体有游离表达和整合表达二种表达形式。游离表达形式是当SV40病毒载体与目的基因构成的重组DNA转染宿主细胞后，能产生含有重组DNA的感染性病毒颗粒，并在宿主细胞中以重组DNA形式实现表达。整合表达是重组DNA进入宿主细胞后，不形成含有重组DNA的感染性病毒颗粒，而是将重组DNA整合的宿主染色体DNA中，伴随宿主染色体基因一起表达。

4. 人工染色体载体

常规的质粒载体和噬菌体载体可携带的目的基因的大小是有限的，为了突破这一限制，使载体能够携带更大的目的基因片段，科研工作者开发了人工染色体载体。人工染色体载体是利用染色体复制元件来驱动外源DNA片段复制的载体，这种载体可携带的目的基因的大小从40kb到几百kb，甚至可以超过1000kb。其实，黏粒载体就是人工染色体载体的一种。这些人工染色体载体在染色体图谱制作、基因测序等方面发挥了重要作用。

任务三　目的基因与载体的酶切和连接

一、目的基因与载体的酶切和连接的相关概念

1. 限制性内切酶

这是一类存在于生物细胞内，能够识别并切开特定DNA序列的一种内切核酸酶，简称为限制酶或内切酶。

2. DNA连接酶

DNA连接酶是催化DNA片段5′末端的磷酸基与3′末端的羟基形成3′，5′-磷酸二酯键的酶。

3. 对目的基因和载体进行酶切的意义

使用相同的限制性内切酶分别对目的基因和载体进行酶切处理，酶切后的目的基因和载体会产生可以互补的黏性末端或齐平末端，通过这样的末端，可以使用DNA连接酶连接目的基因与载体，构成重组DNA。

二、酶切和连接

1. 目的基因与载体的酶切

目的基因与载体可用单一限制性内切酶进行酶切，也可以同时用两种限制性内切酶进行酶切，或先使用第一种限制性内切酶进行酶切，酶切后在使用第二种限制性内切酶进行酶切。目的基因与载体用单一限制性内切酶酶切后，目的基因插入载体时会出现正向插入和反向插入两种情况，为了避免出现反向插入，通常使用两种限制性内切酶进行酶切。限制性内切酶反应体系包括缓冲液、DNA底物（目的基因或载体）、限制性内切酶。反应结束后纯化回收反应体系中的DNA片段，用于后续连接反应。

2. 目的基因与载体的连接

目的基因与载体的连接反应体系包括缓冲液、DNA底物（目的基因与载体）、连接酶。

连接酶的最适反应温度是37℃，但在此温度下，黏性末端核苷酸互补后形成的氢键并不稳定，因此，连接反应一般在4～16℃下进行，若是在4℃，反应时间较长，需要过夜；若是在16℃，几小时内便可完成。

三、目的基因与载体的酶切和连接的相关知识

1. 限制性内切酶（表7－2，表7－3）

限制性内切酶（restriction endonucleases），又简称为限制酶或内切酶，是一类存在于生物细胞内，能够识别并切开特定DNA序列的一种内切核酸酶。限制性内切酶是基因工程中必不可少的工具酶，它会识别特异的核酸序列，在序列的特定位点将核酸切开，切开后的核酸片段可以产生黏性末端或者齐平末端。通过这些末端，我们便可以进行目的基因与载体的连接。形象的说，限制性内切酶是基因工程中的剪刀，用于裁剪目的基因和载体，为两者的连接做准备。

（1）限制性内切酶类型　限制性内切酶可以分为Ⅱ型、Ⅰ型和Ⅲ型三大类。由于Ⅰ型和Ⅲ型限制性内切酶不仅具有限制酶活性，还具有修饰酶活性，且他们的切割位点距识别位点有一定距离，所以在基因工程中，这两种类型的限制性内切酶不适宜作为切断核酸的工具酶。而Ⅱ型限制性内切酶却是理想的工具酶，也是基因工程中最为常用的，一般来说，若无特殊说明，所说的限制性内切酶均指Ⅱ型限制性内切酶。目前已经发现三千多种Ⅱ型限制性内切酶，其中已经商业化的有600多种，这为基因工程的操作提供了必要条件。

表7－2　不同类型的限制性内切酶的比较

	Ⅱ型限制酶	Ⅰ型限制酶	Ⅲ型限制酶
酶结构	由2个相同亚基构成	由3个不同亚基构成	由2个不同亚基构成
功能	只具有限制酶活性	具有限制酶和修饰酶活性	具有限制酶和修饰酶活性
识别位点	4～8bp，大多数为回文对称结构	二分非对称	5～7bp，非对称
切割位点	在识别位点内或其附近	在识别位点外，距识别位点至少1000bp处	在识别位点外，距识别位点24～26bp处

Ⅱ型限制性内切酶只能切割双链DNA分子，不能切割单链DNA或RNA分子。它所识别的DNA序列长度一般为4～8个碱基，最常见的为6个碱基，且识别序列的结构大多数是回文对称结构，切割位点亦在DNA两条链相对称的位置。如KpnⅠ和BamHⅠ（图7－30）。

KpnⅠ:

```
G G T A C | C
C | C A T G G
```

BamHⅠ:

```
G | G A T C C
C C T A G | G
```

图7－30　BamHⅠ和KpnⅠ的识别序列

表7-3　一些常见的限制性内切酶及其识别序列和切割位点

限制性内切酶	识别数列产度（bp）	识别序列及切割位点	切割后的末端	是否商品化
Alu Ⅰ	4	A G↓C T T C↑G A	齐平末端	是
BamH Ⅰ	6	G↓G A T C C C C T A G↑G	黏性末端	是
EcoR Ⅰ	6	G↓A A T T C C T T A A↑G	黏性末端	是
Hind Ⅲ	6	A↓A G C T T T T C G A↑A	黏性末端	是
Pst Ⅰ	6	C T G C A↓G G↑A C G T C	黏性末端	是
Sal Ⅰ	6	G↓T C G A C C A G C T↑G	黏性末端	是
Sma Ⅰ	6	C C C↓G G G G G G↑C C C	齐平末端	是
Xba Ⅰ	6	T↓C T A G A A G A T C↑T	黏性末端	是
Xho Ⅰ	6	C↓T C G A G G A G C T↑C	黏性末端	是
Not Ⅰ	8	G C↓G G C C G C C G C C G G↑C G	黏性末端	是

（2）限制性内切酶的切割方式　根据DNA片段经过限制性内切酶切割后产生的不同末端，可以把限制性内切酶的切割方式分为三类，即切成齐平末端、切成黏性末端和切成非对称突出末端。

①切成齐平末端：限制性内切酶在回文序列的对称轴上同时切割DNA的两条链，产生齐平末端，如Sma Ⅰ（C C C↓G G G）。具有齐平末端的DNA片段可以进行任意连接，但连接效率较黏性末端的连接效率低。

②切成黏性末端：限制性内切酶在回文序列的内部同时切割DNA的两条链，产生黏性末端。黏性末端是相同的，也是互补的。如果限制性内切酶在回文序列对称轴的5′端切割DNA，则在5′端形成黏性末端，如BamH Ⅰ（图7-31）。如果限制性内切酶在回文序列对称轴的3′端切割DNA，则在3′端形成黏性末端，如Kpn Ⅰ（图7-32）。

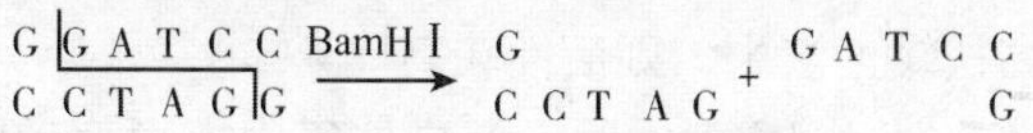

G | G A T C C　BamH Ⅰ→　G　　　　+　G A T C C
C C T A G | G　　　　　　C C T A G　　　　　　G

图7-31　BamH Ⅰ的酶切反应

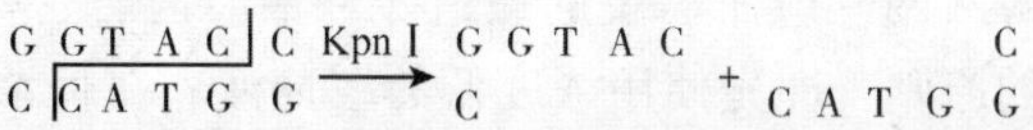

G G T A C | C　Kpn Ⅰ→　G G T A C　　+　　　　C
C | C A T G G　　　　　　C　　　　　　　C A T G G

图7-32　Kpn Ⅰ的酶切反应

③切成非对称突出末端：有一些限制性内切酶能够识别简并序列，这样的序列有可能是非对称的，切割后的DNA产物的末端是不同，形成非对称突出末端。如Acc Ⅰ。Acc Ⅰ识别序列为GTMKAC（M=A或C；K=G或T），当序列为GRAGAC和GTCTAC时，Acc Ⅰ切割后的末端就是非对称突出末端（图7-33）。

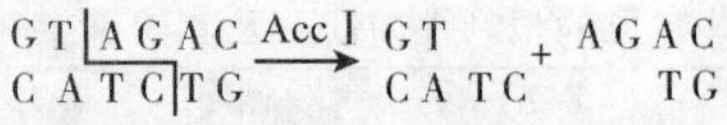

$$\begin{array}{l} GT|AGAC \\ CATC|TG \end{array} \xrightarrow{Acc\ I} \begin{array}{l} GT \\ CATC \end{array} + \begin{array}{r} AGAC \\ TG \end{array}$$

图 7－33　Acc Ⅰ酶切反应

（3）同裂酶和同尾酶

①同裂酶：来源于不同物种，但是能识别相同序列的限制性内切酶称为同裂酶，同裂酶的切割位点可能不同。如果同裂酶识别序列和切割的位点都相同，则称为同序同切酶，如 EcoR Ⅰ和 Apo Ⅰ，都能识别和切割 G↓AATTC 序列。如果同裂酶识别序列相同，但是切割位点不相同，则称为同序异切酶，如 Kpn Ⅰ和 Acc65 Ⅰ都识别 GGTACC 的序列，但是前者切割位点为 GGTAC↓C，后者切割位点为 G↓GTACC。

②同尾酶：识别不同序列，但是切割后能产生相同黏性末端的限制性内切酶称为同尾酶，如 Nhe Ⅰ和 Xba Ⅰ识别的序列分别是 G↓CTAGC 和 T↓CTAGA，切割后都能产生 CTAG 的黏性末端。

（4）影响限制性内切酶反应的因素　为了保证限制性内切酶的反应活性和反应专一性，应为酶的反应提供最适条件。目前，大多数限制性内切酶都已商品化，在从供应商处购买某一限制性内切酶时，供应商会随酶提供使用说明书、酶切反应缓冲液和酶切反应终止液，在使用前，应仔细阅读说明书，了解酶的最适反应条件，如反应缓冲液的浓度、反应最佳温度和时间等。一般的，影响限制性内切酶反应的因素主要有反应缓冲液、酶的用量、反应温度和时间、DNA 因素等。

①反应缓冲液：缓冲液是酶切反应的重要条件，为了保证酶切的反应正常进行，对缓冲液成分、浓度有严格要求。反应缓冲液一般包括以下成分：氯化钠或氯化钾，用于提供离子强度；Tris－HCl 或乙酸，用于调节 pH，使缓冲液 pH 为 7.0～8.0；10mmol/L 氯化镁或乙酸镁，用于提供镁离子，作为酶的活性中心；1mmol/L DTT（二硫苏糖醇），作为酶的稳定剂；对于一些限制性内切酶，缓冲液中还需要加入100μg/ml BSA（小牛血清蛋白）。

根据缓冲液中 Na^+ 的浓度，可以把缓冲液分为低盐（0mmol/L）、中盐（50mmol/L）和高盐（100mmol/L）三种类型。不同类型的缓冲液对酶切反应有较大影响，例如 EcoR Ⅰ在低盐缓冲液中，不仅反应活性较低，而且它所识别的 DNA 序列也会发生变化。相反，EcoR Ⅰ在高盐缓冲液中，则活性较高。

当需要进行双酶切反应时，需要在一个反应体系中兼顾两种限制性内切酶的反应，因此，选择合适的缓冲液是非常重要的。对于基因工程中常见的限制性内切酶，酶的供应商都能提供这些酶两两反应所需要的最适缓冲液。但若这样的缓冲液不可得时，应遵循“先低后高”的原则，即先使用浓度低的缓冲液和在低浓度缓冲液中有最高活性的限制性内切酶，然后在加入适量氯化钠和在高浓度缓冲液中有最高活性的限制性内切酶。

②酶的用量：商品化的限制性内切酶都是保存在甘油中的，因此，将酶加入反应体系的同时，也将甘油带入到了反应体系中，反应体系中过多的甘油会使限制性内切酶识别的 DNA 序列发生变化，所以，在进行酶切反应时，酶的用量不宜超过反应总体积的 1/10。

③反应温度和时间：大多数限制性内切酶的反应温度都是37℃，少数是在25～30℃和50～65℃。反应温度的过高或过低，都会直接影响限制性内切酶的反应活性。在最适温度下，反应时间一般是在1小时或更长，许多限制性内切酶可以通过延长反应时间来达到减少酶用量的目的。

④DNA因素：DNA是限制性内切酶作用的底物，因此DNA本身的性质也会影响酶切反应。首先，DNA的构型会影响限制性内切酶的反应活性。一般来说，线性DNA要比超螺旋的DNA更容易被酶切。第二，酶切位点两侧的核苷酸种类和数目也会影响酶切反应。第三，DNA的纯度会影响酶切反应。DNA在制备过程中，通常会混有EDTA、SDS等物质，这些物质能够抑制限制性内切酶的反应活性。为了避免这种抑制作用，应提高DNA的纯度，或者扩大酶切反应体系，稀释抑制因素，或者延长酶切反应时间。第四，DNA的甲基化也会影响制限制性内切酶的反应活性。被甲基化的DNA，只能被局部酶切，甚至完全不能被酶切。

（5）限制性内切酶的星活性　限制性内切酶的星活性是指在一些非标准条件下，限制性内切酶会识别并切割与原识别序列相似的序列。上面所讲到的EcoRⅠ在低盐缓冲液中识别的DNA序列会发生改变就是星活性。引起星活性的因素很多，如酶切反应体系中的甘油浓度＞5%，离子强度＜25mmol/L，pH＞8.0等。在基因工程中，应避免星活性的出现，避免星活性的措施主要有减少酶的用量、确保反应体系中无乙醇或氯仿等有机溶剂、确保反应体系中使用镁离子作为二价阳离子，而无其他重金属离子，在不影响酶活性的情况下，提高反应缓冲液离子强度或降低pH。

2. DNA连接酶

（1）DNA连接酶的种类　DNA连接酶（Ligase）是催化DNA片段5′末端的磷酸基与3′末端的羟基形成3′－5′磷酸二酯键的酶。连接酶也是基因工程中必不可少的工具酶，它能够将两段独立的双链DNA通过形成3′－5′磷酸二酯键而连接起来。这样一来，我们便可以把经过限制性内切酶酶切后的目的基因与载体片段相连接，构成重组载体。形象地说，连接酶就是基因工程中的“浆糊”。

目前，基因工程中常使用的连接酶有两种，一种是大肠杆菌DNA连接酶，另一种是T4噬菌体DNA连接酶，简称T4 DNA连接酶。这两种连接酶因其来源不同，在性质上也有一定差异（表7－4）。

表7－4　两种DNA连接酶的比较

连接酶	酶分子大小	所需辅助因子	连接反应	用途
大肠杆菌DNA连接酶	75 000	NAD^+	黏性末端的连接	体内冈崎片段的连接和DNA损伤的修复，体外基因重组中DNA片段的连接
T4 DNA连接酶	68 000	ATP	黏性末端的连接 齐平末端的连接	体外基因重组中DNA片段的连接

（2）DNA分子的体外连接

①具有黏性末端的两条DNA片段的连接。具有黏性末端的两条DNA片段的连接比较容易，且连接效率也较高，是一种最简单的连接方式。大肠杆菌DNA连接酶和T4

DNA 连接酶都能催化这样的连接反应。但是需要注意的是，两条 DNA 片段的黏性末端应是互补的，也就是说，黏性末端应是由同一种限制性内切酶或同尾酶酶切得来的（图 7－34）。

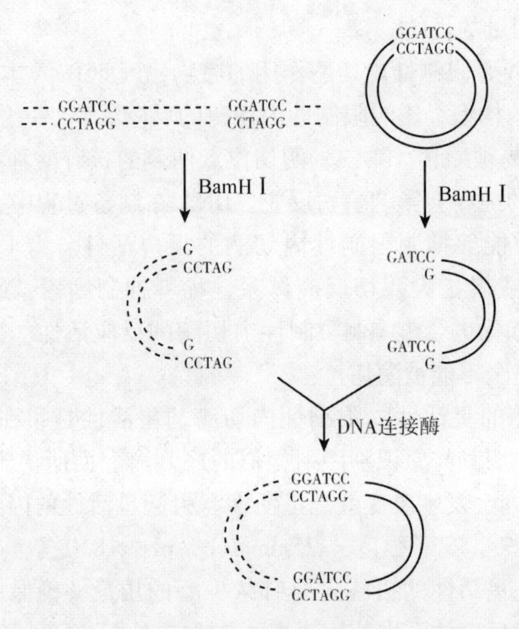

图 7－34　具有黏性末端的两条 DNA 片段的连接

如果使用同一种限制性内切酶进行目的基因和载体的酶切，产生单酶切的黏性末端，目的基因和载体的黏性末端是相同的，所以在连接时容易出现质粒载体的自我环化和目的基因的双向插入。为了避免载体的自我环化，通常用碱性磷酸脂酶去除载体黏性末端的5′磷酸基团以抑制 DNA 的自我环化。载体对目的基因的表达是有方向性的，即由起始密码子向终止密码子方向转录，如果目的基因插入载体的方向相反就不能够得到表达，所以在使用单酶切后进行的连接，要在重组子筛选和鉴定过程对目的基因的插入方向进行鉴定。使用两种限制性内切酶处理目的基因和载体能够防止自我环化和目的基因的反向插入，只有被同一种限制性内切酶酶切产生的黏性末端才能够彼此连接。

②具有齐平末端的两条 DNA 片段的连接。对于连接齐平末端的 DNA 主要采取三种方法，第一种方法使用 T4 DNA 连接酶直接进行连接，第二种和第三种方法使用同聚物或衔接物，把齐平末端转化为黏性末端再进行连接。下面分别介绍这三种方法。

方法一：T4 DNA 连接酶连接法。T4 DNA 连接酶除了能够对黏性末端之间进行连接外，还能够对齐平末端之间进行连接，只不过这种连接的效率较低，且需要较大的用酶量。在连接反应的体系中，加入低浓度（一般为 10%）聚乙二醇（PEG）能够提高齐平末端的连接效率。即便不是由同一种限制性内切酶酶切得来的齐平末端，也可进行连接（图 7－35）。

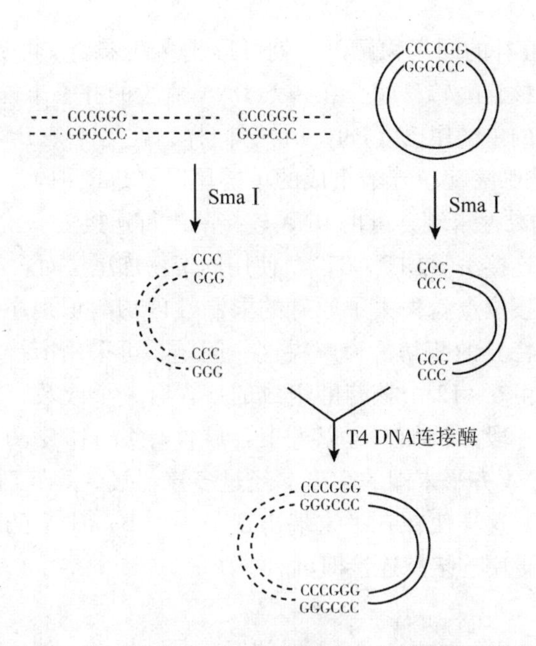

图 7－35　使用 T4 DNA 连接酶进行齐平末端的连接

方法二：同聚物加尾法（图 7－36）。具有齐平末端的 DNA 片段连接效率低，可以人工把齐平

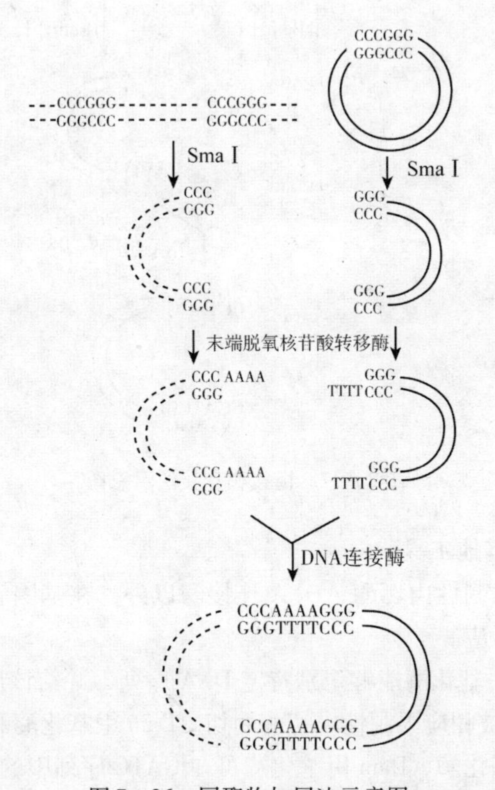

图 7－36　同聚物加尾法示意图

末端改造为黏性末端。利用末端脱氧核苷酸转移酶，分别给两条齐平末端的 DNA

分子3′-OH端加上互补的同聚物尾巴，就可形成黏性末端，再利用连接酶进行连接。例如，利用末端脱氧核苷酸转移酶，在一条DNA片段的齐平末端的3′-OH加上由脱氧腺嘌呤核苷酸组成的单链尾巴（Poly dA），同样，在另一条DNA片段的齐平末端的3′-OH加上由脱氧胸腺嘧啶核苷酸组成的单链尾巴（Poly dT），这样便在齐平末端形成了由A和T组成的黏性末端，可由DNA连接酶进行连接。

方法三：衔接物连接法（图7-37）。使用同聚物加尾法对含有齐平末端的DNA片段进行连接后，在连接位点就失去了原有的限制性内切酶识别序列，也就无法用原来的限制性内切酶进行特异的酶切，为解决这一问题，可采用衔接物连接法。衔接物是指由人工合成的一段由6~12个核苷酸组成的、含有一个或数个限制性内切酶识别序列的脱氧寡居核苷酸片段。例如，可以人工合成含有BamH Ⅰ酶切位点的衔接物，在衔接物的5′末端和DNA齐平末端的5′末端经过多核苷酸激酶处理后，可用T4 DNA连接酶将两者连接起来。这样便在齐平末端出现了一个BamH Ⅰ酶切位点，用BamH Ⅰ酶切产生黏性末端，再用连接酶连接即可。

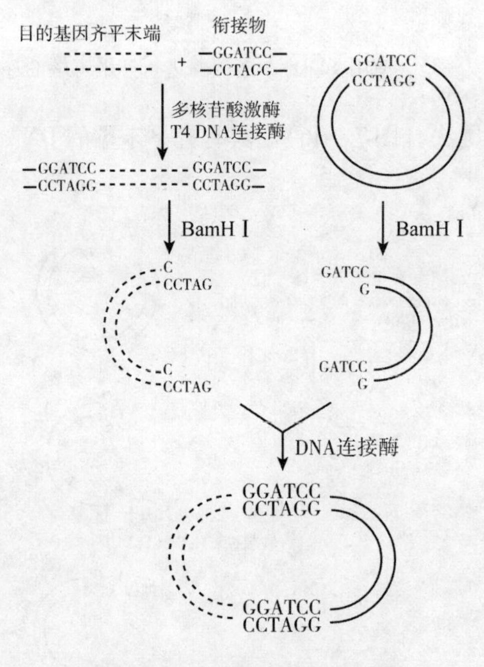

图7-37 衔接物连接法示意图

3. 基因工程中的其他工具酶

除了以上介绍的限制性内切酶、DNA连接酶以外，在基因工程中还需要其他一些工具酶，以完成相关反应。

（1）甲基化酶　甲基化酶能够识别特定DNA序列，并给该序列中特定碱基引入甲基，从而保护DNA不被相应限制性内切酶酶切。Dam甲基化酶和Dcm甲基化酶是大肠杆菌中常见的两类甲基化酶，Dam甲基化酶可在GATC序列中的腺嘌呤N6位置上引入甲基，Dcm甲基化酶可在CCAGG或CCTGG序列中的第二个胞嘧啶的C5位置上引入甲基。

（2）T4多核苷酸激酶　T4多核苷酸激酶是一种磷酸化酶，可将ATP的γ-磷酸基团转移至 DNA 或 RNA 的 5′末端。该酶主要用于对缺乏 5′磷酸的 DNA 或合成接头进行磷酸化。

（3）碱性磷酸酶　碱性磷酸酶与 T4 多核苷酸激酶的作用相反，是一种可以去除 DNA 或 RNA 5′末端磷酸基团的酶。通过去除 DNA 5′末端磷酸基团，可以防止 DNA 片段发生自身连接。

（4）核酸酶　核酸酶种类较多，不同种类的核酸酶所催化的反应也不一样。核糖核酸酶 A 可特异攻击 RNA 上嘧啶残基的 3′端，广泛用于去除 DNA 中混杂的 RNA。脱氧核糖核酸酶 I 可优先从嘧啶核苷酸的位置水解单链或双链 DNA，可以用于去除 RNA 中混杂的 DNA。

任务四　重组载体导入宿主细胞

一、重组载体导入宿主细胞的相关概念

1. 转化

一种基因型的细胞从周围环境中吸收来自另一种基因型细胞的 DNA，从而使原来细胞的遗传基因和遗传特性发生相应变化的现象。

2. 大肠杆菌转化方法

基因工程中，将重组质粒载体导入大肠杆菌宿主细胞中常采用化学转化法和电转化法。

3. 感受态

受体细胞容易接受外源 DNA 的状态。

4. 转导

以噬菌体或病毒为载体，将重组 DNA 导入宿主细胞的过程。

5. 转染

用除去蛋白质外壳的病毒核酸感染宿主细胞或原生质体的过程，是转导的一种特殊形式。

二、重组载体如何导入宿主细胞

1. 大肠杆菌的转化方法

大肠杆菌是基因工程中最为常用，也是发展得最为成熟的宿主细胞，具有遗传背景清楚、表达系统丰富、操作简便、容易培养等优点。大肠杆菌的转化方法主要有化学转化法和电转化法。

（1）化学转化法　大肠杆菌的化学转化法主要包括感受态细胞制备、42℃热激、冰镇、复苏和涂布这几个过程（图 7－38）。宿主菌株经活化后接种至新鲜培养基中培养至对数生长期收集菌体，菌体经洗冷的 $CaCl_2$ 溶液涤后，重悬于冷的 $CaCl_2$ 溶液中即为感受态细胞。将适量感受态细胞与重组质粒载体混匀并冰浴，此后再置于 42℃水浴中热激，促进细胞吸收 DNA，热激后快速置于冰浴中进行短时间冰镇。转化后的宿主细胞在营养丰富的培养基中进行复苏，复苏后取适量菌液涂布平板，经过培养即可有

菌落长出。

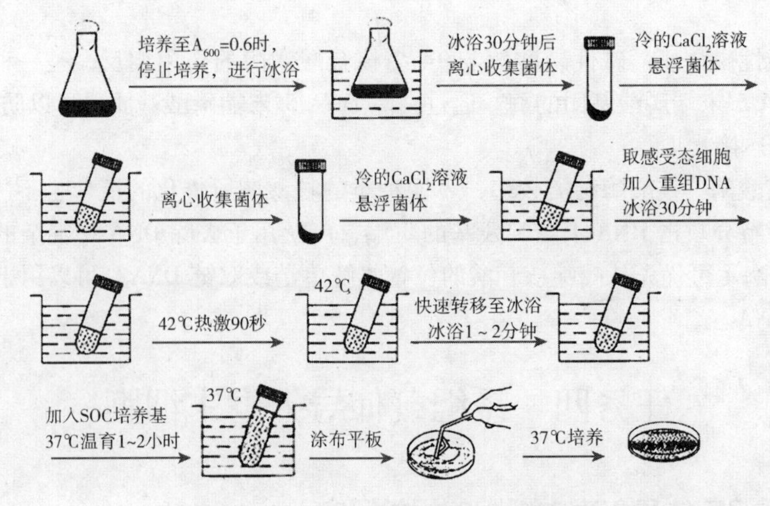

图7－38　大肠杆菌的化学转化过程示意图

（2）电转化法　电转化法是一种高效的物理转化方法，广泛使用于各类微生物细胞的转化实验中，主要包括感受态制备、电击、复苏和涂布几个过程。大肠杆菌电转化的具体方法如下：

①接种大肠杆菌单菌落于5ml LB培养基中，37℃振荡培养过夜。

②以1%接种量将上述菌液接种于装有50ml LB培养基的锥形瓶中，37℃振荡培养至A_{600}=0.6。

③将菌液置于冰浴中冷却30分钟。

④在冰浴条件下，将菌液转移至离心管中，4℃、3000r/min离心5分钟，收集菌体。

⑤在冰浴条件下，加入与培养体积相同的、已经提前预冷的10%甘油溶液，用移液枪头轻轻上下吹吸，重新悬浮菌体，4℃、3000r/min离心5分钟，收集菌体。

⑥重复上述步骤。

⑦在冰浴条件下，加入适量已经提前预冷的10%甘油溶液，用移液枪头轻轻上下吹吸，重新悬浮菌体，即制得感受态细胞。感受态细胞可立即用于转化实验，或于－70℃保藏。

⑧在冰浴条件下，取20μl感受态细胞于已预冷的离心管中，加入1μl重组DNA，用移液枪头轻轻吹吸混匀，置于冰上。同法进行对照组实验。

⑨开启并调节电击仪，使电脉冲为25μF，电压2.0～2.5kV，电阻200Ω。

⑩将菌液与DNA混合物加入已经提前预冷的电击杯内，轻击液体以确保液体位于电击杯底部两片电极之间的缝隙中。擦干电击杯外壁的水分，将电击杯放入电击仪。

⑪启动电脉冲。

⑫电脉冲结束后，立即向电转化杯中加入1ml SOC培养基重悬细胞，将细胞悬液转入试管中，37℃振荡培养1小时。

⑬取适量上述菌液涂布于筛选平板，经37℃培养后，挑选菌落进行验证。

2. 根癌农杆菌介导的植物细胞的转化方法

将重组 DNA 导入植物宿主细胞可以采用根癌农杆菌介导法。根癌农杆菌能够广泛侵染双子叶植物和裸子植物，其菌体内的 Ti 质粒对于侵染植物细胞是必需的。在侵染时，菌体本身并不进入植物细胞内，而是 Ti 质粒中的一部分片段进入植物细胞，并插入到植物基因组中，这部分被插入的序列片段在植物细胞内进行表达，导致植物产生肿瘤。其实，根癌农杆菌侵染植物细胞并诱发肿瘤的过程就是一个天然的将外源 DNA 导入植物细胞的过程。所以，可以利用 Ti 质粒的这种特性来实现重组 DNA 导入植物细胞。

根癌农杆菌介导的植物细胞转化首先要制备植物细胞原生质体，将根癌农杆菌与原生质体共培养，发生根癌农杆侵染植物细胞。共培养后进行脱菌培养，以除去多余的根癌农杆菌，同时使原生质体分裂成细胞团或愈伤组织块。在含有抗生素的选择性培养基中诱导细胞团或愈伤组织块生根、分化器官。

3. 磷酸钙转染动物细胞

磷酸钙转染动物细胞是基于磷酸钙－DNA 复合物的一种将重组 DNA 导入哺乳动物细胞的转染方法。磷酸钙可与 DNA 形成复合物黏附到细胞膜，并通过胞饮作用进入到宿主细胞。转染首先要将细胞在转染前 24 小时进行传代，当细胞密度达到 50%～60% 满底时可以进行转染。将重组 DNA 溶解于 $CaCl_2$ 溶液中，然后用巴斯德吸管将此溶液逐滴滴加如磷酸盐溶液中，滴加过程中不停搅拌磷酸盐溶液。溶液中形成磷酸钙－DNA 复合物，静置后该复合物以沉淀形式从溶液中析出。将沉淀物与宿主细胞共培养，重组 DNA 就可进入到细胞内。

三、重组载体导入宿主细胞的相关知识

目的基因和载体经过酶切和连接，组成重组载体，重组载体只有进入到细胞内部才能实现自我复制和目的基因的表达。将重组载体导入进细胞是基因工程的一个重要环节。根据所使用载体系统的不同，将重组载体导入宿主细胞的方法也不同，若以细菌质粒为载体，将重组载体导入宿主细胞的方法为转化；若以噬菌体为载体，将重组载体导入宿主细胞的方法为转导；若以病毒 DNA 为载体，将重组载体导入宿主细胞的方法为转染。

1. 转化

转化是指一种基因型的细胞从周围环境中吸收来自另一种基因型细胞的 DNA，从而使原来细胞的遗传基因和遗传特性发生相应变化的现象。接受转化 DNA 的细胞被称为受体细胞或宿主细胞。转化是一种遗传方式，在自然界中普遍存在。1928 年，Griffith 的肺炎双球菌转化实验证明，无荚膜的 R 型肺炎双球菌吸收了来自有荚膜的 S 型肺炎双球菌的 DNA，使其自身遗传性质发生改变，转化为 S 型菌，导致小鼠死亡。目前，已经发现多种微生物都具有转化的能力，但是转化是在细胞生长到一定生理状态时才能发生。这种生理状态为感受态，即当受体细胞处于容易接受外源 DNA 的状态。处于感受态的细胞称为感受态细胞。感受态的出现与细胞内一些负责吸收外源 DNA 的蛋白质的合成有关。这些蛋白质可能是一些自溶酶，能够产生或暴露结合 DNA 的受体位点，促进细胞吸收外源 DNA。在一般条件下，微生物的转化能力很低，仅能获取极少

量的 DNA。为了提高转化能力，通常需要对宿主细胞进行一些物理或化学方法的处理，促使感受态的出现。这里介绍大肠杆菌的化学转化法和电转化法。

方法一：化学转化法。使用 $CaCl_2$ 诱导大肠杆菌细胞感受态的出现是最经典的大肠杆菌化学转化法，属于化学方法，转化率可达 $10^6 \sim 10^7$ 转化子/μg DNA。

（1）转化原理：将培养至对数生长期的大肠杆菌在0℃下，用提前预冷的 $CaCl_2$ 低渗溶液处理，使细胞壁和细胞膜的通透性增加，菌体吸水膨胀成球形。此时用于转化的 DNA 可形成抗 DNase 的羟基－钙磷酸复合物黏附于细菌表面，经42℃短暂的热处理后，DNA 更加容易进入到细胞，同时，不易被细胞内的 DNase 降解。吸收 DNA 的细胞在营养丰富的培养基中培养一段时间后，细胞从球状复原到正常状态并进行分裂增殖，取适量培养液涂布于固体培养基上，经过培养便可有菌落长出。通过载体上的选择性标记，可对重组细胞进行筛选验证。

（2）影响转化效率的因素

①细胞的生长状态：制备感受态细胞应选用对数生长期的细胞，在培养过程中，应密切注意菌体生长状态和菌体密度。在适应期时，细胞浓度较低；而选用平稳期的细胞，则会降低转化效率。

②实验操作温度：所有操作都应在低温下进行，尤其是感受态细胞与 DNA 混合后，一定要在冰浴条件下操作。温度过高，就会降低转化效率。

③重组载体大小及构型：一般来说，分子质量小的重组载体较分子质量大的重组载体更容易进入细胞，有较高的转化率。若分子质量相同，环状质粒 DNA 比线性 DNA 有更高的转化效率。

④重组 DNA 的纯度与浓度：在一定纯度和浓度范围内，转化效率随纯度和浓度的升高而升高。

⑤其他因素：在使用 $CaCl_2$ 溶液的基础上，还可以辅助使用锰离子、钴离子或 DMSO（二甲基亚砜），这些都可以在很大程度上提高转化效率。

方法二：电转化法。电转化法也称为电穿孔法或电激发，是基因工程中另一种常用的转化方法，属于物理方法，转化效率较 $CaCl_2$ 法高，可达 $10^7 \sim 10^9$ 转化子/μg DNA。

（1）转化原理　电转化法利用一个较大的电脉冲瞬时作用在细胞壁和细胞膜上，使细胞膜形成微小孔洞，重组 DNA 便可以通过孔洞进入到细胞内部。电击作用是瞬时的，只有在电击作用发生时，细胞膜才能形成孔洞，当电击结束后，细胞膜能够自发重新复原，保持细胞完整。使用电转化法时，宿主细胞也要处于感受态，但是电转化法的感受态与化学法的感受态不同，在电转化中，感受态并不是要细胞处于一定的生理状态，而是要对细胞进行清洗处理，除去细胞悬液中的离子，并加入甘油等保护剂，使细胞悬液的电阻最大，保证电击时，细胞不被击穿而死亡。

（2）电转化法的注意事项　在电转化中，如果条件不当容易造成细胞被电击致死，降低转化效率甚至导致转化失败。因此，在电转化中应注意以下几点：

①目的基因与载体在连接酶反应体系中完成连接反应，形成重组载体后，应对重组载体进行纯化，以除去连接反应体系中的离子，纯化后的重组载体应溶于无菌双蒸水中再与感受态细胞悬液混合，且加入的重组 DNA 浓度不宜过大，以使细胞悬液的电

阻最大化，防止细胞被电击致死。

②因为电击杯要放置于冰上进行预冷，所以在电击前应彻底擦干电击杯杯身上的水珠。

③电脉冲的电压不宜过高，如果电脉冲的强度不合适，细胞经电击形成的孔洞有可能变得太大而无法还原，从而影响细胞生理功能。

2. 转导

转导是以噬菌体或病毒为载体，将重组 DNA 导入宿主细胞的过程。基本原理是将目的基因和噬菌体 DNA 进行连接，组成重组噬菌体 DNA，重组噬菌体 DNA 被蛋白质外壳包裹后，形成有感染能力的噬菌体，将这些噬菌体与宿主细胞进行混合培养，噬菌体会主动侵染宿主细胞，将含有目的基因的重组噬菌体 DNA 注射到宿主细胞内。转导不需要制备感受态细胞，且转化效率高，可达 10^7 转化子/μg DNA，常用于 DNA 文库的构建。

3. 转染

转染是用除去蛋白质外壳的病毒核酸感染宿主细胞或原生质体的过程，是转导的一种特殊形式。转染也是以噬菌体或病毒为载体，利用其 DNA 具有侵染特性，进行重组 DNA 导入宿主细胞的过程。

4. 其他方法

除以上各种 DNA 转移技术外，基因枪法、脂质体载体法、显微注射法和 DEAE 葡聚糖转染技术也是转移重组 DNA 的有效方法。

（1）基因枪法　基因枪法又称为高速微型子弹射击法、粒子轰击法。本方法以钨、金材料制作直径约为 4μm 的微型子弹，使用化学方法将重组载体吸附到微型子弹的表面，通过特制的基因枪，将吸附有重组载体的子弹以一定的速度射进细胞。本方法具有转化率高、操作简便，不需要除去细胞壁和细胞膜的优点，是植物基因转移的有效方法。

（2）脂质体载体法　脂质体是一种由磷脂分子组成的人工膜，可以包裹重组载体。利用脂质体和细胞膜可以发生融合的性质，将重组载体转移进细胞，本方法可用于哺乳动物细胞基因的导入。

（3）显微注射法　显微注射法是在特定的显微镜下，使用微型注射器将重组载体直接注射到宿主细胞内。本方法具有直接转移、操作简单、准确可靠的特点，是创造转基因动物的有效方法。

（4）DEAE 葡聚糖转染技术　二乙胺乙基葡聚糖（DEAE - dextran）是一种相对分子质量较大的多聚阴离子试剂，能促进哺乳动物细胞捕获外源 DNA，因此用于基因转染技术。

任务五　阳性重组子的筛选和表达产物的鉴定

在目的基因和质粒载体进行连接时，有可能发生质粒载体自身连接，这样自身连接、没有携带目的基因的载体在转化中，有可能进入到宿主细胞内。而且，无论采用何种方法将重组载体导入宿主细胞，转化效率都不可能达到 100%。因此，有必要从转化菌落中筛选出携带目的基因的阳性转化子并对重组子进行鉴定。

一、阳性重组子的筛选和表达产物的鉴定相关概念

1. 阳性重组子

含有重组 DNA 的宿主细胞成为重组子，如果重组子中含有外源目的基因则被称为阳性重组子或阳性克隆子。

2. 插入失活

由于核苷酸或一段外源核酸片段插入到某基因序列中，从而使该基因丧失生物学功能。

3. α－互补

lacZ 基因上缺失近操纵基因区段的突变体与带有完整的近操纵基因区段的 β－半乳糖苷酶基因的突变体之间实现互补。简单来说，α－互补是在两个不同缺陷的 β－半乳糖苷酶之间实现功能互补。

4. 原位杂交

将特定标记的已知序列的核酸为探针，与细胞或组织中待检核酸进行互补结合，从而对特定核酸序列进行精确定位的一种方法。

5. Southern 杂交

这是由 Southern 等人在 1975 年发明的一种检测 DNA 分子的方法，通过 Southern 印迹转移将琼脂糖凝胶上的 DNA 分子转移到硝酸纤维素滤膜上，然后进行分子杂交，最后在滤膜上找到与核算探针有同源序列的 DNA 分子。

6. Northern 杂交

这是一种检测 RNA 分子的方法，总体过程与 Southern 杂交相似，只是转移到硝酸纤维素滤膜上的是 RNA 而不是 DNA，通过分子杂交，检测与核算探针有同源序列的 RNA 分子。

7. Western 杂交

这是一种检测蛋白质分子的方法，总体过程与 Southern 杂交相似，只是转移到硝酸纤维素滤膜上的是 SDS－PAGE 凝胶中的蛋白质分子，后续杂交过程并不是真实意义上的分子杂交，而是通过特异性抗体以免疫反应形式检测滤膜上的蛋白质分子。

二、阳性重组子的筛选和表达产物的鉴定

阳性重组子的筛选和鉴定方法主要包括根据遗传表型、重组 DNA 结构和免疫筛选等。

1. 阳性重组子的筛选

（1）根据遗传表型进行筛选和鉴定　目的基因在在宿主细胞中进行表达，使宿主细胞产生新的表型或使宿主细胞恢复其突变基因的表型，根据相应的表型特征筛选阳性重组子，对抗生素产生或失去抗性，蓝白斑筛选是最为常见的表型特征。

（2）根据重组 DNA 结构进行筛选和鉴定　重组 DNA 通常是由外源 DNA 片段和载体组成，根据重组 DNA 携带外源 DNA 片段这一结构特征，可对重组 DNA 进行限制性内切酶酶切处理、以重组 DNA 为模板进行 PCR 反应，或是对重组 DNA 进行分子杂交，

通过这些方法检测目的基因片段，从而可以筛选和鉴定阳性转化子。

（3）使用免疫学方法进行筛选和鉴定　重组 DNA 携带有外源 DNA 片段，而外源 DNA 片段在宿主细胞内会表达成蛋白质产物，将此蛋白质产物视为抗原，使用特异性抗体，通过抗原－抗体的特异性结合反应及反应产生的现象对阳性重组子进行筛选和鉴定。

2. 表达产物的鉴定

（1）SDS－PAGE 蛋白质电泳　同核酸的琼脂糖凝胶电泳相似，蛋白质分子能够在聚丙烯酰胺凝胶中发生迁移，且迁移率主要取决于蛋白质本身的分子量。电泳后对凝胶进行染色，可呈现出相应的蛋白质条带。通过与蛋白质 Marker、对照组进行对比，可以初步鉴定目的基因的表达产物。

（2）Western 杂交　将 SDS－PAGE 凝胶中的蛋白质分子转移到硝酸纤维素滤膜上，将目的基因表达的产物蛋白质视为抗原，用带有标记的特异性的抗体与抗原发生免疫反应，检测滤膜上的蛋白质分子。

三、阳性重组子的筛选和表达产物的鉴定的相关知识

获得正确的重组子是进行基因克隆和基因表达的关键。根据所使用的克隆或表达系统不同，对阳性重组子的筛选和鉴定的方法也不尽相同，但是筛选方法的策略都是从重组子遗传表型、重组 DNA 结构、目的基因表达产物等方面进行考虑的。

1. 根据遗传表型进行筛选和鉴定

（1）抗生素抗性标记筛选　大多数质粒载体带有抗生素抗性基因，可作为阳性克隆的筛选标记。常见的抗生素抗性基因有氨苄青霉素抗性基因（Ampr）、卡那霉素抗性基因（Kanr）、四环素抗性基因（Tcr）和链霉素抗性基因（Strr）等。当这样的质粒载体转化到原本无抗生素抗性的宿主细胞后，宿主细胞就获得了相应抗性，能够在含有抗生素的培养基中生长，而没有转化这些质粒载体的宿主细胞就不能够在含有抗生素的培养基中生长，这样就可以把转化有质粒载体的细胞进行筛选。这种方法可以用于筛选携带目的基因的阳性重组子，但是，有时质粒载体由于酶切不完全，没有被切开，或进行单酶切后，在连接时又发生了自我连接，这就相当于把一个没有携带目的基因的质粒载体导入到细胞内，使细胞获得相应抗生素抗性。因此，这种方法只是一个初步的筛选，筛选到的阳性克隆可能不是阳性重组子，需要进一步筛选鉴定。

（2）插入失活筛选

①抗性基因的插入失活筛选：这中筛选方法能够克服抗生素抗性标记筛选到的重组子可能不是阳性重组子的缺点。许多克隆载体带有二个抗生素抗性基因，在这样的质粒载体中，如果目的基因插入到其中一个抗性基因中，就会导致这个抗性基因的失活。那么，携带有这种质粒载体的宿主细胞就只能在含有一种抗生素的培养基中生长。当质粒没有插入目的基因就转化到宿主细胞内时，宿主细胞就能够在同时含有两种抗生素的培养基中生长，而没有获得质粒的宿主细胞则不能在含有任何一种抗生素的培养基中生长。这样，通过不同抗生素的对照筛选，就可以把阳性重组子筛选出来。例如，pBR322 质粒带有氨苄青霉素抗性基因和四环素抗性基因，如果将目的基因插入到四环素抗性基因中，就会导致四环素抗性基因失活，失去对四环素的抗性。当这样的

质粒转化到宿主细胞内，宿主细胞能够在只含有氨苄青霉素的培养基中生长；当pBR322质粒没有插入目的基因就转化到宿主细胞内，宿主细胞能够在同时含有氨苄青霉素和四环素的培养基中生长，而没有转化到pBR322质粒的宿主细胞不能在含有任何一种抗生素的培养基中生长，通过对照宿主细胞在只含有氨苄青霉素的培养基和同时含有氨苄青霉素和四环素的培养基中的生长情况，就可以筛选到携带目的基因的阳性重组子。如图7-39所示，菌落2、5、6为阳性重组子。

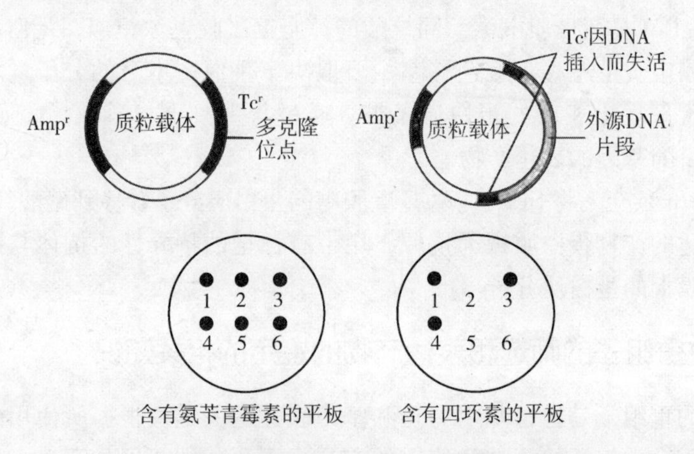

图7-39 抗生素抗性基因插入失活筛选原理示意图

②α-互补筛选：互补是指两个彼此互补的突变基因，它们各自所编码的产物都没有生物活性，但是这两种产物却能互补结合，形成一种具有生物活性的产物，变现出一定特征。β-半乳糖苷酶基因是大肠杆菌乳糖操作子的结构基因之一，编码含有1024个氨基酸残基的β-半乳糖苷酶。许多质粒载体带有大肠杆菌乳糖操作子的调控序列和编码β-半乳糖苷酶N端146个氨基酸的序列，即α-肽链。在这个编码序列中有一个多克隆位点，供目的基因的插入，但是，这个多克隆位点并不影响这146个氨基酸的表达。而乳糖操作子的调控序列可以在IPTG（Isopropyl-β-D-thiogalactoside，异丙基-β-D-硫代半乳糖苷）的诱导下，启始这146个氨基酸的表达。有些大肠杆菌株，如DH5a、JM109等，由于基因缺陷，不具有编码完整的β-半乳糖苷酶的序列，造成其编码的β-半乳糖苷酶失去正常N段146个氨基酸，不具生物活性。但是将上述质粒转化到这样的宿主细胞内，通过两者基因互补（α-互补），就可形成具有生活活性的完整的β-半乳糖苷酶。有活性的β-半乳糖苷酶可以分解底物X-gal（5-溴-4-氯-3-吲哚-β-D-半乳糖苷）生成半乳糖和深蓝色的5-溴-4-氯青靛蓝，使菌落呈现蓝色。当目的基因通过多克隆位点插入到质粒上，就会造成质粒上编码β-半乳糖苷酶N端146个氨基酸的序列失活，不能正常表达这146个氨基酸。因此，把带有目的基因的质粒转入到宿主细胞内，并不能发生α-互补作用，最终使菌落变现为白色。在含有抗生素、IPTG和X-gal的培养基中，携带目的基因的阳性重组子的菌落呈现白色，携带没有插入目的基因的质粒的宿主细胞菌落呈现蓝色，而不携带质粒的宿主细胞则不能在含有抗生素的培养基中形成菌落，这样可以通过菌落颜色筛选到阳性重组子。

2. 根据重组DNA结构进行筛选和鉴定

（1）重组DNA的酶切验证　从平板上挑取菌落，经培养后提取重组DNA，对重组

DNA 进行单一位点的限制性内切酶酶切，但要注意这时所使用的限制性内切酶应与目的基因和载体进行连接前所使用的限制性内切酶是同一种。经过酶切后，环状重组 DNA 变成线性 DNA，如果是阳性转化子，其重组 DNA 由目的基因与载体构成，在 DNA 分子质量上要大于不携带目的基因的载体的分子质量。对这些线性 DNA 片段进行 DNA 琼脂糖凝胶电泳检测就可以发现，来自阳性重组子的 DNA 片段由于分子质量较大，迁移率较小，而不携带目的基因的载体片段由于分子质量较小，迁移率较大。通过与 DNA Marker 进行分子质量的对比，可以粗略估算出各片段的分子质量，初步判断载体上是否携带有目的基因（图 7－40 中的泳道 3）。

另一种方法是对提取到的重组 DNA 进行一种或两种限制性内切酶酶切，将目的基因从载体上切下，如果是阳性转化子，其重组 DNA 应被酶切成两个片段，分别是目的基因的片段和载体的片段，而不携带目的基因的载体不能被酶切两个片段。对这些线性 DNA 片段进行 DNA 琼脂糖凝胶电泳检测就可以发现，来自阳性重组子的 DNA 片段出现 2 个条带，而不携带目的基因的载体片段只有 1 个条带。通过与 DNA Marker 进行分子质量的对比，可以粗略估算目的基因与载体片段的分子质量，判断载体上是否携带有目的基因（图 7－40 中的泳道 4）。

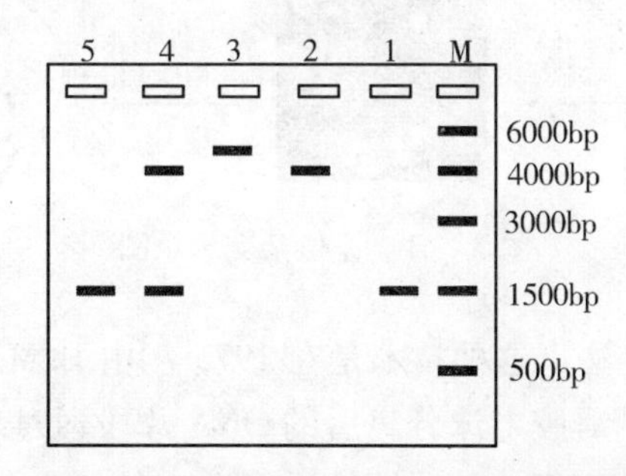

图 7－40　重组 DNA 的酶切与 PCR 验证电泳示意图

M：DNA Marker；1. 目的基因；2. 质粒载体；3. 重组 DNA 经单一限制性内切酶酶切；4. 重组 DNA 经两种限制性内切酶酶切；5. 以重组 DNA 为模板进行 PCR 扩展的目的基因

（2）重组 DNA 的 PCR 验证　根据目的基因的序列设计一段特异性引物，以从菌体中提取的重组质粒载体为模板，或者直接挑取菌落进行 PCR 反应。阳性重组子细胞内的重组质粒上携带有目的基因，在特异引物的引导下，可以体外大量扩增出目的基因，经琼脂糖凝胶电泳可检测出相应条带（图 7－40 中的泳道 5）。

（3）原位杂交　原位杂交也称为菌落杂交或噬菌体杂交。本方法是将生长在平板中的菌落或噬菌斑按照其原来不变的位置转移到硝酸纤维素滤膜上，并在原位进行溶菌释放 DNA，DNA 经变性、固定后用特异探针进行杂交，从而筛选出阳性重组子（图 7－41）。原位杂交法适用于从数量众多的菌落中筛选出阳性重组子，因此，该方法是从 DNA 文库中筛选重组子的实用方法。本方法的主要过程包括转膜、DNA 变性和固定、分子杂交和放射自显影。转膜是将被筛选的菌落或噬菌斑从琼脂平板中转移到滤膜上，菌落位置应一一对应，同时保留琼脂平板。DNA 变性是将带有菌落的滤膜用 10% SDS 处理，使细胞裂解释放出 DNA，DNA 在 NaOH 和 NaCl 溶液中发生碱变性，由双链 DNA 变性成单链 DNA。DNA 固定是将滤膜在 80℃ 下进行烘烤，使 DNA 牢固的结合在滤膜上。分子杂交是将滤膜浸入带有放射性核素（如^{32}P）标记的目的基因探针液中进行分子杂交，杂交后洗去未结合的探针，干燥滤膜。如果是阳性重组子的DNA，在变性成单链后，就会与探针发生特异性结合，从而带上放射性。最后利用放射自显影技术进行检测，将滤膜放入暗盒中并覆盖X线片，带有放射性核素的DNA会在X线片上留下曝光斑点，通过将曝光斑点的位置与琼脂平板中菌落或噬菌斑的位置进行比对，就可筛选出阳性重组子。

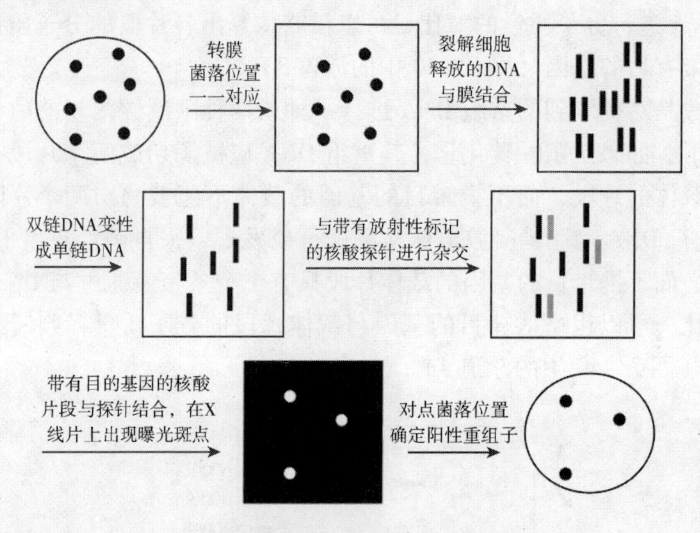

图7-41　原位杂交示意图

（4）Southern印迹杂交法　这种技术是在1975年由E. M Southern发明，并以其姓名命名。这是一种将琼脂糖凝胶电泳分离后的DNA片段通过毛细管作用转移至硝酸纤维素膜上，并用带有放射性标记的核酸探针进行杂交的技术。其主要过程包括DNA的酶切与电泳分离、DNA变性、转膜、分子杂交和放射自显影。将重组DNA用一个或几个限制性内切酶酶切，将酶切后的DNA片段用琼脂糖凝胶电泳进行分离。分离后的DNA片段在NaOH和NaCl溶液中发生碱变性，由双链DNA变性成单链DNA。将凝胶中的DNA片段通过毛细管作用或电转移作用、真空转移作用转移至硝酸纤维素膜上，用带有放射性标记的单链cDNA或mRNA探针进行杂交，通过放射自显影显示曝光斑点。

3. 免疫化学检测法

目的基因被载体携带进宿主细胞，会在宿主细胞内表达相应的蛋白质产物。在免疫化学检测法中，目的基因表达的蛋白质产物视为抗原，通过使用特异的抗体检测蛋白质产物，发生抗原-抗体特异性结合，就可以筛选出阳性重组子。免疫化学检测法尤其适用于那些不会为宿主细胞带来表型特征的目的基因，只要目的基因表达出蛋白质产物，就可以被相应抗体检测到。免疫化学检测法可以分为放射性抗体检测法和免疫沉淀检测法。

（1）放射性抗体检测法　这种方法的检测过程与原位杂交法相似。把在琼脂平板上生长出来的菌落影印到复制平板，保留复制平板。使原琼脂平板上的菌落溶解，释放出抗原蛋白质。将连接在硝酸纤维素滤膜上的抗体与抗原蛋白质相接触，发生抗

原 - 抗体特异性结合，抗原蛋白被结合到硝酸纤维素滤膜上。将此滤膜与带有放射性核素的第二种抗体一起温育，充分洗去未结合的第二种抗体。将滤膜干燥后放入暗盒中并覆盖 X 线片，带有放射性核素的第二种抗体会在 X 线片上留下曝光斑点，通过将曝光斑点的位置与复制平板中菌落的位置进行比对，就可筛选出阳性重组子。

（2）免疫沉淀检测法　这种方法适用于检测被分泌到细胞外的目的蛋白。在培养基中加入抗体，生长在培养基中的阳性重组子因其所携带的目的基因进行表达，表达产物被分泌到细胞外就会和抗体发生特异性反应生成白色沉淀物。因此，在阳性重组子菌落周围就会出现一圈白色沉淀物。

4. 表达产物的鉴定

（1）SDS - PAGE 蛋白质电泳　蛋白质电泳技术主要包括样品处理、制胶、电泳、染色和脱色等过程。蛋白质样品要在上样缓冲液中进行煮沸，以破坏蛋白质的高级结构。煮沸后经离心取上清液进行蛋白质电泳。蛋白质电泳的凝胶分为浓缩胶和分离胶，制胶过程是将各成分按一定比例混合，加入制胶槽内，丙烯酰胺和甲叉双丙烯酰胺在 TEMED（四乙基乙二胺）和过硫酸铵的作用下发生聚合反应，形成不带电荷的、具有分子筛效应的网状结构凝胶。将处理后的蛋白质样品加入凝胶点样孔中进行电泳。当凝胶中的溴酚蓝指示条带迁移至距胶底部 1cm 时停止电泳，小心取出凝胶，浸泡在染色液中进行染色，染色后的凝胶置于脱色液中，直至凝胶能显示出清晰的蛋白质条带。

（2）Western 杂交　Western 杂交是将蛋白质电泳、印迹和免疫检测融为一体的检测特异性蛋白质的技术方法，具有灵敏度高的特点。这种方法将聚丙烯酰胺凝胶电泳分离的蛋白质转移至硝酸纤维素膜上进行抗原 - 抗体的特异性反应，其主要过程为先从细胞中提取总蛋白或目的蛋白，将提取到的蛋白进行聚丙烯酰胺凝胶电泳，分离不同分子质量的蛋白质，将分离后的蛋白质按原位置转移到硝酸纤维素膜上，将膜浸泡在高浓度的蛋白质溶液中温浴，以封闭期特异性位点。此后加入特异性抗体，此时加入的抗体称为一抗，一抗与膜上的蛋白质抗原结合，然后再加入能与一抗发生特异性结合的并且带有标记化合物的二抗，二抗与一抗结合，通过二抗上的标记化合物的特异性反应检测目的蛋白。根据检测结果，可以获知目的基因是否被表达，表达出的目的蛋白等分子量等信息。

（3）酶联免疫吸附法　酶联免疫吸附法（enzyme - linked immuno sorbent assay，ELISA）是在抗原或抗体的固相化和抗原或抗体的酶标记的基础上建立起来的具有高灵敏度的检测分析方法。这种方法有三个必要的试剂，第一个是固相的抗原或抗体，即免疫吸附剂；第二个是酶标记的抗原或抗体，即酶联物；第三个是酶反应的底物。基本原理是将抗原或抗体结合到固相载体表面，并保持器免疫学活性。使抗原或抗体与某种酶结合，形成酶标记的抗原或抗体，并保持其免疫学活性和酶的催化活性。在检测时，待测样品与固相载体表面的抗原或抗体结合，洗去固相载体表面的未反应的待测样品和其他物质，再加入酶标记的抗原或抗体，通过特异性结合反应，酶标记的抗原或抗体也结合在了固相载体表面上，此时，固相载体表面上的酶量与待测样品的量成一定的比例关系。加入这种酶的反应底物，酶催化底物生产有色产物，有色产物的量就与待测样品的量直接相关，可根据有色产物的颜色深浅进行定性或定量分析。在这种方法中，巧妙的通过酶的催化反应放大了抗原抗体特异性结合的反应效果，使测定方法达到很高的灵敏度。

任务六　基因工程菌发酵

一、基因工程菌发酵相关概念

1. 基因工程菌的不稳定性

基因工程菌在保藏和发酵过程中，会出现重组质粒丢失、重组质粒开环、目的基因片段丢失等现象，称为基因工程菌的不稳定性。

2. 基因工程菌不稳定性的表现

主要包括质粒分配的不稳定和质粒结构的不稳定两个方面。

3. 基因工程菌培养方式

主要有补料分批培养、连续培养、透析培养和固定化培养四种方式。

4. 影响基因工程菌发酵的条件因素

和普通菌种的发酵一样，培养基、温度、pH、溶氧浓度等条件都是影响基因工程菌发酵的条件因素。除此之外，诱导条件是影响基因工程菌发酵的另一个重要条件因素，这也是基因工程菌发酵与普通菌种发酵的一个重要的不同之处。基因工程菌发酵工艺流程见图 7-42。

5. 诱导表达

某些基因在通常情况下不表达或表达水平很低，但在诱导物的作用下，可以启动或增强基因的表达水平。

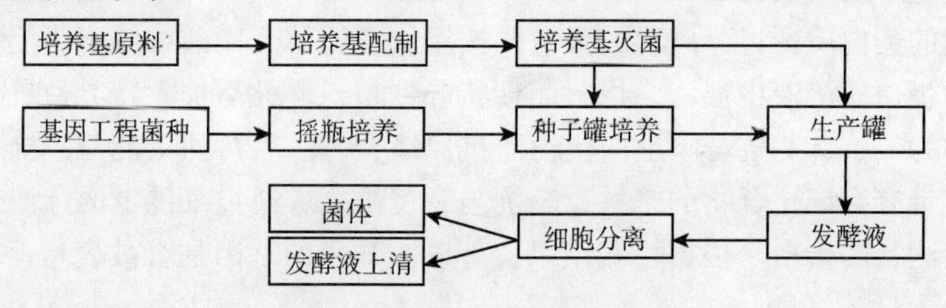

图 7-42　基因工程菌发酵工艺流程

二、基因工程菌的发酵过程

基因工程菌的发酵主要包括种子扩大培养、发酵培养和发酵表达三个过程。

1. 种子扩大培养

对保藏的基因工程菌种进行摇瓶活化培养，活化培养后在种子罐中进行逐级扩大培养，为发酵培养提供数量和质量都符合标准的种子。通常培养至对数生长期作为发酵培养的种子。

2. 发酵培养

检测发酵罐密封性，检查罐体、电极以及发酵罐附属设备的工作状况。检查正常后将培养基装入发酵罐内，对培养基和发酵罐进行灭菌。灭菌后将种子液以一定比例接入发酵罐内，开始发酵培养。在发酵培养过程中注意控制温度、搅拌转速、通气量、

pH 等条件，并要每隔一定时间检测发酵液中菌体浓度。

3. 发酵表达

发酵培养至对数生长期时，选择适宜的诱导条件对基因工程菌进行诱导，注意控制温度、搅拌转速、通气量、pH 等条件。到达发酵终点时，结束发酵，收集菌体进行产物的分离纯化。

三、基因工程菌发酵的相关知识

1. 基因工程菌的稳定性

基因工程菌的稳定性是使用基因工程菌进行发酵生产的基本前提，基因工程菌的稳定性一直是基因工程技术工业化的瓶颈。基因工程菌的稳定性至少应维持在 25 代以上，但在基因工程菌的保存和发酵生产过程中表现出不稳定性。基因工程菌的不稳定性主要表现在两个方面：质粒分配的不稳定、质粒结构的不稳定。

（1）基因工程菌不稳定性的表现

①质粒分配的不稳定：质粒的分配不稳定是指质粒的丢失，这是基因工程菌常表现出的一种不稳定性。在基因工程菌进行二分裂增殖时，重组质粒不能够随机均匀的分配到两个子细胞中，导致其中一个子细胞中重组质粒的拷贝数较低，经过多代增殖，造成一部分细胞中重组质粒的拷贝数减少，甚至不再含有重组质粒，表现为质粒的丢失。基因工程菌保存时间过长、保存和培养条件不适宜都会增加质粒丢失的概率。

②质粒结构的不稳定：质粒结构的不稳定是指重组质粒中目的基因片段或其他 DNA 片段发生脱落、重排和修饰等现象，环状质粒发生开环等现象，从而导致重组 DNA 丧失其生物功能。

（2）影响基因工程菌稳定性的因素　影响基因工程菌稳定性的因素很多，除了有菌种本身的遗传和生理性质、质粒本身分子结构等内在因素外，还有菌种的保藏、培养条件等外在因素。无论是内因还是外因，这些因素对基因工程菌稳定性的影响是复杂的。

①菌种和质粒的遗传特性：菌种和质粒的遗传特性对基因工程菌稳定性的影响是多方面的，例如，在有些宿主细胞中，限制修饰系统可以对外源的重组 DNA 进行降解，导致质粒结构稳定性下降；某些诱导表达型质粒使用 LacZ 基因控制目的基因的表达，但是质粒的稳定性会随 LacZ 基因表达的诱导而降低。在大肠杆菌温控表达系统中，随着温度由 30℃升高的 42℃启始目的基因表达时，也往往会伴随质粒的丢失。

一般情况下，菌种和质粒遗传特性对基因工程菌稳定性的影响可以通过选择适宜的宿主菌株和表达系统来解决。

②菌种的培养和发酵条件：在基因工程菌培养发酵过程中，菌种的生长的环境条件对菌种的稳定性以及目的基因表达水平具有很大影响。

培养基：培养基成分及其浓度会影响微生物的代谢，从而影响到微生物的生长、生理状态和质粒的遗传稳定性。有研究表明，基因工程菌在营养丰富的培养基中比在营养贫乏的培养中更不稳定。这可能是因为在营养丰富的培养基中，细胞的生长速率更高，增加质粒丢失的概率。

温度：温度对基因工程菌的影响很大。有的质粒属于温度敏感性质粒，如农杆菌质粒，当温度超过30℃时，就可引起质粒的丢失。对于温控表达系统，温度的影响也尤为重要，必须要使用合适的温度在合适的时机诱导表达，否则会影响质粒的稳定性。一般情况下，低的培养温度有利于保持质粒的稳定性。

溶氧：在使用机械搅拌式发酵罐对基因工程菌进行培养时，质粒的稳定性通常要比在摇瓶中培养时低，这是因为在发酵罐中搅拌能够增加溶氧浓度，搅拌强度会影响质粒丢失速率。但这并不等于缺氧条件就有利于质粒的稳定性，因为缺氧条件会影响能量的供给，使质粒稳定性受限制。

pH：pH是影响微生物生长的重要参数，会影响细胞结构形态、各种酶的酶活性，同样也会对基因工程菌的稳定性产生影响。有研究显示，某些基因工程菌的生长和质粒稳定性的最适pH不同。在培养过程中，pH的变化将对质粒稳定性产生影响。

2. 基因工程菌的培养方式

基因工程菌常用的培养方式主要有补料分批培养、连续培养、透析培养和固定化培养四种方式。

(1) 补料分批培养　为了保持基因工程菌生长所需的良好环境，延长菌种的对数生长期，获得高密度菌体，通常把控制溶氧和流加补料相结合，根据菌体生长规律调节补料的流加速率。

(2) 连续培养　连续培养可以为基因工程菌提供恒定的生长环境，控制其生长速率，便于进一步研究基因工程菌的发酵动力学、生理生化特性、环境因素的影响等。

(3) 透析培养　在基因工程菌培养过程中，某些代谢产物，如乙醇、乙酸因过多积累而会影响菌体的生长和目的基因的表达。为了解除过量积累的代谢产物对菌体的影响，可以使用透析培养。透析培养利用膜的半透性原理使代谢产物和培养基分离，通过除去培养基中的代谢产物来解除其对基因工程的不利影响。在透析培养中，使用蠕动泵将发酵液泵入发酵罐外的透析器的一侧循环，而另一侧泵入透析液循环，这样在透析器中，代谢产物就从发酵液中透过半透膜进入透析液中，降低其在培养基中的浓度。

(4) 固定化培养　可以将基因工程菌看作是带有外源目的基因的特殊微生物细胞，和酶的固定化、细胞的固定化能够提高稳定性相似，固定化培养也有助于提高基因工程菌的稳定性，是工业化生产解决基因工程菌不稳定性的一种方法。而且，固定化便于实现连续培养。

3. 基因工程菌发酵工艺

基因工程菌是经过人工改造的、携带有外源目的基因的特殊菌种，外源基因的高效表达不仅与宿主细胞、载体有密切关系，还有发酵工艺条件有直接关系。基因工程菌的发酵工艺条件主要包括培养基、温度、pH、溶氧浓度、接种量和诱导条件等。

(1) 培养基　培养基为基因工程菌的生长提供必要的营养成分和适宜的生长环境。对于基因工程菌的发酵，要求培养基既能保证菌种的正常生长，又要保持菌种的稳定性，同时培养基成分尽可能的不对产物的分离纯化造成困难。培养基中碳源和氮源是最重要的两种成分，对菌体的生长和目的基因的表达有很大影响，适宜的碳源和氮源能够提高目的基因的表达水平。常用的碳源有葡萄糖、蔗糖、甘油等，常用的氮源有玉米浆、花生饼粉、硝酸铵、硫酸铵等。除此之外，还应向培养基中添加无机盐、维生素、生长因子等成分。对于一些需要诱导才能表达目的基因的工程菌，在选择培养基成分时要注意所选成分不影响目的基因的诱导表达。而且，有一些基因工程菌在营养丰富的培养基中容易引起质粒的不稳定，所以需要配制较稀薄的培养基，在发酵过程中，通过补料来提供营养。

（2）温度　温度是影响基因工程菌生长、目的基因表达和菌种稳定性的重要因素。温度过低，影响菌体的生长，使菌体浓度偏低，从而影响目的产物的合成量；而温度过高不仅会降低质粒的稳定性，也会影响目的基因的表达。发酵温度的选择要综合考虑基因工程菌遗传特性、发酵工艺条件、目的产物的性质等因素。同传统发酵一样，一些基因工程菌的最适生长温度和目的基因表达、积累目的产物的最适温度往往是不一致，如采用温控表达系统的基因工程菌。因此，发酵过程分为生长阶段和表达阶段，在这两个阶段中分别采用不同温度。对于一些大肠杆菌基因工程菌，在较高的温度下进行发酵容易形成包涵体，包涵体是外源目的基因在宿主细胞内高水平表达时，因各种原因导致其蛋白质产物没有形成正确的高级结构而成为没有生物活性的颗粒物。所以，一般选择在较低的温度下进行目的基因的表达。

（3）pH　pH 直接影响菌体的生长繁殖和目的基因的表达。在基因工程菌发酵过程中，应根据基因工程菌的生长和代谢特性，对 pH 进行调节。和温度调剂相似，pH 的调节一般也分成两个阶段，第一阶段调节 pH 至菌体生长最适 pH，促进菌体的生长。第二阶段调节 pH 至目的基因表达最适 pH，促进产物的合成。

（4）溶氧浓度　基因工程菌的目的基因在表达时，需要消耗大量的能量用于蛋白质的合成，因此，对于基因工程菌的发酵，一般要求要有足够的溶氧浓度，尤其是在进行高密度培养时。但是，不同的基因工程菌株对氧的需求量也是不同的。高的溶氧浓度虽然有助于菌体的生长，得到高的菌体浓度，但是也会影响质粒的稳定性。在发酵过程中，应根据基因工程菌的特性和表达产物的需要，将溶氧浓度控制在合适水平。

（5）接种量　接种量的大小直接影响发酵速率和目的基因表达产物的量。接种量小，菌体的适应期长，延长发酵周期；若接种量过大，菌体生长过快，容易导致溶氧不足，同样影响产物合成。

（6）诱导条件　对于使用诱导表达系统的基因工程菌来说，诱导条件的选择对目的基因的表达有直接而重要的影响。目前，使用得最为广泛的是以大肠杆乳糖操作子调控机制为基础设计构建的 Lac 表达系统，该系统受乳糖或异丙基硫代半乳糖苷（IPTG）的诱导而使目的基因得到表达。乳糖和 IPTG 是该系统的常用诱导物，其中 IPTG 是乳糖的结构类似物，是一种高效的诱导物，但是它的使用会对菌体造成一定毒害作用。在进行诱导时，主要考虑诱导时间和诱导物剂量的选择。在诱导时间上，一般选择在对数期。过早的进行诱导，IPTG 对菌体的毒性以及表达目的基因为菌体所带来的负担都会影响菌体的正常生长，造成菌体浓度偏低，总体发酵产率不高。若诱导时菌体浓度过大，菌体开始老化，一般会引起表达水平下降。在诱导物剂量上，在一定范围内，目的基因表达水平会随IPTG用量的增加而升高，但是，超过此范围后，因为IPTG对菌体的毒性，反而会使目的基因表达水平随IPTG用量的增加而降低。而且，因为IPTG诱导作用的高效性，容易导致包涵体的生成。IPTG价格昂贵，一般不适用于工业化生产，可用乳糖代替IPTG。对于温控表达系统，一般选择在对数期通过改变发酵温度的方法诱导目的基因的表达。

4. 基因工程菌的安全性

基因工程菌及基因工程产品在医药、食品、环境、能源等众多领域发挥了积极作用，产生了巨大的经济效益和社会效益。但是，我们也要清楚地认识到，基因工程菌及基因工程产品也可能存在一定风险性。例如，目前所使用的大多数质粒载体都带有抗生素抗性基因，一旦大量泄漏到自然界中，对自然环境和人类健康都有一定隐患。为了最大程度地减少基因工程菌及基因工程产品所带来的安全风险，各个国家都建立了科学合理的管理制度。美国国立卫生研究所（NIH）制定了《重组DNA研究准则》，该准则对有关DNA重组技术实验的安全防护做出了明确而严格的规定。我国也于1993年颁布了《基因工程安全管理办法》，该办法对基因工程工作的安全等级、安全评价和安全控制措施做出了详细明确的规定，同时也明确了违反该办法所应承担的法律责任。基因工程工作者在工作中应当提高安全意识，严格遵守国家和企业有关基因工程操作的规定，这也是良好职业素养的一种体现。

实训六 基因工程药物干扰素制备模拟实训

干扰素（interferon，IFN）是一种由单核细胞和淋巴细胞产生的细胞因子，它是机体感染病毒时，宿主细胞通过抗病毒应答反应而产生的一组结构类似、功能相近的低分子糖蛋白，具有抗病毒、抗肿瘤、调节免疫功能等多种生物活性。人体合成的干扰素可分为三个类型，即干扰素α、干扰素β和干扰素γ。其中干扰素α和干扰素β分别由白细胞和成纤维细胞产生，具有抗病毒感染、抑制瘤生长的作用。干扰素γ由T淋巴细胞产生，具有免疫调节作用。干扰素α具有20种以上的亚型，如干扰素α-2a、干扰素α-2b等。

干扰素虽然是一种药物，但是在20世纪80~90年代，干扰素制品却在一直威胁着我国人民的生命健康，这是因为在当时干扰素的生产方法是从人或动物的血液中进行提取，如果血液的供应者患有传染性疾病，那么从这样的血液中提取的干扰素会导致患者在使用后感染疾病。而且这种方法生产的干扰素价格昂贵，很大程度上限制了其临床应用。为了从生产方法这一根源上解决上述问题，我国开始利用基因工程制药技术生产干扰素。1992年，我国第一个基因工程药物干扰素α-1b问世，获得了国家一类新药证书。目前，在临床上使用的多为干扰素α-2a和干扰素α-2b。

一、实训目的

学习基因工程菌的构建；学习基因工程菌的发酵及工艺控制技术。

二、实训原理

人白细胞在病毒的诱导下，可产生干扰素α－2b，从白细胞中提取mRNA，经反转录后合成cDNA，以cDNA为模板，进行PCR，获得表达干扰素α－2b的目的基因。选取质粒载体，目的基因和质粒载体经限制性内切酶酶切后，用DNA连接酶连接，构建重组DNA。采用化学转化法将重组DNA转化到宿主大肠杆菌细胞内，将筛选鉴定的阳性重组子作为合成干扰素α－2b的基因工程菌。对基因工程菌进行种子制备、发酵，并在发酵过程中控制温度、pH、溶氧浓度等条件，使基因工程菌合成重组人干扰素α－2b。

三、实验器材

1. 菌种

大肠杆菌。

2. 溶液及试剂

（1）LB培养基　胰蛋白胨10g/L，酵母浸出粉5g/L，NaCl 10g/L，121℃灭菌20分钟。

（2）种子培养基　同LB培养基。

（3）发酵培养基　蛋白胨10g/L，酵母膏5g/L，氯化铵0.1g/L，氯化钠0.5g/L，磷酸二氢钠0.6g/L，氯化钙0.01g/L，磷酸二氢钾0.3g/L，硫酸镁0.1g/L，葡萄糖4g/L，适量氨苄青霉素，适量消泡剂。pH 6.8。

（4）TE缓冲液　10mmol/L Tris－HCl（pH 8.0），10mmol/L NaCl，1mmol/L EDTA（pH 8.0）。

（5）电泳缓冲液（50×TAE）　Tris 242g，冰乙酸57.1ml，0.5mol/L EDTA（pH 8.0）100ml，加蒸馏水定容至1L。使用时稀释50倍。

（6）溶液Ⅰ　50mmol/L葡萄糖，25mmol/L Tris－Cl（pH 8.0），10mmol/L EDTA（pH 8.0），配好后在高压下蒸气灭菌15分钟，贮存于4℃。

（7）溶液Ⅱ　0.2mol/L NaOH，1% SDS。现用现配。

（8）溶液Ⅲ　5mol/L乙酸钾60ml，冰乙酸11.5ml，水28.5ml。

（9）溶菌酶溶液（20mg/ml）　用10mmol/L Tris－HCl（pH 8.0）配制成20mg/ml的贮存液，－20℃保存备用。

（10）蛋白酶K溶液（20mg/ml）　用50mmol/L Tris－HCl（pH 8.0），1.5mmol/L醋酸钙配制成20mg/ml的贮存液，－20℃保存备用。

（11）RNase溶液（10mg/ml）　用10mmol/L Tris－HCl（pH8.0）配制，－20℃保存备用。

（12）$CaCl_2$溶液（0.1mol/L）　称取无水$CaCl_2$ 2.77g，用去离子水溶解，定容至250ml，灭菌后4℃保存备用。

（13）氨苄青霉素溶液（10mg/ml）　称取氨苄青霉素10mg，用1ml去离子水溶解，用0.22μm滤膜过滤，4℃保存备用。

3. 仪器设备

试管、锥形瓶、培养皿若干，灭菌后待用；微量移液器；分析天平；台式离心机；高速冷冻离心机；超净台；恒温恒湿培养箱；摇瓶柜；紫外分光光度计；PCR 仪；电泳槽；凝胶成像仪；发酵罐等。

干扰素制备工艺流程见图 7－43。

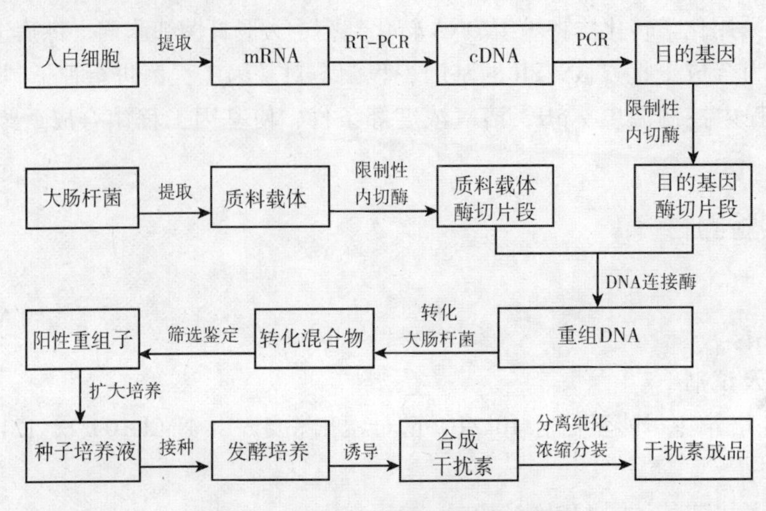

图 7－43　干扰素制备实训工艺流程

四、实训步骤

1. 目的基因的制备

（1）mRNA 的提取

①使用经病毒诱导的白细胞，以 50～100mg 细胞组织加入 1ml Trizol 液，摇匀，消化 5 分钟。

②将细胞裂解液吸到经过 DEPC 处理的离心管中，以每 1ml Trizol 液加入 0.2ml 的比例加入氯仿，盖紧离心管，剧烈摇荡离心管 5 分钟。

③取上层水相于一新的离心管，按每 1ml Trizol 液加入 0.5ml 的比例加入异丙醇，室温放置 10 分钟后在 12000r/min 条件下离心 10 分钟。

④离心后弃掉上清液，按每 1ml Trizol 液至少加入 1ml 的比例加入 75% 乙醇，涡旋混匀，在 4℃、7500r/min 条件下离心 5 分钟。

⑤小心弃掉上清液，室温或真空干燥 5～10 分钟，溶解 RNA。

注意：RNA 容易被 RNA 酶降解而导致提取失败，因此要严格控制实验条件。实验室最好开辟出专门的 RNA 操作区域和专用实验设备。在操作过程中应佩戴乳胶手套，并经常更换。实验中所使用的枪头、离心管、玻璃制品等等材料应事先用 EDPC 水溶液处理过并经过高温高压蒸汽灭菌。配制实验所用的乙醇、水等应用 DEPC 水配制。

（2）cDNA 的制备

①取 1～2μg mRNA 和 1μl 特异引物（100μg/ml），补水至 10μl。90℃保温 1 分钟，50℃，保温 5 分钟，冰浴。

②在上述体系中按顺序加入以下成分并混合均匀。

样品	体积
去核酶无菌水	补水至反应体系为20μl
10×扩增缓冲液	2μl
dNTP 混合物	2μl
50mmol/L $MgCl_2$	1μl
DTT	1μl
RNA 酶抑制剂	20U
MMLV	200U

③反应体系于37~42℃保温30分钟。

④反应体系于95℃加热5分钟，灭活反转录酶。

（3）PCR 扩增目的基因

①取一个已经灭过菌的干燥离心管，在冰浴条件下按顺序加入以下成分，混合均匀。

样品	体积
无菌双蒸水	补水至反应体系为50μl
10×PCR buffer	5 μl
dNTP 混合物（2mM）	4μl
引物1（10pM）	2μl
引物2（10pM）	2μl
cDNA 模板（50ng~1μg/μl）	1μl
Taq 酶（2U/μl）	1μl

②将离心管放入 PCR 仪中，设置 PCR 反应条件，开始 PCR 反应。

③PCR 程序结束后，进行琼脂糖凝胶电泳，检测目的基因的核酸片段。

（4）琼脂糖凝胶电泳检测目的基因

①称取 0.8g 琼脂糖，置于锥形瓶中，加入 100ml 1×TAE 缓冲液，加热溶解，待其冷却至65℃左右，小心地将其倒在制胶槽内。室温下静置20~30分钟，待凝固完全后，轻轻拔出样品梳，在凝胶一端即形成相互隔开的点样孔。

②向电泳槽中加入适量1×TAE 缓冲液，将制备好的凝胶放入到电泳槽中，使凝胶完全浸没在缓冲液中。注意凝胶点样孔一端应位于电泳槽负极一侧。

③取适量待电泳的核酸样品，向其中加入10×上样缓冲液，混匀，使上样缓冲液终浓度为1×。用微量移液器将上述样品分别加入胶板的样品槽内。

④加完样品后的凝胶立即通电，进行电泳。电泳时，应使电流稳定在 10mA。当溴酚蓝染料移动到距离板下沿约 2cm 处停止电泳。小心取出凝胶。

⑤将凝胶浸泡在 EB 染色液中20分钟后，在波长为 245nm 的紫外光下，观察染色后的凝胶。DNA 存在处应显示出清晰的橙红色荧光条带，用凝胶成像系统摄下。

2. 质粒载体的制备

①将培养后的菌液进行离心，收集菌体，重悬于100μl 用冰预冷的溶液Ⅰ中。

②加入200μl新配制的溶液Ⅱ，盖紧管口，快速颠倒离心管5次，以充分混合。

③加150μl用冰预冷的溶液Ⅲ，盖紧管口，轻轻将离心管颠倒数次，将管置于冰上5分钟。

④在4℃下，12 000r/min离心5分钟，将上清转移到另一离心管中。

⑤加等体积酚∶氯仿∶异戊醇（25∶24∶1），振荡混匀，12000r/min离心5分钟将上清转移到另一离心管中。

⑥加入2倍体积的无水乙醇，振荡混合，于室温静置1小时，沉淀质粒DNA。

⑦在4℃下，12 000r/min离心10分钟，小心吸去上清液，收集DNA沉淀。

⑧用1ml 70%乙醇洗涤DNA沉淀，12 000r/min离心10分钟，小心吸去上清液，将离心管倒置，使所有液体流出。

⑨用30～50μl TE溶解质粒DNA，可在－20℃保存备用。

⑩琼脂糖凝胶电泳检测质粒片段。

3. 目的基因与质粒载体的酶解反应

①取一个已经过灭菌的干燥离心管，在冰浴条件下按顺序加入以下成分并混合均匀。

样品	体积
无菌双蒸水	补水至反应体系为20μl
10×酶解反应液	2μl
目的基因（或质粒载体）	10μl
第一种限制性内切酶	1μl
第二种限制性内切酶	1μl

②将离心管放入37℃水浴中反应2～3小时。

③反应结束后加入2μl 10×酶解反应终止液，混匀终止酶解反应，回收DNA片段。

4. 目的基因与载体的连接反应

①取一个已经过灭菌的干燥离心管，在冰浴条件下按顺序加入以下成分并混合均匀。

样品	体积
无菌双蒸水	补水至反应体系为10μl
2×T4 DNA连接酶缓冲液	5μl
目的基因	1μl
或质粒载体	1μl
T4 DNA 连接酶（5～10U/μl）	1μl

②将离心管放入4℃水浴中反应过夜。

5. 大肠杆菌转化实验

①接种大肠杆菌单菌落于5ml LB培养基中，37℃振荡培养过夜。

②以1%接种量将上述菌液接种于装有50ml LB培养基的锥形瓶中，37℃振荡培养

至 A_{600} = 0.3 ~ 0.5。

③将菌液置于冰浴中冷却30分钟。

④在冰浴条件下，将菌液转移至离心管中，4℃、3000r/min离心5分钟，收集菌体。

⑤在冰浴条件下，加入1/2培养体积的、已经提前预冷的0.1mol/L $CaCl_2$ 溶液，用移液枪头轻轻上下吹吸，重新悬浮菌体，冰浴20分钟，4℃、3000r/min离心5分钟，收集菌体。

⑥在冰浴条件下，加入1/2培养体积的、已经提前预冷的0.1mol/L $CaCl_2$ 溶液，用移液枪头轻轻上下吹吸，重新悬浮菌体，即制得感受态细胞。

⑦感受态细胞可立即用于转化实验，或加入10%无菌甘油，混匀后于-70℃保藏。

⑧在冰浴条件下，取100μl感受态细胞于已预冷的离心管中，加入20ng重组DNA，用移液枪头轻轻吹吸混匀，冰浴30分钟。同法进行对照组实验。

⑨将离心管置于42℃水浴，热激90秒。

⑩快速将离心管转移至冰浴，放置1~2分钟。

⑪向离心管中加入400μl SOC培养基，37℃温和摇动培养1~2小时。

⑫取适量上述菌液涂布于抗生素筛选平板，经37℃培养后，挑选菌落进行验证。

6. 阳性重组子的筛选和表达产物鉴定

①挑取抗性筛选平板上生长出的菌落接种于LB培养基中进行培养。

②收集菌体，提取质粒。

③对重组质粒进行酶切验证和PCR验证。

④对表达产物进行SDS-PAGE蛋白质电泳。

7. 基因工程菌的发酵

①取基因工程菌，接种于20ml LB培养基中，并加入10%氨苄青霉素0.1ml，37℃振荡培养至 A_{600} = 0.5 ~ 0.6。

②将上述培养液分别接种于4只装有240ml LB培养基的1000ml三角瓶中，每瓶接种10ml，并加入10%氨苄青霉素0.3ml，37℃振荡培养至 A_{600} = 0.7 ~ 0.9，作为发酵用种子液。

③发酵在15L发酵罐中进行，检查发酵罐密封性、发酵罐及附属设备工作状况，正确安装溶氧电极和校正后的pH电极。

④将10L发酵培养基装入发酵罐，115℃灭菌15分钟，校正溶氧电极。

⑤培养基和发酵罐灭菌后冷却到30℃时，将种子液按10%接种量接入发酵罐内，开始发酵培养。

⑥设定发酵条件为温度37℃，搅拌转速500r/min，通气量为1:1，溶氧为50%，pH 7.0 ± 0.05。

⑦培养6~8小时后，在30℃诱导表达2~3小时。

⑧终止发酵，离心收集菌体，进行干扰素的分离纯化。

五、实训结论

(1) ________ （是/否）构建了表达重组人干扰素α-2b的大肠杆菌基因工程菌。

（2）经过发酵生产，重组人干扰素 α－2b 效价为________。

六、技能思考与训练

1. 案例分析

胰岛素的最初生产方法是直接从动物胰腺中进行提取，这种方法产率低，纯度差，成本高。直到 1979 年，科学家将动物体内的能够合成胰岛素的基因与大肠杆菌的 DNA 分子重组，并且将重组 DNA 分子在大肠杆菌体内表达成功，获得胰岛素，主要过程如图 7－44 所示。其中①②③④各表示什么过程？在①②③过程中需要哪些酶的参与？这种生产方法与最初的生产方法相比，有什么优点？

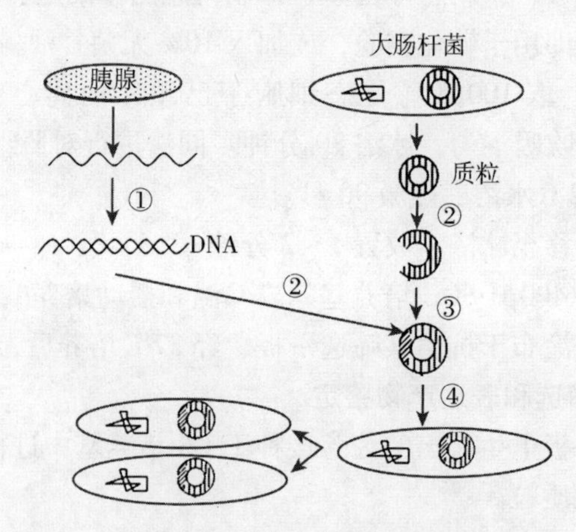

图 7－44　大肠杆菌生产胰岛素的主要过程

2. 训练项目

按照基因工程制药生产的主要过程，构建高效表达人胰岛素基因的大肠杆菌基因工程菌，并对菌种进行发酵，生产胰岛素。

目标检测

（一）名词解释

基因工程；目的基因；基因文库；质粒；载体；限制性内切酶；感受态；转化；标记基因；阳性重组子

（二）选择题

1. 有关基因工程的叙述正确的是
   A. 限制酶只在获得目的基因时才用
   B. 重组质粒的形成是在细胞内完成的
   C. 质粒都可作为载体
   D. 动植物细胞也可作为宿主细胞
2. 下列哪项不是基因工程中经常使用的用来运载目的基因的载体

A. 细菌质粒　　B. 噬菌体　　C. 动植物病毒　　D. 细菌核区的 DNA

3. 基因工程是在 DNA 分子水平上进行设计施工的。在基因操作的基本步骤中，进行碱基互补配对的是

A. PCR 扩增目的基因

B. 齐平末端 DNA 片段之间的连接

C. 将目的基因导入受体细胞

D. 限制性内切酶对 DNA 片段的切割

4. 不是基因工程方法生产的药物是

A. 干扰素　　B. 白细胞介素　　C. 青霉素　　D. 乙肝疫苗

5. 下列黏性末端属于同一种限制酶切割而成的是

①
– T – C – G –
– A – G – C – T – T – A – A

②
– C – A –
– G – T – T – C – C – A

③
– A – A – T – T – C
– G

④
– A – G – C – T – T – C
– A – G

A. ①②　　B. ①③　　C. ①④　　D. ②③

6. 下列有关基因工程的叙述中，正确的是

A. DNA 连接酶将黏性末端的碱基对连接起来

B. 基因探针是指用放射性核素或荧光分子等标记的核酸分子

C. 基因工程经常以抗生素抗性基因为目的基因

D. 蛋白质中氨基酸序列不能够为人工合成目的基因提供信息

7. 科学家将含人的 α – 胰蛋白酶基因的 DNA 片段，注射到羊的受精卵中，该受精卵发育的羊能分泌含 α – 抗胰蛋白质的奶。这一过程没有涉及

A. DNA 以其一条链为模板合成 RNA

B. DNA 按照碱基互补配对原则自我复制

C. RNA 以自身为模板自我复制

D. 按照 RNA 密码子的排列顺序合成蛋白质

8. 下列属于 PCR 技术的条件的是

①单链的脱氧核苷酸序列引物　　②目的基因所在的 DNA 片段

③脱氧核苷酸　　④核糖核苷酸

⑤DNA 连接酶　　⑥DNA 聚合酶

⑦DNA 限制性内切酶

A. ①②③⑤　　B. ①②③⑥　　C. ①②③⑤⑦　　D. ①②④⑤⑦

9. 水母发光蛋白由 236 个氨基酸构成，其中有三种氨基酸构成发光环，现已将这种蛋白质的基因作为生物转基因的标记。在转基因技术中，这种蛋白质的作用

A. 促使目的基因导入宿主细胞中　　B. 促使目的基因在宿主细胞中复制

C. 使目的基因容易被检测和选择　　D. 使目的基因容易成功表达

10. 下列育种没有使用基因工程技术的是

A. 获取高产青霉素的菌株　　B. 获得能分泌含抗体的乳汁的母牛

C. 生长较快的鲤鲫鱼　　　　D. 利用工程菌生产的人胰岛素

（三）思考题

1. 基因工程在医药行业中有哪些应用？
2. 基因工程主要包括哪些过程？
3. 利用 PCR 方法扩增目的基因的原理是什么？
4. 基因工程对载体有哪些要求？
5. 质粒载体有哪些类型，它们各自有什么特点？
6. 有 2 个 DNA 分子 A 和 B，顺序分别为：

A：AGCTCAATTCTACGCGCAATTCGGCCGACTT

B：TGACGATAGGCCGACTATAGAATTCGTTA

请问：①这 2 个 DNA 片段能分别用哪些限制性内切酶酶切，写出酶切后的 DNA 片段；②将酶切后的 A 和 B 片段在切口处进行连接，能产生多个重组 DNA 分子，写出连接所用的酶和可形成的重组分子。

7. 为何要将重组 DNA 导入到宿主细胞中？常用的转移方法有哪些？
8. 为何要筛选阳性重组子？筛选方法有哪些？
9. 基因工程菌的不稳定性有哪些表现？
10. 基因工程菌的发酵与普通菌种的发酵有何异同之处？

项目八 | 酶工程制药技术

◎**知识目标**

1. 掌握生物酶的基本性质。
2. 掌握酶固定化的基本原理和方法。

◎**技能目标**

1. 正确认识酶工程制药生产岗位环境、工作形象、岗位职责及相关法律法规。
2. 能够选使用合适方法正确完成酶的固定化。
3. 能够使用酶工程制药方法完成氨基酸药物的制备。

酶工程（enzyme engineering）是酶学和工程学相互渗透结合、发展而形成的一门新的技术科学。它是从应用的目的出发研究酶、应用酶的特异性催化功能，并通过工程化将相应原料转化成有用物质的技术。

酶工程制药技术是酶制剂制造工的核心操作技能，涵盖以下能力培养及训练：

(1) 根据催化反应的工业过程，能够选择合适工具酶的能力。

(2) 酶的生产、分离纯化能力。

(3) 把酶和细胞固定化的能力。

(4) 应用酶及固定化酶的反应器进行生产的能力。

(5) 调控酶反应体系中的各种因素，提高酶反应速度的能力。

(6) 酶工程药物生产的质量控制能力。

目标是培养贯通酶工程制药领域的理论与技术、具有实干精神、创新意识和工程化能力的高素质技能型人才。

任务一 酶工程制备氨基酸类药物

1971 年，第一届国际酶工程会议提出的酶工程的内容主要是：酶的生产、分离纯化、酶的固定化、酶及固定化酶的反应器、酶与固定化酶的应用等。近年来，由于酶在工业、农业、医药和食品等领域中应用的迅速发展，酶工程也不断地增添新内容。从现代观点来看，酶工程主要有以下几个方面的研究内容：①酶的分离、提纯、大批量生产及新酶和酶的应用开发。②酶和细胞的固定化及酶反应器的研究（包括酶传感器、反应检测等)。③酶生产中基因工程技术的应用及遗传修饰酶（ 突变酶 ）的研究。④酶的分子改造与化学修饰以及酶的结构与功能之间关系的研究。⑤有机相中酶反应的研究。⑥酶的抑制剂、激活剂的开发及应用研究。⑦抗体酶、核酸酶的研究。⑧模拟酶、合成酶及酶分子的人工设计、合成的研究。酶工程技术和应用研究的深入，使其在工业、农业、医药和食品等方面发挥着极其重要的作用。

酶转化法亦称为酶工程技术，实际上是在特定酶的作用下使某些化合物转化成相应氨基酸的技术。

酶工程技术基本过程是利用化学合成、生物合成或天然存在的氨基酸前体为原料，同时培养具有相应酶的微生物、植物或动物细胞，然后将酶或细胞进行固定化处理，再将固定化酶或细胞装填于适当反应器中制成所谓“生物反应堆”，加入相应底物合成特定氨基酸，反应液经分离纯化即得相应氨基酸成品。

目前医药工业中，用酶工程法生产的氨基酸已有十多种，如用延胡索酸和铵盐为原料经门冬氨酸酶催化生产 *L* – 门冬氨酸，用 *L* – 门冬氨酸为原料在门冬氨酸 – β – 脱羧酶作用下生产 *L* – 丙氨酸，以吲哚和 *L* – 丝氨酸为原料在色氨酸合成酶催化下合成 *L* – 色氨酸，在精氨酸脱亚胺酶催化下使 *L* – 精氨酸转变为 *L* – 瓜氨酸，以甘氨酸及甲醇为原料在丝氨酸转羟甲基酶催化下合成 *L* – 丝氨酸，以甘氨酸和乙醛为原料在苏氨酸醛缩酶催化下生成 *L* – 苏氨酸。此外，*DL* – 蛋氨酸、*DL* – 缬氨酸、*DL* – 苯丙氨酸、*DL* – 色氨酸、*DL* – 丙氨酸及 *DL* – 苏氨酸等分别经氨基酰化酶拆分获得了相应的 *L* – 氨基酸，并已投入了工业化生产。

一、酶的制备

1. 化学合成法

酶作为生物催化剂普遍存在于动物、植物和微生物中，可直接从生物体中分离提纯。从理论上讲，酶与其他蛋白质一样，也可以通过化学合成法来制得。现在已有了一整套固相合成肽的自动化技术，大大加快了合成速度。但从实际应用上讲，由于试剂、设备和经济条件等多种因素的限制，通过人工合成的方法来进行酶的生产还需要相当长的一段时间，因此酶的生产只宜直接从生物体中抽提分离。

2. 提取法

早期酶的生产多以动植物为主要原料，有些酶的生产至今还应用此法，如从猪颌下腺中提取激肽释放酶，从菠萝中制取菠萝蛋白酶，从木瓜汁液中制取木瓜蛋白酶等。但随着酶制剂应用范围的日益扩大，单纯依赖动植物来源的酶已不能满足要求，而且动植物原料的生长周期长、来源有限，又受地理、气候和季节等因素的影响，不适于大规模生产。

3. 动植物细胞培养法

近十多年来，动植物组织和细胞培养技术取得了很大的进步，但因其周期长、成本高，因而还有一系列问题亟待解决，估计在不久的将来会出现利用动植物细胞培养的方法来生产酶的新技术工业。所以工业生产一般都以微生物为主要来源，目前在千余种被使用的商品酶中，大多数都是利用微生物生产的。

4. 微生物发酵法

利用微生物生产酶制剂，突出的优点是：①微生物种类繁多，凡是动植物体内存在的酶，几乎都能从微生物中得到。②微生物繁殖快、生产周期短、培养简便，并可以通过控制培养条件来提高酶的产量。③微生物具有较强的适应性，通过各种遗传变异的手段，能培育出新的高产菌株。

所以，目前工业上应用的酶大多采用微生物发酵法来生产。

二、细胞固定

酶反应几乎都是在水溶液中进行的，属于均相反应。均相酶反应系统自然简便，但也有许多缺点，如溶液中的游离酶只能一次性使用，不仅造成酶的浪费，而且会增加产品分离的难度和费用，影响产品的质量；另外溶液酶很不稳定，容易变性和失活。如能将酶制剂制成既能保持其原有的催化活性、性能稳定、又不溶于水的固形物，即固定化酶（immobilized enzyme），则可像一般固定催化剂那样使用和处理，就可以大大提高酶的利用率。与固定化酶类似，细胞也能固定化。生物细胞虽属固相催化剂，但因其颗粒微小难于截留或定位，也需固定化。固定化细胞既有细胞特性和生物催化的功能，也具有固相催化剂的特点。

1. 固定化酶的制备

（1）固定化酶的定义　固定化酶是20世纪60年代开始发展起来的一项新技术。最初主要是将水溶性酶与不溶性载体结合起来，成为不溶于水的酶的衍生物，所以也曾叫过水不溶酶（water - insoluble enzyme）和固相酶（solid phase enzyme）。但是后来发现，也可以将酶包埋在凝胶内或置于超滤装置中，高分子底物与酶在超滤膜一边，而反应产物可以透过膜逸出，在这种情况下，酶本身仍是可溶的，只不过被固定在一个有限的空间内不再自由流动罢了。因此，用水不溶酶或固相酶的名称就不恰当了。在1971年第一届国际酶工程会议上，正式建议采用固定化酶（immobilized enzyme）的名称。所谓固定化酶，是指限制或固定于特定空间位置的酶，具体来说，是指经物理或化学方法处理，使酶变成不易随水流失即运动受到限制，而又能发挥催化作用的酶制剂。制备固定化酶的过程称为酶的固定化。固定化所采用的酶，可以是经提取分离后得到的有一定纯度的酶，也可以是结合在菌体（死细胞）或细胞碎片上的酶或酶系。

（2）固定化酶的特点　酶类可粗分为天然酶和修饰酶，固定化酶属于修饰酶。在修饰酶中，除固定化酶外，还包括经过化学修饰的酶和用分子生物学方法在分子水平上进行改良的酶等。固定化酶的最大特点是既具有生物催化剂的功能，又具有固相催化剂的特性。与天然酶相比，固定化酶具有下列优点：①可以多次使用，而且在多数情况下，酶的稳定性提高。如固定化的葡萄糖异构酶，可以在60～65℃条件下连续使用超过1000小时；固定化黄色短杆菌的延胡索酸酶用于生产*L*－苹果酸，连续反应1年，其活力仍保持不变。②反应后，酶与底物和产物易于分开，产物中无残留酶，易于纯化，产品质量高。③反应条件易于控制，可实现转化反应的连续化和自动控制。④酶的利用效率高，单位酶催化的底物量增加，用酶量减少。⑤比水溶性酶更适合于多酶反应。

（3）酶和细胞的固定化方法　自20世纪60年代以来，科学家们一直就对酶和细胞的固定化技术进行研究，虽然具体的固定化方法达百种以上，但迄今为止，几乎没有一种固定化技术能普遍适用于每一种酶，所以要根据酶的应用目的和特性，来选择其固定化方法。目前已建立的各种各样的固定化方法，按所用的载体和操作方法的差异，一般可分为载体结合法、包埋法及交联法3类，此外细胞固定化还有选择性热变性（热处理）方法。酶和细胞的固定化方法的分类见图 8－1。酶和细胞的固定化方法见图 8－2。

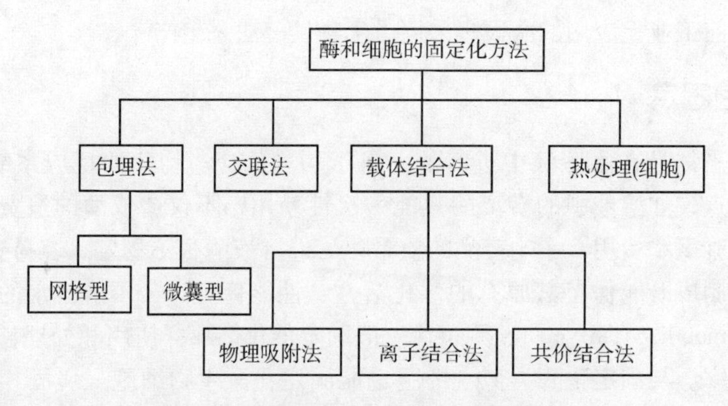

图 8－1 酶和细胞的固定化方法的分类

① 载体结合法：载体结合法是将酶结合于不溶性载体上的一种固定化方法。根据结合形式的不同，可分为物理吸附法、离子结合法和共价结合法等 3 种（表 8－1）。

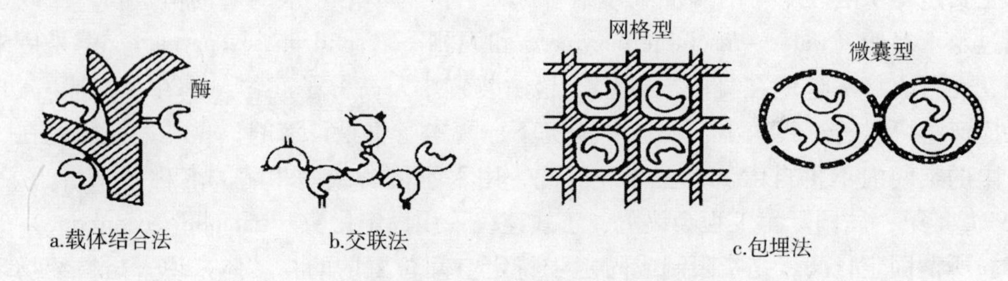

图 8－2 酶和细胞固定化的模式图

物理吸附法：物理吸附法是用物理方法将酶吸附于不溶性载体上的一种固定化方法。此类载体很多，无机载体有活性炭、多孔玻璃、酸性白土、漂白土、高岭石、氧化铝、硅胶、膨润土、羟基磷灰石、磷酸钙、金属氧化物等；天然高分子载体有淀粉、谷蛋白等；大孔型合成树脂、陶瓷等载体近来也已被应用；此外还有具有疏水基的载体（丁基或己基 － 葡聚糖凝胶），它可以疏水性地吸附酶，以及以单宁作为配基的纤维素衍生物等载体。物理吸附法也能固定细胞，并有可能在研究此法中开发出固定化细胞的优良载体。

离子结合法：离子结合法是酶通过离子键结合于具有离子交换基的水不溶性载体上的固定化方法。此法的载体有多糖类离子交换剂和合成高分子离子交换树脂，如 DEAE － 纤维素、Amberlite CG－50、XE－97、IR－45 和 Dowex－50 等。离子结合法也能用于微生物细胞的固定化，但是由于微生物在使用中会发生自溶，故用此法要得到稳定的固定化微生物较为困难。

共价结合法：共价结合法是酶以共价键结合于载体上的固定化方法，也就是将酶分子上非活性部位功能团与载体表面反应基团进行共价结合的方法。它是研究最广泛、内容最丰富的固定化方法，其原理是酶分子上的功能团，如氨基、羧基、羟基、咪唑基、巯基等和载体表面的反应基团之间形成共价键，因而将酶固定在载体上。共价结合法有数十种，如重氮化、叠氮化、酸酐活化法、酰氯法、异硫氰酸酯法、缩合剂法、溴化氰活化法、烷基化及硅烷化法等。在共价结合法中，必须首先使载体活化，即使载体获得能与酶分子的某一特定基团发生特异反应的活泼基团；另外要考虑到酶蛋白上提供共价结合的功能团不能影响酶的催化活性；反应条件尽可能温和。

三种载体结合法的优缺点见表8-1。

表8-1　三种载体结合法的优缺点

方法	优点	缺点
物理吸附法	操作简单，可选用不同电荷和不同形状的载体，固定化的同时可能与纯化过程同时实现，酶失活后载体仍可再生	最适吸附酶量无规律可循，不同载体和不同酶其吸附条件也不同，吸附量与酶活力不一定呈平行关系，同时酶与载体之间结合力不强，酶易于脱落，导致酶活力下降并污染产物
离子结合法	操作简单，处理条件温和，酶的高级结构和活性中心的氨基酸残基不易被破坏，能得到酶活回收率较高的固定化酶	载体和酶的结合力比较弱，容易受缓冲液种类或pH的影响，在离子强度高的条件下进行反应时，往往会发生酶从载体上脱落的现象
共价结合法	酶与载体结合牢固，一般不会因底物浓度高或存在盐类等原因而轻易脱落	反应条件苛刻，操作复杂，而且由于采用了比较强烈的反应条件，会引起酶蛋白高级结构的变化，破坏部分活性中心，因此往往不能得到比活高的固定化酶，甚至酶的底物专一性等性质也会发生变化

② 交联法：交联法是用双功能或多功能试剂使酶与酶或微生物的细胞与细胞之间交联的固定化方法（表8-2）。交联法又可分为交联酶法、酶与辅助蛋白交联法、吸附交联法及载体交联法4种。其内容有酶分子内交联、分子间交联或辅助蛋白与酶分子间交联；也可以先将酶或细胞吸附于载体表面而后再交联或者在酶与载体之间进行交联。常用的交联剂有戊二醛、双重氮联苯胺-2，2-二磺酸、1，5-二氟-2，4-二硝基苯及己二酰亚胺二甲酯等。参与交联反应的酶蛋白的功能团有N-末端的α-氨基、赖氨酸的ε-氨基、酪氨酸的酚基、半胱氨酸的巯基及组氨酸的咪唑基等。交联法与共价结合法一样也是利用共价键固定酶的，所不同的是它不使用载体。交联法最常用的交联剂是戊二醛，它的两个醛基与酶分子的游离氨基反应形成Schiff碱，彼此交联。

表8-2　交联法的缺点及其解决办法

缺点	解决办法
①反应条件比较强烈，固定化酶的酶活回收一般较低	①尽可能降低交联剂的浓度和缩短反应时间，有利于固定化酶比活的提高
②固定化酶颗粒小、结构性能差、酶活性低	②与吸附法或包埋法联合使用。如先使用明胶（蛋白质）包埋，再用戊二醛交联；或先用尼龙（聚酰胺类）膜或活性炭、Fe_2O_3等吸附后，再交联
③由于酶的功能团，如氨基、酚基、羧基、巯基等参与了反应，会引起酶活性中心结构的改变，导致酶活性下降	③在被交联的酶溶液中添加一定量的辅助蛋白如牛血清白蛋白，以提高固定化酶的稳定性

③ 包埋法：包埋法可分为网格型和微囊型两种。将酶或细胞包埋在高分子凝胶细

微网格中的称为网格型；将酶或细胞包埋在高分子半透膜中的称为微囊型。其优缺点见表8－3。

表8－3 包埋法的优缺点

优点	缺点
一般不需要酶蛋白的氨基酸残基参与反应，很少改变酶的高级结构，酶活回收率较高，可以应用于很多酶、微生物细胞和细胞器的固定化	①发生化学聚合反应时包埋酶容易失活，因此必须合理设计反应条件 ②因为只有小分子才能通过高分子凝胶的网格进行扩散，所以包埋法只适合作用于小分子底物和产物的酶，对于那些作用于大分子底物和产物的酶是不适合的 ③扩散阻力会导致固定化酶动力学行为的改变，降低酶活力

网格型：将酶或细胞包埋在高分子凝胶细微网格中的称为网格型。用于此法的高分子化合物有聚丙烯酰胺、聚乙烯醇和光敏树脂等合成高分子化合物，以及淀粉、明胶、胶原、海藻胶和角叉菜胶等天然高分子化合物。应用合成高分子化合物时采用合成高分子的单体或预聚物在酶或微生物细胞存在下聚合的方法；而应用天然高分子化合物时常采用溶胶状天然高分子物质在酶或微生物细胞存在下凝胶化的方法。网格型包埋法是固定化细胞中用得最多、最有效的方法。

微囊型：将酶或细胞包埋在高分子半透膜中的称为微囊型。由包埋法制得的微囊型固定化酶通常为直径几微米到几百微米的球状体，颗粒比网格型要小得多，比较有利于底物与产物的扩散，但是反应条件要求高，制备成本也高。

④ 选择性热变性法：此法专用于细胞固定化，是将细胞在适当温度下处理使细胞膜蛋白变性但不使酶变性而使酶固定于细胞内的方法。

（4）固定化酶的制备技术　主要有吸附法、包埋法、交联法、共价结合法四种方法。

① 吸附法：吸附法是利用载体表面性质作用将酶吸附于其表面的固定化方法，又分为物理吸附法和离子交换吸附法。物理吸附法是将酶的水溶液与具有高度吸附能力的载体混合，然后洗去杂质和未吸附的酶即得固定化酶。物理吸附法中蛋白质与载体结合力较弱，而且酶容易从载体上脱落，活力下降，故此法不常用；离子交换吸附法是将解离状态的酶溶液与离子交换剂混合后，洗去未吸附的酶和杂质即得固定化酶，本方法中离子交换剂的结合蛋白质能力较强，常被采用。

② 包埋法：包埋法又分为凝胶包埋法和微囊化包埋法两类。凝胶包埋法是将酶或细胞限制于高聚物网格中的技术；微囊化法是将酶或细胞定位于不同构型的膜外壳内的技术。

凝胶包埋技术的基本过程是先将凝胶材料（如卡拉胶、海藻胶、琼脂及明胶等）与水混合，加热使之溶解，再降至其凝固点以下的温度，然后加入预保温的酶液，混合均匀，最后冷却凝固成型和破碎即成固定化酶；此外，也可以在聚合单体的产物聚合反应的同时实现包埋法固定化（如聚丙烯酰胺包埋法），其过程是向酶、混合单体及交联剂缓冲液中加入催化剂，在单体产生聚合反应形成凝胶的同时，将酶限制于网格中，经破碎后即成为固定化酶。

用合成和天然高聚物凝胶包埋时，可以通过调节凝胶材料的浓度来改变包埋率和固定化酶的机械强度，高聚物浓度越大，包埋率越高，固定化酶的机械强度就越大。

为防止酶或细胞从固定化酶颗粒中渗漏，可以在包埋后再用交联法使酶更牢固地保留于网格中。

微囊化包埋技术是将酶定位于具有半透性膜的微小囊内的技术，包有酶的微囊半透膜厚约 20nm，膜孔径 40nm 左右，其表面积与体积比很大，包埋酶量也多。其基本制备方法有界面沉降法及界面聚合法两类。

界面沉降法：本法是物理法，是利用某些在水相和有机相界面上溶解度极低的高聚物成膜的过程将酶包埋的方法。其基本过程是将酶液在与水不混溶的、沸点比水低的有机相中乳化，使用油溶性表面活性剂形成油包水的微滴，再将溶于有机溶剂的高聚物加入搅拌下的乳化液中，然后再加入另一种不能溶解高聚物的有机溶剂，使高聚物在油水界面上沉淀、析出及成膜。最后在乳化剂作用下使微囊从有机相中转移至水相，即成为固定化酶。用于制备微囊的高聚物材料有硝酸纤维素、聚苯乙烯及聚甲基丙烯酸甲酯等。微囊化的条件温和，制备过程不致引起酶的变性，但要完全除去半透膜上残留的有机溶剂却不容易。

界面聚合法：本法是化学制备法，其基本原理是利用不溶于水的高聚物单体在油－水界面上聚合成膜的过程制备微囊。成膜的高聚物有尼龙、聚酰胺及聚脲等。

包埋法制备固定化酶的条件温和，不改变酶的结构，操作时保护剂及稳定剂均不影响酶的包埋率，适用于多种酶、粗酶制剂、细胞器和细胞的固定化。但包埋的固定化酶只适用于小分子底物及小分子产物的转化反应，不适用于催化大分子底物或产物的反应，而且扩散阻力会导致酶的动力学行为发生改变而降低其活力。

③ 交联法：交联酶法是向酶液中加入多功能试剂，在一定的条件下使酶分子内或分子间彼此连接成网络结构而形成固定化酶的技术。反应速度与酶的浓度、试剂的浓度、pH、离子强度、温度和反应时间有关。例如 0.2% 的木瓜蛋白酶和 0.3% 的戊二醛在 pH 5.2～7.2，0 ℃下，24 小时即完成反应，反应速度随温度的升高而增大。若 pH 低于 4.0，即使长时间反应也不能实现酶的固定化。酶晶体也可以用交联法实现固定化，但在交联过程中酶容易失活。

酶－辅助蛋白交联法是指在酶溶液中加入辅助蛋白的交联过程。辅助蛋白可以是明胶、胶原和动物血清蛋白等。此法可以制成酶膜或在混合后经低温处理和预热制成泡沫状的共聚物，也可以制成多孔颗粒。酶－辅助蛋白交联法的酶的活力回收率和机械强度都比交联酶法高。

吸附交联法是吸附与交联相结合的技术，其过程是先将酶吸附于载体上，再与交联剂反应。吸附交联法所制得的固定化酶称为壳状固定化酶。此法兼有吸附与交联的双重优点，既提高了固定化酶的机械强度，又提高了酶与载体的结合能力，且酶分布于载体表面，与底物接触较容易。

载体交联法是指同一多功能试剂分子的一些化学基团与载体偶联，而另一些化学基团与酶分子偶联的方法。其过程是多功能试剂（如戊二醛）先与载体（氨乙基纤维素、部分水解的尼龙或其他含伯氨基的载体）偶联，洗去多余的试剂后再与酶偶联，如将葡萄糖氧化酶、丁烯－3，4－氧化物和丙烯酰胺共聚偶联即可得到固定化的葡萄糖氧化酶。微囊包埋的酶也可以用戊二醛交联使之稳定化。另外，交联酶也可以再用包埋法来提高其稳定性并防止酶的脱落。

④ 共价结合法：共价结合法是通过酶分子的非活性基团与载体表面的活泼基团之间发生化学反应而形成共价键的连接法。共价结合法制备固定化酶的优点是酶与载体结合牢固，稳定性好；缺点是载体需要活化，固定化操作复杂，反应条件比较剧烈，酶容易失活和产生空间位阻效应。因此，在进行共价结合之前应先了解所用酶的有关性质，选择适当的化学试剂，并严格控制反应条件，提高固定化酶的活力回收率和相对活力。在共价结合法中，载体的活化是个重要问题。目前用于载体活化的方法有酰基化、芳基化、烷基化及氨甲酰化等。尽管共价结合法制备固定化酶的研究比较多，但因固定化操作繁琐，酶的损失大，起始投资也大，所以，在医药工业中应用的例子很少。

2. 固定化细胞的制备

（1）固定化细胞的定义　将细胞限制或定位于特定空间位置的方法称为细胞固定化技术。被限制或定位于特定空间位置的细胞称为固定化细胞，它与固定化酶同被称为固定化生物催化剂。细胞固定化技术是酶固定化技术的发展，因此固定化细胞也称为第二代固定化酶。固定化细胞主要是利用细胞内酶和酶系，它的应用比固定化酶更为普遍。现今该技术已扩展至动植物细胞，甚至线粒体、叶绿体及微粒体等细胞器的固定化。细胞固定化技术的应用比固定化酶更为普遍，已在医药、食品、化工、医疗诊断、农业、分析、环保、能源开发及理论研究的应用中取得了举世瞩目的成就。

（2）固定化细胞的特点　生物细胞虽属固相催化剂，但因其颗粒小、难于截流或定位，也需固定化。固定化细胞既有细胞特性，也有生物催化剂功能，又具有固相催化剂特点。其优点在于：①无需进行酶的分离纯化。②细胞保持酶的原始状态，固定化过程中酶的回收率高。③细胞内酶比固定化酶稳定性更高。④细胞内酶的辅因子可以自动再生。⑤细胞本身含多酶体系，可催化一系列反应。⑥抗污染能力强。

由于固定化细胞除具有固定化酶的特点外，还有其自身的优点，应用更为普遍，对传统发酵工艺的技术改造具有重要影响。目前工业上已应用的固定化细胞有很多种，如固定化 E. coli 生产 *L*－门冬氨酸或 6－氨基青霉烷酸，固定化黄色短杆菌生产 *L*－苹果酸，固定化假单胞杆菌生产 *L*－丙氨酸等。

（3）固定化细胞的制备技术　细胞的固定化技术是酶的固定化技术的延伸，但细胞的固定化主要适用于胞内酶，要求底物和产物容易透过细胞膜，细胞内不存在产物分解系统及其他副反应；若存在副反应，应具有相应的消除措施。固定化细胞的制备方法有载体结合法、包埋法、交联法及无载体法等。

① 载体结合法：载体结合法是将细胞悬浮液直接与水不溶性的载体相结合的固定化方法。本法与吸附法制备固定化酶的原理基本相同，所用的载体主要为阴离子交换树脂、阴离子交换纤维素、多孔砖及聚氯乙烯等。其优点是操作简单，符合细胞的生理条件，不影响细胞的生长及其酶活性。缺点是吸附容量小，结合强度低。目前虽有采用有机材料与无机材料构成杂交结构的载体，或将吸附的细胞通过交联及共价结合来提高细胞与载体的结合强度，但吸附法在工业上尚未得到推广应用。

② 包埋法：将细胞定位于凝胶网格内的技术称为包埋法，这是固定化细胞中应用最多的方法。常用的载体有卡拉胶、聚乙烯醇、琼脂、明胶及海藻胶等。包埋细胞的操作方法与包埋酶法相同。优点在于细胞容量大，操作简便，酶的活力回收率高。缺

点是扩散阻力大，容易改变酶的动力学行为，不适于催化大分子底物与产物的转化反应。目前已有凝胶包埋的 E. coli 、黄色短杆菌及玫瑰暗黄链霉菌等多种固定化细胞，并已实现 6 - APA、*L* - 门冬氨酸、*L* - 苹果酸及果葡糖的工业化生产。

③ 交联法：用多功能试剂对细胞进行交联的固定化方法称为交联法。由于交联法所用的化学试剂的毒性能引起细胞破坏而损害细胞活性，如用戊二醛交联 的 E. coli 细胞，其门冬氨酸酶的活力仅为原细胞活力的 34.2%，故交联法的应用较少。

④ 无载体法：靠细胞自身的絮凝作用制备固定化细胞的技术称为无载体法。本法是通过助凝剂或选择性热变性的方法实现细胞的固定化，如含葡萄糖异构酶的链霉菌细胞经柠檬酸处理，使酶保留于细胞内，再加絮凝剂脱乙酰甲壳素，获得的菌体干燥后即为固定化细胞，也可以在 60℃对链霉菌加热 10 分钟，即得固定化细胞。无载体法的优点是可以获得高密度的细胞，固定化条件温和；缺点是机械强度差。

三、生物反应堆的制备

将固定化酶或细胞装填于适当反应器中即可制成所谓“生物反应堆”。以酶作为催化剂进行反应所需的设备称为酶反应器。酶反应器基本上是游离酶、固定化酶或固定化细胞催化反应的容器。酶反应器不同于化学反应器，它是低温、低压下发挥作用，反应时的耗能和产能也比较少。酶反应器也不同于发酵反应器，因为它不表现自催化方式，即细胞的连续再生。但是酶反应器和其他反应器一样，都是根据它的产率和专一性来进行评价的。

酶反应器的类型很多，其分类方法也不同。根据几何形状和结构来分类，可分为罐型、管型、膜或片型几种。按进料和出料的方式可分为分批式、半分批式与连续反应器。按其功能结构可分为膜反应器、液 - 固反应器及气 - 液 - 固三相反应器三大类。

1. 游离酶反应器

工业上应用的大多数酶，都是价廉且不纯的催化大分子化合物水解的酶类。虽然在经济上和技术上酶能够被固定化，但目前还照样应用游离酶。因为这些水解酶类的底物多数是带有黏性（如淀粉）或不溶于水的颗粒，难以用固定化酶酶反应进行处理。所以游离酶反应器目前在工业生产上还占有极重要的位置。

（1）搅拌罐式反应器　搅拌罐式反应器是目前较常使用的游离酶反应器（表 8 - 4）。它由容器、搅拌器及保温装置组成。有时也可在容器壁上装上挡板，以促进反应物的混合。其结构见图 8 - 3 。搅拌罐式反应器又有分批式和半分批式之分。分批式是先将酶和底物一次装入反应器，在适当温度下开始反应，反应达一定时间后，将全部反应物取出。而半分批式是将底物缓慢地加入反应器中进行反应，到一定时间后，将全部反应物取出。

表 8 - 4　搅拌罐式游离酶反应器的优缺点

优点	缺点
①反应器结构简单，不需特殊设备，适用于小规模生产 ②采用半分批式操作，可减少底物的抑制作用	不能进行酶的回收使用，一般在反应结束后通过加热或其他方法，可使酶变性除去

（2）超滤膜酶反器　常用的超滤膜酶反应器的结构见图 8 - 3，采用这种类型的反

应器时，酶处于水溶液状态。由于膜对于蛋白（大分子）物质是非透过性的，因此只允许小分子产物透过，而酶被截留回收重新使用，可节省用酶，特别适用于价格较高的酶（表8－5）。这种反应器可用于分批操作，也可适用于连续操作。所谓连续操作即一边连续地将底物加到反应器中，一边连续地排出生成物。用于这类反应器的膜有超滤膜和透析膜等。膜的形状有平板状、管状、螺旋状和中空纤维状。

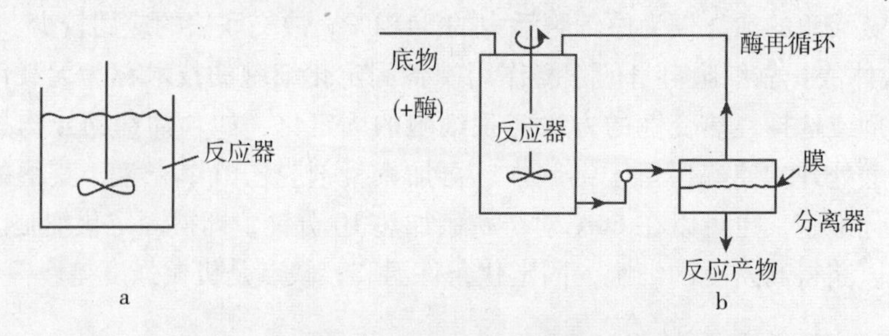

图8－3 搅拌罐式反应器和超滤膜酶反器示意

a. 搅拌罐式反应器；b. 超滤膜酶反器

表8－5 超滤膜酶酶反应器的优缺点

优点	缺点
可以作用于胶态或不溶性底物，特别是产物对酶有抑制作用时，采用此装置较合适	酶的长期操作稳定性差，而且酶易在超滤膜上吸附损失，或在膜表面浓缩极化

2. 固定化酶反应器

（1）搅拌罐型反应器 搅拌罐型反应器有分批反应器（batch stirred tank reactor, BSTR）和连续流搅拌罐反应器（continuous flow stirred tank reactor，CSTR，图8－4）。这类反应器的特点是内容物的混合是充分均匀的（表8－6）。CSTR常在反应器出口装上滤器使酶不流失，也可用尼龙网罩住固定化酶，再将袋安装在搅拌轴上的方式进行反应，有的则作为磁性固定化酶粒，借助磁吸方法滞留，有时则把固定化酶固定在容器壁上或搅拌轴上。为了达到有效的混合，也可把多个搅拌罐串联起来组成串联反应器组。

表8－6 搅拌罐型固定化酶反应器的优缺点

优点	缺点
结构简单，温度和pH容易控制；适用于受底物抑制的反应；传质阻力较低，能处理胶体状底物及不溶性底物；固定化酶易更换	反应效率较低，载体易被旋转搅拌桨叶的剪切力所破坏，搅拌动力消耗大。BSTR在用离心或过滤沉淀方法回收固定化酶过程中易造成酶的失效损失

（2）固定床型反应器 把颗粒状或片状等固定化酶填充于固定床（也称填充床，床可直立或平放）内，底物按一定方向以恒定速度通过反应床（图8－4）。它是一种单位体积催化剂负荷量多，效率高的反应器（表8－7）。当前工业上多数采用此类反应器。与全混流反应器（CSTR）相反，有另一类理想的、没有返混的反应器，称为活塞流反应器（PFR）。在其横截面上液体流动速度完全相同，沿流动方向底物及产物的浓度是逐渐变化的，但同一横切面上浓度是一致的。因此，称为活塞流反应器（plug flow reactor，PFR）。高（长）径比较大的管式反应器，接近于活塞流反应器。

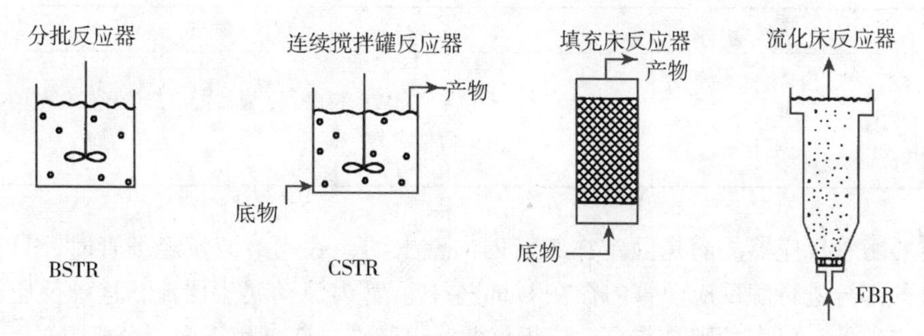

图 8-4　各种类型的固定化酶反应器

表 8-7　固定床反应器的优缺点

优点	缺点
①可使用高浓度的催化剂，反应产生的底物和抑制剂可从反应器中不断地流出 ②由于底物浓度沿反应器长度是逐渐增高的，因此与 CSTR 相比，可减少产物的抑制作用	①温度和 pH 难以控制 ②底物和产物会产生轴向浓度分布 ③清洗和更换部分固定化酶较麻烦。床内有自压缩倾向，易堵塞，且床内的压力降相当大，底物必须在加压下才能加入

（3）流化床型反应器　流化床反应器（fluidized bed reactor，FBR）是一种装有较小颗粒的垂直塔式反应器（形状可为柱形、锥形等。图 8-4，表 8-8）。底物以一定速度由下向上流过，使固定化酶颗粒在浮动状态下进行反应。流体的混合程度可认为是介于 CSTR 和 PFR 之间。

使底物进行循环是避免催化剂冲出、使底物完全转化成产物的一种方法。另一种方法是使用几个流态化床组成的反应器组，或使用锥形流态化床。流化床中酶的阻截可如连续流搅拌罐反应器。

表 8-8　流化床反应器的优缺点

优点	缺点
①具有良好的传质及传热的性能。pH 、温度控制及气体的供给比较容易 ②不易堵塞，可适用于处理黏度高的液体 ③能处理粉末状底物 ④即使应用细粒子的催化剂，压力降也不会很高	①需保持一定的流速，运转成本高，难于放大 ②由于流化床的空隙体积大，酶的浓度不高 ③由于底物高速流动使酶冲出，降低了转化率

（4）膜型反应器　由膜状或板状固定化酶组装的反应器均称为膜型反应器（表 8-9）。用固定化酶膜组装成的平板状或螺旋状反应器、转盘型反应器、空心酶管和中空纤维膜反应器等都属于此类反应器。图 8-5 为各种模型固定化酶反应器结构示意图。

表 8-9 平板型和螺旋卷型反应器的优缺点

优点	缺点
①压力降小 ②膜面积清晰 ③放大容易	与填充塔等相比，反应器内单位体积催化剂的有效面积较小

空心酶管反应器的酶是固定在细管的内壁上的，底物溶液流经细管时，只有与管壁接触的部分进行酶反应。管内径在 1mm 左右。管内流动属于层流，这种反应器除了工业上应用外，更多的则是与自动分析仪器等组装在一起，用于定量分析。

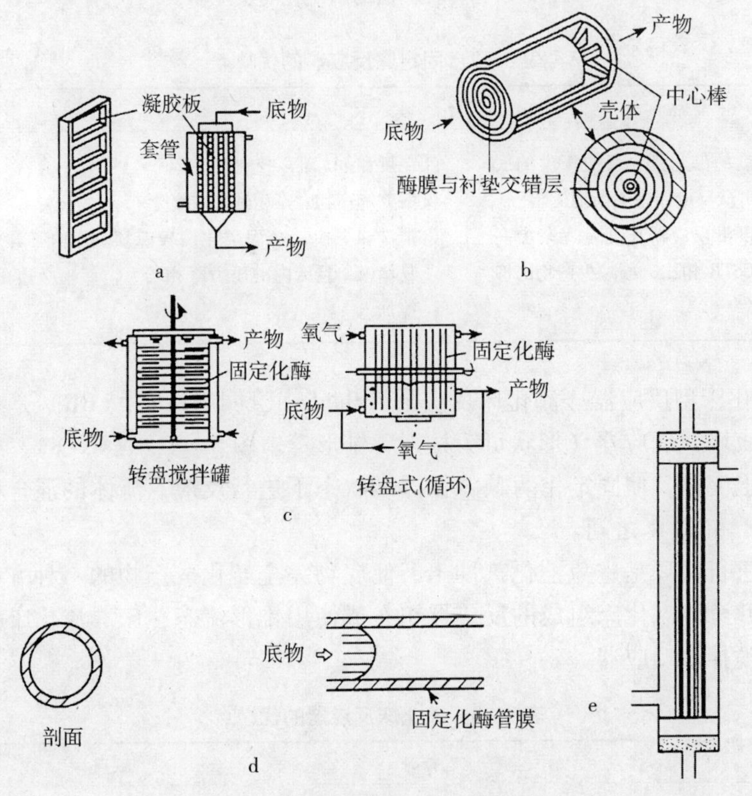

图 8-5 各种模型固定化酶反应器

a. 立型平板式；b. 螺旋卷式；c. 转盘式；d. 空心酶管；e. 中空纤维反应器

转盘型固定化酶反应器以包埋法为主，制备成固定化酶凝胶薄板（成型为圆盘状或叶片状），然后，把许多圆盘状（或叶片状）凝胶板装配在旋转轴上，并把整个装置浸在底物溶液中，此类反应器更换催化剂方便。反应器有立式和卧式两种，卧式反应器则 是 1/3 浸泡在底物溶液中，剩余 2/3 被通入的气体所占领。可适用于需氧反应，或者当反应会产生挥发性生成物或副产物（此类物质对酶有害）时，采用此反应器就合适。因为这些有害产物可被气体带走。此反应器广泛用于废水处理装置。

中空纤维膜反应器则是数千根醋酸纤维制成的中空纤维（内径 200~500μm，外径 300~900μm）。内层紧密、光滑，具有一定分子质量截留值，可截留大分子物质而允许不同的小分子物质通过。外层为多孔的海绵状支持层，酶被固定在海绵支持层中

（或者相反，内层为海绵状，外层为光滑）。反应器的形状可为管式或列管式，中空纤维可承受较大压力，通过正常超滤程序将底物压过内壁与海绵状介质上酶起反应。滤过的溶液可根据反应的条件排放或循环再使用。中空纤维膜反应器根据工艺条件可分为反冲式和反循环式。反冲式是反应液自纤维外室压入，反循环式则是根据压力差在纤维的上部底物由内向外流动，而下半部则由外反流入内。

（5）鼓泡塔型反应器　在反应中，涉及有气体的吸收或产生，此类反应最好采用鼓泡塔型反应器，或三相流化床反应器，其示意图见图 8－6。一些无载体固定化新鲜菌体的反应器也采用塔型反应器，把固定化酶放入反应器内，底物与气体从底部通入。通常，气体进入反应器前后经过气体分散板得到充分分散，有时，甚至和循环液从底部以切线方向进入，以促使反应器的流动状态符合要求。

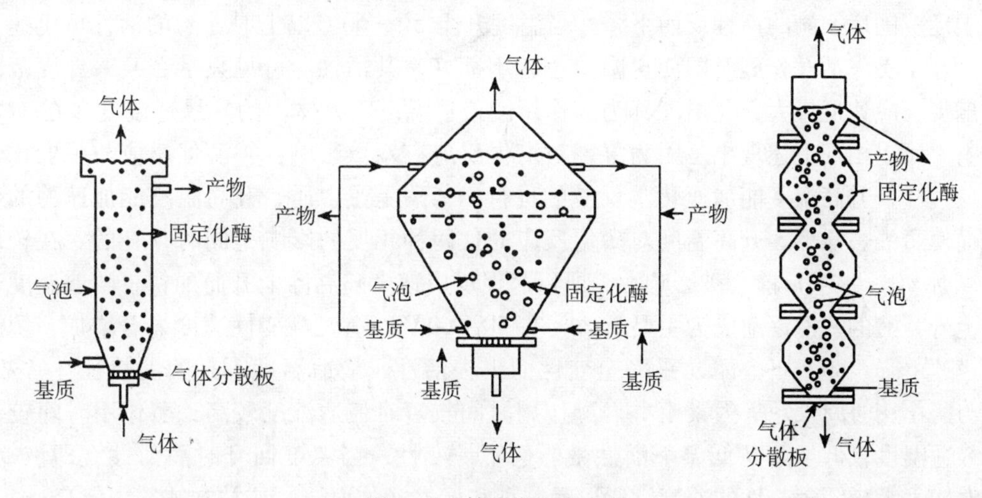

图 8－6　鼓泡塔型反应器

四、转化反应

酶转化法利用生物酶催化的立体专一性反应，使底物转化为产物。一切有关酶活性研究，均以测定酶反应的速度为依据。酶反应的速度受很多因素的影响。这些因素主要有底物浓度、酶浓度、pH 、温度、激活剂和抑制剂等。当研究某一因素对酶反应速度的影响时，必须使酶反应体系中的其他因素维持不变，而单独变动所要研究的因素。酶反应速度是指酶促反应开始时的速度，简称初速。因为只有初速才与酶浓度成正比，而且反应产物及其他因素对酶促反应速度的影响也最小。研究影响酶促反应速度的各种因素，对阐明酶作用的机制和建立酶的定量方法都是重要的。

1. 底物浓度的影响

当底物浓度很低时，增加底物浓度反应速度随之迅速增加，反应速度与底物浓度成正比，称为一级反应。当底物浓度较高时，增加底物浓度反应速度也随之增加，但增加的程度不如底物浓度低时那样明显，反应速度与底物浓度不再成正比，称为混合级反应。当底物增高至一定浓度时，反应速度趋于恒定，继续增加底物浓度反应速度也不再增加，称为零级反应。

反应速度与底物浓度 S 之间的这种关系，反映了酶促反应中有酶 － 底物复合物的存在。若以产物 P 生成的速度表示反应速度，显然 P 生成的速度与酶 -底物复合物浓度成正比，底物浓度很低时，酶的活性中心没有全部与底物结合，此时增加底物的浓度，ES 的形成与 P 的生成都成正比的增加。当底物增高至一定浓度时，全部酶都已变为 ES，此时再增加底物浓度也不会增加 ES 浓度，反应速度趋于恒定。

2. 酶浓度的影响

在酶促反应体系中，底物浓度足以使酶饱和的情况下，酶促反应的速度与酶浓度成正比。但当酶的浓度增加到一定程度，以致底物浓度已不足以使酶饱和时，再继续增加酶的浓度反应速度也不再成正比例地增加。

3. 温度的影响

低温时酶的活性非常微弱，随着温度逐步升高，酶的活性也逐步增加，但超过一定温度范围后，酶的活性反而下降。当温度升至 50~60℃以上时，酶的活性可迅速下降，甚至丧失活性，此时即使再降温也多不能恢复其活性。可见只是在某一温度范围时酶促反应速度最大，此温度称为酶作用的最适温度。人体内的酶最适温度多在 37℃左右。所以出现上述现象是因为温度对酶促反应有双重影响：①酶促反应与一般化学反应一样，升高温度能加速化学反应的进行。②酶是蛋白质，升高温度能加速酶的变性而使酶失去活性。升高温度对酶促反应的这两种相反的影响是同时存在的。在较低温度时（0~40℃）前一种影响大，所以酶促反应速度随温度上升而加快；随着温度不断上升，酶的变性逐渐成为主要矛盾，在 50~60℃以上时酶变性速度显著增加，酶活性迅速下降。80℃以上酶几乎完全变性而失去活性。最适温度不是酶的特征性常数，它与酶作用时间长短等因素有关。酶作用时间较短时最适温度较高；酶作用时间较长时最适温度较低。酶在低温下活性微弱但不易变性，当温度回升时酶活性立即恢复。低温能大大延缓酶变性的速度。所以酶制剂和标本（如血清）应放在冰箱中保存。

4. pH 的影响

溶液的 pH 对酶活性影响很大。在一定的 pH 范围内酶表现催化活性。在某一 pH 时酶的催化活性最大，此 pH 称为酶作用的最适 pH。偏离酶的最适 pH 愈远，酶的活性愈小，过酸或过碱则可使酶完全失去活性。各种酶的最适 pH 不同，人体内大多数酶的最适 pH 在 7.35~7.45 之间，但并不是所有都如此，如胃蛋白酶最适 pH 为 1.5~2.5。同一种酶的最适 pH 可因底物的种类及浓度不同，或所用的缓冲剂不同而稍有改变，所以最适 pH 也不是酶的特征性常数。

pH 影响酶的催化活性的机制，主要因为 pH 能影响酶分子，特别是酶活性中心内某些化学基团的电离状态。若底物也是电解质，pH 也可影响底物的电离状态。在最适 pH 时，恰能使酶分子和底物分子处于最合适电离状态，有利于两者结合和催化反应的进行。

5. 激活剂和抑制剂

酶的催化活性在某些物质影响下可以增高或降低。凡能增高酶活性的物质，称为酶的激活剂（activator），凡能降低或抑制酶活性但并不使酶变性的物质称为酶的抑制剂（inhibitor）。同一种物质对不同的酶作用可能不同。如氰化物是细胞色素氧化酶的抑制剂，却是木瓜蛋白酶的激活剂。

（1）酶的激活剂　酶的激活剂大都是金属离子，正离子较多，有 K^+、Na^+、

Mg^{2+}、Mn^{2+}、Ca^{2+}、Zn^{2+}、Cu^{2+}、Fe^{2+}（Fe^{3+}）等，如 Mg^{2+}是 RNA 酶的激活剂；负离子有 Cl^-、HPO_4^{2-}等，如 Cl^-是唾液淀粉酶的激活剂。酶的激活不同于酶原的激活。酶原激活是指无活性的酶原变成有活性的酶，且伴有抑制肽的水解；酶的激活是酶的活性由低到高，不伴有一级结构的改变。酶的激活剂又称酶的激动剂。

（2）酶的抑制剂　有可逆性抑制和不可逆性抑制两种。

① 可逆性抑制：抑制剂与酶非共价结合，可以用透析、超滤等简单物理方法除去抑制剂来恢复酶的活性，因此是可逆的。根据抑制剂在酶分子上结合位置的不同，又分为竞争性和非竞争性抑制。

竞争性抑制：抑制剂 I 与底物 S 的化学结构相似，在酶促反应中，抑制剂与底物相互竞争酶的活性中心，当抑制剂与酶结合形成 EI 复合物后，酶则不能再与底物结合，从而抑制了酶的活性，这种抑制称为竞争性抑制。

例如丙二酸与琥珀酸的结构相似，是琥珀酸脱氢酶的竞争性抑制剂。许多抗代谢物和抗癌药物，也都是利用竞争性抑制的原理。

非竞争性抑制：抑制剂与底物结构并不相似，也不与底物抢占酶的活性中心，而是通过与活性中心以外的必需基团结合来抑制酶的活性，这种抑制称非竞争性抑制。非竞争性抑制剂与底物并无竞争关系。

例如：EDTA 结合某些酶活性中心外的—SH 基，氰化物（—CN）结合细胞色素氧化酶的辅基铁卟啉，均属非竞争性抑制。

②不可逆性抑制：抑制剂与酶共价结合，不能用透析、超滤等简单物理方法解除抑制来恢复酶的活性，因此是不可逆的，必须用特殊的化学方法才能解除抑制。

巯基酶的抑制：巯基酶是指含有巯基（—SH）为必需基团的一类酶。某些重金属离子（Hg^{2+}、Ag^+、Pb^{2+}）及 As^{3+}可与酶分子的巯基进行不可逆结合，使酶活性被抑制。化学毒剂路易士气就是一种砷化合物，能抑制体内巯基酶。巯基酶中毒可用二巯丙醇（BAL）解毒。BAL 含有多个—SH 基，在体内达一定浓度后，可与毒剂结合，使酶恢复活性。

羟基酶的抑制：羟基酶是指含有羟基（—OH）为必需基团的一类酶。有机磷杀虫剂（敌百虫、敌敌畏、对硫磷等）能特异地与酶活性中心上的羟基结合，使酶的活性受抑制。

胆碱酯酶是催化乙酰胆碱水解的羟基酶，有机磷农药中毒时，此酶活性受到抑制，造成乙酰胆碱在体内堆积，后者引起胆碱能神经兴奋性增强，表现出一系列中毒症状。

临床上用解磷定来治疗有机磷化合物中毒，解磷定能夺取已经和胆碱酯酶结合的磷酰基，解除有机磷对酶的抑制作用，使酶复活。

五、产品纯化与精制

1. 氨基酸分离纯化

氨基酸分离方法较多，通常有溶解度法、等电点沉淀法、特殊试剂沉淀法、吸附法及离子交换法等。

（1）溶解度法　依据不同氨基酸在水中或其他溶剂中的溶解度差异而进行分离的方法。如胱氨酸和酪氨酸均难溶于水，但在热水中酪氨酸溶解度较大，而胱氨酸溶解度变化不大，故可将混合物中胱氨酸、酪氨酸及其他氨基酸分开。

（2）特殊试剂沉淀法　采用某些有机或无机试剂与相应氨基酸形成不溶性衍生物的分离方法。如邻二甲苯 -4- 磺酸能与亮氨酸形成不溶性盐沉淀，后者与氨水反应又可获得游离亮氨酸；组氨酸可与 $HgCl_2$ 形成不溶性汞盐沉淀，后者经处理后又可获得游离组氨酸；精氨酸可与苯甲醛生成水不溶性苯亚甲基精氨酸沉淀，后者用盐酸除去苯甲醛即可得精氨酸。因此可从混合氨基酸溶液中分别将亮氨酸、组氨酸及精氨酸分离出来。本法操作方便，针对性强，故至今仍用于生产某些氨基酸。

（3）吸附法　利用吸附剂对不同氨基酸吸附力的差异进行分离的方法。如颗粒活性炭对苯丙氨酸、酪氨酸及色氨酸的吸附力大于对其他非芳香族氨基酸的吸附力，故可从氨基酸混合液中将上述氨基酸分离出来。

（4）离子交换法　利用离子交换剂对不同氨基酸吸附能力的差异进行分离的方法。氨基酸为两性电解质，在特定条件下，不同氨基酸的带电性质及解离状态不同，故同一种离子交换剂对不同氨基酸的吸附力不同，因此可对氨基酸混合物进行分组或实现单一成分的分离。

2. 氨基酸的精制

分离出的特定氨基酸中常含有少量其他杂质，需进行精制，常用的有结晶和重结晶技术，也可采用溶解度法或结晶与溶解度法相结合的技术。如丙氨酸在稀乙醇或甲醇中溶解度较小，且 pI 为 6.0，故丙氨酸可在 pH 6.0 时，用 50% 冷乙醇结晶或重结晶加以精制。此外也可用溶解度与结晶技术相结合的方法精制氨基酸。如在沸水中苯丙氨酸溶解度比酪氨酸大 100 倍，若将含少量酪氨酸的苯丙氨酸粗品溶于 15 倍体积（W /V）的热水中，调 pH 4.0 左右，经脱色过滤可除去大部分酪氨酸；滤液浓缩至原体积的 1/3，加 2 倍体积（V /V）的 95% 乙醇，4℃ 放置，滤取结晶，用 95% 乙醇洗涤，烘干即得苯丙氨酸精品。

六、氨基酸的酶工程制备——*L*-门冬氨酸的制备

1. 概述

L-门冬氨酸（*L*-aspartic acid，Asp），属酸性氨基酸，广泛存在于所有蛋白质中。*L*-Asp 有助于鸟氨酸循环，促进氨和二氧化碳生成尿素，降低血中氨和二氧化碳，增强肝功能，消除疲劳，由于治疗慢性肝炎、肝硬化及高血氨症，同时还是复合氨基酸输液的原料。

2. 结构

L-门冬氨酸分子中含两个羧基和一个氨基，化学名称为 α- 氨基丁二酸或氨基琥珀酸，分子式为 $C_4H_7NO_4$，分子量为 133.10。

3. 制备

在医药工业中，多用酶合成法生产 *L*-门冬氨酸，即以延胡索酸和铵盐为原料经门冬氨酸酶催化生产 *L*-门冬氨酸。

（1）工艺路线

$$\text{延胡索酸} + NH_3 \xrightarrow[\text{固定化门冬氨酸酶}]{[\text{转化}]} \text{转化液} \xrightarrow{[\text{分离}]} L-\text{Asp 粗品} \longrightarrow L-\text{Asp 精品}$$

（2）工艺过程

① 菌种培养：大肠杆菌（*Escherichia coli*）AS1. 881 的培养：斜面培养基为普通肉汁培养基。摇瓶培养基成分（%）为玉米浆 7. 5，反丁烯二酸 2. 0，$MgSO_4 \cdot 7H_2O$ 0. 02，氨水调 pH 6. 0，煮沸后过滤，500ml 三角烧瓶中培养基装量 50 ~ 100ml。从新鲜斜面上或液体中培养种子，接种于摇瓶培养基中，37℃振摇培养 24h，逐级扩大培养至 1000 ~ 2000L 规模。培养结束后用 1mol/L 盐酸调 pH 5. 0，升温至 45℃并保温 1 小时，冷却至室温，转筒式高速离心机收集菌体（含门冬氨酸酶），备用。

②细胞固定：*E. coli* 的细胞固定：取湿菌体 20kg 悬浮于 80L 生理盐水（或离心后的培养清液）中，保温至 40℃，再加入 90L 保温至 40℃的 12% 明胶溶液及 10L 1. 0% 戊二醛溶液，充分搅拌均匀，放置冷却凝固，再浸于 0. 25% 戊二醛溶液中。于 5℃过夜后，切成 3 ~ 5mm 的立方小块，浸于 0. 25% 戊二醛溶液中，5℃过夜，蒸馏水充分洗涤，滤干得含门冬氨酸酶的固定化 *E. coli*，备用。

③生物反应堆的制备：将含门冬氨酸酶的固定化 *E. coli* 装填于填充床式反应器中，制成生物反应堆，备用。

④转化反应：将保温至 37℃ 的 1mol/L 延胡索酸铵（含 1mmol/L $MgCl_2$，pH 8. 5）底物溶液按一定空间速度（SV）连续流过生物反应堆，控制达到最大转化率（> 95%）为限度，收集转化液制备 *L* - Asp。

⑤产品纯化与精制：转化液经过滤澄清，搅拌下用 1mol/L HCl 调 pH 2. 8，5℃结晶过夜，滤取结晶，用少量冷水洗涤抽干，105℃干燥得 *L* - Asp 粗品。粗品用稀氨水溶解（pH 5）成 15% 溶液，加 1%（W/V）活性炭，70℃搅拌脱色 1 小时，过滤，滤液于 5℃结晶过夜，滤取结晶，85℃真空干燥得药用 *L* - Asp。

七、酶工程的相关知识

随着现代科学技术的发展，酶工程的内容不断扩大和充实，酶工程研究的水平也逐渐提高。主要表现在以下几个方面：酶的化学修饰、酶的人工模拟、有机相的酶反应和基因工程酶的构建。

1. 酶的化学修饰

酶作为生物催化剂，其高效性和专一性是其他催化剂所无法比拟的。因此，愈来愈多的酶制剂已用于医药、食品、化工和农业生产以及环保、基因工程等领域。但是，酶作为蛋白质，其异体蛋白的抗原性、受蛋白水解酶水解和抑制剂作用、在体内半衰期短等缺点严重影响医用酶的使用效果，甚至无法使用。工业用酶常常由于酶蛋白抗酸、碱、有机溶剂变性及抗热失活能力差；容易受产物和抑制剂的抑制；工业反应要求的 pH 和温度不总是在酶反应的最适 pH 和最适温度范围内；底物不溶于水或酶的 KM 值过高等弱点而限制了酶制剂的应用范围。提高酶的稳定性、解除酶的抗原性、改变酶学性质（最适 pH、最适温度、KM 值、催化活性和专一性等）、扩大酶的应用范围的研究越来越引起人们的重视。通过酶的分子改造可克服上述应用中的缺点，使酶发挥更大的催化功效，以扩大其在科研和生产中的应用范围。

2. 酶的人工模拟

根据酶的作用原理，用人工方法合成的具有活性中心和催化作用的非蛋白质结构的化合物叫人工模拟酶（enzymes of antificial imitation），简称人工酶或模拟酶。它们一般具有高效和高适应性的特点，在结构上相对天然酶简单。美国化学家 D. J. Cram、C. J. Pederson 和法国化学家 J. M. Lehn 相互发展了对方的经验，他们的工作为实现人们长期寻求合成与天然蛋白质功能一样的有机化合物这一目标起了开拓性的作用。他们提出的主 - 客体化学（host - guest chemistry）和超分子化学（supramolecular chemistry），已经成为酶的人工模拟的重要理论基础。其目的就在主体分子或接受体的制备上，根据酶催化反应机制，如果合成出既能识别酶底物又具有酶活性部位催化基团的主体分子，同时底物能与主体分子发生多种分子相互作用，那就能有效地模拟酶分子的催化过程。

3. 有机相的酶反应

有机相酶反应是指酶在具有有机溶剂存在的介质中所进行的催化反应。这是一种在极端条件（逆性环境）下进行的酶反应，它可以改变某些酶的性质，如某些水解酶在逆性环境下具有催化合成反应的能力——蛋白水解酶在有机溶剂中可以催化氨基酸合成肽的反应。大量的研究结果表明，有机相中酶催化反应除了具有酶在水中所具有的特点外，还具有其独特的优点：①增加疏水性底物或产物的溶解度。②热力学平衡向合成方向移动，如酯合成、肽合成等。③可抑制有水参与的副反应，如酸酐的水解等。④酶不溶于有机介质，易于回收再利用。⑤容易从低沸点的溶剂中分离纯化产物。⑥酶的热稳定性提高，pH 的适应性扩大。⑦无微生物污染。⑧能测定某些在水介质中不能测定的常数。⑨固定化酶方法简单，可以只沉积在载体表面。

由于在有机相中酶催化反应具有上述优点，因而使有机相的酶学研究拓宽到了生物化学、有机化学、无机化学、高分子化学、物理化学及生物工程等多种学科交叉的领域。

4. 基因工程酶的构建

基因工程技术的问世，对酶学的发展起到了巨大的推动和变革作用。基因工程酶是酶学和以基因重组技术为主的现代分子生物学相结合的产物。基因工程酶的构建主要包括 3 个方面：酶基因的克隆和表达，用基因工程菌大量生产酶；修饰酶基因和产生遗传修饰酶（突变酶）；酶的遗传设计，合成自然界没有的新酶。

（1）酶基因的克隆和表达　重组 DNA 技术的建立，使人们在很大程度上摆脱了对天然酶的依赖。特别是在天然酶的材料来源极其困难时，重组 DNA 技术更显示出其独特的优越性。应用基因工程技术可以克隆各种天然酶的基因，并使其在微生物中表达。筛选出高效表达的菌株后，就可以通过发酵大量生产所需要的酶。在医学上有重要应用价值的一些酶，来源困难，生产成本高，如治疗溶酶体缺陷病的酶必须由人胎盘制备，治疗脑血栓的尿激酶制备复杂，对于这些酶可用基因工程技术来生产。目前已有许多酶基因克隆成功，如尿激酶基因、凝乳酶基因等，并已投入生产。

（2）酶基因的遗传修饰　酶基因的遗传修饰是指人为地将酶基因中个别核苷酸加以修饰或更换，从而改变酶蛋白分子中某个或几个氨基酸。这种方法不仅可以改变酶的结构，也可以改变酶的催化活力、专一性及稳定性。

酶基因的遗传修饰有自然遗传修饰和选择性遗传修饰两种。前者是用化学诱变剂或物理诱变因素作用于活细胞，使其基因发生突变，再从各种突变体中筛选所需要的突变体，这种方法具有随机性。选择性遗传修饰则是具有目的性和预见性的现代酶工程方法，先了解清楚酶的结构，再选定突变部位，然后在体外构建具有功能活性的基因结构（重组 DNA），即通过核苷酸的置换、插入或删除，获得突变酶基因，将其引入表达载体，则可获得遗传修饰酶或突变酶。这种新酶的结构与原酶只有一个或几个氨基酸残基的差别，但新酶的某些特性与原酶相比却大有不同。如用定点突变与体内随机突变相结合的方法，可使枯草杆菌蛋白酶的稳定性大为增加。

（3）酶的遗传设计　酶的遗传设计是指人为设计具有优良性状的新酶基因。充分掌握酶的空间结构和结构与功能的关系是优质新酶遗传设计的重要基础。目前许多分子生物学、物理学和计算机工作者都在尝试根据蛋白质的氨基酸排列顺序来推测其三维结构，提出从氨基酸序列的同源性预测三维构象的目标。用概率和统计的方法从已知构象的蛋白质中寻找经验规律，预测某些已知氨基酸顺列的三维构象；或用计算机模拟蛋白质的构象等。只要有合理的基因设计，就可以通过基因工程技术获得具有优良性状的新酶。但这一工作难度很大，需要多学科的交叉配合。

知识链接

酶制剂制造工

使用培菌、发酵、提取方法，将淀粉质原料制成酶制剂的人员。

酶制剂制造工从事的工作主要包括：①运用微生物技术，制备菌种。②使用磨粉设备粉碎原料，进行液化处理。③使用调浆罐、输送泵、蒸汽喷射液化器、发酵罐等设备，消毒灭菌制备成醪液。④控制发酵罐，进行正常发酵。⑤添加沉淀剂、絮凝剂、调整 pH，沉降固形物。⑥操作过滤设备、输送泵、压力储罐，将发酵液、絮凝液、盐析液等物料液固分离成滤液、滤渣。⑦操作浓缩、干燥等设备，对物料脱水浓缩。⑧操作拌和机、筛分机、封口机，进行产品包装、装箱。⑨对生产设备进行消毒灭菌。⑩洗涤、维护设备，处理故障。⑪填写生产记录、报表。

酶制剂制造工设有以下工种：微生物培菌工、粉碎工、糖化工、发酵工、过滤工、提取工、消毒灭菌工、产品包装工、产品化验分析工。

此外，在化学合成制药工（合成药酶催化反应工）、发酵工程制药工（抗生素酶裂解工）、淀粉葡萄糖制造工的工作中，都应用了酶的催化特性，进行产物的转化。

任务二　固定化细胞法制备 6－氨基青霉烷酸

一、概述

目前临床以 6－氨基青霉烷酸（6－APA）为原料已合成近 3 万种衍生物，筛选出数十种耐酸、低毒及具有广谱抗菌作用的半合成青霉素，对 6－APA 的需求量约为 25 800 吨／年。

1. 利用微生物产酶的优点

（1）微生物种类繁多，酶品种齐全。

（2）微生物生长繁殖快，生产周期短，产量高。

（3）培养方法简单，原料来源丰富，价格低廉。

（4）微生物有较强的适应性和应变能力，可培育出新的高产菌株。

2. 酶的生产菌

（1）对菌种的要求

①繁殖快、酶产量高、最好产胞外酶的菌种。

②不是致病菌，系统发育与病原体无关，不产生有毒物质。

③产酶稳定性好，不易变异退化、不易感染噬菌体。

④能利用廉价的原料，发酵周期短，易于培养。

（2）生产菌的来源　筛选和遗传改良。基本过程为菌样采集、菌种分离初筛、纯化、复筛、生产性能鉴定。

（3）常用的产酶微生物见表 8－10。

表 8－10　常用的微生物及它们所产的酶

微生物名称	所产的酶
大肠杆菌	青霉素酰化酶、天冬氨酸酶、谷氨酸脱羧酶、β－半乳糖苷酶等
枯草杆菌	α 淀粉酶、β－葡萄糖氧化酶等
青霉菌	葡萄糖氧化酶、青霉素酰化酶、脂肪酶等
链霉菌	葡萄糖异构糖酶
根霉菌	淀粉酶、蛋白酶、纤维素酶等

二、固定化细胞法制备 6－APA

1. 用于制备 6－APA 的青霉素酰化酶

青霉素酰化酶是一种酰胺键水解酶，其系统名是青霉素氨基水解酶，但人们仍习惯性地使用青霉素酰化酶、青霉素氨基/酰基转移酶等名称。

利用含有青霉素酰化酶的菌体来裂解青霉素 G，制备 6－APA。

$C_6H_5CH_2CONH$–(S, CH_3, CH_3, N, O, COOH)　—青霉素酰化酶→　H_2N–(S, CH_3, CH_3, N, O, COOH)　+　$C_6H_5CH_2COOH$

青霉素G　　　　　　6-APA

2. 固定化细胞制备 6－氨基青霉烷酸（6－APA）工艺过程

*E.Coli*斜面 —培养→ 细胞 —固定→ 固定化细胞

↓转化

青霉素G ——→ 转化液 —过滤→ 滤液 —抽提→ 6-APA粗品

大肠杆菌斜面—培养细胞—固定化细胞—转化青霉素 G（或 V）—转化液过滤—滤液抽提— 6－APA。按照青霉素 G 计算，回收率为 70%～80%。

（1）大肠杆菌的培养　采用高产青霉素酰化酶的大肠杆菌 D816 菌株，培养基由鱼胨 1%、肉胨 1%、氯化钠 0.5% 与苯乙酸 0.2% 组成，pH 为 6.7 左右。经 14～18 小时培养，每吨发酵液可收集8kg左右湿菌体，每克湿菌体活性单位在13 ~17左右。

（2）固定化细胞的制备　将10kg大肠杆菌（湿重），在40℃水浴中搅拌加入10%明胶溶液5L，搅匀后立即加入25%戊二醛0.5L进行交联，待凝结后，移去水浴，于室温放置2小时后，移至4℃以下冰库过夜，然后再通过成型等步骤制成颗粒状固定化细胞。制成的固定化细胞内的青霉素酰化酶的表现活性与菌体酶的活性有关，一般不经磨碎，直径为2mm左右的固定化细胞颗粒平均每克表现活性有2个单位左右，为菌体活性的30%左右，经磨碎后，上升为5个单位左右，保存菌体活性的60%左右。

（3）6-APA制备　利用青霉素酰化酶专一作用于苯乙酰基的特性，将固定化细胞装柱，采用高速循环批式方法，在最适条件下，将青霉素G裂解成6-APA与苯乙酸。青霉素酰化酶转化流程图如下（图8-7）。

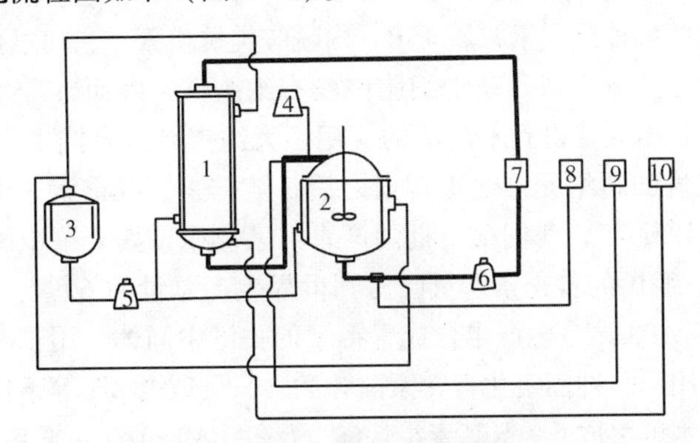

图8-7　青霉素酰化酶转化流程图

粗线为裂解液循环流程；细线为热水循环流程

1. 酶柱；2. pH调节罐；3. 热水罐；4. 碱液罐；5. 热水循环泵；6. 裂解液循环泵；
7. 流量计；8. 自动pH计；9. 自动记录温度计；10. 酶柱温度计

固定化细胞130kg（湿重）装在直径为0.7m、高为1.6m的酶柱中，每次投料青霉素G钾盐20kg（溶解在0.03M磷酸缓冲液内，青霉素浓度为3%），在40℃±1℃高速循环通过酶柱裂解（70L/min），以ZN氢氧化钠维持pH在7.5 ~7.8，水解的终止时间可以用对-二甲胺基苯甲醛测定裂解液中6-APA的量来确定，也可根据消耗ZN氢氧化钠的量及酶柱进出口裂解液pH维持不变来决定，一般裂解20kg青霉素G钾盐约需消耗2N氢氧化钠28L左右，裂解的时间一般约需3小时。裂解结束后将裂解液浓缩到一定体积时，加6 N盐酸至等电点结晶，晶体经洗涤、干燥，得6-APA成品。

6-APA是半合成抗菌素的母核，在6-APA的氨基上引入不同侧链，可制备各种半合成青霉素，由于半合成青霉素新品种的不断发展和产量的逐年上升，对6-APA的需要量也逐年增长。目前6-APA工业规模的生产方法有化学法和酶法，化学法得率高，国外已投入生产。酶法由于裂解过程中菌体容易损失，而且由菌体带入异性蛋白，可影响到青霉素裂解和6-APA的质量。由于固定化酶技术的发展，有利于工业生产。目前化学法和固定化酶法各有优缺点，两者互相竞争。今后随着固定化方法不断的完善，固定化酶的应用可能会得到进一步的发展。

三、青霉素的相关知识

1928 年，亚历山大·弗莱明发明了青霉素，它的研制成功大大地增强了人类抵抗细菌性感染的能力，并带动了抗生素家族的诞生。1935 年，英国病理学家弗洛里和侨居英国的德国生物化学家钱恩合作，重新研究了青霉素的性质、分离和化学结构并解决了青霉素的浓缩问题，青霉素真正走进了人类的生活。在此之前，人类一直未能找到一种能高效治疗细菌性感染且副作用小的药物，在这类疾病面前可以说是束手无策。抗生素拯救了数以万计的生命，而且使人类的寿命延长了 20 多岁，生命出现了第二次飞跃。这一造福人类的巨大贡献使弗莱明、钱恩和弗洛里共同获得了 1945 年诺贝尔生理学和医学奖。青霉素（Penicillin，苄青霉素或青霉素 G，图 8－8），是由青霉素菌经微生物发酵法制取的一种抗生素，属于 β－内酰胺类抗生素，它通过抑制细菌细胞壁的合成而导致细菌死亡。由于高等动物细胞中没有细胞壁，因而青霉素本身对人体的毒性很低。青霉素一经出现就得到了广泛的应用，大约占领世界抗生素市场的 19%，开创了抗生素治疗疾病的新纪元。继青霉素之后，链霉素、氯霉素、土霉素、四环素等抗生素相继出现。1953 年，我国第一批国产青霉素诞生，揭开了中国抗生素的生产历史，截至 2001 年，我国的青霉素产量已占到世界生产总量的 60%，居世界首位。6－氨基青霉烷酸（6－APA）是生产半合成青霉素的关键中间体。用于制造各种半合成青霉素和头孢霉素。用同一种固定化青霉素酰化酶，只要改变 pH 等条件，就既可以催化青霉素或头孢霉素水解生成 6－氨基青霉烷酸（6－APA）或 7－氨基头孢霉烷酸（7－ACA），也可以催化 6－APA 或 7－ACA 与其他的羧酸衍生物进行反应，以合成新的具有不同侧键基团的青霉素或头孢霉素。6－APA 本身抗菌活性很低，直接作为抗菌药无实用价值，但是它作为半合成青霉素的原料却具有非常重要的意义。

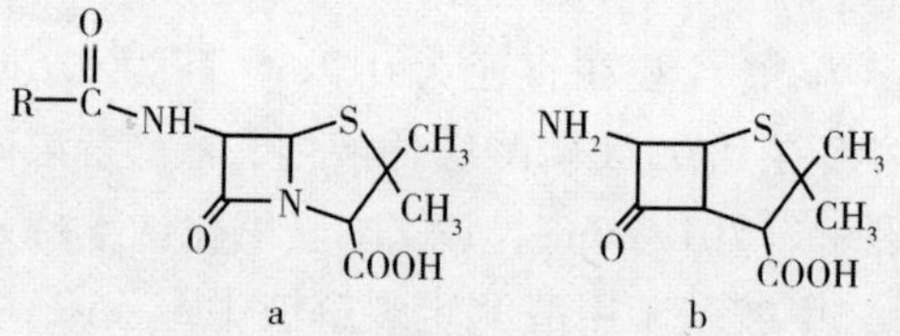

图 8－8　青霉素（a）和 6－氨基青霉烷酸（b）的结构式

根据侧链上取代基 R 的不同可以将青霉素分为许多种。其中 R 为苄基时称为青霉素 G（图 8－9）等。

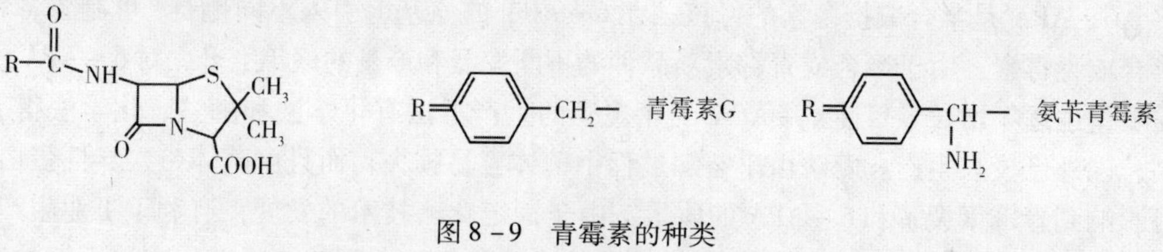

图 8－9　青霉素的种类

实训七　酶工程制备氨基酸模拟实训

一、开始生产

1. 生产准备（环境、设备）

应当对前次清场情况进行确认。厂房的空气洁净度应符合要求，设备已清洁，备用。

（1）环境应保持整洁，门窗玻璃、墙面和顶棚应洁净完好。

（2）设备、管道、管线排列整齐并包扎光洁，无跑、冒、滴、漏现象发生。且符合相关清洁要求。

（3）检查确认生产现场无上次生产遗留物。

（4）环境的温度、湿度、照明应符合要求。

（5）电源应在操作间外，确保安全生产。

（6）生产车间室内空气中的酶颗粒数量符合相应级别的洁净度要求，空气净化系统符合要求。

2. 自我检查

进入更衣室，脱去外衣，将私人物品放入橱内，洗手，烘干，穿工作服、戴工作帽和口罩，进入生产区。

二、备料、配料

1. 领取物料

根据生产规模，领取适量的物料。

菌种：德阿昆哈假单胞菌（Pseudomonas dacunhae）68 变异株、牛肉膏、蛋白胨、氯化钠、酵母膏、琼脂、精密 pH 试纸、*L*－谷氨酸、酪蛋白水解液、磷酸二氢钾、$MgSO_4 \cdot 7H_2O$、盐酸、氨水、角叉菜胶、KCl、己二胺、磷酸缓冲液、戊二醛、磷酸吡哆醛、活性炭、甲醇。

2. 配料

（1）斜面培养基组成（%）为蛋白胨 0.25，牛肉膏 0.52，酵母膏 0.25，NaCl 0.5，pH 7.0，琼脂 2.0。

（2）种子培养基与斜面培养基相同，唯不加琼脂，250ml 三角烧瓶中培养基装量为 40ml。

（3）摇瓶培养基组成（%）为 *L*－谷氨酸 3.0，蛋白胨 0.9，酪蛋白水解液 0.5，磷酸二氢钾 0.05，$MgSO_4 \cdot 7H_2O$ 0.01，用氨水调 pH 7.2，500ml 三角瓶中培养基装量为 80ml。

（4）5% 角叉菜胶、2% KCl、0.2mol/L 己二胺、0.5mol/L pH7.0 的磷酸缓冲液、1mol/L 盐酸。

三、菌种培养

将培养 24 小时的新鲜斜面菌种接种于种子培养基中，30℃振摇培养 8 小时，再接种于摇瓶培养基中，30℃振荡培养24小时，如此逐级扩大至1000～2000L的培养罐培养。

培养结束后用1mol/L HCl调pH至4.75，于30℃保温1小时，用转筒式高速离心机离心收集菌体（含*L*－门冬氨酸－β－脱羧酶），备用。

四、细胞固定

取湿菌体20kg，加生理盐水搅匀并稀释至40L，另取溶于生理盐水的5%角叉菜胶溶液85L，两液均保温至45℃后混合，冷却至5℃成胶。浸于600L 2% KCl和0.2mol/L己二胺的0.5mol/L pH 7.0的磷酸缓冲液中，5℃下搅拌10分钟，加戊二醛至0.6mol/L的浓度，5℃搅拌30分钟，取出切成3～5mm的立方小块，用2% KCl溶液充分洗涤后，滤去洗涤液，即得含*L*－门冬氨酸－β－脱羧酶的固定化细胞，备用。

五、生物反应堆的制备

将*L*－门冬氨酸－β－脱羧酶的固定化假单胞菌装于耐受1.515×10^5Pa压力的填充床式反应器中，制成生物反应堆，备用。

六、转化反应

收集制备*L*－Asp的转化液，向转化液中加磷酸吡哆醛至0.1mmol/L浓度，调pH 6.0，保温至37℃，按一定空间速度流入1.5×10^5Pa压力下的生物反应堆，控制达到最大转化率（>95%）为限，收集转化液，用于制取*L*－丙氨酸。

七、产品纯化与精制

转化液过滤澄清，于60～70℃下减压浓缩至原体积的50%，冷却后加等体积甲醇，5℃结晶过夜，滤取结晶并用少量冷甲醇洗涤抽干，80℃真空干燥得*L*－Ala粗品。粗品用3倍体积（W/V）去离子水于80℃搅拌溶解，加0.5%（W/V）药用活性炭于70℃搅拌脱色1小时，过滤，滤液冷后加等体积甲醇，5℃结晶过夜，滤取结晶，于80℃真空干燥得药用*L*－Ala。

八、结束生产

1. 清场

（1）将本批的中间产品送至中间仓或将成品送入成品仓库；将剩余物料退回仓库，将废弃物清出本工序。

（2）按各生产设备、生产用具、容器的清洁操作规程及洁净室清洁标准操作规程，分别对生产设备、生产用具、容器、天花板、地面、门、窗等进行清洁。

（3）按《清洁工具清洁标准操作规程》清洁工具，并放置在指定的地方。

（4）清场完毕，填写清场记录，在工序门口挂上“已清洁”的状态牌。

（5）清场完毕，由班组长和车间质管员进行检查，并填写检查情况，发给清场合格证。

2. 离开

按进入生产区的相反程序，退出生产区：脱工衣，换鞋，清洗洁净区工作服，洗涤工作鞋。

九、酶工程制药的相关知识

酶促反应的专一性强，反应条件温和。酶工程的优点是工艺简单、效率高、生产成本低、环境污染小，而且产品收率高、纯度好，还可制造出化学法无法生产的产品。酶工程技术在医药工业中具有可观的发展前景和极大的应用价值。

固定化酶在工业、医学、分析工作及基础研究等方面有广泛用途。现仅着重介绍与医药有关的几方面。

1. 药物生产中的应用

医药工业是固定化酶用得比较成功的一个领域，并已显示巨大的优越性。如酶法水解 RNA 制取 5′ - 核苷酸，5′ - 磷酸二酯酶制成固定化酶用于水解 RNA 制备 5′ - 核苷酸，比用液相酶提高效果 15 倍。此外，青霉素酰化酶、谷氨酸脱羧酶、延胡索酸酶、*L*－门冬氨酸酶、*L*－门冬氨酸－β－脱羧酶等都已制成固定化酶用于药物生产。

（1）固定化细胞法生产 6 - 氨基青霉烷酸　青霉素 G（或 V）经青霉素酰化酶作用，水解除去侧链后的产物称为 6 - 氨基青霉烷酸（6 - APA），也称无侧链青霉素。6 - APA 是生产半合成青霉素的最基本原料。目前为止，以 6 - APA 为原料已合成近 3 万种衍生物，并已筛选出数十种耐酸、低毒及具有广谱抗菌作用的半合成青霉素。

（2）固定化酶法生产 5′ - 复合单核苷酸　4 种 5′ - 复合单核苷酸注射液可用于治疗白血球下降、血小板减少及肝功能失调等疾病。核糖核酸（RNA）经 5′ - 磷酸二酯酶作用可分解为腺苷、胞苷、尿苷及鸟苷的一磷酸化合物，即 AMP、CMP、UMP 及 GMP。5′ - 磷酸二酯酶存在于桔青霉细胞、谷氨酸发酵菌细胞及麦芽根等生物材料中。本法以麦芽根为材料制取 5′ - 磷酸二酯酶，并使其固定化后用于水解酵母 RNA，以生产 5′ - 复合单核苷酸注射液。

（3）固定化酶法生产 *L*－氨基酸　目前氨基酸在医药、食品以及工农业生产中的应用越来越广。以适当比例配成的混合液可以直接注射到人体内，用以补充营养。各种必需氨基酸对人体的正常发育有保健作用，有些氨基酸还可以作为药物，治疗某些特殊疾病；氨基酸可用作增味剂，增加香味，促进食欲，可用作禽畜的饲料，还可用来制造人造纤维、塑料等。因此氨基酸的生产对人类的生活具有重要意义。

工业上生产 *L*－氨基酸的一种方法是化学合成法。但是由化学合成法得到的氨基酸都是无光学活性的 *DL*－外消旋混合物，所以必须将它进行光学拆分，以获得 *L*－氨基酸。外消旋氨基酸拆分的方法有物理化学法、酶法等，其中以酶法最为有效，能够产生纯度较高的 *L*－氨基酸。

2. 亲和层析中的应用

亲和层析是利用生物大分子能与其相应的专一分子可逆结合的特性而发展的一种层析方法。如抗体和抗原、酶和底物或抑制剂、核糖核酸与其互补的脱氧核糖核酸间都存在专一的亲和力，若将其一方固定化在载体上，就可根据它们间的专一结合力而将被分离的大分子物质吸附于载体上，洗去杂质后再将它解离，就可得到纯的物质。

3. 医疗上的应用

制造新型的人工肾，这种人工肾是由微胶囊的脲酶和微胶囊的离子交换树脂的吸附剂组成。前者水解尿素产生氨，后者吸附除去产生的氨，以降低病人血液中过高的非蛋白氮。

目标检测

（一）单项选择题（所给选项只有一个最符合题意）

1. 交联法中最常用的交联剂是
   A. 活性炭　B. 戊二醛　C. 明胶　D. 聚丙烯酰胺
2. 固定化细胞中用得最多、最有效的方法是
   A. 吸附法　B. 交联法　C. 网格型包埋法　D. 选择性热变性法
3. 下面哪种固定化方法只适合作用于小分子底物和产物的酶
   A. 吸附法　B. 交联法　C. 包埋法　D. 选择性热变性法
4. 下面哪种方法不是酶的固定化方法
   A. 吸附法　B. 交联法　C. 网格型包埋法　D. 选择性热变性法

（二）多项选择题（所给选项有多个符合题意）

1. 酶作为催化剂所具有的特性是
   A. 催化效率高　B. 反应条件温和
   C. 催化活性可调　D. 能加速反应的进行
   E. 专一性强
2. 影响酶催化活性的因素有
   A. 酶浓度　B. 底物浓度　C. 价格因素　D. 温度
   E. 激活剂和抑制剂
3. 酶和细胞的固定化方法有
   A. 交联法　B. 载体结合法　C. 包埋法　D. 热处理
   E. 微球法
4. 下面哪些方法是利用共价键来固定酶的
   A. 离子结合法　B. 交联法　C. 共价结合法　D. 物理吸附法
   E. 包埋法

（三）简答题

1. 固定化酶具有哪些优点。
2. 酶反应器的类型主要与哪些？介绍几种常用酶反应器的构造。

（四）案例分析

假单胞菌体固定：取湿菌体 20kg，加生理盐水搅匀并稀释至 40L，另取溶于生理盐水

的 5% 角叉菜胶溶液 85L，两液均保温至 45℃ 后混合，冷却至 5℃ 成胶。浸于 600L 2% KCl 和 0.2mol/L 己二胺的 0.5mol/L pH 7.0 的磷酸缓冲液中，5℃下搅拌 10 分钟，加戊二醛至 0.6mol/L 的浓度，5℃搅拌 30 分钟，取出切成 3 ~ 5mm 的立方小块，用 2% KCl 溶液充分洗涤后，滤去洗涤液，即得含 *L* – 门冬氨酸 – β – 脱羧酶的固定化细胞。

请分析：在此过程中，运用了哪些方法进行细胞固定？

参考文献

[1] 吴梧桐. 生物技术药物学. 北京: 高等教育出版社.

[2] 孙玉叶. 化工安全技术与职业健康. 北京: 化学工业出版社, 2009.

[3] World Health Organization. Laboratory Biosafety Manual. Geneva. 2004.

[4] GB 18484－2001, 危险废物焚烧污染控制标准.

[5] GB 19489－2008, 实验室生物安全通用要求.

[6]《可感染人类的高致病性病原微生物菌(毒)种或样本运输管理规定》(中华人民共和国卫生部令第45号).

[7] 齐香君. 现代生物制药工艺学. 北京: 化学工业出版社.

[8] 熊宗贵. 生物技术制药. 高等教育出版社.

[9] 王鸿利. 血浆和血浆蛋白制品的临床应用. 上海: 上海科学技术文献出版.

[10] 陈慰峰. 医学免疫学. 北京: 人民卫生出版社.

[11] 李榆梅, 张虹. 生物制药综合应用技术. 北京: 化学工业出版社, 2010.

[12] 何建勇. 发酵工艺学. 2版. 北京: 中国医药科技出版社, 2009.

[13] 余龙江. 发酵工程原理与技术应用. 北京: 化学工业出版社, 2006.

[14] 李志勇. 细胞工程. 北京: 科学出版社.

[15] 姚文兵. 生物技术制药概论. 北京: 中国医药科技出版社.

[16] 王晓利. 生物制药技术. 北京: 科学出版社, 2006.

[17] 张虎成. 基因操作技术. 北京: 化学工业出版社, 2010.

[18] 唐秋艳. 免疫诊断试剂实用技术. 海洋出版社.

[19] 刘仲敏. 现代应用生物技术. 北京: 化学工业出版社.

[20] 洪好武. 血液制品安全及质量控制. 中国医药导刊, 2008, 10(8).